国家安全生产应急救援员职业技能鉴定培训教材

应急救援员

(危化二级)

国家安全生产应急救援中心　组织编写

应急管理出版社

·北　京·

图书在版编目（CIP）数据

应急救援员：危化二级／国家安全生产应急救援中心组织编写．－－北京：应急管理出版社，2023
　　国家安全生产应急救援员职业技能鉴定培训教材
　　ISBN 978－7－5020－9244－3

Ⅰ.①应… Ⅱ.①国… Ⅲ.①化工产品—危险品—突发事件—救援—中国—职业技能—鉴定—教材 Ⅳ.①X928.04

中国版本图书馆 CIP 数据核字（2021）第262626号

应急救援员（危化二级）

（国家安全生产应急救援员职业技能鉴定培训教材）

组织编写	国家安全生产应急救援中心
责任编辑	唐小磊　赵　冰
责任校对	张艳蕾
封面设计	卓义云天
出版发行	应急管理出版社（北京市朝阳区芍药居35号　100029）
电　　话	010-84657898（总编室）　010-84657880（读者服务部）
网　　址	www.cciph.com.cn
印　　刷	北京盛通印刷股份有限公司
经　　销	全国新华书店
开　　本	787mm×1092mm $1/16$　印张　$22\frac{1}{2}$　字数　497千字
版　　次	2023年3月第1版　2023年3月第1次印刷
社内编号	20211483　　　　　　定价　65.00元

版权所有　违者必究

本书如有缺页、倒页、脱页等质量问题，本社负责调换，电话：010-84657880

前　　言

　　石油和化工是我国国民经济发展的基础工业和支柱产业，近年来发展迅猛，产值已占世界的 40% 以上，居世界第一位。在石油和化工产业快速发展的同时，危险化学品重大安全风险日益突出，应急处置难度不断加大，一旦发生重特大危险化学品事故，易造成灾难性后果，天津港"8·12"特别重大火灾爆炸事故、江苏响水"3·21"特别重大爆炸事故就是力证。尽管全国危险化学品安全形势持续向好，但事故总量依然居高不下。2021 年，全国共发生化工事故 122 起、死亡 150 人，危险化学品安全生产形势依然严峻。尤其是在一些危险化学品重特大事故抢险救援中，暴露出危险化学品救援能力还存在诸多短板，强化危险化学品应急救援队伍能力建设迫在眉睫。

　　为深入贯彻落实习近平总书记关于安全生产重要论述精神，坚持人民至上、生命至上，推进国家治理体系和治理能力现代化建设，遵照"对党忠诚、纪律严明、赴汤蹈火、竭诚为民"训词精神，建设一支政治过硬、作风过硬、本领过硬的危险化学品安全生产专业应急救援队伍，用高质量应急救援服务高质量发展，根据人力资源社会保障部、应急管理部共同制定的《应急救援员国家职业技能标准》(简称《标准》)中新增加的危险化学品应急救援专业方向，国家安全生产应急救援中心组织编写了国家安全生产应急救援员职业技能鉴定培训教材。

　　本套教材以《标准》为总纲，以提高应急救援队伍应对处置各类危险化学品事故能力、化解重大安全风险为目的，以提升应急救援员技能水平为出发点和落脚点进行编制，根据《标准》中划定的不同等级职业技能要求，将教材分成《应急救援员（危化五级）》《应急救援员（危化四级）》《应急救援员（危化三级）》《应急救援员（危化二级）》《应急救援员（危化一级）》五册。

　　随着我国应急救援形势的发展和新技术、新装备的应用，应急救援技术和方法必将会有新的变化和发展，加之编者的认知和实践水平所限，本教材难免存在不足之处，敬请指正，以便及时更新。

编写组
2022 年 11 月

目录

CONTENTS

第一章　危险化学品基础知识　1

　　第一节　危险化学品风险分析方法　1
　　第二节　常见危险化学品化工工艺与风险　9
　　第三节　常见危险化学品化工设备与风险　152
　　第四节　危险化学品常用法律法规知识　157

第二章　应急预案的编制与演练　207

　　第一节　危险化学品综合应急预案编制　207
　　第二节　应急演练与评估　215
　　第三节　应急培训　225

第三章　危险化学品事故应急处置方法　228

　　第一节　危险化学品事故处置程序　228
　　第二节　危险化学品事故处置要求　233
　　第三节　危险化学品事故处置方法　237
　　第四节　应急撤离方法及判定　248
　　第五节　生产应急现场监护要点　251

第四章　典型危险化学品事故应急救援与处置　255

　　第一节　光气泄漏事故救援与处置　255
　　第二节　氢气储罐火灾爆炸事故救援与处置　258
　　第三节　液氯生产装置泄漏事故救援与处置　263

| | 第四节 硫化氢泄漏事故救援与处置 | 267 |
| | 第五节 保险粉（连二亚硫酸钠）泄漏事故救援与处置 | 272 |

第五章　危险化学品应急救援装备　　276

第一节　器材装备类型　　276
第二节　常见故障及排除方法　　277
第三节　固定消防设施的种类及使用　　290
第四节　特种装备器材的使用方法及受限条件　　313
第五节　应急救援前沿装备展望（消防机器人等）　　322

第六章　应急救援员国家职业技能鉴定操法规程　　336

第一节　现场处置方案编制　　336
第二节　培训方案编制　　337
第三节　常见危险化学品事故应急处置程序编制　　339
第四节　远程供水编程　　340
第五节　火场供水用量估算　　341
第六节　大型储罐泡沫液用量估算　　344
第七节　装备器材常见故障排除　　345

附录　　347

后记　　353

第一章

危险化学品基础知识

第一节　危险化学品风险分析方法

一、风险辨别与分析

（一）风险

风险因素、风险事故、损失是构成风险的主要因素。安全性军用标准对事故风险的定义是：风险是用潜在事故的严重度和发生概率来表达事故的影响和可能性。通常人们用 $R=S×P$ 或 $R=S·P$ 来表达风险，"×"或"·"是指逻辑相乘，并非真正数学意义上的"相乘"。

事故风险的概念表明：风险是由两个因素确定，既要考虑后果，又要考虑其发生概率。安全与风险相对，它表明人们对一定事故风险的接受程度。

（二）风险辨别

风险辨别是指针对不同风险种类及特点，识别其存在的危险、危害因素，分析可能产生的直接后果以及次生、衍生后果。

风险辨别针对不同的救援事件，识别在救援过程中可能发生的危险以及可能造成危险的因素，分析可能带来的直接后果以及次生、衍生后果。

1. 风险辨别的依据

《生产过程危险和有害因素分类与代码》（GB/T 13861—2022）。

《危险化学品重大危险源辨识》（GB 18218—2018）。

《职业病危害因素分类目录》（国卫疾控发〔2015〕92号）。

2. 风险辨别的目的

确定风险等级，制定合适的救援方案，确保自己及他人的平安。

3. 风险分级

依据《中华人民共和国突发事件应对法》第四十二条"可以预警的自然灾害、事故灾难和公共卫生事件的预警级别，按照突发事件发生的紧急程度、发展势态和可能造成的危害程度分为一级、二级、三级和四级，分别用红色、橙色、黄色和蓝色标示，一级为最高级别"。

蓝色（四级）：较低风险，需要注意或可忽略的、可以接受或可容许的。

黄色（三级）：一般风险，需要控制整改。比如存在较大的人身伤害和设备损坏隐患的可能性。对于该级别的风险，应引起关注并负责控制管理，应制定管理制度、规定进行控制，在规定期限内实施降低风险措施。

橙色（二级）：较大风险，必须制定措施进行控制管理。对于该级别及以上的风险，生产经营单位应重点控制管理。当风险涉及正在进行中的工作时，应采取隔离或人员撤离措施，并根据需求限期整改，直至风险降低后才能开始工作。

红色（一级）：不可接受的，重大风险，即将发生且极其风险，必须立即停工整改。对于该级别风险，只有当风险已降低时，才能开始或继续工作。

4. 风险辨别原则

（1）全覆盖的原则。

（2）科学计算的原则。

（3）综合考察、实事求是的原则。

（4）量力而行的原则。

（5）系统化、制度化、经常化的原则。

5. 风险辨别方法

（1）按照 LEC 评价法进行辨别。

$$D = LEC$$

式中　D——作业条件的危险性；

　　　L——发生事故或危险事件的可能性；

　　　E——暴露于危险环境的频率；

　　　C——发生事故或危险事件的可能结果；

LEC 评价法分值见表 1-1 至表 1-4。

表 1-1　发生事故或危险事件的可能性 L 分值

分值	发生事故或危险情况发生可能性
10	完全会被预料到
6	相当可能
3	不经常，但可能
1	完全意外，极少可能
0.5	可以设想，但高度不可能
0.2	极不可能
0.1	实际上不可能

第一章 危险化学品基础知识

表 1-2 暴露于危险环境的频率 E 分值

分值	暴露于危险环境的频率
10	连续暴露于潜在危险环境中
6	逐日在工作时间内暴露
3	每周一次或偶然地暴露
2	每月暴露一次
1	每年几次出现在潜在危险环境中
0.5	非常罕见地暴露

表 1-3 发生事故或危险事件的可能结果 C 分值

分值	发生事故或危险事件的可能结果
100	大灾难,许多人死亡
40	灾难,数人死亡
15	非常严重,一人死亡
7	严重,严重伤害
3	重大,致残
1	引人注目,需要救护

表 1-4 危险性 D 分值

分值	危险性
>320	极其危险,不能继续作业
160~320	高度危险,需要立即整改
70~160	显著危险,需要整改
20~70	可能危险,需要注意
<20	稍有危险,或许可以接受

（2）按照《生产过程危险和有害因素分类与代码》（GB/T 13861—2022）进行辨别，从人的因素、物的因素、环境因素和管理因素系统性辨别。

（3）按照《企业职工伤亡事故分类》（GB 6441—1986）进行辨别，包括物体打击、车辆伤害、机械伤害、起重伤害、触电、淹溺、灼烫、火灾、化学性爆炸、物理性爆炸、其他爆炸、中毒和窒息、其他伤害。

（4）按照经验案例类比法进行辨别。根据国内外同行业或相关行业事故案例及现场熟练工作人员的经验进行辨别。对新设备、新员工、新工艺以及新系统首次投运的风险辨别还要结合工种人员熟练程度以及环境因素影响，对于容易误操作、装置性违章、缺乏有效监管的区域应提高风险级别。

(三)风险分析

风险分析是指找出行动方案的不确定因素(主观上无法控制),分析其环境状况和对方案的敏感程度;估计有关数据,包括行动方案的费用,在不同情况下得到的收益以及不确定性因素各种机遇的可能性;计算各种风险情况下的经济效果;作出正确判断;等等。

风险分析最常见的定义为:系统地使用既有信息,识别出危险,并预测其对于人员、财产和环境的风险。

从某种意义上说,风险分析是一种主动的方法,目的是避免可能发生的事故。

风险分析主要按照三个步骤进行:危险源辨识、可能性分析、后果分析。

1. 危险源辨识

危险源辨识是识别潜在的危险事件,以及与系统相关的危险源。同时,也需要识别出可能受损的资产。

1)危险源分类

危险源包括物理危险源、化学危险源、生物危险源、心理生理性危险源。危险源分为第一类危险源和第二类危险源。

第一类危险源:指系统中存在的、可能发生意外释放的能量或危险物质。

第二类危险源:指导致约束、限制能量屏蔽措施失效或破坏的各种不安全因素,包括人、物、环境三个方面的问题。

两类危险源的关系:第一类危险源在事故发生时释放出的能量是导致人员伤害或财物损坏的能量主体,决定事故后果的严重程度;第二类危险源出现的难易决定事故发生的可能性的大小。两类危险源共同决定危险源的危险性。

2)辨识危险源的常用方法

辨识危险源的常用方法有询问、交谈,现场观察,查阅内部、外部信息,工作任务分析法,安全检查表,预先风险分析法等。

2. 可能性分析

在这一步中需要进行演绎分析,识别每一个危险事件的成因。同时根据危险数据和专家判断预测危险事件的频率。

3. 后果分析

这个环节需要进行归纳分析,识别所有由危险事件引起的潜在后果。归纳分析的目的通常是找出所有可能的最终结果,以及它们发生的概率。

二、风险评价法

(一)安全检查表法

安全检查表是进行安全检查、发现潜在危险、督促各项安全法规、制度、标准实施的一个较为有效的工具。它是安全系统中最基本、最初步的一种形式。

1. 定义

安全检查表法指运用安全系统工程的方法，发现系统以及设备、机器装置和操作管理、工艺、组织措施中的各种不安全因素，列成表格进行分析。

2. 适用范围

安全检查表法适用于对系统生命周期的各个阶段进行安全分析，适用范围涉及生产、工艺、规程、管理等多方面，对检查内容的列举过程即为危险辨识的过程。

3. 格式

安全检查表的格式无统一的规定，可根据不同需要设计不同的安全检查表。原则上应条目清晰、内容全面，要求详细、具体。目前应用较多的是提问式和对照式两种形式，见表1-5、表1-6。

表1-5　××安全检查表（提问式）

序号	检查项目	检查内容要点	是"√"否"×"	备注
1				
2				
…	…	…		
检查人		时间	直接负责人	

表1-6　××安全检查表（对照式）

序号	检查项目	国家技术标准规定项目	检查结果	备注
1				
2				
…	…	…		
检查结论				

（二）事件树法

事件树分析法（Event Tree Analysis，简称ETA）：一种从原因到结果的过程分析，从事件的起始状态出发，用逻辑推理的方法，设想事故发展过程，进而根据这一过程了解事故发生的原因和条件。

基本原理：任何事物从初始原因到最终结果所经历的每一个中间环节都有成功（或正常）或失败（或失效）两种可能或分支。如果将成功记为1，并作为上分支，将失败记为0，作为下分支；然后再分别从这两个状态开始，仍按成功（记为1）或失败（记为0）两种可能分析；这样一直分析下去，直到最后结果为止，最后即形成一个水平放置的树状图。事件树的树形结构如图1-1所示。

事件树分析的步骤如下：

（1）确定初始事件。初始事件是事件树中在一定条件下造成事故后果的最初原因事件。

（2）找出与初始事件有关的环节事件。环节事件可看作对初始事件依次作出响应的安全功能事件。

（3）画事件树。把初始事件写在最左边，各个环节事件按顺序写在右面；从初始事件画一条水平线到第一个环节事件，在水平线末端画一垂直线段，垂直线段上端表示成功，下端表示失败；再从垂直线两端分别向右画水平线到下个环节事件，同样用垂直线段表示成功和失败两种状态；依次类推，直到最后一个环节事件为止。如果某一个环节事件不需要往下分析，则水平线延伸下去，不发生分支，如此便得到事件树。

（4）说明分析结果。在事件树最后面写明由初始事件引起的各种事故结果或后果。为清楚起见，对事件树的初始时间和各环节事件用不同字母加以标记。

事件树定量分析概念图如图1-2所示。

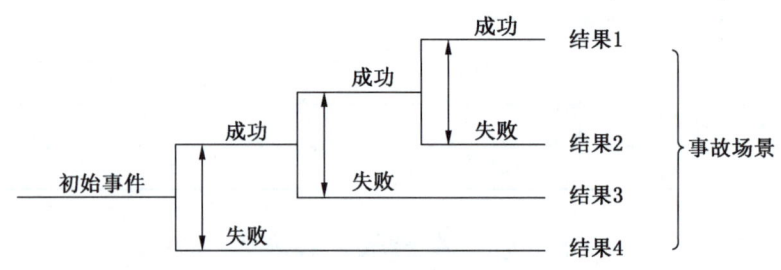

图1-1 事件树的树形结构

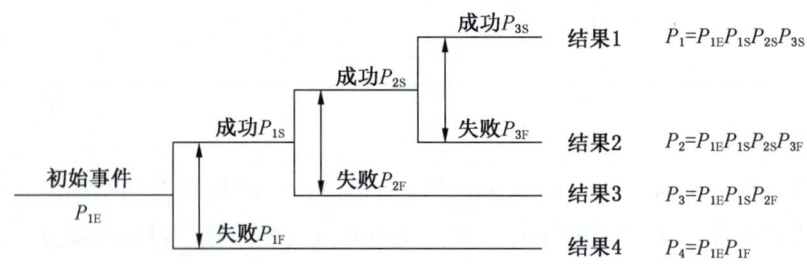

图1-2 事件树定量分析概念图

（三）事故树法

故障树分析法（事故树）（Fault Tree Analysis，简称FTA）：是从结果到原因描述事件发生的有向逻辑树，对这种树进行演绎分析，寻求防止结果发生的对策。

事故树的基本结构如图1-3所示。在事故树中，各事件之间的基本关系是因果逻辑关系，通常用逻辑门来表示。树中以逻辑门为中心，其上层事件是下层事件发生后所导致的结果，称为输出事件；下层事件是上层事件的原因，称为输入事件。所要研究的特定事故被绘制在事故树的顶端,称为顶上事件。导致顶上事件发生的最初的原因事件绘制于事故树下部的各分支的终端,称为基本事件,如图 1-3 中 X_i 所表示的事件。处于顶上事件和基本事件中间的事件称为中间事件,它们既是造成顶上事件的原因,又是由基本事件产生的结果,如图 1-3 中 A_1 等所表示的事件。事故树的符号及意义见表 1-7,逻辑门符号及意义见表 1-8。

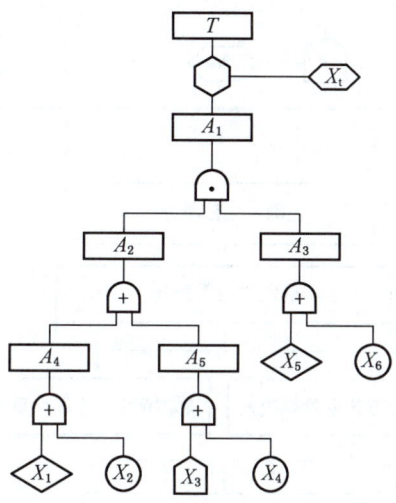

图 1-3 事故树的基本结构

表 1-7 事故树的符号及意义

名称	符号	意义	备注
矩形符号	▭	顶上事件或中间事件	需要进一步往下分析的事件
圆形符号	○	基本事件	不能继续往下分析的事件
屋形符号	⌂	正常事件	正常状态下发生的正常事件
菱形符号	◇	省略事件	事前不能分析,或没必要往下分析的事件

表 1-8 逻辑门符号及意义

名称	符号	意义
与门符号		输入事件同时发生时,输出事件才会发生

表 1-8（续）

名称	符号	意义
或门符号		输入事件中任何一个发生时，输出事件就会发生
条件与门符号		在满足条件 α 且输入事件同时发生时，输出事件才能发生

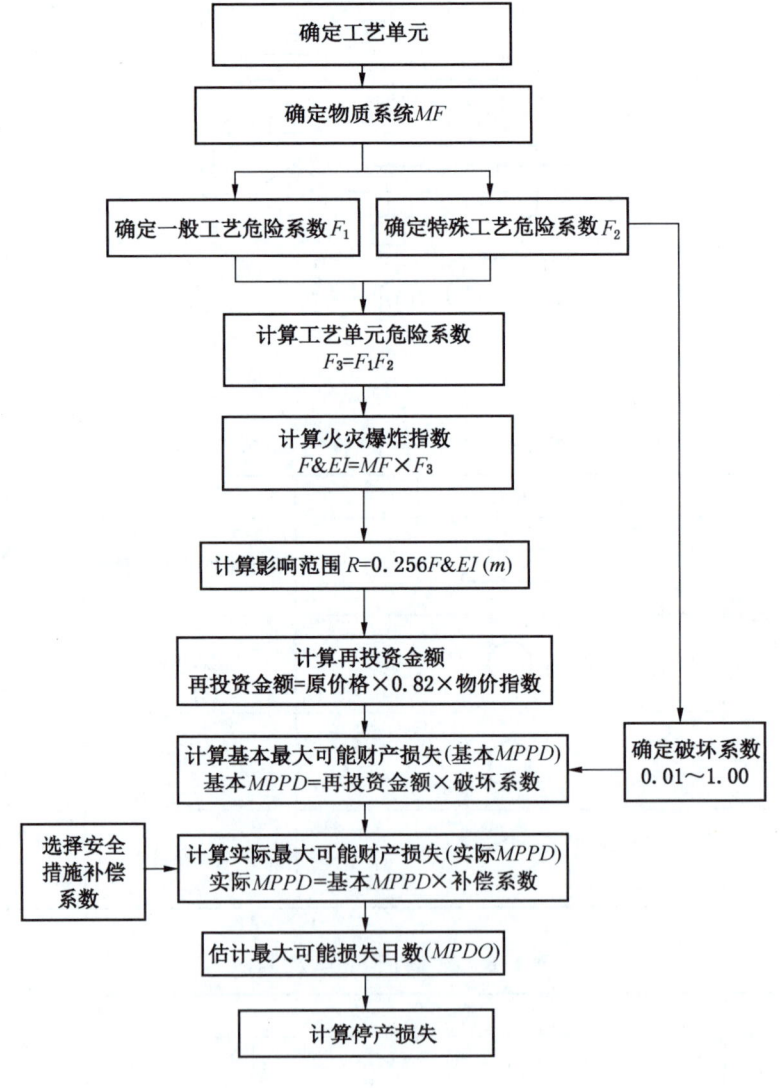

图 1-4　火灾爆炸指数评价法评价程序

（四）道化学火灾爆炸危险指数评价法

火灾爆炸危险指数评价法为1964年由美国道化学公司研究开发，该方法以以往的事故统计资料及物质的潜在能量和现行安全措施为依据，定量地对工艺装置及所含物料的潜在火灾爆炸的反应危险性进行分析评价。通过对工艺装置及所含物料的潜在火灾爆炸的反应危险性的逐步推算，客观地量化潜在的火灾爆炸的反应性事故的预期损失，确定可能引发事故发生或事故扩大的装置，再根据所采取的安全技术措施对降低潜在危险的程度，对计算结果加以修正，得出火灾爆炸危险度的分级结果。

火灾爆炸指数评价法评价程序如图1-4所示。

第二节　常见危险化学品化工工艺与风险

一、危险化工工艺基础知识

（一）定义

危险化工工艺是指能够导致火灾、爆炸、中毒的工艺。其中所涉及的化学反应包括硝化、氧化、磺化、氯化、氟化、氨化、重氮化、过氧化、加氢、聚合、裂解等反应。

（二）相关概念

1. 危险化工工艺分类

（1）首批重点监控的危险化工工艺：①光气及光气化工艺；②电解工艺（氯碱）；③氯化工艺；④硝化工艺；⑤合成氨工艺；⑥裂解（裂化）工艺；⑦氟化工艺；⑧加氢工艺；⑨重氮化工艺；⑩氧化工艺；⑪过氧化工艺；⑫氨基化工艺；⑬磺化工艺；⑭聚合工艺；⑮烷基化工艺。

（2）第二批重点监控的危险化工工艺：①新型煤化工工艺，包括煤制油（甲醇制汽油、费-托合成油）、煤制烯烃（甲醇制烃）、煤制二甲醚、煤制乙二醇（合成气制乙二醇）、煤制甲烷气（煤气甲烷化）、煤制甲醇、甲醇制乙酸等工艺；②电石生产工艺；③偶氮化工艺。

2. 危险化学品重大危险源

长期或临时生产、加工、使用或储存危险化学品，且危险化学品的数量等于或超过临界量的单元。

（三）危险化工工艺存在的危险因素

1. 工厂选址

（1）易遭受地震、洪水、暴风雨等自然灾害。

（2）水源不充足。

（3）缺少公共消防设施的支援。

（4）有高湿度、温度变化显著等气候问题。

(5) 受邻近危险性大的工业装置影响。

(6) 邻近公路、铁路、机场等运输设施。

(7) 在紧急状态下难以把人和车辆疏散至安全地。

2. 工厂布局

(1) 工艺设备和储存设备过于密集。

(2) 有显著危险性和无危险性的工艺装置间的安全距离不够。

(3) 昂贵设备过于集中。

(4) 对不能替换的装置不能有效地防护。

(5) 锅炉加热器等火源与可燃物工艺装置之间距离太小。

(6) 有地形障碍。

3. 结构

(1) 支撑物、门、墙等不是防火结构。

(2) 电气设备无防护设施。

(3) 防爆通风换气能力不足。

(4) 控制和管理的指示装置无防护措施。

(5) 装置基础薄弱。

4. 对加工物质的危险性认识不足

(1) 原料在装置中混合,在催化剂作用下自然分解。

(2) 对处理的气体、粉尘等在其工艺条件下的爆炸范围不明确。

(3) 没有充分掌握因误操作、控制不良而使工艺过程处于不正常状态时的物料和产品的详细情况。

5. 危险化工工艺

(1) 没有足够的有关化学反应的动力学数据。

(2) 对有危险的副反应认识不足。

(3) 没有根据热力学研究确定爆炸能量。

(4) 对工艺异常情况检测不够。

6. 物料输送

(1) 各种单元操作时对物料流动不能进行良好控制。

(2) 产品的标示不完全。

(3) 风送装置内的粉尘爆炸。

(4) 废气、废水和废渣的处理。

(5) 装置内的装卸设施。

7. 误操作

(1) 忽略关于运转和维修的操作教育。

(2) 没有充分发挥管理人员的监督作用。

(3) 开车、停车计划不适当。

(4) 缺乏紧急停车的操作训练。

(5) 没有建立操作人员和安全人员之间的协作体制。

8. 设备缺陷

(1) 因选材不当而引起装置腐蚀、损坏。

(2) 设备不完善,如缺少可靠的控制仪表等。

(3) 材料的疲劳。

(4) 对金属材料没有进行充分的无损探伤检查或没有经过专家验收。

(5) 结构上有缺陷,如不能停车而无法定期检查或进行预防维修。

(6) 设备在超过设计权限的工艺条件下运行。

(7) 对运转中存在的问题或不完善的防灾措施没有及时改进。

(8) 没有连续记录温度、压力、开停车情况及中间罐和受压罐内的压力变动。

9. 防灾计划不充分

(1) 没有得到管理部门的大力支持。

(2) 责任分工不明确。

(3) 装置运行异常或故障仅由安全部门负责,只是单线起作用。

(4) 没有预防事故的计划。

(5) 遇有紧急情况未采取得力措施。

(6) 没有实行由管理部门和生产部门共同进行的定期安全检查。

(7) 没有对生产负责人和技术人员进行安全生产的继续教育和必要的防灾培训。

二、光气及光气化工艺

(一) 光气及光气化反应原理

1. 光气合成原理

光气是由以下反应制得。

1) 见光反应

光气的生产是以干燥、高浓度的一氧化碳与干燥的氯气在180 ℃活性炭催化下进行一氧化碳酰氯化反应,是气相连续化工艺,主要反应如下:

$$CO + Cl_2 \xrightarrow{催化剂,\ 0.3\ MPa} COCl_2$$

2) 氯仿与双氧水直接反应

光气还可以氯仿为原材料,利用氯仿易被氧化的原理进行制备,主要反应如下:

$$CHCl_3 + H_2O_2 \longrightarrow HCl + H_2O + COCl_2\ (光气)$$

也可以用双氧水制出氧气后与氯仿进行反应,主要反应如下:

$$2CHCl_3 + O_2 \longrightarrow 2HCl + 2COCl_2\ (光气)$$

3) 四氯化碳与发烟硫酸反应

在实验室中,通常通过四氯化碳与发烟硫酸反应制得光气,主要反应如下:
$$SO_3 + CCl_4 \longrightarrow SO_2Cl_2 + COCl_2(光气)$$

将四氯化碳加入发烟硫酸中,加热至 55~60 ℃,即发生反应逸出光气,如需使用液态光气,则将产生的光气加以冷凝。

2. 光气化反应

光气化反应是指以光气为原料合成光气化产品。主要反应有光气合成双光气反应、光气合成三光气反应、光气合成聚碳酸酯反应、光气合成甲苯二异氰酸酯反应,光气合成 MDI 反应、氯化酸化反应及酰氯化反应。

1) 光气合成双光气反应

双光气是氯甲酸三氯甲酯的别称,化学式 $ClCO_2CCl_3$,无色液体,有刺激性气味,难溶于水,可作其他毒剂的溶剂。双光气为一种窒息性毒剂,会对人体的肺组织造成损害,导致血浆渗入肺泡而引起肺水肿,从而使肺泡气体交换受阻,机体因缺氧而窒息死亡。

双光气性质不稳定,加热变为两分子光气,有催泪作用。双光气在冷水中水解慢,完全水解需要几小时到一昼夜。加热煮沸可使双光气在几分钟内完全水解,生成盐酸和二氧化碳。在工业生产中用光气作为原材料与甲醇先合成氯甲酸甲酯,然后采用紫外线照射氯甲酸甲酯发生自由基氯化的方法得到双光气,主要反应如下:
$$COCl_2 + CH_3OH \longrightarrow Cl-CO-OCH_3 + HCl$$
$$Cl-CO-OCH_3 + 3Cl_2 \longrightarrow Cl-CO-OCCl_3 + 3HCl$$

也可以用甲酸甲酯发生自由基氯化得到双光气,主要反应如下:
$$H-CO-OCH_3 + 4Cl_2 \longrightarrow Cl-CO-OCCl_3 + 4HCl$$

2) 光气合成三光气反应

三光气又名固体光气,学名为双(三氯甲基)碳酸酯,外观为白色固体,熔点 81~83 ℃,沸点 203~206 ℃,溶于苯、四氢呋喃、氯仿、己烷等有机溶剂,常温下稳定,表面蒸气压极低,热稳定性高,即使在蒸馏温度(206 ℃)下,也仅有极少量的分解,因而在储存和使用过程中较为安全。

3) 光气合成聚碳酸酯反应

聚碳酸酯(PC)是一种无色透明的无定形热塑性材料,化学名 2,2′-双(4-羟基苯基)丙烷聚碳酸酯。聚碳酸酯耐弱酸、中性油,不耐紫外线、强酸,密度 1.20~1.22 g/cm^3,热变形温度 135 ℃。

聚碳酸酯是分子链中含有碳酸酯基的高分子聚合物,根据酯基的结构可分为脂肪族、芳香族、脂肪族-芳香族等多种类型。其中,由于脂肪族和脂肪族-芳香族聚碳酸酯的力学性能较低,从而限制了其在工程塑料方面的应用。目前仅有芳香族聚碳酸酯获得了工业化生产。由于聚碳酸酯结构上的特殊性,现已成为五大工程塑料中增长速度最快的通用工程塑料。在工业中通常运用光气法合成聚碳酸酯,应用非常广泛。

4）光气合成甲苯二异氰酸酯反应

甲苯二异氰酸酯（TDI）有两种异构体：2,4-甲苯二异氰酸酯和2,6-甲苯二异氰酸酯。甲苯二异氰酸酯是水白色或淡黄色液体，具有强烈的刺激性气味，在人体中具有积聚性和潜伏性，对皮肤、眼睛和呼吸道有强烈刺激作用，吸入高浓度甲苯二异氰酸酯蒸气会引起支气管炎、支气管肺炎和肺水肿。其液体与皮肤接触可引起皮炎，与眼睛接触可引起严重刺激作用，如果不加以治疗，可能导致永久性损伤。长期接触甲苯二异氰酸酯可引起慢性支气管炎。对甲苯二异氰酸酯过敏者，可引起气喘、半气喘、呼吸困难或咳嗽。

$$甲苯 \xrightarrow{硝酸} DNT \longrightarrow TDA \xrightarrow{光气} TDI \longrightarrow 产品$$

工业上常用胺光气法制备甲苯二异氰酸酯。TDI的合成反应大致由以下5个工序组成：

（1）一氧化碳和氯气生成光气。
（2）甲苯与硝酸反应生成二硝基甲苯（DNT）。
（3）DNT与氢反应生成甲苯二胺（TDA）。
（4）处理过的干燥TDA与光气反应生成甲苯二异氰酸酯（TDI）。
（5）提纯TDI。

光气化法制备TDI中，光气剧毒，污染严重，工艺流程长，技术复杂，生产设备投资大，产生的氯化氢对设备的腐蚀性严重，生产要求苛刻，操作危险性很大；但是其工艺成熟，比较适用于工业化生产。只要采取切实可行的安全措施，生产安全也是有保障的。

5）光气合成MDI反应

MDI是4,4′-二苯基甲烷二异氰酸酯的简称。MDI是白色或淡黄色固体，溶于苯、甲苯、氯苯、硝基苯、丙酮、乙醚、乙酸乙酯、二恶烷等。在工业生产中，MDI主要用于防水材料、密封材料、陶器材料等；用MDI制成的聚氨酯泡沫塑料，用作保暖（冷）器材、建材、车辆、船舶的部件，精制品可制成汽车车挡、缓冲器、合成革、非塑料聚氨酯、聚氨酯弹性纤维、无塑性弹性纤维、薄膜、黏合剂等。

在工业生产中，制备MDI的常用工艺方法是以苯胺为原料，与甲醛反应，在酸性溶液中缩合，用碱中和，蒸馏制得二氨基二苯甲烷，然后用光气法与碳酰氯反应，再精馏精制可得到，主要反应如下：

$$R-NH_2 + COCl_2 \longrightarrow R-N=C=O + 2HCl$$

（二）光气及光气化典型工艺流程

光气及光气化工艺包含光气的制备工艺，以光气为原料制备光气化产品的工艺。光气化工艺主要分为气相和液相两种。气相反应是指参与化学反应的各种反应物均为气体状态，液相反应是指参与反应的各种物质在液相中进行。

1. 光气合成工艺流程

光气合成工艺主要是采用氯气与一氧化碳发生见光反应的工艺，见光反应是强烈的放热反应。光气制造过程主要分为煤气合成工序、煤气干燥工序及光气合成工序。

1）煤气合成工序

一氧化碳（煤气）的制备方法有焦炭氧化法、二氧化碳还原法、水煤气法、天然气或石脑油裂解法等。工业化制造光气用大多采用焦炭氧化法。

将焦炭通过漏斗投入煤气发生炉，送入氧气反应生成一氧化碳气体（煤气）；煤气经洗气箱、一、二级水洗塔，再经碱洗塔碱洗除去部分酸性气体后，通过安全水封、气液分离器后进入一氧化碳气柜；由气柜经水封、缓冲罐、丝网进入一氧化碳压缩机后送入干燥工段。其工艺流程如图1-5所示。

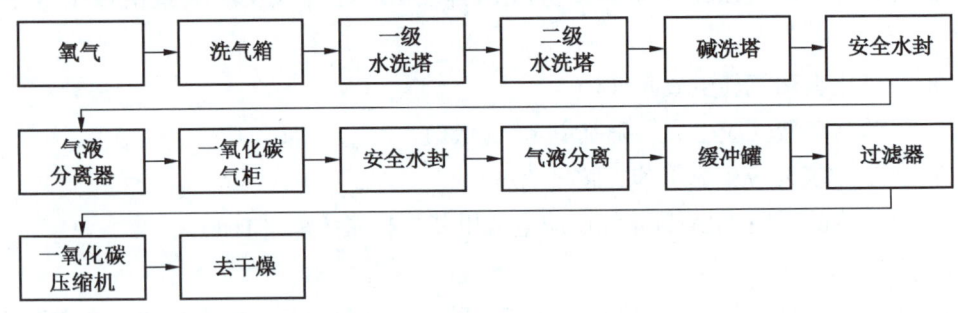

图1-5　焦炭氧化法工艺流程

2）煤气干燥工序

（1）反应原理。煤气干燥工序是将从气柜出来的一氧化碳进行压缩，用浓硫酸除去水分和灰尘，控制水分含量小于或等于50 mg/m³。

（2）工艺流程。来自气柜的一氧化碳气体经安全水封、过滤器进入一氧化碳压缩机加压后，经高压缓冲罐（通过控制回流量调节压力）缓冲，气水分离后气体进入预冷器与冷却水换热后初步降温，再进入盐冷却器与冷冻盐水换热后温度降至0 ℃以下，经低压缓冲罐缓冲分离后再经脱硫塔，经分子筛干燥塔控制水分含量小于50×10^{-6}，送往光气合成工段。其生产工艺流程如图1-6所示。

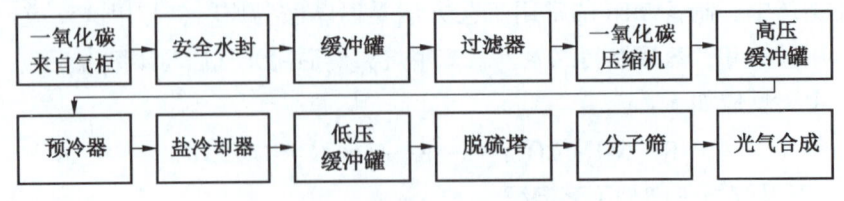

图1-6　一氧化碳干燥工艺流程

3）光气合成工序

经干燥后的一氧化碳气体和氯气按一定比例进入光气合成器，在一定条件下合成光气，生产的副产物去尾气进行处理。

2. 光气反应典型工艺流程

1) MDI 合成工艺流程

MDI 合成是重要的光气化反应。使苯胺、甲醛缩合制得同系芳胺混合物,再经光气化、分离,成为制备 MDI 和 PMDI 普遍采用的工艺方法。

(1) 苯胺与甲醛的缩合反应。苯胺与 25%~35% 的盐酸催化剂首先反应生成苯胺盐酸盐溶液,然后滴加 37% 左右的甲醛水溶液,在 80 ℃下进行缩合反应 1~2 h,在升高温度(达 100 ℃左右)时反应 1 h,进行重排反应,溶液用苛性钠水溶液进行中和,最后经水洗、分层、水洗、蒸馏等步骤制得含不同缩合度的二苯基甲烷二胺(MDA)混合物。在二胺缩合物中,二苯基甲烷二胺约占混合物的 70%,其余多苯基甲烷多异氰酸酯组分约占 30%。根据各制造商生产工艺条件的不同,其混合物的组分不完全相同。

在苯胺与甲醛的缩聚反应中,苯胺氨基上的氢原子比较活泼,易与甲醛进行低温缩合,经分子重排也生成相应的胺的盐酸盐。

(2) 二胺缩合物的光气化反应。二胺缩合物的光气化反应在工业上通常分为低温光气化和高温光气化两段进行。在低温光气化阶段,主要是使二胺与光气、氯化氢反应生成相应的二胺酰胺盐和盐酸盐。在高温光气化阶段,主要是使二胺的酰胺盐和盐酸盐转化成相应的异氰酸酯。

2) TDI 合成工艺流程

甲苯二异氰酸酯(TDI)是 1930 年由 O. Bayer 首先合成和使用的芳香族有机二异氰酸酯之一。它是由甲苯经连续二硝化、还原、光气化而制得。TDI 主要存在 2,4-甲苯二异氰酸酯和 2,6-甲苯二异氰酸酯两种异构体。根据两种异构体的含量不同,分别以 TDI-65、TDI-80 和 TDI-100 三种商品出售,而以 80/20 混合物为主。

(1) 硝化反应。使用 25%~30% 至 55%~58% 的硝酸硫酸的混合酸与甲苯反应,可生成二硝基甲苯,该过程分为一段硝化和二段硝化。一段硝化使之生成一硝基甲苯,反应比较容易进行。而二段硝化反应条件则要苛刻得多,硝酸在混酸中的比例必须加大,通常它与硫酸的混合比例将达到 60%。生成的二硝基甲苯应经过无离子水进行水洗、碱洗等后处理步骤,脱除重金属等杂质进行提纯。若要生产 2,4-甲苯二异氰酸酯,在硝化产物阶段就应该采用结晶等方法将 2,4-二硝基甲苯从混合物中单独分离出来。

(2) 还原反应。在二硝基甲苯中间体中加入甲醇溶液的 2%(质量分数)雷尼镍(Raney Ni)催化剂的悬浮液,采用中压连续加氢法,在 100 ℃下反应,生成物一部分进行循环,一部分则除去催化剂后蒸馏而获得二氨基甲苯中间体。早期采用的硫酸铁粉还原法,因收率低、铁粉废渣污染等,现已逐渐被淘汰。

(3) 光气化反应。MDI、TDI 等大吨位异氰酸酯产品生产,广泛采用的是液相直接光气化生产工艺。将二氨基甲苯溶于氯苯或三氢苯溶剂中,通入干燥的氯化氢气体,使之生成 75% 左右的二胺盐酸盐浆状物,然后通入光气,使之在较缓和的条件下进行光气化反应,光气用量为理论用量的 2~3 倍,以利于反应。过量的光气用二氯苯或氯苯吸收,副产物氯化氢经水吸收后再循环利用。光气化反应生产中所产生的尾气均需经过后处理，达到排放标准后方能排入大气。光气反应生成产物进入吹气塔，吹出产物中残留的氯化氢，然后经过2~3个蒸馏塔进行蒸馏提纯后获得精制TDI产品。

（三）光气及光气化物料危险性分析

1. 光气及光气化物料的危险性

光气及光气化产品所用的主要物料有一氧化碳、氯气、胺类、醇类、酸、甲苯等。这些物质均具有易燃易爆、易中毒的性质，在使用和生产过程中，对安全的要求极高。因此，要充分认识其危险性，进而采取有针对性的措施，才能使光气及光气化工艺处于有效的控制中。

1）一氧化碳

一氧化碳在物品火灾危险性分类中属于乙类，是一种易燃易爆的气体，与空气易形成爆炸性混合物，在生产过程中稍有不慎就会有引起火灾的危险，一氧化碳还容易引起人员中毒。一氧化碳是无色、无臭、无刺激性的气体，相对密度0.968，不溶于水，可溶于氨水、乙醇、苯和乙酸，燃烧时火焰呈蓝色，爆炸极限为12.5%~74.2%（体积分数）。

一氧化碳的中毒机理为：一氧化碳被吸入后，通过肺泡进入血液循环，与血红蛋白形成碳氧血红蛋白，碳氧血红蛋白无携氧能力，又不易解离，造成全身组织缺氧。

一氧化碳中毒表现如下：

（1）轻度中毒：血液中碳氧血红蛋白在30%以下时，表现为头痛、头昏、头沉重感、恶心、呕吐、全身疲乏，上述症状在活动时加剧。

（2）中度中毒：血液中碳氧血红蛋白在30%~50%，面部呈樱桃红色，呼吸困难，心率加快，共济失调，甚至出现昏迷、大小便失禁。

（3）重度中毒：血液中碳氧血红蛋白在50%以上，常有昏迷，并出现肌肉痉挛和抽搐，可继发脑中毒、心力衰竭、休克，病死率高，存活者常有后遗症。

2）氯气

氯气在化学品危险性分类中属于2.3类有毒气体，在物品火灾危险性分类中属于乙类，可助燃，有强烈的腐蚀性，可对人体造成较大的伤害。氯气是黄绿色气体，密度为空气的2.45倍；易溶于水、碱溶液、二硫化碳和四氯化碳等；沸点-34.6℃；在高压下液化为深黄色的液体，相对密度1.56；化学性质活泼，与一氧化碳反应可生成毒性更大的光气。

氯气中毒表现如下：

（1）轻度中毒：接触较低浓度时，可产生眼结膜和上呼吸道的刺激症状，如眼及鼻辛辣感、咽喉烧灼感、流泪、流涕、喷嚏、咽痛、干咳等。检查可见眼结膜、鼻和咽黏膜充血，肺部听诊可闻及干性啰音或哮鸣音。

（2）中度中毒：症状加剧，有频发性呛咳、胸部紧迫感，同时有胸骨后疼痛，呼吸困难，并有头痛、头昏、烦躁不安。常有恶心、呕吐、中上腹痛。肺部听诊有呼吸音粗糙，有散在干性啰音。数小时后出现中毒性肺炎，咳嗽，全身无力，肺部有较多的湿性啰音。

（3）重度中毒：可有咳血、胸闷、呼吸困难，发生中毒性肺水肿，咳出大量粉红色泡沫痰。可发生昏迷、休克，或咽喉部及支气管痉挛、水肿而造成窒息。

3）胺类

胺类以 N,N-二甲基甲酰胺为例，其属于3.3类高闪点易燃液体，遇明火、高热或与氧化剂接触，有引起燃烧爆炸的危险，能与浓硫酸、发烟硝酸猛烈反应，甚至发生爆炸。人体中毒会引起肝功能变化。

4）醇类

醇类属于易燃性物质，人接触高浓度醇蒸气会出现头疼及其他刺激性症状，口服可致恶心、呕吐、腹痛、腹泻、昏迷，甚至死亡。

5）甲苯

甲苯是无色透明的液体，有类似苯的芳香气味，熔点-94.9℃，相对密度0.87，化学性质活泼，与苯相似，可进行氧化、硝化反应。甲苯对皮肤、黏膜有刺激性，对中枢神经系统有麻醉作用。其蒸气与空气混合可形成爆炸性混合物，流速过快容易产生和集聚静电。甲苯对环境有严重危害，对空气、水环境及水源可造成污染。

甲苯中毒表现如下：

（1）急性中毒：短时间内吸入较高浓度甲苯可出现眼及上呼吸道明显的刺激症状。眼结膜及咽部充血、头晕、头痛、恶心、呕吐、胸闷、四肢无力、步态蹒跚、意识模糊，重症者可有躁动、抽搐、昏迷。

（2）慢性中毒：长期接触可发生神经衰弱综合征、肝肿大、女性月经异常等，皮肤干燥、皲裂、发炎。

2. 光气及光气化产品的危险性

1）光气

光气为无色有霉烂草样气味的气体，相对密度3.4，沸点8.3℃；加压成液体，相对密度1.392(19/4℃)；易溶于乙酸、氯仿、苯和甲苯等；遇水可水解成盐酸和二氧化碳。光气属于剧毒类物质，其毒性比氯气大10倍。对上呼吸道仅有轻度刺激，主要是光气被吸入后，其分子中的羰基同肺组织内的蛋白质结合（酰化反应），从而干扰了细胞的正常代谢，损害细胞膜，肺泡上皮细胞和肺毛细血管受损，通透性增加，导致化学性肺炎和肺水肿。

2）氯甲酸酯类

氯甲酸酯类一般均属于剧毒类物质，在生产过程中要特别小心，以防接触到引起中毒，甚至死亡。有的酯类如氯甲酸苯酯，在生产过程中如氯化苯的含量过高，则有发生爆炸的危险。有的酯类在生产出来以后要存入冷库放置。

3）异氰酸酯类

异氰酸酯类物质虽然有的毒性并不大，但在操作时也应穿戴好防护用品。

4）酰氯类

酰氯类中像十八酰氯等毒性并不大，但像二甲氨基酰氯等对健康还是有危害的，其主要侵入途径有吸入、食入、经皮肤吸收，对眼睛、皮肤黏膜和呼吸道有强烈的刺激作用。吸入可能由于喉、支气管的痉挛、水肿、炎症，化学性肺炎，肺水肿而致死。中毒表现有烧灼感、咳嗽、喘息、喉炎、气短、头痛、恶心和呕吐。

3. 生产过程中发生火灾的危险性

1）化学品（危险化学品）火灾

生产中的危险化学品，如甲醇、乙醇、氨、一甲胺、二甲胺、三甲胺均有燃爆性质，活性炭具有可燃性，氧气、氯气为助燃物质，遇到各类点火源（明火、电气火花、静电、雷击）可能发生火灾。生产装置中大量存在的可燃性工艺气体，以及焦炭、变压器油和转动设备的各种润滑油等遇到明火源也会发生火灾。

2）电气火灾

现代化的光气及光气化生产装置是用电大户，供电、变电、生产中使用的变压器等电气设备在短路、漏电、过负荷等情况下会发生电气火灾。若电机、灯具、开关等采用非防爆型或防爆等级不够，也极易点燃泄漏的危险物料，从而引起火灾事故的发生。

3）发生火灾的潜在位置

厂区内发生火灾的位置主要有煤气发生炉、一氧化碳气柜、光气合成厂房、光气化产品联合厂房、AKD（烷基烯酮二聚体）生产厂房、制冷站、变压器、配电箱、控制柜和焦炭堆场等。

针对厂区内可能发生的电气及化学品（危险化学品）火灾，相关人员一定要严格遵守安全操作规程，小心细致操作。当在生产中发现有火灾发生时，须及时向领导汇报，根据应急方案，积极采取有效措施。对于化学品（危险化学品）火灾，首先要弄清楚起火物质的性质，然后采取针对性的正确的灭火方法。对于电气火灾，应当首先切断电源，同时进行灭火。

4. 生产过程中发生爆炸的危险性

1）化学性爆炸

光气与光气化工艺中存在的一氧化碳、甲醇、乙醇、氨、一甲胺、二甲胺、氯气等气相物质在局部空间聚集，遇到点火源（明火、电气火花、静电、雷击等）可能发生燃爆事故，发生化学性爆炸的位置有煤气发生炉（气化炉）、一氧化碳气柜（煤气气柜）、光气合成厂房、AKD生产厂房、制冷站等区域。光气与光气化工艺中发生化学性爆炸的主要原因如下：

（1）工艺中存在的一氧化碳、甲醇、乙醇、氨、一甲胺、二甲胺等，都具有易燃易爆的性质，若在生产中设备、管道密闭不好，或操作人员操作不当，极易因剧烈摩擦产生高温和静电火花，从而导致火灾爆炸事故的发生。

（2）处于压力下的工艺气体一旦发生泄漏，其体积就会迅速膨胀，与空气混合形成爆炸性混合物。加之泄漏处工艺气体流速往往都很高，极易因剧烈摩擦产生高温和静电火花，导致着火爆炸事故的发生。

（3）生产装置中能引起火灾爆炸的点火源种类比较多，分布范围广，主要有明火、电气火花、静电火花、高温表面等。这些点火源遇到泄漏的光气及光气化工艺气体，就有可能将其点燃而发生燃烧爆炸事故。

（4）生产装置中存在明火设备，如煤气发生炉、锅炉，检修时的电、气焊作业。此外，烟囱散发的飞火、厂区内未装阻火器的行驶的机动车辆等，都可能引起易燃易爆物质的燃烧和爆炸。据有关资料统计表明，由明火引发的火灾爆炸事故，多数是检修时违章动火所致，由此造成的人员伤亡和财产损失相当大。

（5）生产装置以电能为主要动力时，所涉及的电气设备种类繁多，遍布全厂各个生产工序和操作岗位。电气设备产生的电火花和电弧是引发火灾爆炸的重要原因之一，特别是在有火灾爆炸危险的生产场所，当使用非防爆型或防爆等级不符合要求的电气设备时，会因接触不良、电线绝缘老化等产生电火花和电弧，或使电气设备外表面温度过高，均可能引起工艺气体的燃烧或爆炸。

若发生易燃气体的大量泄漏，此时进行电气设备操作，或在周围产生电火花或电弧，很容易发生爆炸或火灾事故。静电火花是生产中引起火灾爆炸的另一个重要因素。生产中输送的易燃液体、工艺气体等都是导电性差、电阻率较高的物料，它们在设备、管道内高速流动或发生泄漏喷出时，产生的静电不易散失，集聚到一定数量就会发生放电，产生静电火花，是引起燃烧爆炸绝不可忽视的点火源。对于这一点，在光气与光气化生产作业中必须引起高度重视。

2）物理性爆炸

（1）生产装置中的光气合成器及相关设备均为压力容器，且压力管道也遍布于整个生产工序，若操作不当，控制有误或发生泄漏，高压物料会窜入低压系统，可导致低压系统的物理性爆炸。超压操作是发生物理性爆炸的主要原因。

（2）生产装置的供热设备有蒸汽锅炉，锅炉在断水、违章操作或操作失误，锅炉工未经安全技术培训，或锅炉安全附件失灵的情况下，会发生锅炉爆炸，锅炉爆炸一般是物理性爆炸。

（3）生产过程中使用的压力容器，在设备有缺陷，或定期检验、安全附件失效、超压操作、在环境因素的影响下均可能发生物理性爆炸。

（4）厂区内发生物理性爆炸的主要位置在光气合成厂房、锅炉房。针对厂区内易于发生爆炸的场所及位置，相关人员必须做好应对准备，在生产作业过程中严格执行操作规程，对可能存在的安全隐患进行深入细致的排查，做好相应的应急预案，在突发事件来临时能够临危不乱，按照既定的步骤和程序进行操作，努力做到伤亡和损失最小。

5. 生产过程中发生中毒的危险性

毒物伤害是光气及光气化产品在生产过程中最容易并且频繁发生的事故之一。发生中毒的主要原因是操作人员在生产作业过程中接触、使用有毒有害物质的种类和机会较多。光气属高毒化合物和窒息性毒气，毒性比氯气大10倍，空气中最高允许浓度为0.5 mg/m³。因此，不允许将含有光气的尾气或废液直接排空或排入下水道。光气装置应采用的安全措施及中毒抢救措施，应严格按照《光气及光气化产品生产安全规程》（GB 19041—2003）的要求执行。

1）危险化学品自身的毒性作用

光气及光气化产品在生产过程中存在多种有毒有害物质，分布也十分广泛。属于危险化学品的毒性物质主要有光气、氯（液态或气态）、液氨、二氯甲烷、对硝基苯甲酰氯、一氧化碳、十八酰氯、二甲氨基甲酰氯、N,N-二甲基甲酰胺、氯甲酸甲酯、氯甲酸乙酯等。这些物质大多是生产所需原辅材料、中间物料、产品和副产品，它们主要以气态形式对人产生危害。它们的分布几乎涵盖了光气及光气化生产的整个过程，只是在不同的生产工序有种类、数量的差别和主次之分，但中毒的作用是恒定的。

2）不安全物质条件导致中毒

在光气及光气化生产过程中，当设备、管道密封不好，或因腐蚀发生泄漏，或因违章检修，或因操作失误而发生事故等情况时，有毒有害物质会迅速外泄、扩散，瞬间污染作业环境，造成空气中有害物浓度增高甚至超标。若防护不当或处理不及时，很容易发生中毒事故，轻者使人员受到不同程度的毒害，重者使人员发生中毒死亡。特别是具有高度危害且无色无臭的一氧化碳气体，泄漏后不易被人察觉，往往危害更大，后果严重。高浓度的氧、氮、氯也会使人窒息。

3）危险化学品泄漏中毒

光气及光气化产品生产厂内存在的危险化学品，如光气、氯（液态或气态）、氨（液态）、二氯甲烷、对硝基苯甲酰氯、一氧化碳、十八酰氯、二甲氨基甲酰氯等均具有毒性，这些物料泄漏和防护不当时可能会发生中毒事故。

4）作业时措施不当发生中毒

当容器内气体未置换完全而进入容器检修，或不正常泄漏时员工位于设备附近时，均有可能发生人员中毒和窒息。存在的氧、氮在相对密闭空间浓度过高时，也会发生窒息事故。中毒和窒息的危害区域为全厂区，应特别注意防范的是光气、一氧化碳、氯气、氨、氯甲酸甲酯、氯甲酸乙酯中毒。

5）救护措施

遇到光气及光气化产品泄漏的情况，相关人员应先撤离，然后佩戴相应的防护工具，一般是正压式空气呼吸器，穿化学防毒服，进入泄漏现场进行处理。处理后的有毒物质运到专门的处理场处置。除应迅速果断地选择以上方法采取紧急措施外，还需注意以下几点：

（1）设置警戒区，有效控制各种引燃源。警戒区的大小，应根据泄漏气体的密度和泄漏的数量、时间、地形、气象等情况确定。其大小应以所泄漏气体爆炸下限的25%～50%（用测爆仪检测）为准，特别要注意对沟渠等低洼处的检测。

（2）注重自身的防护。应急救援员在抢修现场必须有强有效的防护，确保自身的安全。应急救援员应穿戴手套、靴子、连体防护服、安全帽等专用防护器具，在处置易燃、剧毒或腐蚀性液化气体或火灾事故时，堵漏人员应佩戴空气呼吸器或其他隔绝式呼吸器；要把袖口、裤口扎紧，不要穿化纤衣服；要从上风向接近险区，并尽量减少人员的进入；堵漏人员在操作时不要处在槽体或瓶体的正前方或后方，尽量注意利用掩体；处置完毕，对现场要进行有效的洗消，应急救援员要进行充分的洗浴。

（3）保证统一指挥和信息畅通。泄漏较大时，应当成立指挥部统一指挥协调。指挥员应能及时得到前方堵漏的准确信息，注意监视风向和风力；视实际情况准确判断，迅速作出继续抢险或撤离的决策。警戒应当在泄漏事故确实得到安全可靠处置后，经检查确认无危险时才能消除。

（4）彻底处理外泄气体，不留任何隐患。抢险堵漏结束后，善后处理一定要彻底，不得留有任何事故隐患，这是泄漏气体被封堵住后必须认真做好的重要工作。

6. 生产过程中发生灼伤的危险性

1）化学灼伤

光气生产副产品盐酸及使用的硫酸、二甲氨基甲酰氯等为酸性腐蚀品，氢氧化钠、氨（液态）等为碱性腐蚀品，相关作业场所设备、管道、管件、阀门的泄漏和人员防护不当可能造成化学灼伤。造成化学灼伤的区域主要为光气合成车间，光化产品联合厂房，尾气吸收装置区，氨制冷系统，以及盐酸储存、输送、装车等作业场所。

2）高温物体灼伤

厂区内生产装置使用的蒸汽、高温液体泄漏和蒸汽管道保温材料损坏脱落或损失，若人员防护不当靠近时均有可能发生高温物体灼伤。对高温的带压设备、管道进行检修，可能发生泄漏、火灾爆炸等事故，就更容易发生复合性灼伤。发生高温物体灼伤的场所主要有锅炉房、煤气发生厂房、光气合成厂房、光化产品联合厂房等。

3）冷灼伤

光气及光气产品生产中，场内设置有制冷装置，如果人员在无防护的情况下长期接触氨制冷的管道，有可能发生冷灼伤。发生冷灼伤的一般场所为制冷站。另外，液氨储存、装卸过程中防护不当也可能发生冷灼伤。

三、氯碱电解工艺

（一）基本概念

工业上用电解饱和氯化钠溶液的方法来制取氢氧化钠、氯气和氢气，并以它们为原料生产一系列化工产品，称为氯碱工业。

（二）氯碱电解工艺危险性分析

1. 氢气的火灾危险性

氢气是最轻的气体,不易溶于水,无色无味,能燃烧,燃烧时放出大量的热。如果与空气形成爆炸性混合物,在爆炸极限范围内遇火源,则会发生爆炸。其火灾危险性主要表现在以下方面。

1) 点火能小

点火能是指可燃物质处在最敏感条件下,点燃所需的最小能量。最小点火能越低,点燃所需的能量越小,火灾危险性也就越大。氢气的最小点火能仅为 0.01 mJ,只需很小的能量(如静电火花),就足以引起燃烧爆炸。

2) 爆炸极限范围宽

氢气的爆炸极限范围为 4%~75%,爆炸范围为 18%~59%,并且随着压力、温度的升高,其爆炸极限范围还会变宽。当与氯气混合后,经加热或日光照射即能爆炸,若与氟混合则立即爆炸。

2. 氯气的火灾危险性

氯气是黄绿色的气体,有刺激性气味,能溶于水,易溶于有机溶剂。氯气本身不会燃烧,但它能助燃。氯气能够与绝大多数化学元素和化合物反应。与氢气混合时,氯气中含氢量如果超过 4%,经加热或日光照射即能爆炸。氯气有剧毒性,空气中最高允许浓度只有 0.002 mg/L,超过 2.5 mg/L 时,人吸入会立即死亡。

3. 电解厂房的火灾危险性

精制后的食盐水进入电解槽内,在直流电作用下,先生成氢气、氯气及烧碱溶液。氢气的爆炸下限小于 10%,依据《建筑设计防火规范》(GB 50016—2014)的规定,电解厂房的火灾危险性类别为甲类。

盐、盐水在电解槽内电解,生成易燃易爆的氢气和具有助燃性的氯气。氢气与空气或氯气混合均能形成爆炸性混合气体。盐水在电解过程中有强大的电流通过,如果设备接触不好,绝缘不良,极易产生电火花。如果电解槽、管道密封不良产生气体泄漏,或空气进入电解槽,氢气与空气混合达到爆炸极限,若遇到电火花、明火或其他引爆能量,极易发生火灾、爆炸事故。

电解过程中若电解槽的阳极室液面维持不当,或电解槽氢气出口发生堵塞导致阳极室内压力过高,氢气均可能渗入阳极室内,与氯气混合发生爆炸或火灾。另外,烧碱、潮湿的氯气以及含氯的淡盐水均具有较强的腐蚀性,如果防腐不当会发生设备、管道腐蚀,并引发火灾、爆炸事故。

4. 氯碱电解工艺的爆炸危险性

1) 管道输送的爆炸危险性

氯气总管含氢量大于 0.5%,氯气液化后尾气含氢量大于 4%,都有发生爆炸事故的可能性。氢气管道出现负压,空气漏入,形成爆炸性混合气体,达到爆炸极限时,遇明火或其他能源,就可能发生爆炸。此外,在液氯工段由于三氯化氮的富集,也存在发生爆炸的危险性和可能性。

2) 氯气储存的爆炸危险性

氯气储存设备在氯气干燥的条件下不会发生腐蚀，但是在含水量超过 50×10^{-6} 后氯气就能够与水作用生成酸，对钢瓶或容器进行腐蚀，使储存设备穿孔，导致泄漏爆炸事故的发生。同时，产生的氢气和氯气混合进入爆炸极限范围而发生爆炸。另外，在酸性条件下，产生的三氯化氮极为活泼，极易发生爆炸。

3) 氯气液化和灌装的爆炸危险性

氯气在液化时，由于氢气在氯气液化时的压力和温度下仍为气态，随着氯气液化量的增加，氢气在剩余气体中的含量随氯气液化量的增加而相对增加，极易形成爆炸性混合物。

4) 三氯化氮的爆炸危险性

三氯化氮是一种比氯有更强氧化性的氧化剂，在空气中易挥发，不稳定。纯的三氯化氮和橡胶、油类等有机物相遇，可发生强烈反应。如果在日光照射或碰撞"能"的影响下，更易发生爆炸。

5) 工艺中存在的引爆危险性

电解工艺过程使用大电流，如果电器线路接触不良，绝缘达不到要求，极易产生电火花成为引火源。如电解槽槽体接地处产生的电火花，排放碱液管道的对地绝缘不良产生的放电火花，断电器因结盐、结碱漏电产生的电火花及氢气管道系统漏电产生电位差而产生的电火花，电解槽内部构件间由于较大电位差或两极之间的距离缩小而产生的电火花。此外，存在雷击放空管引起氢气燃烧等其他引火源。这些引火源均可引起燃烧，进而发展为爆炸。

5. 氯碱电解工艺的中毒危险性

1) 氯（氯气）的中毒危险性

氯气是具有窒息性的气体，有强烈的刺激性和腐蚀性，虽不自燃，但可以助燃，在日光下与其他易燃气体混合时会发生燃烧和爆炸，可以和大多数元素或化合物发生反应。氯气剧毒，在 0 ℃、599986 Pa 下凝结为金黄色液体；在 20 ℃时 100 mL 水中能溶解氯气 0.7291 g，液氯相对密度 1.557（-34 ℃）、2.13（-195 ℃）。化学性质活泼，几乎与所有元素都能产生作用。氯气毒性强，对眼、黏膜、呼吸道均有刺激作用，大量吸入可致死，制备氯气应在通风条件下操作。

2) 三氯化氮的中毒危险性

三氯化氮分子量为 120.5，常温下为黄色黏稠的油状液体，相对密度为 1.653，-27 ℃以下固化，沸点 71 ℃，自燃爆炸点 95 ℃。纯的三氯化氮和橡胶、油类等有机物相遇，可发生强烈反应。

三氯化氮液体在空气中易挥发，在热水中易分解，在冷水中不溶，溶于二硫化碳、三氯化磷、氯、苯、乙醚、氯仿等。在硫酸氨溶液中可以存放数天，在酸、碱介质中易分解。在湿气中易水解成一种常见的漂白剂，显示酸性，与水反应的产物为次氯酸和氨气。

三氯化氮对呼吸道、眼和皮肤有强烈刺激性。人接触较高浓度的三氯化氮，可发生黏膜充血、声哑、呼吸道刺激，甚至窒息，恢复过程较慢，经口食入有高度毒性。

四、氯化工艺

（一）氯化工艺概念

氯化是化合物的分子中引入氯原子的反应，包含氯化反应的工艺过程称为氯化工艺，主要包括取代氯化、加成氯化、氧氯化等，化工生产中的这种取代过程是直接用氯化剂处理被氯化的原料，在被氯化的原料中，比较重要的有甲烷、乙烷、戊烷、天然气、苯、苯甲基等，常用的氯化剂有液态或气态的氯、气态氯化氢和各种浓度的盐酸、磷酰氯（三氯氧化磷）、三氯化磷、硫酰氯（二氯硫酰）、次氯酸钙（漂白粉）等。

在氯化过程中不仅原料与氯化剂发生反应，其所生成的氯化衍生物也与氯化剂发生反应。因此，在反应产物中除一氯取代物外，总是含有二氯取代物及三氯取代物。所以，氯化反应的产物是各种不同浓度的氯化产物的混合物。氯化过程往往伴有氯化氢气体的形成。

（二）氯化反应的分类

按照被氯化物的结构性质和要求，氯化反应可分为取代氯化、加成氯化和置换氯化（氧氯化）。

1. 取代氯化

取代氯化指的是在烷烃、芳香烃及其侧链上引入氯元素，生成氯代芳烃、烷烃及其衍生物的反应。典型工艺有：

（1）氯取代烷烃的氢原子制备氯代烷烃。
（2）氯取代苯的氢原子生产六氯化苯。
（3）氯取代萘的氢原子生产多氯化萘。
（4）甲醇与氯反应生产氯甲烷。
（5）乙醇与氯反应生产氯乙烷。
（6）乙酸与氯反应生产氯乙酸。
（7）氯取代甲苯的氢原子生产苄苯氯等。

2. 加成氯化

加成氯化指的是不饱和烃类及其衍生物的氯化。典型工艺有：

（1）乙烯与氯加成氯化生产1,2-二氯乙烷。
（2）乙炔与氯加成氯化生产1,2-二氯乙烯。
（3）乙炔和氯化氢加成生产氯乙烯等。

3. 氧氯化

氧氯化是介于取代氯化和加成氯化之间的一种氯化方法。典型工艺有：

(1) 乙烯氧氯化生产一氯乙烯。
(2) 丙烯氧氯化生产 1,2-二氯丙烷。
(3) 甲烷氧氯化生产甲烷氯化物。
(4) 丙烷氧氯化生产丙烷氯化物等。

除了这些常见的氯化工艺外，还有其他可被归为氯化工艺的反应，如硫与氯反应生成一氧化硫，四氯化钛的制备，黄磷与氯气反应生产三氯化磷、五氯化磷等。

(三) 氯化反应原理

1. 氯化剂

氯化剂常用氯单质或其化合物。

1) 氯

氯是一种非金属元素，属于卤族元素之一。氯气在常温、常压下为黄绿色气体，化学性质十分活泼，具有毒性。氯以化合态的形式广泛存在于自然界中，对人体的生理活动也有重要意义。

氯气密度比空气大（3.214 g/L），熔点-101.0 ℃，沸点-34.4 ℃，有强烈的刺激性气味，具有窒息性，剧毒，空气中含量不得超过 0.001 mg/L，常温、常压下为气体，日常中加压、冷凝液化盛于钢瓶中，以利于储存和运输。

2) 氯化氢

氯化氢无色，熔点-114.2 ℃，沸点-85 ℃，空气中不燃烧，对热稳定，到约 1500 ℃才分解。有窒息性的气味，对上呼吸道有强刺激性，对眼、皮肤、黏膜有腐蚀性。密度大于空气，其水溶液为盐酸，浓盐酸具有挥发性。氯化氢的物理性质见表 1-9。

表 1-9 氯化氢的物理性质

项 目	参 数
摩尔质量/(g·mol^{-1})	36.4606
外观	无色吸湿性气体
密度(25 ℃)(g·L^{-1})	1.477(气)
相对密度(水=1)	1.19
相对蒸气密度(空气=1)	1.27
熔点/℃	-114.2 (158.8 K)
沸点/℃	-85 (187.9 K)
溶解性(水, 20 ℃)	72 g/100 mL (标准压力)
饱和蒸气压(20 ℃)/Pa	4225.6

3) 次氯酸钠

次氯酸钠是最普通的家庭洗涤中的"氯"漂白剂。其他类似的漂白剂有次氯酸钾、次氯酸锂或次氯酸钙、次溴酸钠或次碘酸钠、含氯的氧化物溶液、氯化的磷酸三钠、三氢异氰尿酸钠或磷酸三钾等，但在家庭洗涤中通常不使用。漂白剂是能破坏发色体系或产生助色基团的变体。

4）硫酰氯

硫酰氯水解时两个氯原子被羟基取代，生成硫酸和盐酸。与氨反应发生氨解，氯原子被氨基取代。硫酰氯在高温时分解成二氧化硫和氯气。硫酰氯为腐蚀物品，遇水放出有毒氯化氢及硫化物气体，受热产生有毒硫化物和氯化物烟雾。其存放库房应通风低温干燥，与碱类、食品添加剂分开存放。

5）亚硫酰氯

亚硫酰氯又名氯化亚砜，是一种无色或淡黄色发烟液体，有强刺激性气味，遇水或醇分解成二氧化硫和氯化氢，对羟基有选择性取代作用。亚硫酰氯可溶于苯、氯仿和四氯化碳，加热至150 ℃开始分解，500 ℃分解完全。氯化亚砜（$SOCl_2$）分子是金字塔形的（偶极矩1.4D），表明一个孤对电子在S(Ⅳ)中心。相反，没有孤对电子的$COCl_2$是平面的。

6）氯化物

氯化物一般具有较低的熔点和沸点（如氯化铵会"升华"）。部分常见氯化物的熔沸点及相关性质见表1-10。部分金属（如金）溶解在王水中时会产生氯某酸（如氯金酸）、一氧化氮和水。最常见的氯化物为氯化钠，氯化钠是食盐的主要成分，化学式为NaCl。氯化钠的用途广泛，其溶液电解产生氯气、氢气和氢氧化钠，氯气和氢气可用来制备盐酸。氯化钠和氯化钙熔融后电解，用来制取金属钠。氯化钠也是氨碱法制纯碱的原料。

表1-10 部分常见氯化物的熔沸点及相关性质

氯化物	熔点/℃	沸点/℃	相 关 性 质
氯化钠	801	1413	易溶于水，极微溶于乙醇，几乎不溶于浓盐酸
氯化钾	770	1500（部分会升华）	易溶于水、醚、甘油及碱类，微溶于乙醇，但不溶于无水乙醇
氯化锂	605	1350	易溶于水，以及乙醇、丙酮、吡啶等有机溶剂
氯化铁	282	315	棕黑色结晶，易溶于水并且有强烈的吸水性，不溶于甘油
氯化亚铁	670~674	1023	无水氯化亚铁为黄绿色吸湿性晶体，可溶于水、乙醇和甲醇
氯化钙	772	>1600	室温下为白色、硬质碎块或颗粒，易溶于水，溶解时放热
氯化铜	620	993	绿色至蓝色粉末或斜方双锥体结晶，在湿空气中潮解

2. 被氯化物与氯化物

被氯化物是芳香烃及其衍生物，如苯、甲苯、氯苯、硝基苯、蒽、萘等；不饱和烃及其衍生物，如乙烯、乙炔、丙烯等；脂肪烃及其衍生物，如乙烷、丙烷、石蜡烃、醇、醛或酮、羧酸等。

被氯化的芳环上有吸电子基因如硝基、磺酸基团时，氯化反应比较困难，需要催化剂和较高温度；芳环上有给电子基团如氨基、烷基、羟基等基团时，氯取代反应容易，甚至不需催化剂（如酚类、芳胺及烷基苯氯化）。

被氯化物及氯化产物为碳氧化合物及其含氧、硫、氮和氯元素的衍生物，其气体或蒸气与空气混合形成爆炸性混合物，具有燃烧性、爆炸性和伤害性。

3. 氯化反应的特点

1）取代氯化反应机理不同，反应条件和催化剂不同

（1）芳烃取代氯化是亲电取代氯化，氯在三氯化铝、三氯化铁、硫酸、碘或硫酰氯作用下，转化为氯离子或极化氯分子，进攻芳环生成 δ-配合物，进而脱去质子生成氯代芳烃。

（2）甲苯侧链和烷烃取代氯化是自由基反应，反应由光（紫外线）、热或过氧化苯甲酰等引发剂引发。

链引发 $\quad Cl_2 \xrightarrow{\text{光、热或引发剂}} 2Cl\cdot$

链增长 $\quad C_6H_5CH_3 + Cl\cdot \longrightarrow C_6H_5CH_2\cdot + HCl$

$\quad C_6H_5CH_2\cdot + Cl_2 \longrightarrow C_6H_5CH_2Cl + Cl\cdot$

或 $\quad C_6H_5CH_3 + Cl\cdot \longrightarrow C_6H_5CH_2Cl + H\cdot$

$\quad H\cdot + Cl_2 \longrightarrow HCl + Cl\cdot$

氯激发为氯自由基，累积到一定量时反应迅速进行，如丙烷氯以燃烧甚至爆炸速率进行，1 min 内几乎全部转化。

2）取代氯化是连串反应

氯化产物是不同取代程度的混合物。苯的氯化产物是氯苯、二氯苯和三氯苯混合物。烷烃氯化生成一氯代烷的同时，生成二氯代烷，进而生成三氯代烷、四氯代烷乃至多氯代烷。甲苯侧链氯化，其产物是一氯化、二氯化及三氯化的混合物，产物组成取决于氯气、甲苯的摩尔比，其摩尔比越大，多氯化物含量越高。

3）氯化是强放热反应

苯氯化反应放热 131.5 kJ/mol，冷却降温有利于氯化反应，但温度过低，影响氯化速度。

4. 氯化方法及工艺组成

1）氯化方法

氯化方法有液相、气液相、气固相催化、电解等氯化方法。

2）氯化工艺组成

氯化工艺由原料准备单元、氯化反应单元、分离精制单元组成。

（1）原料准备单元包括原料净化、预热或压缩、气化、混合等过程。例如，乙炔以次氯酸钠洗涤除去硫化氢、磷化氢、砷化氢等，氯化氢预热、乙烯催化脱炔、空气干燥压缩等。

（2）氯化反应单元包括反应器，如苯沸腾氯化器、乙炔转化器、乙烯氧氯化器等；冷却装置，如苯蒸发—冷凝—回流装置，乙烯氧氯化器的汽包和冷却软水系统、乙炔转化器的冷却软水系统等；催化剂分离回收装置等。

（3）分离精制单元包括水洗、碱洗、吸收-解吸、气体分离、精馏等。例如，水洗除去乙醛、氯化氢，碱洗除去氯化氢、二氧化碳等。

（四）氯化工艺危险性分析

1. 氯化物料的危险性

1）苯

苯（C_6H_6）是一种烃类化合物，也是最简单的芳烃，在常温下是甜味、可燃、有致癌毒性的无色透明液体，并带有强烈的芳香气味。它难溶于水，易溶于有机溶剂，本身也可作为有机溶剂。苯具有的环系叫苯环，苯环去掉一个氢原子以后的结构叫苯基，用Ph表示，因此苯的化学式也可写作PhH。苯是一种石油化工基本原料，其产量和生产的技术水平是一个国家石油化工发展水平的标志之一。

苯能与水生成恒沸物，沸点为69.25 ℃，含苯91.2%。因此，在有水生成的反应中常加苯蒸馏，以将水带出。最小点火能0.20 mJ，爆炸极限（vol）8.0%~1.2%，燃烧热3303.08 kJ/mol（25 ℃，气体）。不溶于水，溶于乙醇、乙醚和丙酮等多数有机溶剂。

2）乙炔

乙炔（C_2H_2）俗称风煤和电石气，是炔烃化合物系列中体积最小的一员，主要作工业用途，特别是烧焊金属方面。乙炔在室温下是一种无色、极易燃的气体，电石制的乙炔带有特殊的臭味，纯乙炔是无臭的。工业用乙炔因混有硫化氢、磷化氢、砷化氢而有毒，有一股大蒜的气味。在空气中爆炸极限（vol）2.3%~72.3%。在液态和固态下或在气态和一定压力下有猛烈爆炸的危险，受热、震动、电火花等因素都可以引发爆炸，因此不能在加压液化后贮存或运输。微溶于水，溶于乙醇、苯、丙酮。在15 ℃和1.5 MPa时，乙炔在丙酮中的溶解度为237 g/L，溶液是稳定的。

3）氯

氯气的火灾危险性为乙类，本身在空气中不燃，但可助燃，一般可燃物大都能在氯气中燃烧。一般易燃液体或蒸气都能与氯气形成爆炸性混合物，能与乙炔、氨、燃料气、氢气、金属粉末等猛烈反应发生爆炸或生成爆炸性物质。氯气对金属或非金属都有腐蚀作用，在高热条件下与一氧化碳作用，生成毒性更大的光气。

氯气与氢气的混合物在常温下缓慢化合，但在强光照射时反应加快，甚至发生爆炸反应，氯气与氢气混合的爆炸极限为5%~87.5%（体积分数）。

氯气主要经呼吸道和皮肤黏膜侵入（造成眼睛和皮肤损害）。空气中氯浓度较高时侵入呼吸道深部，损害上呼吸道。氯可引起急性结膜炎，高浓度氯气或液氯可引起眼灼伤。液氯或高浓度氯气可引起皮肤暴露部位急性皮炎或灼伤（化学性冻伤）。氯气的主要危害见表1-11。

第一章 危险化学品基础知识

表 1-11 氯气的主要危害

空气中的浓度	吸入伤害程度
极高浓度	"电击样"死亡
0.09%（1200 mg/m³）	5~10 min 致死
0.0425%（55 mg/m³）	30~60 min 致死
0.00175%（22 mg/m³）	30~60 min 致重伤
低浓度	长期吸入可引起慢性支气管炎、支气管哮喘、职业性痤疮及牙齿酸蚀

4）乙酸

乙酸，也叫醋酸（36%~38%）、冰醋酸（98%），化学式 CH_3COOH，是一种有机一元酸，为食醋主要成分。纯的无水乙酸（冰醋酸）是无色的吸湿性固体，凝固点为 16.6 ℃（62F），凝固后为无色晶体，其水溶液呈弱酸性且腐蚀性强。

乙酸有强烈的腐蚀性、刺激性，可致人体灼伤。其蒸气对鼻、喉和呼吸道有刺激性，对眼有强烈刺激作用。皮肤接触，轻者出现红斑，重者引起化学灼伤。误服浓乙酸，口腔和消化道会发生糜烂，重者因休克而致死。慢性影响：眼睑水肿、结膜充血、慢性咽炎和支气管炎。长期反复接触，可致皮肤干、脱脂和皮炎。

车间空气中，乙酸最高允许浓度为 20 mg/m³。

5）氯乙酸

氯乙酸又名一氯乙酸，包装采用聚丙烯编织袋内衬双层塑料袋。在运输过程中，应防止阳光直射、受潮（雨淋等）、包装破损。应储存在阴凉、通风干燥处，远离火种、热源，应与氧化物、碱类、易燃物等物品分开存放。常温下保质期为 1 年，夏季气温较高时不宜长期存放。

氯乙酸有较强的毒性，对人体（皮肤）有致命的腐蚀伤害。吸入高浓度氯乙酸蒸气或皮肤接触其溶液后，会迅速大量吸收，造成急性中毒。吸入初期为上呼吸道刺激症状。中毒后数小时即可出现心、肺、肾及中枢神经损害，重者呈现严重酸中毒。患者可有抽搐、昏迷、休克、血尿和肾衰竭症状。其酸雾可致眼部刺激症状和角膜灼伤。皮肤灼伤可出现水疱，1~2 周水疱吸收。慢性影响：经常接触低浓度氯乙酸酸雾，可有头痛、头晕现象。LD_{50}：76 mg/kg（大鼠经口），255 mg/kg（小鼠经口）。LC_{50}：180 mg/m³（大鼠吸收）。另有资料介绍，用 10% 溶液灌胃，大鼠 LD_{50} 为 55 mg/kg。

一氯乙酸、二氯乙酸作用在皮肤上，能引起严重的灼伤，同时使外皮脱落，工作时应戴防护手套，穿好劳动防护服。

氯乙酸的毒作用机理可能与重要的脂类（如磷酸脱氢酶）的—SH 基反应有关。皮肤侵入是否引起中毒，取决于皮肤受损面积及清理程度，且无明显的潜伏期。国外曾报道在一次意外事故中，一工人约 10% 的皮肤浸渍氯乙酸，虽经彻底清洗，但 10 h 后仍中毒死亡。在豚鼠 5%~10% 的体表上涂抹氯乙酸，动物在 5~10 h 后相继死亡。对呼吸道侵入者，着重于预防和控制肺水肿，而对经皮肤吸收的氯乙酸中毒者，在治疗上除给予对症处理外，未见有特效措施。这意味着一旦形成较大面积的皮肤污染，将造成严重后果。

6）盐酸

盐酸的危险性类别属第8.1类——酸性腐蚀品。盐酸是氯化氢（HCl）的水溶液，属于一元无机强酸，工业用途广泛。盐酸的性状为无色透明的液体，有强烈的刺鼻气味，具有较高的腐蚀性。浓盐酸（质量分数约为37%）具有极强的挥发性，因此盛有浓盐酸的容器打开后氯化氢气体会挥发，与空气中的水蒸气结合产生盐酸小液滴，使容器口上方出现酸雾。盐酸是胃酸的主要成分，它能够促进食物消化，抵御微生物感染。

一般实验室使用的盐酸浓度为 0.1 mol/L，pH=1。盐酸与水、乙醇任意混溶，浓盐酸稀释有热量放出，氯化氢能溶于苯。20 ℃时不同浓度浓盐酸的物理性质数据见表1-12。

表1-12　20 ℃时不同浓度浓盐酸的物理性质数据

质量分数/%	浓度/(g·L^{-1})	密度/(kg·L^{-1})	物质的量浓度/(mol·L^{-1})	哈米特酸度函数	黏度/(mPa·s)	比热容/(kJ·kg^{-1}·℃$^{-1}$)	蒸气压/Pa	沸点/℃	熔点/℃
10	104.80	1.048	2.87	−0.5	1.16	3.47	0.527	103	−18
20	219.60	1.098	6.02	−0.8	1.37	2.99	27.3	108	−59
30	344.70	1.149	9.45	−1.0	1.70	2.60	1410	90	−52
32	370.88	1.159	10.17	−1.0	1.80	2.55	3130	84	−43
34	397.46	1.169	10.90	−1.0	1.90	2.50	6733	71	−36
36	424.44	1.179	11.64	−1.1	1.99	2.46	14100	61	−30
38	451.82	1.189	12.39	−1.1	2.10	2.43	28000	48	−26

7）氢氧化钠

氢氧化钠化学式为NaOH，俗称烧碱、火碱、苛性钠，为一种具有强腐蚀性的强碱，一般为片状或块状形态，易溶于水（溶于水时放热）并形成碱性溶液，另有潮解性，易吸取空气中的水蒸气（潮解）和二氧化碳（变质），可加入盐酸检验其是否变质。

氢氧化钠是化学实验室中一种必备的化学品，亦为常见的化工品之一。氢氧化钠纯品是无色透明的晶体，密度2.130 g/cm^3，熔点318.4 ℃，沸点1390 ℃。氢氧化钠工业品含有少量的氯化钠和碳酸钠，是白色不透明的晶体，有块状、片状、粒状和棒状等形态。

氢氧化钠在水处理应用中可作为碱性清洗剂；溶于乙醇和甘油，不溶于丙醇、乙醚；与氯、溴、碘等卤素发生歧化反应；与酸类发生中和反应而生成盐和水。

8）次氯酸钠溶液

次氯酸钠溶液是微黄色溶液，有类似氯气的气味，非常刺鼻，极不稳定，是工业中经常使用的化学用品。次氯酸钠溶液适用于消毒、杀菌及水处理，也有仅适用于一般工业用的产品。

次氯酸钠适用于根管冲洗。药品分类：口腔科用药—其他常用药。危险性类别：腐蚀品。侵入途径：吸入、食入、经皮吸收。健康危害：经常用手接触次氯酸钠的工人，手掌大量出汗，指甲变薄，毛发脱落。次氯酸钠有致敏作用。

9）硫黄

硫黄的危险性类别属第 4.1 类——易燃固体（有毒），外观为淡黄色固体，危险货物编号 41505，CAS 号 7704-34-9，UN 编号 1350，有块状和粉状两种，块状叫硫黄，粉状叫硫黄粉。溶于苯、甲苯、四氯化碳及二硫化碳，微溶于醇和醚，不溶于水。相对密度（水＝1）粉状 1.950，块状 2.06，熔点 112.8～119 ℃，沸点 446.6 ℃，闪点 207.20 ℃（闭杯），自燃点 232.2 ℃，爆炸下限 2.3 g/m³，最大爆炸压力 2.736×10^7 Pa，最小点火能量 15 mJ。

硫的化学性质比较活泼，当与强氧化剂混合或作用时，能形成爆炸混合物；当与强还原剂混合反应时，又作为氧化剂。遇火容易燃烧，燃烧时呈现蓝色火焰，生成有毒和刺激性的二氧化硫气体，硫粉在空气中飞扬，能形成带电的云状粉尘，达到爆炸下限浓度时，遇火种立即引起粉尘爆炸，当硫体受到撞击和摩擦时，即可引起爆炸。硫对撞击、摩擦比较敏感，进行装卸、搬运、堆码、加工等作业时产生的静电，足以达到燃点所需的能量。因此，工作人员必须穿工作服，戴防尘眼镜，在各种操作中要轻搬、轻放，防止撞击，使用机械作业时要有防爆措施，禁止使用易产生火花的钢制工具，应使用铜制或钢制合金的工具。工作完毕，应彻底清扫现场，工作人员洗手、漱口后方可进食。发生硫火灾时可用砂土、水灭火。硫为易燃固体，所以库房应通风良好。严禁与氧化剂、强还原剂、酸碱类性质不同或相抵触的物品同库或同货场储存。

10）乙酸酐

乙酸酐为无色透明液体，有强烈的乙酸气味，味酸，有吸湿性，溶于氯仿和乙醚，缓慢地溶于水形成乙酸，与乙醇作用形成乙酸乙酯。密度 1.080 g/cm³，熔点 -73 ℃，沸点 139 ℃，折射率 1.3904，闪点 49 ℃，燃点 400 ℃。低毒，半数致死量（大鼠，经口）1780 mg/kg。易燃，有腐蚀性，勿接触皮肤或眼睛，以防引起损伤，有催泪性。

乙酸酐 UN 编号 1715，分子式 $(CH_3CO)_2O$，其蒸气与空气可形成爆炸性混合物，遇明火、高热能引起燃烧爆炸，与强氧化剂接触可发生化学反应。应与氧化剂、还原剂、酸类、碱类、活性金属粉末、醇类等分开存放，忌混储。

乙酸酐具有腐蚀性、刺激性，可致人体灼伤。吸入后，对呼吸道有刺激作用，引起咳嗽、胸痛、呼吸困难。其蒸气对眼有刺激性，眼和皮肤直接接触其液体可致灼伤。口服灼伤口腔和消化道，出现腹痛、恶心、呕吐和休克等症状。受其蒸气慢性作用的工人，会有结膜炎、畏光、上呼吸道刺激等症状。

11）三氯化氮

三氯化氮（nitrogen trichloride）化学式 NCl_3，为黄色、油状、具有刺激性气味的挥发性有毒液体。三氯化氮的性质很活泼，很容易水解生成氨和次氯酸，为强氧化剂。三氯化氮是一种危险且不稳定的物质，分子量 120.5，常温下为黄色黏稠的油状液体，相对密度

1.653，−27 ℃以下固化，沸点71 ℃，自燃点95 ℃。纯的三氯化氮和橡胶、油类等有机物相遇，可发生强烈反应。如果在日光照射或碰撞"能"的影响下，更易爆炸。当体积分数为5%～4%时能自燃爆炸，60 ℃时受震动或在超声波条件下可分解爆炸。在容积不变的情况下，爆炸时温度可达2128 ℃，压力高达531.6 MPa。空气中的爆炸温度可达1698 ℃。

三氯化氮毒性较大，刺激皮肤、眼睛和呼吸道黏膜。

12）酰氯

酰氯是指含有羰基氯官能团的化合物，属于酰卤的一类，是羧酸中的羟基被氯替换后形成的羧酸衍生物。最简单的酰氯是甲酰氯，但甲酰氯非常不稳定，不能像其他酰氯一样通过甲酸与氯化试剂反应得到。常见的酰氯有乙酰氯、苯甲酰氯、草酰氯、氯乙酰氯、三氯乙酰氯等。

13）二氯乙酸

二氯乙酸的危险性类别属第8.1类——酸性腐蚀品。二氯乙酸为无色有刺鼻气味的液体，能与水、乙醇、乙醚混溶，可燃，其蒸气对皮肤及眼睛有强烈刺激性。

2. 氯化工艺过程及其危险性

1）液氯储存及其危险性

液氯储存有固定储存和移动储存两种，固定储存设备有不同容积的液氯储罐，移动储存设备有液氯钢瓶。无论何种储存设备，均属压力容器，其使用及维修应符合《特种设备安全监察条例》的规定。

液氯易挥发，为高毒化学品，严重危害健康，污染环境。液氯一旦泄漏，迅速挥发蔓延扩散，人体吸入会受到刺激，造成呼吸系统损伤，甚至猝死，极易导致中毒事故、环境污染事故的发生，影响巨大，危害严重。

液氯储存量大，危险性高，储存作业安全要求不可掉以轻心。液氯储罐存量不得超过容积的60%，采用低液位运行，设备备用罐以备紧急情况倒罐，罐区安装固定远传式有毒气体报警仪，作业人员配备便携式可燃气体和有毒气体报警仪。

罐区液氯泄漏处置的方法和措施是设置碱液喷淋装置，在储罐周边形成稀碱液水幕，中和吸收泄漏的高浓度氯气，防止其扩散弥漫，此为第一级防范；未被中和吸收的氯气，以雾化捕消剂捕消，此为第二级防范；采用雾状消防水吸收处理未被捕消而扩散的氯气，此为第三级防范。

液氯储罐必须定期检验探伤，防止设备老化引起氯气泄漏。氯气管道采用钛管，防止钢衬胶脱落导致氯气泄漏。严格液氯钢瓶管理，执行验瓶、洗瓶及复核规程。液氯钢瓶的主要技术指标见表1-13。

2）液氯气化的危险性

液氯作为氯化剂，使用前需要气化，例如，苯氯化生成氯苯，乙酸氯化生成氯乙酸，氯气通入氢氧化钠水溶液中制取次氯酸钠、环氧氯丙烷、氯化石蜡等，均需要先将液氯气化。液氯气化，即将液氯钢瓶与液氯汽化器连接，汽化器用热水加热，控制液氯流量、压力，控制液氯气化的气化压力与温度，使液氯定量转化为气态。氯气饱和蒸气压与温度的关系见表 1-14。

表 1-13 液氯钢瓶的主要技术指标

型号	气压试验压力/MPa	容积/L	材质	自重/kg	使用温度/℃	合金堵个数（熔点65 ℃）	-30 ℃充装氯/%	充装系数/(kg·L⁻¹)	尺寸(外径×总长)/(mm×mm)
0.5 t	2	832	16MR	440	-40~60	6	77.5	1.202	810×2000
1 t	2	415	16MR	231	-40~60	3	77.6	1.205	608×1800

表 1-14 氯气饱和蒸气压与温度的关系

温度/℃	-20	-15	-10	-5	0	5	10
绝对压力/kPa	189.65	226.66	271.55	322.82	381.18	447.5	521.01

液氯气化的危险性，主要是气化速率过快、加热温度过高，超压或超温导致氯气泄漏；液氯气化残液三氯化氮富集，因排放不及时造成浓度超标，因剧烈气化蒸发、震动、高温等因素，导致汽化器中三氯化氮爆炸，引发氯气泄漏。因此，严格控制液氯气化压力，严禁采用蒸汽加热，设置热水温度报警仪和氯气压力报警仪，加强气化压力和加热水温的监控，是确保安全运行的重要手段。

3）氯化反应及其危险性

氯化反应物及其产物，如乙炔、乙烯、氯乙烯、二氯乙烷、苯、氯苯等，均为易燃易爆、有毒物质，反应设备一旦发生泄漏，或失去限制，极易导致火灾爆炸和中毒事故。特别是氯化反应放热，乙烯氧氯化合成二氯乙烷反应放热，乙烯深度氯化反应放热，乙炔氯化氢加成氯化合成氯乙烯反应放热，苯氯化生成氯苯反应放热。实现氯化安全生产，必须维持反应温度稳定，反应放热速率必须小于移热速率。

一旦氯化反应放热速率 Q_r 大于移热速率 Q_c，反应热出现"热点"，导致氯化反应恶化，甚至失控，极有可能酿成火灾、爆炸事故。

必须及时有效移除反应热，保持 $Q_r < Q_c$，措施是保证有足够的传热面积，保证冷却剂温度及其流量、氯化物、料配比及其流量、催化剂用量，反应温度与压力等必须符合工艺要求，严禁超温、超压、超量。

4）氯化尾气处理及危险性

氯化过程产生的尾气，主要有氯化产生的氯化氢、未转化氯及被氯化物等，它们具有燃爆危险，以及危害健康和污染环境的能力。

氯化尾气如采用负压引出，冷却冷凝回收凝液，然后用碱液中和洗涤或喷淋吸收，未凝气火炬燃烧或排放。严格控制尾气中易燃易爆物质的含量，避免形成爆炸性混合物。例如，乙烯氧氯化氢转化完全，碱洗负荷小，设备腐蚀和环境污染轻，循环气氯含量 3.9%~8.0%，接近爆炸极限（危险），贫氧循环 0.5%~2.0%，超过 2.5%报警，3.0%时连锁停车，避免形成爆炸性混合物，从而保障安全。

5）火灾爆炸危险性

（1）乙酸氯化生产氯乙酸的反应，其火灾爆炸危险性主要决定于被氯化物质的性质及反应过程的条件。1 t 氯乙酸需要 98% 冰醋酸 720~760 kg、氯气 900~980 kg，其被氯化物质的易燃易爆性决定了生产过程中存在着爆炸危险。

（2）工艺过程的氯化为放热反应，生产条件包括高温、冷凝等过程，采用负压操作等。生产装置、乙酸储罐区发生泄漏，遇明火、高热或与氧化剂接触有引发燃烧、爆炸的危险，反应放热易造成火灾、爆炸。氯气、乙炔、乙烯、苯、二氯乙烷、氯苯、氯乙烯、氯乙酸等均是易燃易爆物品，一旦泄漏势必导致火灾、爆炸。氯化过程涉及物料的化学结构、组成变化、聚集状态变化、热力学状态变化，既有能量的输入加热和压缩，又有热能的输出。不同乙烯氧氯化温度控制在 220~230 ℃，氧化温度不得超过 250 ℃。乙烯直接氯化低温工艺，反应温度控制在 50 ℃ 左右。氯化过程一旦失效或不能满足移热需要，氯化温度迅速升高，极易引发事故。

（3）生产装置、储罐内介质为液氯、氯气、氯化氢等，具有氧化性和腐蚀性。对材质要求严格，如果设计不当，设备选材不妥，设备安装有差错，设备、容器和管道未设置安全设施，或者安全设施不全、不到位，冷却盘管或夹套等容器易被腐蚀破坏，无论是氯气或氯化物漏入冷却水系统，还是泄漏于环境，极易酿成事故。氯化产品如氯乙烯、二氯乙烷、氯苯等具有火灾、爆炸、毒害等危险性，受热、摩擦、撞击、或接触明火、酸、碱等，极易发生燃烧和爆炸事故。

（4）氯化反应需要严格控制的工艺指标较多，其反应温度、配料比和进料速度等控制指标均有非常严格的要求，如反应必须有良好的冷却系统等。当电源突然中断时，冷却水供应量不足或冷却水中断，进料速度过快等，均可能使大量的反应热量积聚，以及发生温度失控，造成温度过高、物料冲出等，进而引发着火、爆炸。

（5）生产过程中的物料处于气-液交换状态，装置中设置有各种罐、冷凝器、泵等，如果冷却水中断或不足，物料不能及时冷却，造成易燃物料进入氯化氢吸收工序，引起火灾、爆炸事故。采用负压操作如果密封不严，外遇空气易渗漏在设备或管道内，极可能造成设备或管道的爆炸。

（6）乙酸低于 16.7 ℃ 时可能结晶，结晶后会胀破容器，导致介质泄漏。乙酸储罐因长期使用，基础下沉有可能造成罐体变形或罐体因腐蚀而发生穿孔、破裂，储罐装得过满发生溢流等而发生泄漏，装卸及清洗储罐过程中的气体蒸发、挥发，在装卸过程中由于液流的机械搅动作用，会大量挥发出气体，很有可能引起燃烧、爆炸。

（7）氯化装置设备、管道的运行或检修，检修工人在检修前要求化工操作人员置换有毒有害、可燃、易燃的气体、液体，如果置换不合格，导致乙酸、乙酸酐、乙酰氯及氯乙酸等蒸气在受限空间聚集，很有可能与空气形成爆炸性混合物，此时若遇明火（能源），便有发生爆炸的可能。

（8）氯化生产装置使用的主要设备为搪玻璃、钢衬瓷板及塑料、玻璃设备等，易脆易碎。在生产操作或检修作业时若受到敲打和撞击，或在生产过程中氯化反应剧烈，物料冲击过大等，均可能导致设备破碎，这时易燃易爆物料冲出，立即引起燃烧、爆炸。

6）中毒、窒息及化学灼伤危险性

氯乙酸生产中存在的有毒及腐蚀性物质主要有氯、氯乙酸、乙酸、乙酐、盐酸等，其中氯、氯乙酸属剧毒品，而且在生产过程中有毒物质大多以气态形式存在，这样就加大了中毒的危险性。因此，中毒和化学灼伤是氯乙酸工艺过程的主要危险因素之一。导致中毒、窒息及化学灼伤的原因主要有以下几点：

（1）有毒物质大量泄漏。

① 液态物料。液态物料主要是氯乙酸、乙酸等，泄漏立即扩散到地面，一直流到低洼处或人工边界，形成液池，因生产过程是在一定的温度下进行的，泄漏的高温物料不断气化，形成有毒气体环境，危及在场人员的健康甚至生命。

② 气态物料。氯气、氯化氢泄漏后，物料迅速扩散，形成毒气团，可能扩散到界区外的场所，造成人员中毒。

（2）有毒物质的少量泄漏。有毒物质的少量泄漏，可形成局部有毒物质高浓度环境，致使在此环境下工作的人员发生中毒，如果接触的毒物浓度较高，时间较长，有可能发生人员的死亡。

（3）腐蚀性物质泄漏。腐蚀性物质泄漏接触到人体，能造成化学灼伤；接触到建（构）筑物或设备、设施、管道等造成腐蚀，腐蚀严重时可造成事故。

（4）毒物接触的途径。

① 中毒和化学灼伤的一种可能性途径与生产过程中火灾、爆炸泄漏原因相同，但物质中毒的浓度低于爆炸下限，而且现场对点火源进行了有效的控制。因此，泄漏可能不会引起火灾、爆炸，但能造成人员中毒。有些物料，如氯、氯化氢等不燃烧，一般泄漏不会造成火灾、爆炸，但很有可能造成人员中毒或灼伤。

② 进入容器内检修或拆装管道时，容器或管道内的残液有可能造成人员中毒或灼伤。

③ 液氯汽化器、机泵设备等的填料或法兰连接件泄漏，逸出的有毒物质发生人员中毒，如果是腐蚀性物质接触到人体则发生灼伤。

④ 检修人员对机泵进行检修，在拆开时喷出残液，会造成人员中毒或灼伤，液氯汽化器排放时排出氯气，能造成人员中毒。

⑤ 机泵在运行过程中机械件损坏造成泵体损坏，这时即发生泄漏，可引起人员中毒及灼伤。

⑥ 操作人员到储罐上巡检时，呼吸到储罐排出的气体，也有可能发生中毒。

⑦ 乙酸、盐酸、乙酐等物料装卸车时发生泄漏，接触人员造成灼伤。

⑧ 进入设备内作业时由于设备内未清洗置换干净，有可能造成人员中毒，或者虽然进行了清洗、置换，但可能因通风不良，清洗、置换不彻底等原因造成设备内氧含量降

低，有发生窒息的危险。

⑨ 生产装置发生火灾、爆炸事故，产生有毒有害气体，或火灾、爆炸事故造成设备损坏，致使有毒有害物料泄漏、气化扩散，使人员发生中毒、窒息或化学灼伤事故。

7）主要设备的危险性

氯乙酸生产的工艺设备比较复杂而且繁多，大部分为搪玻璃、玻璃设备，非金属设备易脆、易坏、易掉瓷损坏，而且工艺流程长，管道布置走向复杂，有钢管、塑料管、玻璃管、搪玻璃管等金属或非金属管道，它们在交变应力的作用下，易脆、易坏、易碎。

对氯乙酸生产中的氯化釜、液氯钢瓶及气化装置的危险性分析如下：

（1）氯化釜的危险性。氯化釜是氯乙酸硫黄法生产的重要设备之一，也是危险性较大，容易发生泄漏、火灾、爆炸事故的设备。氯化釜是带有搅拌装置的间歇式反应器，是进行氯化反应的主要设备。有毒有害的原料、反应产物均在釜内存在，若发生事故，其后果较一般爆炸事故更为严重。

① 固有危险性物料：氯化釜内乙酸物料属于自燃点和闪点较低的物质，一旦发生泄漏，会与空气形成爆炸性混合物，遇到点火源（如明火、电火花、静电等），有可能引起火灾。原料氯气、反应产物氯乙酸属于毒害品，可能造成人员中毒、窒息。这些原料的固有危险性，决定了其安全生产的重要性，防火、防爆、防毒为氯化釜安全生产的重中之重。

设备装置：如果氯化釜设计不合理，设备结构形状不连续，焊缝布置不科学等，就有可能引起应力集中；如果材质选择不当，制造容器设备时焊缝质量达不到要求，以及热处理工艺和方法不当等，就有可能使材料的韧性降低；如果容器壳体受到腐蚀性介质的侵蚀，强度降低或安全附件缺失等，就有可能使容器在使用过程中发生爆炸。因此，氯化釜的设计要合理，焊接要可靠，选材要适当，热处理要正确，安全附件要齐全。

② 操作过程危险性如下：

（a）反应失控引起火灾爆炸。氯化反应为强放热反应，若反应失控或在生产中停电、停水，造成反应热蓄积，这时反应釜内温度急剧上升，压力增大，超过其耐压能力，就会导致容器破裂，物料在压力的作用下从破裂处喷出，极有可能引起火灾爆炸事故。反应釜炸裂会导致物料蒸气压的平衡状态破坏，不稳定的过热液体会引起二次爆炸（蒸气爆炸），喷出的物料再次迅速扩散，反应釜周围的空间被可燃液体的雾滴或蒸气笼罩，遇到点火源还会发生第三次爆炸，即混合气体爆炸。

（b）水蒸气或水漏入反应器发生事故。加热用的水蒸气、导热油，或冷却用的水漏入氯化釜，可能与釜内的物料发生反应，分散放热，造成温度、压力急剧上升，致使釜内物料冲出，发生火灾事故。

（c）冷凝系统缺少冷却水发生爆炸。物料在蒸发冷凝过程中，若冷凝器冷却水中断，而釜内的物料仍在继续蒸馏循环，会造成系统由原来的常压或负压状态变成正压状态，超过设备的承受能力而发生爆炸事故。

（d）容器受热引起爆炸事故。反应容器由于外部可燃物起火，或受到感温热源热辐射，引起容器内温度急剧上升、压力增大而发生冲料或爆炸事故。

（2）液氯钢瓶及液氯汽化器的危险性。液氯钢瓶和液氯汽化器是氯化工艺的重要设备，也是危险性较大的设备，生产及搬运、存放过程中易于发生泄漏，容易发生事故。

① 液氯钢瓶的基本结构。液氯钢瓶是灌装、储放、运输液氯的专用压力容器，工业上普遍使用的液氯钢瓶按灌装量划分有0.5 t和1 t两种。它的基本结构包括瓶体、导管、安全塞、针形阀、保护罩、防震圈等部分。钢瓶瓶体由圆柱形筒体和椭圆形封头组成。筒体由整块钢板卷制而成，整个瓶体只允许由三部分组成（筒体、两个封头），即只允许有一条纵焊缝和两条环焊缝。两封头上设有易熔合金安全装置，易熔合金由50%铋、25%铅和12.5%铬配制成，合金熔化温度为650~700 ℃。液氯钢瓶上的安全塞数量：0.5 t容量的设有3个，1 t容量的设有4~6个。

② 危险性分析如下：

（a）电动吊车吊装液氯钢瓶时，如果操作不当液氯钢瓶坠落，出现瓶阀附件损坏或安全附件损坏，导致氯气泄漏。

（b）开启和关闭出口瓶阀时用力过猛或强力关闭，出口瓶阀部件损坏导致氯气泄漏。

（c）汇流排组和输送氯气的管道选材不当，造成氯腐蚀或承压能力不足，导致氯气泄漏。

（d）管道上的联排部位，如阀门、法兰等部位密封不好，导致氯气泄漏。

（e）使用了不符合安全规定的液氯钢瓶，搬运、吊装、使用过程中导致氯气泄漏。

（f）没有对氯气钢瓶残液进行分析、检验，或使用氯气时未保留定量液氯，汽化器没有及时排污，液氯钢瓶及汽化器中三氯化氮积聚。

（g）液氯汽化系统未设置止逆阀，乙酸等活性物料倒灌入氯瓶内引发爆炸。

（h）液氯钢瓶在阳光下暴晒，钢瓶超压，或靠近明火、蒸汽等高温热源，使液氯膨胀导致超压，发生爆炸。

五、硝化工艺

硝化过程是指在有机化合物中引入硝基，取代其氢原子而生成硝基化合物的反应过程，在有机化学工业生产中，特别是在染料、炸药、农药及某些药物生产中应用十分普遍。硝化方法可分为直接硝化法、间接硝化法和亚硝化法，分别用于生产硝基化合物、硝胺、硝酸酯和亚硝基化合物等。涉及硝化反应的工艺过程为硝化工艺。硝化过程中，所用硝化剂是强氧化剂，被硝化的产物大多数易燃。硝化反应是放热反应，如果操作不当，容易发生安全事故。一些重要的硝化产品见表1-15。

（一）硝化反应原理

硝化反应原理是硝化工艺作业的技术基础，掌握硝化反应的类别、特点、物料性质是硝化工艺安全作业、安全生产的关键。

表 1-15 一些重要的硝化产品

硝化产品	硝化原料	生产方法	主要用途
硝基苯	苯	混酸硝化法	苯胺和聚氨酯、染料、农药、医药、香料、溶剂等
硝基甲苯	甲苯		
2-硝基萘	萘		
1-硝基蒽醌	蒽醌		
硝基酚	苯酚		
硝基氯苯	氯苯		

1. 硝化反应及其分类

硝化反应是在被硝化物分子中引入硝基（—NO_2）制造硝基化合物的化学过程，根据被硝化物中引入的是硝基（—NO_2）还是亚硝基（—NO），分为硝化反应和亚硝化反应；根据硝基（—NO_2）取代原子的不同，分为取代硝基反应和置换硝基反应。硝基取代酚或醇羰基氧原子上的氢生成硝酸酯的反应，称为硝酸酯化。

2. 被硝化物与硝化产物

苯、甲苯、氯苯、甘油、甲烷、乙烷、纤维素等被硝化，生产的硝基苯、硝基酚、硝基氯苯、硝化甘油、硝基甲烷、硝基乙烷、硝酸纤维素等硝化产物，均属有机化合物。有机化合物具有易燃、低熔点、易挥发、水溶性差、油溶性好、反应速率慢、副反应多等特性。

3. 硝化剂

硝化剂是不同浓度的硝酸、混酸（硝酸与硫酸的混合物）、硝酸盐与硫酸、硝酸的乙酐溶液等，这些物质能产生硝化活泼质点——硝酸正离子（NO_2^+）。硝酸亲水性强，能促使硝酸离解为 NO_2^+：

$$HNO_3 + 2H_2SO_4 = NO_2^+ + H_2O + 2HSO_4^-$$

故浓硫酸与浓硝酸或发烟硝酸的混合酸，避免了生成水稀释硝酸，而且硝酸被硫酸稀释，降低了其腐蚀性和氧化性。

硝酸与乙酐可以任意比例混溶，常用的是 10%～30% 的硝酸-乙酐溶液。硝酸-乙酐溶液用前配制，若放置过久，易产生有爆炸危险的四硝基甲烷：

$$4(CH_3CO)_2O + 4HNO_3 = C(NO_2)_4 + 7CH_3COOH + CO_2\uparrow$$

以乙酸、四氯化碳、二氯甲烷、硝基甲烷等为溶剂时，硝酸产生 NO_2^+ 缓慢，反应比较温和。

1）硝酸

纯硝酸、发烟硝酸及浓硝酸很少分解，主要以分子状态存在，如质量分数为 75%～95% 的硝酸有 99.9% 呈分子状态。100% 的纯硝酸中有 96% 以上呈 HNO_3 分子状态，仅约 3.5% 的硝酸呈分子间质子转移，离解成硝酸正离子（NO_2^+）和硝酸根。

硝酸具有氧化性，在硝化反应的同时，常有氧化副产物伴生。当硝酸中的水分增加

2）浓硝酸硝化

这种硝化往往要用过量很多的硝酸，过量的硝酸必须设法利用或回收，因而使它的实际应用受到限制。

3）浓硫酸介质中的均相硝化

当被硝化物或硝化产物在反应温度下为固体时，常常将被硝化物溶解于大量浓硫酸中，然后利用硫酸和硝酸的混合物进行硝化。这种方法只需要使用过量很少的硝酸，一般产率较高，缺点是硫酸用量大。

4）非均相混酸硝化

当被硝化物或硝化产物在反应温度下都是液体时，常常采用非均相混酸硝化的方法，通过剧烈的搅拌，使有机相被分散到无机相中而完成硝化反应。

5）有机溶剂中硝化

这种方法的优点是采用不同的溶剂，常常可以改变所得到的硝基异构产物的比例，避免使用大量硫酸作溶剂，以及使用接近理论量的硝酸。常用的有机溶剂有乙酸、乙酸酐、二氯乙酸等。

2. 硝化工艺的基本构成

硝化工艺包括硝化剂配制与计量、被硝化物准备与计量、硝化反应、酸料分离、精制提纯、废酸回收循环、废水处理等工序。

3. 硝化的主要影响因素

1）被硝化物

被硝化物的性质对硝化方法的选择、反应速率以及产物的组成影响显著。芳环上有—NO、—CHO、—SO_3H、—COOH、—CN 等基团时，硝化速率较快，产物以邻位、对位产物为主；芳环上有—OH、—NH_2、—OR、—CH 等基团时，硝化速率较慢，产物以间位异构体为主。

2）硝化剂

被硝化物不同，所用硝化剂不同。同一被硝化物，硝化剂不同，产物组成也不同。例如，乙酰苯胺硝化时使用不同的硝化剂，产物组成相差很大，见表1-16。

表 1-16 乙酰苯胺在不同介质中硝化的异构体组成

硝化剂	温度/℃	邻位/%	间位/%	对位/%	邻位/对位
$HNO_3 + H_2SO_4$	20	19.4	2.1	78.5	0.25
HNO_3（90%）	-20	23.5	—	76.5	0.31
HNO_3（80%）	-20	40.0	—	59.3	0.67
HNO_3（在乙酐中）	20	67.8	2.5	29.7	2.28

浓硫酸、发烟硫酸或有机溶剂是常用的硝化介质。硝化介质不同，产物异构体比例不同。苯甲醚在不同介质中硝化的异构体组成见表1-17。

表 1-17 苯甲醚在不同介质中硝化的异构体组成

硝化条件	邻位/%	对位/%	邻位/对位
$HNO_3 + H_2SO_4$	31	67	0.46
HNO_3	40	58	0.69
HNO_3（在乙酸中）	44	55	0.80
$NO_2 + BOF_4$（在环丁中）	69	31	2.23
HNO_3（在乙酐中）	71	28	2.54
$C_6H_5COONO_2$（在乙醇中）	75	25	3.00

3）硝化温度

硝化温度影响反应速率、乳化液黏度、界面张力和酸相中芳烃的溶解度。甲苯硝化温度每升高 10 ℃，反应速率较常温增加 1.5~2.2 倍。硫酸稀释热相当于 7.5%~10% 的反应热。苯总硝化热效应为 152.7 kJ/mol，如不能及时移除反应热，硝化温度迅速上升，将引起多硝化、氧化、硝酸分解等剧烈反应，甚至导致事故。因此，反应温度必须严格控制，硝化产生的热要及时移除。

4）搅拌

良好的搅拌和适宜的转速是提高传质、传热效率，提高反应速率和转化率的必要措施。硝化过程中，特别是间歇硝化初始阶段，搅拌中断或桨叶脱落等故障，将导致油相与酸相分层，NO_2^+ 在酸相中积累，再次启动搅拌，反应迅速发生，瞬间释放大量反应热，使硝化过程失控，甚至引发事故。

5）酸油比与硝酸比

酸油比指混酸与被硝化物的质量比，硝酸比指硝酸和被硝化物的摩尔比。提高酸油比，可增加被硝化物在酸相中的溶解量，加快反应速率。但油酸比过大，生产能力下降，废酸量增多。若酸油比过小，则硝化初期酸浓度过高，反应剧烈，温度不易控制。

6）硝化副反应

被硝化物性质、硝化条件或操作等，可导致氧化、脱烷基、置换、脱羧、开环和聚合等副反应发生。

许多副反应与氮氧化物有关，因此，必须严格控制硝化条件，防止硝酸分解，应设法除去或减少硝化剂中氮的氧化物。

（三）硝化工艺危险性分析

在硝化工艺过程中，既有物质状态、组成的变化，又有化学变化。硝化工艺的危险主要来自作业的原辅材料，产品和半产品，带温、带压或负压等作业条件。另外，还有人员的不安全行为及管理上的失误。

1. 硝化物料的危险性分析

硝化物料主要是指被硝化物、硝化剂、硝化产物等。

1) 被硝化物的危险性

（1）苯。苯（benzene，C_6H_6）为有机化合物，是组成结构最简单的芳香烃。其密度小于水，具有强烈的特殊气味。可燃，有毒，为 IARC 第一类致癌物。苯不溶于水，易溶于有机溶剂，本身也可作为有机溶剂。如用水冷却苯，可凝成无色晶体。其碳与碳之间的化学键介于单键与双键之间，称大π键，因此，同时具有饱和烃取代反应的性质和不饱和烃加成反应的性质。苯的性质是易取代、难氧化、难加成。

① 基本用途。主要用于脂肪、树脂和碘等的溶剂，测定矿物折射率，有机合成，光学纯溶剂，高压液相色谱溶剂。用作合成染料、医药、农药、照相胶片以及石油化工制品的原料，清漆、硝基纤维素漆的稀释剂，脱漆剂、润滑油、油脂、蜡、赛璐珞、树脂、人造革等的溶剂。用作合成橡胶、合成树脂、合成纤维、合成塑料的重要原料。苯具有良好的溶解性能，因而被广泛地用作胶黏剂及工业溶剂。

② 基本性质。

a. 物理性质。苯的沸点 80.1 ℃，熔点 5.5 ℃，在常温下是一种无色、味甜、有芳香气味的透明液体，易挥发。苯比水的密度低，为 0.88 g/mL，但其分子量比水大。苯难溶于水，1 L 水中最多溶解 1.7 g 苯。苯是一种良好的有机溶剂，溶解有机分子和一些非极性的无机分子的能力很强，除甘油、乙二醇等多元醇外能与大多数有机溶剂混溶。除碘和硫稍溶解外，一般无机物在苯中不溶解。苯对金属无腐蚀性。

b. 化学性质。苯参加的化学反应大致有三种：其他基团和苯环上的氢原子之间发生的取代反应；发生在苯环上的加成反应（苯无碳碳双键，而是一种介于单键与双键之间的独特的键，且苯环上 6 个碳原子形成了一种特殊的键，令其稳定性进一步增加）；普遍的燃烧（氧化反应，不能使酸性高锰酸钾褪色）。

（2）甲苯。甲苯是有机化合物，属芳香烃，结构简式为 $C_6H_5CH_3$。在常温下呈液体状，无色、易燃。沸点 110.8 ℃，凝固点 -95 ℃，密度 0.866 g/cm³。甲苯温度计正是利用了它的凝固点比水低的特性，可以在高寒地区使用；而它的沸点又比水的沸点高，可以测 110.8 ℃ 以下的温度。因此从测温范围来看，它优于水银温度计和酒精温度计。另外，甲苯比较便宜，故甲苯温度计比水银温度计也便宜。

甲苯不溶于水，但溶于乙醇和苯中。甲苯容易发生氯化，生成苯—氯甲烷或苯三氯甲烷，它们都是工业上很好的溶剂；它可以萃取溴水中的溴，但不能和溴水反应；它还容易硝化，生成对硝基甲苯或邻硝基甲苯，它们都是染料的原料；一份甲苯和三份硝酸硝化，可得到三硝基甲苯（俗名梯恩梯）；它还容易磺化，生成邻甲苯磺酸或对甲苯磺酸，它们作为染料或制糖精的原料；甲苯与硝酸取代的产物三硝基甲苯是爆炸性物质，因此它可以制造（TNT）炸药。

甲苯与苯的性质很相似，工业上应用很广，但其蒸气有毒，可以通过呼吸道对人体造成危害，使用和生产时要防止它进入呼吸器官。

2) 硝化剂的危险性

硝化工艺作业，常用硝酸和硫酸的混合酸作硝化剂。硝化剂的危险性，主要是腐蚀性和氧化性，主要伤害是化学灼伤。

（1）硫酸。硫酸，化学式H_2SO_4，是硫的最重要的含氧酸。无水硫酸为无色油状液体，10.36 ℃时结晶，通常使用的是它的各种不同浓度的水溶液，用塔式法和接触法制取。前者所得为粗制稀硫酸，质量分数一般在75%左右；后者可得质量分数98.3%的浓硫酸，沸点338 ℃，相对密度1.84。

硫酸是一种最活泼的二元无机强酸，能和许多金属发生反应。高浓度的硫酸有强烈吸水性，可用作脱水剂处理木材、纸张、棉麻织物及生物皮肉等含碳水化合物的物质。与水混合时，亦会放出大量热能。其具有强烈的腐蚀性和氧化性，故需谨慎使用。硫酸是一种重要的工业原料，可用于制造肥料、药物、炸药、颜料、洗涤剂、蓄电池等，也广泛应用于净化石油、金属冶炼以及染料等工业中。常用作化学试剂，在有机合成中可用作脱水剂和磺化剂。无色黏稠状液体，有强腐蚀性，有刺激性气味，易溶于水，生成稀硫酸。

（2）硝酸。硝酸是一种具有强氧化性、腐蚀性的强酸，化学式HNO_3，熔点-42 ℃，沸点78 ℃，易溶于水，常温下稀硝酸溶液无色透明。

硝酸不稳定，遇光或热会分解而放出二氧化氮，分解产生的二氧化氮溶于硝酸，从而使外观带有浅黄色，应在棕色瓶中于阴暗处避光保存，也可保存在磨砂外层塑料瓶中（不太建议），严禁与还原剂接触。

浓硝酸是强氧化剂，遇有机物、木屑等能引起燃烧。含有痕量氧化物的浓硝酸几乎能与除铝和含特殊钢之外的所有金属发生反应，而铝和含特殊钢与浓硝酸钝化。浓硝酸与乙醇、松节油、焦炭、有机碎渣的反应非常剧烈。硝酸在工业上主要以氨氧化法生产，用以制造化肥、炸药、硝酸盐等。在有机化学中，浓硝酸与浓硫酸的混合液是重要的硝化试剂。浓盐酸和浓硝酸按体积比3∶1混合可以制成具有强腐蚀性的王水。硝酸的酸酐是五氧化二氮（N_2O_5）。

3）硝化产物的危险性

硝化产物包括主产物和副产物，如硝基苯、二硝基苯及其异构体、三硝基苯及其异构体、硝基酚及其异构体。

（1）硝基苯。硝基苯为淡黄色透明油状液体，具有苦杏仁味，不溶于水，其主要物理性质见表1-18。

表1-18 硝基苯主要物理性质

沸点：210.8 ℃	熔点：5.7 ℃
相对蒸气密度（空气=1）：4.25	相对密度（水=1）：1.20
闪点：87.7 ℃	饱和蒸气压：0.02 kPa（20 ℃）
爆炸下限（体积分数）：1.8%（93 ℃）	辛醇/水分配系数：1.85~1.88
爆炸上限（体积分数）：40%	引燃温度：482 ℃

硝基苯的蒸气与空气混合形成爆炸性混合物，其分解产物为氮氧化物，禁止硝基苯与强氧化剂、氨、胺类等接触或混合。

硝基苯属毒害品，吸入、食入或经皮肤吸收，主要引起高铁血红蛋白血症、溶血及肝损害。

（2）2,4-二硝基甲苯。2,4-二硝基甲苯为淡黄色针状结晶，具有苦杏仁味，遇明火、高热易燃；与氧化剂混合能形成爆炸性混合物；摩擦、震动、撞击可引起燃烧或爆炸；燃烧时产生大量烟雾。

禁止2,4-二硝基甲苯与强氧化剂、强还原剂、强碱等接触或混合，避免受热。

2,4-二硝基甲苯属毒害品，易被皮肤吸收而引起中毒。

（3）2,4-二硝基氯苯。2,4-二硝基氯苯主要物理性质见表1-19。

表1-19 2,4-二硝基氯苯主要物理性质

相对密度（水=1）：1.69	熔点：52~54 ℃
相对蒸气密度（空气=1）：6.98	沸点：315 ℃
辛醇/水分配系数：2.0	闪点：194 ℃
爆炸下限（体积分数）：2.0%	爆炸上限（体积分数）：22.0%

受热或强烈震动，可引起2,4-二硝基氯苯爆炸。应避免其震动、受热，禁止接触强氧化剂、强碱、强还原剂，其分解产物为氮氧化物、氯化氢。2,4-二硝基氯苯为毒害品。

（4）2,4,6-三硝基甲苯。2,4,6-三硝基甲苯属爆炸品，易燃、有毒。应避免受热，禁止接触强氧化剂、强还原剂、酸类、碱类。人体长期接触可出现面色苍白、口唇、耳郭紫绀、"TNT"面容。

（5）硝基苯酚。硝基苯酚为淡黄色结晶，有芳香气味，可溶于热水、乙醇、乙醚，遇高热、明火可燃，有爆炸危险，分解产物为氮氧化物。避免遇到明火、高热、氧化剂，禁止接触强氧化剂、强还原剂、强碱、强酸。硝基苯酚属于有毒物质，能经皮肤和呼吸道吸收，对皮肤有强烈的刺激作用。

（6）氮氧化物。氮氧化物纯品为黄褐色液体或气体，有刺激性气味；可溶于水，其水溶液有腐蚀性，腐蚀性随水含量增加而加剧；氧化性强，遇衣物、锯末、棉花等可燃物燃烧，与燃料及氯代烷等猛烈反应引起爆炸，燃烧产物为有害的氮氧化物。氮氧化物主要损害呼吸道。

2. 硝化单元过程及危害性

硝化工艺主要单元过程有混酸配制、硝化反应、精馏分离、废酸提浓等。

1）混酸配制危险性分析

用配制罐和计量罐配制混酸，是将密度不同的腐蚀性液体混合。混合过程产生大量溶解热，温度可升至90 ℃，甚至更高，若不能及时移除热量，将导致硝酸分解生成大量二氧化氮和水，如系统存在部分硝基物，可能引起爆炸。因此，混酸配制必须在搅拌和冷却

条件下进行,严格控制温度在 30~50 ℃,严格控制加料次序和配比,一般先将硫酸加至水和稀酸,然后加入浓硝酸。否则,容易发生冲料。混酸配制涉及的物料是硫酸、硝酸、浓缩废酸等腐蚀性液体,操作不慎及防护不当,容易造成化学灼伤、设备腐蚀和环境污染等事故。混酸、硫酸、硝酸等具有氧化性,与有机物等接触易发生氧化反应,产生二氧化氮气体,释放大量热能,导致硝化物料喷出,酿成火灾爆炸事故,故不宜用压缩空气搅拌(因压缩空气含水或油类)。

2)硝化反应危险性分析

硝化反应有三类:第一类是硝基($-NO_2$)取代有机化合物分子中氢原子的化学反应,生成物为硝基化合物,也称 C-硝基化合物,如梯恩梯、硝基萘等;第二类是硝酸根取代有机化合物中基的化学反应,生成物为硝酸酯,也称 O-硝基化合物,如硝化甘油、硝化棉等;第三类是硝基($-NO_2$)通过 N 相连生成化合物硝胺的化学反应,生成物也称 N-硝基化合物,如乌洛托品(六亚甲基四胺)经硝化生产的黑索金(环三亚甲基三硝胺)。硝化反应危险性如下:

(1)硝化生产中反应热量大,温度不易控制。硝化反应一般在较低温度下便会发生,易于放热,反应不易控制。硝化过程中,引入一个硝基,可释放出 152.4~153.2 kJ/mol 的热量。在生产操作过程中,若投料速度过快、搅拌中途停止、冷却水供应不良,都会造成反应温度过高,导致爆炸事故发生。例如,某化工厂在硝化罐里硝化蒽醌时,由于温度计失灵,加上操作失误导致冷却水中断,引起硝化罐爆炸。事后模拟试验表明,当罐内温度上升到 170 ℃ 时,便发生爆炸。此外,混酸中的硫酸被反应生成水稀释时,还将产生相当于反应热 7.5%~10% 的稀释热。

混酸制备时,混酸锅会产生大量混合热,使温度可达 90 ℃ 或更高,甚至造成硝酸分解生成大量的二氧化氮和水。如果存在部分硝基物,还可能引起硝基物爆炸。

(2)反应组分分布与接触不均匀,可能产生局部过热。大多数硝化反应是在非均相中进行的,反应组分的分布与接触不易均匀,而引起局部过热导致危险出现。尤其在间歇硝化的反应开始阶段,停止搅拌或由于搅拌叶片脱落搅拌失效是非常危险的,因为这时两相很快分层,大量活泼的硝化剂在酸相中积累,引起局部过热。一旦搅拌再次开动,就会突然引发激烈的反应,瞬间可释放过多的热量,引起爆炸事故。例如,天津某化工厂硝化釜搅拌机停转 10 min 后,拟用机械搅拌,刚一合闸,便发生爆炸,造成主体厂房倒塌,周围建筑遭到不同程度损坏,发生 2 人被砸死、8 人受伤的惨痛事故。

(3)硝化易产生副反应和过反应。许多硝化反应具有深度氧化占优势的链反应和平行反应的特点,同时还伴有磺化、水解等副反应,直接影响到生产的安全。氧化反应出现释放出大量氧化氮气体的褐色蒸气,以及混合物的温度迅速升高而引起硝化混合物从设备中喷出,发生爆炸事故。芳香族的硝化反应常发生生成硝基酚的氧化副反应,硝基酚及其盐类性质不稳定,极易燃烧、爆炸。在蒸馏硝基化合物(如硝基甲苯)时,所得到的热残渣能发生爆炸,这是热残渣与空气中氧相互作用的结果。

(4) 水和硝化物混合产生热量。混酸中进入水会促使硝酸大量分解和蒸发，不仅强烈腐蚀设备，而且还会造成爆炸。水通过设备蛇管和壳体的不严密处渗入硝化物料中时，会引起液态物料温度和气压急剧上升，反应进行很快，可分解产生气体物质而发生爆炸。

(5) 硝化剂具有强烈的氧化性和腐蚀性。常用的硝化剂，如浓硝酸、发烟硫酸、混酸具有强氧化性和腐蚀性，硝酸盐是氧化剂，它们与油脂、有机化合物尤其是不饱和有机化合物接触，能引起燃烧或爆炸。有案例表明，在1,5-二苯氧基蒽醌的硝化装置开车时，因设备和管道预先用有机溶剂洗净，当混酸加入计量槽时，与残留的有机溶剂剧烈反应发生了爆炸。在其他硝化装置中也有硝酸与乙酐、甘油、丙酮、甲醇等有机溶剂偶然混合发生了类似的爆炸事故。

硝酸蒸气对呼吸道有强烈的刺激作用，硝酸分解出的二氧化氮除对呼吸道有刺激作用外，还能使人血压下降、血管扩张。

(6) 硝化产品具有爆炸危险。脂肪族硝基化合物闪点较低，属易燃液体；芳香族硝基化合物中苯及其同系列的硝基化合物属可燃液体或可燃固体；二硝基和多硝基化合物性质极不稳定，受热、摩擦或强烈撞击时可能发生分解爆炸，具有很强的破坏力。它们爆炸的难易程度为：O-硝基化合物最敏感，N-硝基化合物次之，C-硝基化合物再次之。在常温下，只要$2 J/cm^2$机械冲击能量作用于硝化甘油即可引起爆炸。干燥的硝化棉能自燃，受到火焰作用能立即着火，大量燃烧有可能发生爆轰。硝基化合物的蒸气和粉尘毒性都很大，不仅在吸入时能渗入人的机体，而且还能透过皮肤进入人体。硝基化合物严重中毒时，会使人失去知觉。因此，硝化必须在有效搅拌和冷却条件下进行，按照工艺规定的物料配比、加料次序，控制加料速度和加料量。水、有机物等杂质进入系统，将增大硝化的危险性；投料速度过快、冷却水供应减少或中断、搅拌失效或中断，均可能导致系统温度过高，甚至酿成事故。

降低硝化反应危险的一般措施如下：

(1) 严格控制硝化反应温度。①控制好加料速度和配料比，硝化剂的加料应采取双重阀门加料，向硝化器中加入固体物质，必须采用漏斗或翻斗车，严禁将大块物料加入。②反应中应连续搅拌，以保持物料混合良好，温度均匀。搅拌机应配备自动连续的备用电源，防止由于突然断电造成机械搅拌停止。③硝化釜应有足够的冷却面积，并保持连续供给冷却水，以确保及时导出反应热、稀释热等，为此，要配置环状供水管网和两个入水口，并设置高位水槽，其容量要维持0.5 h冷却水供应。④当硝化过程中发现红棕色二氧化氮气体时，应立即停止加料，以控制可能发生的危险。

(2) 防止油与硝化物料接触。①搅拌器采用硫酸作润滑剂，温度计套管用硫酸作导热剂，禁止使用普通机油或甘油。②硝化器盖上不得放置油浸填料。③硝化釜搅拌器的轴上应备有小槽，防止齿轮上的油掉入硝化器中。

(3) 防止冷却水漏入硝化釜。硝化釜夹套中的冷却水压力是微负压，在水的入口管上安装压力表，在进水管、排水管上分别安装温度计，通过监测进、排水口水温的变化，判断夹套焊缝是否因腐蚀而泄漏，以避免硝化物遇水温度急剧上升。为了便于检查，在排水管上可安装电导率自动报警器，当管中漏入极少量酸时，水的电导率会立即发生变化，此时报警器发出报警信号。

（4）设立安全报警装置。①硝化釜应安装自动温度调节器，设置反应温度、加料量及其他自动控制连锁装置，当出现反应温度升高到规定值及搅拌停止等情况时，自动连锁装置启动，避免事故发生。②应安装可移动的排气罩，以便硝化釜的加料口关闭时，排出设备中的气体。③硝化釜应附设相当容积的紧急放料槽，以在发生事故时采取紧急放料措施，放料阀可采用自动控制的气动阀或手动阀。

（5）防止硝化过程中的氧化反应。有机物质遇硝化剂会发生剧烈氧化反应，因此，硝化原料在使用前应进行检验，并仔细地配制反应混合物并彻底除去其中的易氧化组分。

（6）消除生产过程及后处理过程的不安全因素。①硝化设备应确保严密不漏，防止硝化物料溅落到蒸汽管道等高温设施的表面上而引起燃烧或爆炸。②如果发生管道堵塞，可利用蒸汽加温疏通，严禁用金属物件敲打和明火加热。③进行硝化过程中，卸出物料应采取真空卸料法。④硝基化合物具有强烈的爆炸性，在蒸馏硝基化合物时，必须特别小心。由于蒸馏是在真空状态下进行，而硝基化合物蒸馏余下的热残渣与空气中氧作用能发生爆炸，所以，必须采取有效的防爆措施来处理这些残渣。⑤因压缩空气中含有水分或油类，所以制备混酸搅拌时，不宜采用压缩空气搅拌。⑥分析取样应对下层硝化混合物进行，以免未完全硝化的产物突然起火；硝基化合物应在规定的温度和安全条件下单独存放，不得超量储存。⑦在生产厂房中，不准存放起火物品以及与生产无关的用具。

3）精馏分离危险性分析

精馏（分馏）操作是在一定压力下，逐级加热液体混合物使之部分气化，逐级冷却气体混合物至部分冷凝，液相经过多次部分气化，气相经过多次部分冷凝，实现液体混合物分离的一种方法。精馏过程在精馏塔内进行，温度较低的液体在重力作用下，由塔顶自上而下流动，温度较高的蒸汽在压力作用下，自下往上流动，两者在塔盘（或填料）上进行质、热传递。精馏装置由塔体和塔盘（填料）、再沸器、冷凝器、回流器等组成。

原料液一般从塔中间某块塔板进入塔内，该塔板称加料板，加料板之上称精馏段，加料板之下称提馏段（含加料板）。原料在加料板上与塔内气源相汇合，气相上升，液相下降。为维持塔内下降液体和上升蒸汽连续，塔顶蒸汽经冷凝器冷却凝结的液体部分回流，部分采出作产品，下降液体至塔底部分经再沸器气化返回塔内，部分采出作产品。

精馏操作的工艺参数主要包括塔顶温度（组成）、回流比、塔釜温度（组成）、釜液位、进料温度和流量、压力等。工艺参数稳定可控是精馏安全进行的保证。

分离硝化产物和精馏硝化产品是精馏操作的主要目的，其操作的危险性如下：

（1）硝化产物有爆炸危险性。脂肪族硝化物属易燃液体，苯及同系硝化物属可燃液体或可燃固体，二硝基和多硝基化合物的性质极不稳定，受热、摩擦和强烈撞击，均可能发生分解爆炸，其敏感程度：O-硝基物>N-硝基物>C-硝基物。硝化棉易自燃，遇火立即燃烧,大量的燃烧可发生爆轰。

硝基化合物的蒸气、粉尘通过呼吸、皮肤使人中毒,严重者甚至失去知觉。

(2) 精馏过程具有危险性。精馏是气-液相际间的质、热传递过程,而气相、液相物质具有燃烧爆炸危险性;精馏需要连续提供及撤出热能,物料连续气化与冷凝、气-液相逆向流动过程出现异常,塔内构件、回流泵、再沸器和冷凝器等出现故障,均易酿成事故。

(3) 硝基化合物精馏渗入空气易爆炸。在硝基化合物精馏过程中,一般是在真空(减压)的条件下操作,这时,应严防空气渗漏至精馏系统,一旦空气渗入极易发生爆炸事故。因此,必须采取有效的防爆措施,谨慎操作,确保安全。例如,精馏停车应先停进料和停加热,继续抽真空,塔顶保持冷凝,当塔釜温度降至110 ℃以下时,方可排液或解除真空。

(4) 硝基酚盐累积的危险性。硝化过程中产生少量一氧化氮,一氧化氮在混酸中溶解度较大,如有氧气存在则一氧化氮被氧化为二氧化氮。二氧化氮在混酸中溶解度较小,氧化性强,可将硝基芳烃氧化成硝基酚。对硝基酚(黄色晶体,熔点 114.9～115.6 ℃,沸点 279 ℃,并会升华)热稳定性好,但其钠盐受热性质改变,带结晶水的黄色晶体对热和撞击稳定,五结晶水红色晶体对热和撞击相当敏感。

酸性硝基物经水洗,其中的硝基酚与漏碱、钙或镁离子生成硝基酚盐,酚盐溶于水并使硝基物乳化,水分蒸发后酚盐沉淀在蛇管、夹套、再沸器加热表面,或悬浮于硝化物中。骤然升温或停车,或漏入空气,酚盐被加热分解导致爆炸。已有多起爆炸案例缘于硝基酚盐累积、过热。

为防止硝基酚盐累积、过热,精馏采用立式再沸器,大口径回流管蒸汽切线进塔,防止气-液混合物"噎塞";釜液采出管上弯高于再沸器上管板,避免"干板";釜液中间罐设隔板,沉降分离悬浮硝基酚盐。

(5) 含硝基物残渣的危险性。蒸馏残渣焦油含多硝基物、硝基酚及其盐等对热和撞击、空气比较敏感的危险物质,清除、排掉时应特别小心,一旦有闪失,可能酿成重大事故。

4) 废酸提浓危险性分析

废酸的主要成分是硫酸和水,废酸浓缩脱水后用于配制混酸。硫酸水溶液浓缩是一真空闪蒸过程,热废酸依靠自身压力进入闪蒸塔,其压力、温度的突变形成低温真空条件,硫酸中的水分蒸发,硫酸得到浓缩。闪蒸塔内设有加热器,根据浓缩需要可通过加热器补充一定水蒸气。

废酸腐蚀性强,处置废酸必须穿戴橡胶手套、围裙、防护镜、深筒胶鞋,防止废酸的喷溅、溢冒、滴漏造成化学灼伤;如果要搬运盛有废酸的容器,作业前应检查确认装运器具的强度,检查容器是否稳固,一人不得搬运,更不得肩扛容器;废酸液移注使用虹吸管,不得用漏斗,禁止以口吸取,如果皮肤接触了废酸,应擦去后用大量水冲洗并就医。

废酸具有氧化性，应避免有机物如油类、手套、棉丝等杂物落入其中，引发火灾事故。若废酸萃取分离效果达不到要求，一些硝化物将混在其中，若操作失误，硝化物进入废酸浓缩系统，会增加废酸提浓作业的危险性，甚至导致火灾爆炸事故的发生。

六、合成氨工艺

合成氨是最基本的无机化工工业之一，氨是化肥工业和基本有机化工的主要原料。合成氨主要原料有天然气、石脑油、重质油和煤等。

（一）合成氨工艺反应原理

氨是一种重要的含氮化合物，在自然界中很少单独存在，工业生产氨的方法是在高温、高压和有催化剂存在的条件下，利用氮气和氢气直接合成氨，反应式如下：

$$N_2 + 3H_2 \Longleftrightarrow 2NH_3 + Q$$

不同的合成氨厂，生产工艺流程不完全相同，但是无论是哪种类型的合成氨厂，生产过程基本包含以下几个主要生产工序：①原料气制备工序；②脱硫工序；③变换工序；④脱碳工序；⑤少量一氧化碳和二氧化碳的脱除工序（也称净化工序）；⑥压缩工序；⑦氨合成工序。

（二）合成氨工艺介绍

1. 原料气的制取

1）固体原料气化的基本原理

固体燃料气化剂对固体燃料进行热加工，生产可燃性气体的过程，简称造气。

2）固定床加压连续气化法

煤由加压气化炉顶部加入炉内，首先经过干燥层、干馏层，然后进入气化层及灰渣层，灰渣由转动的炉箅不断排入灰锁，再定期排出。氧和蒸汽的混合物由炉底连续通入燃料层，进行逆流气化，生成的粗煤气由上部连续排出，在燃料层中发生的反应变化大致如下：

（1）灰渣层。氧和过热蒸汽混合后进入气化炉，通过炉箅均匀分布到灰渣层中，被离开燃烧层的高温灰渣预热到 1000 ℃以上，而灰渣被冷却到 400~500 ℃，灰锁中含碳量一般为 3%~5%。

（2）燃烧层。气化剂中的氧与气化的碳燃烧，为气化反应提供热量，其反应式如下：

$$C + O_2 \Longleftrightarrow CO_2 + 393.7 \text{ kJ} \tag{1-1}$$

$$2C + O_2 \Longleftrightarrow 2CO + 200.9 \text{ kJ} \tag{1-2}$$

在以上两个反应式中，式（1-1）是主要的。燃烧反应放出的热量，将气化剂加热到 1200~1500 ℃，以供气化反应之需。燃烧层是燃料层中温度最高的区域，为了防止燃烧层发生结渣现象，必须通入过量的蒸汽，因而气化过程蒸汽分解率较低，一般为 35%~40%。

（3）气化层。从燃烧层上升的高温气体，主要成分是水蒸气和二氧化碳，在气化层进行如下反应：

$$C + 2H_2O(汽) \Longleftrightarrow CO_2 + 2H_2 - 90 \text{ kJ} \tag{1-3}$$

$$C + H_2O(汽) \Longleftrightarrow CO + H_2 - 131.4 \text{ kJ} \tag{1-4}$$

$$CO_2 + C \Longleftrightarrow 2CO - 172.4 \text{ kJ} \tag{1-5}$$

$$CO + H_2O(汽) \Longleftrightarrow CO_2 + H_2 + 41 \text{ kJ} \tag{1-6}$$

$$C + 2H_2 \Longleftrightarrow CH_4 + 74.9 \text{ kJ} \tag{1-7}$$

$$CO + 3H_2 \Longleftrightarrow CH_4 + H_2O + 394.6 \text{ kJ} \tag{1-8}$$

在气化层中,二氧化碳还原和水蒸气分解反应是吸热的,使气化层的温度自下而上迅速下降,反应速率也相应减小。加压气化有利于加快气化反应速率,提高气化炉内气化强度。但加压气化更有利于反应式(1-7)及反应式(1-8)向右进行,使粗煤气中甲烷含量高达8%~10%。在生产中,一般采用蒸汽转化法将甲烷加工成合成氨原料气。

(4)干馏层。在干馏层,煤被上升的高温煤气由300 ℃左右加热至700~800 ℃。当温度升到500~600 ℃时,煤开始软化,焦油从中分解出来。温度升到500~800 ℃,甲烷及其他烃类从煤中逸出来。对于含挥发分较高的煤,如年轻的烟煤及褐煤,从粗煤气中可分离出焦油和酚等副产品。

(5)干燥层。加入气化炉的煤被上升的煤气逐渐加热到200~300 ℃,煤中水分逐步蒸发出来。

(6)加压对气化指标的影响。

① 压力对煤气成分的影响。与常压气化相比,加压气化时,煤气中的甲烷和二氧化碳含量增加,一氧化碳和氢气含量下降,其变化情况见表1-20。

表1-20 常压气化与加压气化煤气成分比较

煤气组成		CO/%	H_2/%	CH_4/%	CO_2/%	低热值/(kJ·m^{-3})
混合发生炉煤气		24~31	11~18	—	—	5024~6280
水煤气		37~38	48~50	—	—	10048~11723
加压气化	粗煤气	16~22	38~39	10~11	28~32	10048~11304
鲁奇炉气化	净煤气	24~31	58~59	13~18	2.0~3.5	14654~16747

② 压力对氧气消耗的影响。加压气化有利于生成甲烷反应的进行,而该反应是放热反应,可以作为气化炉中的第二热源,减少碳与氧燃烧反应中原料和蒸汽的消耗。

③ 压力对蒸汽消耗的影响。加压气化时,压力升高,水蒸气消耗量也增大。但是,加压却不利于水蒸气的分解,即水蒸气分解率下降。而且,在实际生产中,还需要用蒸汽来控制炉温,以保证固态排渣顺利进行。因此,总的蒸汽消耗量加压时比常压高2.5~3倍。

④ 压力对生产能力的影响。由于气化压力的提高,既加快了反应的速率,又增加了气-固反应接触的时间,气化强度明显提高。在实际气化过程中,加压气化炉的料层比常压气化炉厚,因此,实际的接触时间还要长些,使气化反应更加充分,几乎接近平衡状

态，碳的转化率较高。

⑤ 压力对煤气产量的影响。提高气化压力，增加了甲烷的生成量，减小了气体的总体积，降低了煤气产率。

（7）鲁奇加压气化工艺——固态排渣。移动床固态排渣加压气化工艺是德国鲁奇（Lurgi）公司于1930年开发成功的块煤气化技术。该工艺原料适应性好，单炉生产能力大。应用该技术最成功的是南非萨索尔堡的煤气液化联合工厂。经过几十年的发展，鲁奇加压气化炉由第一代发展到了第四代（表1-21）。目前，鲁奇加压气化工艺已属于世界上应用最多的气化工艺之一。

表1-21 鲁奇加压气化炉发展历程

发展阶段	第一代	第二代	第三代	第四代
年代	1936—1945	1952—1965	1969—	1978—
炉型	Dg2.6 m 侧面除灰炉型	Dg2.6 m 中间除灰炉型	Dg3.8 m（MARK-Ⅳ型）	Dg5.0 m（SASOL-Ⅲ型）
煤种	褐煤	弱黏煤	不黏煤	所有煤种	所有煤种
生产能力/($m^3 \cdot h^{-1}$)	8000	14000~17000	32000~45000	36000~55000	75000~100000
气化强度/($m^3 \cdot m^{-2} \cdot h^{-1}$)	1500	2600~3200	3500~4500	3500~4500	3800~5000

① 固态排渣加压气化的煤质要求。煤种不同，加压气化后煤气的质量不同。在相同的操作条件下，煤化程度低的煤挥发分高，气化温度低，产生甲烷含量高，煤气的热值高。鲁奇加压气化对煤质的具体要求如下：

(a) 水分：水分可以较高，控制在20%以内。

(b) 灰分：控制煤的灰分小于20%时较为经济。

(c) 粒度：粒度可小于常压气化，并且与煤的机械强度、热稳定性和活性有关。通常，褐煤6~40 mm，烟煤5~15 mm，焦炭和无烟煤5~20 mm，原料颗粒均匀，粒径比为5~8，最小粒径宜在6 mm以上，小于2 mm的粉煤量控制在5%以内，小于6 mm的细粒煤量控制在5%以内。

(d) 黏结性：自由膨胀系数（FSI）7以下的强黏结性煤，以不黏和弱黏煤为好。

(e) 灰熔点（ST）：通常要求ST>1200 ℃，最好高于1400 ℃。

(f) 反应活性：原料煤活性好，有利于改善煤气质量，提高气化强度，降低消耗指标。

② 固态排渣加压气化的主要优缺点如下：

(a) 优点：一是操作稳定可靠。原料煤和气化剂逆流接触，有利于热量交换和反应的充分进行。正常运行时，煤能充分气化，操作指标稳定。炉内设置的煤分布器，能储存一定的煤量以适应输煤系统的波动，也可在加料装置发生故障时，提供一定的检修时间，而不必停炉，从而保证了生产的连续稳定。二是能耗低。加压气化减少了压缩煤气的动力消耗，充分利用了甲烷反应放出的热量，减少了氧的消耗。三是煤气甲烷含量高，用途广，采用不同组分的气化剂可生产各种用途的煤气。四是生产能力大，设备结构紧凑，占地面积小。

（b）缺点：结构复杂，炉内设有破黏和煤分布器、炉箅等转动设备，制造和维修费用高。水蒸气分解率较低，约为40%，因此，蒸汽消耗量高。粗煤气中含有一定数量的焦油和酚，对"三废"的处理和排放造成一定的困难。气化剂需用工业纯氧气，制氧成本高。加压气化炉的材质要求高，机械制造工艺要求较高，造成建设投资较大，煤气成本增加。

（8）鲁奇加压气化工艺——液态排渣。针对固态排渣气化炉的缺点，鲁奇公司与英国煤气公司联合开发了液态排渣气化工艺（BGL）。该工艺气化温度高，灰渣呈熔融态排出。

（a）液态排渣加压气化的工作原理。气化时，送入气化炉中的水蒸气量最小，通过碳的燃烧反应将氧化层的温度提高到原料煤的灰熔点之上，灰渣呈熔融状态从炉中排出。这样，由于消除了结渣对炉温的限制，使气化层温度有了较大幅度的提高，因此，加速了气化反应，从而提高了气化炉的气化强度和生产能力。

（b）液态排渣加压气化炉的工作流程。在气化炉下部，由于炉渣呈熔融状态，经排渣口后进入熔渣急冷室。在熔渣上方，沿径向均匀安装了稍微向下倾斜的8个喷嘴，气化剂及部分煤粉、焦油从风嘴喷入料层底部，恰好汇集在熔渣池中心管的排渣口上，并控制较小的气氧比，使该区域的温度达1500 ℃左右，保证熔渣呈流动状。

（c）液态排渣加压气化的特点如下：

优点：一是生产能力大。直径3.7 m的固态排渣加压气化炉的生产能力为$(30\sim36)\times10^4$ m³/d，而直径3.5 m的液态排渣加压气化炉的生产能力高达200×10^4 m³/d，是固态排渣的5.6~6.7倍。这主要是因为生产能力的提高受到带出数量的限制。而在液态排渣情况下，绝大部分小于6 mm的煤粉可以随气化剂一起由喷嘴喷入，直接进入1500 ℃的高温区气化，这样炉顶的带出物大大减少，在实际生产中就可以较大幅度地提高鼓风速度，强化生产。同时，氧化层温度已不再受灰结渣的限制可以相应提高，加速气化反应，从而强化了生产过程。当然，氧化层温度也不能太高，否则会引起设备材料和其他技术方面的问题。

二是水蒸气消耗量明显降低，水蒸气分解率提高，降低操作费用。排渣方式不同，选择的气氧比差别很大，固态排渣一般采用(6~8)∶1，而液态排渣仅为(1~1.5)∶1。固态排渣大量的水蒸气是用于控制炉温以防结渣的，而液态排渣的蒸汽几乎都用于煤的气化，水蒸气分解率约为95%。

三是煤气的有效成分增加，煤耗下降。液态排渣气化炉中的炉温较高，有利于水蒸气的分解和二氧化碳的还原，抑制了甲烷生成放热反应和一氧化碳的变换反应。因此，煤气组成中甲烷和二氧化碳的含量减少,一氧化碳和氢气的总量增加,CO/H_2上升。煤气组成的变化带来的效果 $CO+H_2$ 组成增加了约25%,煤气热值提高,CO_2含量较低(2%~5%),有利于煤气的净化处理,碳转化率提高,降低了煤耗。在所有气化方法中,液态排渣移动床加压气化的煤耗最低。

四是氧气消耗。氧耗的多少与煤的活性密切相关,不同的排渣方式,氧耗亦不同。当采用活性较高的煤作为气化原料时,由于固态排渣炉可允许较低的炉温,有利于甲烷的生成反应,放出较多的热量,补偿氧化反应放热,使氧耗降低。液态排渣炉的炉温较高,而较高的炉温不利于甲烷生成反应,因而使氧耗增加。液态炉的氧耗比固态炉高10%~12%。当采用活性较低的煤作气化原料时,固态炉就需要较高的气化温度,以保证气化反应的速度,从而使氧耗增加,但液态炉本身有较高的气化温度,因此,炉温对煤的活性并不敏感,此时,液态炉的氧耗略低于固态炉。所以,液态炉适宜于灰熔点低、活性也低的原料煤,固态炉则适宜于灰熔点高、活性也高的原料煤。

五是气化效率和热效率提高。由于液态排渣气化炉的粒度小于6 mm的粉煤随气化剂由喷嘴吹入,进入高温区后能立即气化,降低了带出损失。气化产生的灰、焦油也可经风口再循环回到气化炉内,直至燃尽。气化温度较高,有利于碳的气化反应,灰渣中含碳量低于2%,中试中碳的转化率接近100%。由于水蒸气分解率高,使所含的水汽量很少,当煤气与上部原料接触交换热量时,主要利用的是煤气的显热,降低了煤气的炉出温度,甚至低于某些固态排渣气化炉的煤气炉出温度。因而使煤气带出的显热损失和水蒸气的热损失大大降低。综合以上情况,最终提高了气化效率和热效率。

六是煤种水功能性强。液态炉对煤种的适应性强于固态炉,尤其是对活性较低的煤,液态炉对各种煤的气化结果相当一致。

七是环境污染小。由于蒸汽消耗量小,且水蒸气分解率高,使煤气中的水汽含量大大减少,水处理量仅为固渣气化的1/3~1/4。生成的灰、焦油经风口返回炉内气化。液渣淬冷后成为洁净、黑色玻璃状的熔渣结物颗粒,可与水彻底分离,化学活性极低,对环境无污染。

缺点:对炉体材料在高温、高压下的耐磨、耐腐蚀性能要求高;熔渣池的结构和材质是液态炉的技术关键,有待于进一步的研究。

3)水煤浆加压气化法

水煤浆的气化过程是在气化炉内进行的。浓度60%~70%的水煤浆和纯氧气由喷嘴喷入气化炉,水煤浆被氧气雾化,同时水煤浆中的水分遇热急速气化成水蒸气。粉煤、氧气和水蒸气充分混合,在1300~1500℃的高温下,煤粉颗粒进行部分氧化反应,生成以氢和一氧化碳为主的水煤气。气化过程的基本反应可用下式表示:

$$C_mH_nS_r + m/2O_2 \longrightarrow mCO + (n-2r)/2H_2 + rH_2S + Q$$

由于反应温度高于灰的熔点,因此,煤灰以熔融态的小颗粒分散在煤气中。煤气与熔渣的混合物由气化炉底部排出。

上述反应式仅表示了反应的总过程,实际上气化炉内大致可分为以下三个区域。

(1) 裂解及挥发分燃烧区。当水煤浆与氧气喷入气化炉内后,迅速地被加热到高温,水煤浆中的水急速变为水蒸气,煤粉发生干馏及热裂解,释放出焦油、甲醇、树脂、甲烷等挥发分,煤粉变为煤焦。由于这一区域内氧气浓度高,在高温下挥发分迅速完全燃烧,同时放出大批热量,挥发分燃烧完,因此煤气中只含有少量的甲烷(一般为0.1%以下),不含焦油、酚、高级烃等可凝聚产物。

(2) 燃烧及气化区。在这一区域,氧气浓度较低。一方面煤焦与残余的氧气发生燃烧反应,生成二氧化碳和一氧化碳气体,放出热量;另一方面煤焦在高温下又与水蒸气和二氧化碳发生气化反应,生成氢气和一氧化碳。在气相中,氢气和一氧化碳又与残余的氧发生燃烧反应,放出更多的热量。

(3) 气化区。在此区域,反应物中不含氧气,主要是煤焦、甲烷与水蒸气、二氧化碳进行气化反应,生成氢气和一氧化碳。

在水煤浆气化过程中,煤中硫以硫化氢及有机硫的形式进入气体中,其中90%以上的硫转化为硫化氢。

气化反应生成的煤气中,主要含有氢气、一氧化碳、二氧化碳及水蒸气,另外,还含有少量甲烷及硫化氢。

2. 原料气脱硫

由于生产合成氨的各种燃料中含有一定量的硫,因此,所制备的合成氨原料气中都含有硫化物。原料气中的硫化物对合成氨生产危害很大,不仅能腐蚀设备和管道,而且能使合成氨生产过程中所用的催化剂中毒。此外,硫也是一种重要的化工原料,应当予以回收。脱除原料气中的硫化物的过程称为脱硫。

按脱硫剂物理形态可分为干法和湿法两大类脱硫方法。前者所用脱硫剂为固体,后者为溶液。当含硫气体通过这些脱硫剂时,硫化物被固体脱硫剂吸附,或被脱硫溶液所吸收而除去。

3. 一氧化碳的变换

一氧化碳的变换是指半水煤气借助催化剂的作用,在一定温度下,与水蒸气反应生成二氧化碳和氢的工艺过程。通过变换除去了一氧化碳,又得到了制备合成氨的原料气氢气。反应式如下:

$$CO + H_2O \xrightleftharpoons{\text{催化剂}} CO_2 + H_2 + 41 \text{ kJ/mol}$$

这是一个可逆放热反应,如果单纯在气相中进行,即使温度在1000 ℃,水蒸气用量很大,反应速率仍然极其缓慢。当有催化剂存在时,反应则按下述两步进行:

$$[K] + H_2O(汽) \longrightarrow [K]O + H_2$$
$$[K]O + CO \longrightarrow [K] + CO_2$$

式中　[K]——催化剂;

[K]O——中间化合物。

反应按这种方式进行时，所需的能量少，所以变换反应在有催化剂存在时，速率就可以大大加快。

1）中温变换催化剂

中小型氮肥厂常用的中温催化剂有B107、B109、B112、B113、B114、B115、B116、B117、WB-2、WB-3、DBG、B118、B121等，催化剂中Fe_2O_3不具有催化活性，必须将其还原成尖晶石结构的Fe_3O_4，才能有很好的催化活性。还原时必须同时加入蒸汽，是为了防止已还原的催化剂被还原过渡，生成金属镁，金属镁能促进CO和H_2反应生成甲烷，并能使CO发生分解反应，积炭于催化剂上。同时，加入蒸汽还可以利用已产生的变换反应热来提高下层温度，缩小上下床层温差。

2）耐硫宽温型变换催化剂（耐硫低变催化剂）

目前，中小型氮肥厂使用的低变催化剂主要为钴钼系耐硫催化剂，品种主要有B301Q、B302Q、B303Q、NCBC、NB、JB301、LHB301等。钴钼系耐硫低变催化剂的主要活性成分为氧化钼，以氧化钴为促进剂，以氧化铝为载体。钴钼氧化物活性远远小于其硫化物，因此，在使用前需将MoO_3和CoO转化为MoS_2和CoS，这一过程硫化，硫化时一般以CS_2为硫化剂。

4. 二氧化碳的脱除

在合成氨生产过程中，经变换后气体中含有18%~35%的二氧化碳，它不仅会使氨合成催化剂中毒，而且给清除少量一氧化碳过程带来困难。此外，二氧化碳又是制造尿素、纯碱、干冰的原料。因此，合成氨原料气中的二氧化碳必须除去（利用溶液吸收法）。溶液吸收法根据吸收剂性质的不同，可分为物理吸收法、化学吸收法和物理化学吸收法。

（1）物理吸收法是利用二氧化碳比氢、氮在吸附剂中溶解度大的特性，除去原料气中的二氧化碳。常用的方法有加压水洗法、低温甲醇洗法、碳酸丙烯酯法和聚乙二醇二甲醚法。甲醇对二氧化碳、硫化氢、硫氧化碳等酸性气体有较大的溶解作用，而氢、氮、一氧化碳等气体在其中的溶解度甚微，因而甲醇能从原料气中选择吸收二氧化碳、硫化氢等酸性气体，而氢和氮的损失很小。

（2）化学吸收法是利用二氧化碳与碱性溶液进行化学反应而被除去，常用的有氨水法（磺化）、热钾碱法和乙醇胺法。

（3）物理化学吸收法脱碳时，既有物理吸收又有化学吸收，常用的方法有MDEA、环丁砜法，而环丁砜法应用较少。

（三）合成氨工艺危险性分析

1. 火灾、爆炸

1）造气工段

造气工段采用的主要原料为煤，属可燃固体。在煤堆场，大量的煤堆积在一起，热量如无法及时散出，煤可能产生自燃，而引发火灾。

造气工段主要制造半水煤气，其主要成分为 H_2、CO、CO_2、N_2，以及少量的 CH_4、O_2 和微量的 H_2S。其中，H_2、CO、CH_4 极易爆炸。在生产过程中，一旦空气进入煤气柜、洗气塔、煤气总管，H_2、CO 和 CH_4 等与空气混合形成爆炸性混合气体，遇到明火或获得发生爆炸的最小能量即可发生爆炸。氧含量是煤气生产过程中一个重要的指标，要求控制在 0.5%（体积分数）以下。

另外，在进行停车作业检修过程中，对于设备、管道、阀门等，如果没有进行置换或置换不干净，在动火作业前没有进行动火分析，确定的取样分析部位不对而导致分析结果失真，或者进行作业时，没有采取可靠的隔绝措施，导致易燃易爆气体进入动火作业区域，均可导致火灾、爆炸事故。

造气炉是合成氨生产系统的生产合成氨原料气的关键设备。由于半水煤气不仅极易燃烧、爆炸，有些成分还具有腐蚀性、毒性，而且造气炉在高温条件下运行，其操作条件恶劣，造气周期短，稍有不慎或违反操作规程等都有可能导致造气炉发生爆炸事故。

2）脱硫工段

半水煤气中的 H_2、CO、CH_4、H_2S 等是易燃易爆的气体。在脱硫工段，常因设备或管道泄漏造成火灾、爆炸；也会因操作不慎、设备缺陷等原因，导致罗茨风机抽负压，使得空气进入系统，与半水煤气混合，形成可爆炸性气体，引起爆炸事故。在生产系统的设备和管道表面，由于 H_2S 气体的作用，常会生成一层疏松的铁的硫化物（Fe_2S_3 与 FeS）。该硫化物遇到空气中的氧，极易引起氧化反应，放出大量的热，很快使自身温度升高并达到其燃点而引起自燃。同时，在检修时，设备管道敞开后，也常会因其内部表面铁的硫化物和煤焦油与进入的空气迅速发生氧化反应而引起自燃的现象。

3）变换工段

变换工段是在一定的温度和压力下进行的，既存在物理爆炸的危险性，又存在化学爆炸的危险性。在生产过程中，由于设备和管道在制造、检维修中本身存在缺陷或者气体的长期冲刷，设备、管道会因腐蚀等造成壁厚减薄、疲劳，进而产生裂纹等缺陷，如果不能及时发现、及时消除，极易因设备、管道承受不了正常工作压力而发生物理爆炸，其发生后又可能引发次生火灾及化学爆炸。

半水煤气转换为变换气后，气体中的 H_2 含量显著增加，高温气体一旦泄漏出来，遇空气易形成爆炸性混合物，遇火或热很容易引起火灾、爆炸事故。如果设备或生产系统形成负压，空气被吸入与煤气混合，形成爆炸性混合物，在高温、摩擦、静电等作用下，也会引起化学爆炸。如果生产系统半水煤气中氧含量超过工艺指标，会引起过氧爆炸，违章动火、违章检修也会引起化学爆炸。

4）压缩工段

易燃易爆气体经压缩机加压后，其压力和温度都得到提高，可燃气体的爆炸范围随温度高、压力大而扩大。若高压气体泄漏到空间，即使少量也容易形成爆炸性混合物，同时高温、高压气体泄漏时，气流冲击产生静电火花，极易引起火灾、爆炸事故。

5）醇烃化工段

甲醇和液态烃均属于介电常数较高的危险品，当它们在流动时会与环境介质摩擦生电，积累静电荷到一定程度时放电，产生静电火花，引燃引爆自身或附近其他易燃易爆物质，发生事故。甲醇在常温下是液体，极易燃烧，用水稀释的甲醇在一定温度下仍能够燃烧。甲醇发生泄漏时极易闪燃失火，遇明火、高热、静电火花等激发，不但易发生火灾，而且其蒸气与空气可形成爆炸性混合物，有引起爆炸的危险。

6）合成工段

合成工段属于高温、高压工段，且高压、低压并存，这决定了对生产合成氨的设备、管道必须有更高的要求。如果因为材质本身的缺陷，当制造质量不过关，维修质量不合格，外界压力超过设备、管道的承受压力时，便会发生物理爆炸，同时也会引发化学爆炸。在高温、高压下，H_2对碳钢有较强的渗透能力，形成氢腐蚀，使钢材脱碳而变脆（即氢脆）。N_2也会对设备产生渗氮作用，从而减弱其力学性能。材料自身在高温、高压下会发生持续的塑性变形，改变其金相组织，从而引起材料强度、延伸等力学性能下降，使材料产生拉伸、起泡、变形和裂纹而破坏。氢脆、氮蚀、塑性变形的发生，也可引起爆炸事故的发生。

合成工段主要以H_2为原料，反应生产氨。H_2和NH_3是易燃易爆气体，而且其爆炸极限在高温、高压下将扩大，一旦发生泄漏而与空气混合，极易发生爆炸。

合成氨生产系统存在大量的塔、槽、罐等静设备，由于其大部分承受高温、高压，且压力和温度是经常变化的，同时参与工艺过程的介质绝大多数易燃易爆，有腐蚀性和毒性，因此，如有操作失误、违章动火，或因密封装置失效、设备管道腐蚀，或因受设备、管道、阀门制造缺陷的影响等，将会引起泄漏，形成爆炸性化合物，造成爆炸事故。

合成氨生产系统存在大量的换热器，有的换热工作要求在高温、高压条件下进行，有的换热工作流体具有易燃易爆、有毒、腐蚀性的特点。如果换热器的设计不合理、存在制造缺陷、材料选择不当、腐蚀严重，或违章作业、操作失误和维护管理不善，可能导致换热器发生燃烧爆炸、严重泄漏和管束失控等事故。

7）制氧工段

空气压缩机的火灾爆炸事故多发生在轴瓦、电极及排气管路（管道、冷凝器、油分离器）中，主要原因有：空气压缩机冷却水中断或供应量不足，电动机内产生火花、燃烧或温度高于100 ℃，注油泵或系统出现故障导致润滑油中断或供应量不足，排气管路的积炭氧化自燃。

空气中的危险杂质是烃类化合物，特别是乙炔。在精馏过程中，如果乙炔在液空和液氧中浓缩到一定程度时有发生爆炸的可能。精馏塔爆炸的时间往往在设备启动阶段，停车排放液氧时，或运转不正常，液氧液面迅速下降，有较大幅度的波动时。

液氧从设备或管道的不密闭处泄漏出来，渗透到精馏塔下的木垫或其他可燃物质上，会迅速点燃有机可燃物，遇上火花也会发生猛烈爆炸。

液氧泵泵体内落入铁屑、铝末及珠光砂等异物会发生爆炸事故；泵体内泄漏出的氧与润滑油等接触会发生爆炸事故。

液氧在常温、常压下能迅速气化，易于短时间内在周围形成一定压力的富氧区域，而且由于液氧的大量蒸发，储槽内的乙炔浓度也可能提高，因此，造成起火和爆炸的危险性比气氧大得多，泄漏的液氧与周围的有机物接触会发生火灾或爆炸事故。

2. 中毒、窒息

生产中存在的大量有毒物质，如一氧化碳、硫化氢、五氧化二钒、甲醇等，因设备、管道、阀门的泄漏或设备故障后的毒物泄漏，工作人员吸入或不慎接触，会引发中毒、窒息的伤害事故。其主要危险如下：

（1）在合成氨生产过程中，系统中存在的半水煤气、氮均为有毒物质，这些物质如果大量泄漏，会造成大面积中毒事故。

（2）甲醇生产过程中，甲醇也是有毒物质，当甲醇发生泄漏时，其蒸气或液体被人吸入或食入，会发生人员中毒事故。

（3）二氧化碳属窒息性气体，二氧化碳生产过程中如果发生二氧化碳泄漏会造成人员窒息。

3. 灼烫

在合成氨生产过程中，由于存在着高温蒸汽、高温反应物料、酸碱介质，许多设备、管道属于高温物体，酸碱液体如果处于暴露状态均可能被人体触及，对人体造成高温烫伤或化学灼伤危害。变换、醇烃化与氨合成系统中的高温反应设备、换热器及管道的外壁温度很高，因保温脱落或隔热措施不当，会造成高温物体对人体的烫伤。脱盐水的酸碱溶液可能对人产生化学灼伤。

4. 腐蚀

氮肥生产过程中存在的煤气中的硫化氢、二氧化碳和脱硫液等，特别是硫化氢可以使生产装置、设施长期遭受腐蚀，轻者造成跑冒滴漏，易燃易爆及有毒物质缓慢泄漏，重者使设备、管道、操作平台等的强度降低，进而发生破裂和损坏，造成易燃易爆及有毒物质的大量泄漏，导致火灾爆炸或急性中毒事故的发生。

七、裂解（裂化）工艺

（一）裂解（裂化）概念

烃类裂解是在催化剂存在条件下，对石油烃类进行高温裂解来生产乙烯、丙烯、丁烯等低碳烯烃，并同时兼产轻质芳烃的过程。由于催化剂的存在，催化裂解可以降低反应温度，增加低碳烯烃产率和轻质芳香烃产率，提高裂解产品分布的灵活性。

裂解是在热作用或催化剂作用下，使烃类分子发生碳链断裂，生成较小分子烃类，使重质燃料油加工成辛烷值较高的汽油等轻质燃料油的化学过程。裂化过程可以分为热裂化、催化裂化等。

（二）反应机理

一般来说，催化裂解过程既发生催化裂化反应，也发生热裂化反应，是碳正离子和自由基两种反应机理共同作用的结果，但是具体的裂解反应机理随催化剂的不同和裂解工艺的不同而有所差别。

在 Ca-Al 系列催化剂上的高温裂解过程中，自由基反应机理占主导地位；在酸性沸石分子筛裂解催化剂上的低温裂解过程中，碳正离子反应机理占主导地位；而在具有双酸性中心的沸石催化剂上的中温裂解过程中，碳正离子和自由基反应机理均发挥着重要的作用。

（三）影响因素

同催化剂法类似，影响催化裂解的因素主要包括原料组成、催化剂性质、操作条件、反应装置等。

1. 原料组成

一般来说，原料油的 H/C 和特性因素 K 越大，$BMCL$ 值越小，则裂化得到的低碳烃（乙烯、丙烯、丁烯等）产率越高。原料的残炭值越大，硫、氮基重金属含量越高，则低碳烯烃产率越低。各族烃类作裂解原料时，低碳烯烃产率的大小次序一般是烷烃＞环烷烃＞异构烷烃＞芳香烃。

2. 催化剂性质

催化剂是影响催化裂解工艺中产品分布的重要因素。裂解催化剂应具有高的活性和选择性，既要保证裂解过程中生成较多的低碳烯烃，又要使氢气和甲烷以及液体产物的收率尽可能低，同时还应具有高的稳定性和机械强度。催化裂解催化剂分为沸石分子筛型裂解催化剂和金属氧化物型裂解催化剂两种。对于沸石分子筛型裂解催化剂，分子筛的孔结构、酸性及晶粒大小是能响催化剂作用的三个最重要的因素。而对于金属氧化物型裂解催化剂，催化剂的活性成分、载体和助剂是影响催化作用的最重要的因素。

3. 操作条件

操作条件对催化裂解的影响与其对催化裂化的影响类似，以轻柴油裂解原料的裂解气高压法顺序分离原料的雾化效果和气化效果越好，原料油的转化率越高，低碳烯烃产率也越高。反应温度越高，剂油比越大，则原料油转化率和低碳烯烃产率越高，但焦炭的产率也越高。由于催化裂解的反应温度较高，为防止过度的二次反应，油气停留时间不宜过长，而反应压力的影响相对较小。从理论上分析，催化裂解应尽量采用高温、短停留时间、大蒸汽量和大剂油比的操作方式，才能达到最大的低碳烯烃产率。

4. 反应装置

反应装置形式主要有固定床、移动床、流化床、提升管和下行输送床反应器等。针对催化热裂解工艺，采用纯提升管反应器有利于多产乙烯，采用提升管加流化床反应装置有利于多产丙烯。反应装置是催化裂解的重要影响因素。

5. 催化裂解原料

石蜡基原料的裂解效果优于烷基原料，因此，绝大多数催化裂解工艺采用石蜡基的馏分油或者重油作为裂解原料。对于环烷基的原料，特别是针对加拿大油砂沥青得到的馏分油和加氢馏分油，其重质油国家重点实验室开发了专门的裂解催化剂。初步评价结果表明，乙烯和丙烯总产率接近 30%（质量分数）。

（四）裂解（裂化）主要原料和产品

烃类热裂解制乙烯原料来源很广，按组态分为气态和液态。气态原料有天然气、油田伴生气、炼厂气、液化石油气，以及裂解循环的乙烷、丙烷等。液态原料有原油及其一次加工液体产品（如石脑油、煤油、轻柴油、减压柴油、脱沥青油和渣）和二次加工液体产品（催化裂化加氢汽油、柴油、催化裂化渣油）。目前，我国热裂解主要原料为轻柴油。

裂解产品主要生成物有氢气、甲烷、乙烷、乙烯、丙烯、碳四烃、碳五烃、裂解汽油和燃料油，还有少量一氧化碳、二氧化碳和硫化氢等。

裂解加工原料范围很广，大体上可分为馏分油和渣油两大类。馏分油主要有直馏分油和二次加工产物。直馏分油包括常压馏分和减压馏分，二次加工产物包括焦化蜡油、脱沥青油、润滑油脂蜡的蜡膏、蜡下油。

裂化产物包括气体产品、液体产品和焦炭，气体产物由氢气、硫化氢和 C_1、C_2 烃类等组成。液体产品主要成分为汽油和柴油。

（五）裂解（裂化）过程的特点

（1）裂解（裂化）反应均为吸热反应。反应原料进入反应器之前要经过加热炉加热，以提供所需要的热量，因此，该类装置均使用明火。

（2）裂解（裂化）反应温度很高。热裂解温度高达 750 ℃ 以上，催化裂化的反应温度为 460~510 ℃，催化裂化的催化剂再生温度为 690~710 ℃。反应温度已高于原料和产品的自燃点，一旦装置出现泄漏，原料、产品与空气接触会发生燃烧。在如此高温下，产物会进一步发生二次反应，生成固态焦。

（3）裂解（裂化）原料和产品多为易燃易爆物质。

（六）裂解（裂化）工艺危险性分析

1. 裂解（裂化）工艺的危险特点

裂解（裂化）所用原料、产品、副产品均为易燃易爆、有毒物质。裂解炉采用明火加热，温度高达 1100 ℃，在生产过程中还有超高压蒸汽、高温热油、800 ℃ 高温裂解气、−167 ℃ 的液态乙烯及 −40 ℃ 的液态丙烯等，裂解（裂化）原料处理量大、设备密集度高。因此，裂解（裂化）工艺的危险因素多，事故概率高。一般来说，裂解（裂化）可分为热裂解、催化裂解、加氢裂化三种类型，其过程的危险性如下。

1）热裂解危险性

热裂解在高温、高压下进行，装置内的油品温度一般超过其自燃点，若涌出油品就会立即起火，热裂解过程中产生大量的裂化气，且有大量气体分馏装置；若泄漏，会形成爆炸性混合物，遇加热炉等明火，有发生爆炸的危险。在炼油厂各装置中，热裂解装置发生的火灾次数是较多的。

2）催化裂化危险性

催化裂化一般在较高温度（460~520 ℃）和 0.1~0.2 MPa 压力下进行，火灾危险性较大。若操作不当，再生器内的空气和火焰进入反应器中会引起恶性爆炸。U 形管上的小设备和小阀门较多，易漏油着火。在催化裂化过程中还会产生易燃的裂化气，以及在烧焦活化催化剂不正常时，还可能出现可燃物一氧化碳气体。

3）加氢裂化危险性

由于加氢裂化使用大量氢气，而且反应温度和压力都较高，在高压下钢材内的碳分子易被氢气所夺取，使碳钢硬度增大而降低强度，产生氢脆，如设备、管道检查或更换不及时，就会在高压下发生设备爆炸。另外，加氢是强烈的放热反应，反应器必须通冷氢以控制温度。因此，要加强对设备的检查，定期更换管道、设备，防止氢脆造成事故。加热炉要平稳操作，防止设备局部过热，防止加热炉的炉管烧穿或者高温管线、反应器漏气而引起着火。

2. 裂解（裂化）工艺的危险因素

1）火灾、爆炸危险性

裂解（裂化）过程产生大量氢气、甲烷、乙烷、乙烯、丙烷和丙烯等低闪点物质，以及 C_4、C_5、裂解汽油和燃料油等易燃易爆物质，工艺流程长，设备数量多，在裂解、催化剂再生、分离、精制、物料输送和储存过程中，由于设备管道（件）泄漏，极易导致火灾爆炸事故发生。

2）高温、高压危险性

裂解生产工艺炉膛温度达 1100 ℃ 以上，裂解气温度达 800~900 ℃，废热锅炉副产品为超过 11 MPa 高压水蒸气以及裂解炉产生的高温尾气。催化裂化和再生温度达 700 ℃，辅助燃烧系统温度高达 900 ℃，副产品压力为 3.5 MPa，温度为 450 ℃。

3）低温深冷危险性

裂解产品分离普遍采用深冷分离技术，裂解气在加压条件下，经降温至 100 ℃ 以下液化，液化产品通过精馏加以分离。低温操作对设备提出了更高的要求，增加了操作人员冻伤的危险性。

4）失控反应危险性

裂解过程中，由于二次反应，在裂解炉管内壁上和急冷换热器内壁上将发生结焦，在通入干气和水蒸气加入量减少时，焦的积累量会增加，影响管壁导热性能，造成炉管局部过热，严重时可能造成炉管堵塞、烧断，引起火灾爆炸事故。

5）中毒、窒息危险性

裂解（裂化）产物中，基本都是有毒有害物质，如甲烷、乙烷、丙烷、乙烯、丙烯等有机物质和 CO、H_2S、SO_x、NO_x 等无机物质都有不同程度的毒性，在生产和检修过程中，环境空气浓度超过卫生标准时会对人体造成中毒、窒息等，有可能损害人体健康，甚至危及生命安全。

6）腐蚀危险性

在裂解（裂化）生产中，腐蚀破坏到处可见，腐蚀事故频繁发生，这除了腐蚀本身所具有的自发性质外，很大程度上是因为人们对腐蚀的危害性估计不足，化工机械设备会比一般行业设备腐蚀严重。腐蚀物质通过化学或者化学作用而被损耗及破坏，从而造成了化工设备的损坏以及能源、资源的浪费。

7）裂解炉和废热锅炉爆炸的危险性

裂解过程和裂化过程都采用管式加热炉，不论采用燃油还是采用燃气，均为明火加热，管内为烃类或柴油等易燃物，炉管在高温腐蚀环境下极易受到破坏，加之因维护、管理不当等因素而发生事故，导致裂解炉不论燃气还是燃油都存在由于压力低而回火，进而发生燃烧、爆炸的危险性。

另外，废热锅炉和辅助锅炉存在锅炉满水、超压、水击、干烧等导致锅炉爆炸的危险性。

3. 裂解（裂化）工艺主要原料和产品安全技术

1）汽油

汽油外观为透明液体，可燃，馏程为 30～220 ℃，主要成分为 $C_5 \sim C_{12}$ 脂肪烃和环烷烃类，以及一定量芳香烃。汽油具有较高的辛烷值（抗爆震燃烧性能），并按辛烷值的高低分为 90 号、93 号、95 号、97 号等牌号。汽油由石油炼制得到的直馏汽油组分、催化裂化汽油组分、催化重整汽油组分等不同汽油组分经精制后与高辛烷值组分经调和制得，主要用作汽车点燃式内燃机的燃料。

(1) 重要特性。汽油的重要特性包括蒸发性、抗爆性、安定性、腐蚀性和安全性。

① 蒸发性指汽油在汽化器中蒸发的难易程度，对发动机的启动、暖机、加速、气阻、燃料耗量等有重要影响。汽油的蒸发性由馏程、蒸气压、气液比三个指标综合评定。

（a）馏程指汽油馏分从初馏点到终馏点的温度范围。航空汽油的馏程范围要比车用汽油的馏程范围窄。

（b）蒸气压指在标准仪器中测定的 38 ℃时的蒸气压，是反映汽油在燃料系统中产生气阻的倾向和发动机启动难易的指标。车用汽油要求有较高的蒸气压，航空汽油要求的蒸气压比车用汽油低。

（c）气液比值在标准仪器中，液体燃料在规定温度和大气压下，蒸气体积与液体体积之比。气液比是温度的函数，用它评定、预测汽油气阻倾向，比用馏程、蒸气压更为可靠。

② 抗爆性指汽油在各种使用条件下抗爆震燃烧的能力。车用汽油的抗爆性用辛烷值表示。辛烷值越高，抗爆性越好。汽油抗爆能力的大小与化学组成有关，带支链的烷烃以及烯烃、芳烃通常具有优良的抗爆性。规定异辛烷的辛烷值为 100，抗爆性好；正庚烷的

辛烷值为 0，抗爆性差。汽油辛烷值由辛烷值机测定，高辛烷值汽油可以满足高压缩比汽油机的需要。汽油机压缩比高，则热效率高，可以节省燃料。提高汽油辛烷值主要靠增加高辛烷值汽油组分，但也通过添加甲基叔丁基醚等抗爆剂来实现。

③ 安定性指汽油在自然条件下，长时间放置的稳定性。用胶质和诱导期及碘价表征。胶质越低越好，诱导期越长越好。国家标准规定，每 100 mL 汽油实际胶质不得多于 5 mg。碘价表示烯烃的含量。

④ 腐蚀性指汽油在存储、运输、使用过程中对储罐、管线、阀门、汽化器、气缸等设备产生腐蚀的特性，用总硫、硫醇、铜片实验和酸值表征。

⑤ 安全性指标主要是闪点，国家标准严格规定的闪点值为大于或等于 55 ℃。闪点过低，说明汽油中混有轻组分，会对汽油储存、运输、使用带来安全隐患，还会导致汽车发动机无法正常工作。

（2）牌号。汽油按牌号来生产和销售，牌号规格由国家汽油产品标准加以规定，并与不同标准有关。目前我国国Ⅳ的汽油牌号有三个，分别为 90 号、93 号、97 号；国Ⅴ的汽油牌号分别为 89 号、92 号、95 号、98 号。汽油的牌号是按辛烷值划分的。例如，97 号汽油指与含 97% 的异辛烷、3% 的正庚烷抗爆性能相当的汽油燃料。牌号越大，抗爆性能越好。应根据发动机压缩比的不同来选择不同牌号的汽油，这在每辆车的使用手册上都会标明。压缩比在 8.5~9.5 之间的中档轿车一般应使用 90 号国Ⅳ汽油，压缩比大于 9.5 的轿车应使用 93 号国Ⅳ汽油。

2）柴油

柴油是轻质石油产品，是复杂烃类（碳原子数 10~22）混合物，作为柴油机燃料。柴油主要由原油蒸馏、催化裂化、热裂化、加氢裂化、石油焦化等过程生产的柴油馏分调配而成，也可由页岩油加工和煤液化制取。柴油分为轻质油（沸点范围 180~370 ℃）和重柴油（沸点范围 350~410 ℃）两大类，广泛用于大型车辆、铁路机车、船舰。

由于柴油机较汽油机热效率高，功率大，燃料单耗低，比较经济，故应用日趋广泛。它主要作为拖拉机、大型汽车、内燃机车、挖掘机、装载机、渔船、柴油发电机组和农用机械等的燃料。

柴油使用性能中最重要的是着火性和流动性，其技术指标分别为十六烷值和凝点，我国柴油现行规格中要求含硫量控制在 0.5%~1.5%。

柴油按凝点分级，轻柴油有 10、5、0、-10、-20、-35、-50 七个牌号，重柴油有 10、20、30 三个牌号。

八、氟化工艺

（一）氟化概念

氟化是化合物的原子中引入氟原子的反应，涉及氟化反应的工艺过程称为氟化工艺。氟与有机化合物的作用是强放热反应，放出大量的热可使反应物分子结构遭到破坏，甚至着火爆炸。氟化剂通常为氟气、卤族氟化物、惰性元素氟化物、高价金属氟化物、氟化氢、氟化钾等。

在卤化物中，氟化物容易与某些高氧化态的阳离子形成稳定的配离子。与其他卤化物不同，金属锂、碱土金属和镧系元素的氟化物难溶于水，而氟化银可溶于水，其他金属的氟化物易溶于水。氟化氢的水溶液称为氢氟酸，是一种弱酸。金属氟化物还易形成酸式盐，如氟氢酸钾（KHF_2）。

（二）氟化反应原理

氟化是利用加成、置换或转化原有基团、取代等化学方式，在有机分子中引入氟元素，制造氟化物的过程。由于取代氟化极易使有机物发生裂化、聚合等破坏性反应，故氟化多采用加成氟化、氟置换等反应。此外，还常用电解氟化。

1. 氟化反应及其分类

1）加成氟化

不饱和烃炔烃、烯烃与氟化氢加成氟化：

$$C_2H_2 + 2HF \longrightarrow CH_3-CHF_2$$

$$CH_2=CCl + HF \longrightarrow CH_3-CCl_2F$$

2）置换氟化

以氟化氢、氟化钾等为氟化剂，置换有机物分子中的氯基或重氮基的反应。

（1）氯代烷烃氟置换。氟利昂系产品几乎都是通过交换氟化制得，例如：

$$CCl_2F + HF \xrightarrow{SbCl_5, 110\ ℃} CCl_2F_2\ 氟利昂—12（F_{12}）$$

$$CHCl_2 + HF \xrightarrow{SbCl_5, 110\ ℃} CHF_2Cl_2\ 氟利昂—12（F_{12}）$$

氟置换不饱和烃与氟化物加成产物（氟氯代烷）分子中的氯基，生成氟化和度较高的氟化物：

$$2CH_3-CCl_2F + HF \longrightarrow CH_3-CCl_2F + HCl$$

$$CH_3-CCl_2F + 2HF \longrightarrow CH_3-CF_3 + 2HCl$$

$$CHCl=CCl_2 + 3HF \longrightarrow CH_2Cl-CF_3 + 2HCl$$

调聚合成的氯代烷烃，再催化置换氟化，如在催化剂作用下，氯乙烯与四氯化碳调聚合成 HCC—240，然后在卤化锑作用下置换氟化，制备含氟发泡剂 HFC—245。

$$CHCl=CH_2 + CCl_4 \longrightarrow CHCl_2-CH_2-CCl_3$$

$$CHCl_2-CH_2-CCl_3 + 5HF \longrightarrow CHF_2-CH_2-CF_3 + 5HCl$$

氟置换反应需要溶剂，常用 DMF、丙酮、四氯化碳等。例如，四氯嘧啶与氟化钠在 180~220 ℃、环丁砜中回流，反应制得 2,4,6-三氟-5-氯嘧啶，收率 87.5%。

（2）醇、醚、氯代物电解氟化，如辛酰氯与氢氟酸电解合成辛酰氟：

$$C_7H_{15}COCl + HF \longrightarrow C_7H_{15}COF + HCl$$

（3）在锑、砷等催化作用下，五氟化碘、碘与四氟乙烯生成五氟碘乙烷：

$$5CF_2=CF_2+IF_5+2I_2 \longrightarrow 5CF_3-CF_2I$$

(4)重氮盐与氟硼酸盐反应。氟置换重氮基，或芳伯胺直接用亚硝酸钠、氟硼酸重氮化生成重氮氟硼酸盐，过滤、干燥、加热（有时氟化钠或铜盐存在）分解得氟代芳烃。重氮氟硼酸盐分解需要无水、无醇条件，否则易分解成酚类和树脂状物。

重氮氟硼盐热分解为快速强放热反应，一旦超过分解温度，将发生爆炸事故。

2. 被氟化物与氟化剂

1）被氟化物

被氟化物主要是不饱和烃，如乙炔、乙烯等；烷烃，如甲烷、乙烷等；氯代烷烃，如三氯甲烷（氯仿）、氯乙烯、偏氯乙烯、三氯乙烯、四氟乙烯；芳烃衍生物，如氯代芳烃，芳伯胺及其重氮盐等。这些化学品均属易燃易爆、有毒和腐蚀性物质，是危险化学品。

2）氟化剂

氟化剂主要是无机氟化物，如氟化氢、氟化钾、氟化钠、氟化银、三氟化锑、五氟化锑等。

3. 氟化反应特点

（1）燃爆危险性大。氟化反应涉及燃爆性的氟化物料，常见物料爆炸极限见表1-22。

表1-22 一些常见物料的爆炸极限

物料名称	爆炸极限（体积分数）/%		物料名称	爆炸极限（体积分数）/%	
	下限	上限		下限	上限
乙炔	1.5	82.0	四氟乙烯11.0	60.0	
乙烯	2.7	34.0	1,1-二氟乙烯	2.3	25.0
乙烷	3.0	16.0	二氟甲烷	14.0	31.0
甲醇	5.5	36.0	氟乙烷	5.0	10.0
乙醇	3.5	19.0	二氟氯乙烷	8.5	14.0
氯乙烯	4.0	29.0	氟乙烯2.6	21.7	
偏二氯乙烯	6.6	15.0	全氟甲氧基乙烯基醚	6.7	76.0
甲烷	5.3	15.0	硫化氢	4.3	45.0

一些被氟化物的最小点火能量很低，例如，乙炔最小点火能量为0.02 mJ，乙烯最小点火能量为0.096 mJ，甲醇最小点火能量为0.215 mJ，甲烷最小点火能量为0.28 mJ，乙烷最小点火能量为0.31 mJ。

氟化是高度放热反应，氟取代烷烃分子中一个氢，反应热为460.5 kJ/mol。反应热如不能及时移除，会导致氟化反应系统超温、超压，极易引发喷冒泄漏，在空气中形成爆炸性混合物，极易酿成燃烧爆炸事故。对于放热反应，低温利于反应的进行。例如，氯化氢与烯烃的加成反应是可逆、放热反应,在50℃以下,反应几乎不可逆,因此,维持氯化温度在安全限度内进行,既是安全生产的需要,也是工艺规程的要求。

(2) 氟化反应类型多,反应条件各异。

(3) 氟化涉及多种危险物料。氟化涉及被氟化物、氟化剂、催化剂和溶剂等,如氟化氢、氯化氢、氯气、氯乙烯、乙炔、乙烷、甲烷、甲醇,以及各种氟化产物,多属于腐蚀性、高毒性、燃爆性强的危险化学品,其燃烧产物也多是有毒有害气体,严重危害人体健康和生态环境。

(三) 氟化工艺与方法

1. 工业氟化方法

工业氟化方法主要有气相氟化、液相氟化、调聚氟化与低聚氟化、电解氟化等。

1) 气相氟化

在一定温度和压力下,被氟化物和氯化氢以气相通过催化剂进行氟化的方法为气相氟化。例如,乙炔、偏氯乙烯、三氯乙烯等与氟化氢的加成氟化反应。加成后的气体混合物还需要进行脱氯化氢、水洗、中和、干燥、精馏等工序。

一般气相氟化可采用管式、固定床或流化床反应器。

2) 液相氟化

常用氟化釜或塔式反应器,夹套或冷却盘管换热器,反应釜或塔顶设石墨冷凝器,备液相加料管、气相鼓泡加料管,设有温度、压力测量仪表和雷达液位计,石墨冷凝器设置压力报警器,套管采用聚四氟乙烯防腐材料,被氟化物和催化剂经液相进料管加入,鼓泡管鼓泡加入无水氟化氢,其流量由流量计调节控制,调节冷却剂或加热剂流量,控制符合的温度和压力。

3) 调聚氟化与低聚氟化

以四氟乙烯、六氟丙烯等含氟单体为原料,制取含氟精细化学品的方法为调聚氟化、低聚氟化。

(1) 调聚氟化。以卤化物、醇、醚、环氧化合物,以及含硫、磷或硅化合物为调聚剂,在光、热和引发剂存在情况下,含氟单体与调聚剂反应生成较高碳数的有机氟化物。例如,四氟乙烯与甲醇调聚反应如下:

$$nC_2F_4 + CH_3OH \longrightarrow H-[CF_2-CF_2]-CH_2OH$$

四氟乙烯与五氟碘乙烷的调聚反应如下:

$$nCF_2=CF_2 + CF_3-CF_2I \longrightarrow CF_3CF-[-CF_2-CF_2-]_nI$$

(2) 低聚氟化。在阴离子催化剂作用下,含氟烯烃通过低聚反应得到支链的氟化物。

六氟丙烯低聚是以无水氟化钾或氟氢化钾(KHF_2)为催化剂,在适宜溶剂和温度条件下进行:

$$nCF_3-CF=CF_2 \longrightarrow [-(CF_3)CF-CF_2-]_n$$

式中 $n=2$ 或 3。

四氟乙烯的低聚反应如下：

$$n\text{CF}_3=\text{CF}_2 \longrightarrow [-\text{CF}_2-\text{CF}_2-]_n$$

式中 $n=2\sim6$。

调聚氟化、低聚氟化装置包括调聚剂、含氟单体的储存、输送与计量，调聚或低聚反应，调聚剂或低聚物的回收，产品精馏等加工单元。

4）电解氟化

利用电化学原理，以镍电极反应为活化中心，在有机物分子中引入氟制取氟化物的方法为电解氟化。电解氟化可分为在无水氟化氢中、在氟化氢的支持电解质溶液中、在熔融盐中的氟化反应。

先将被氟化物溶于无水氟化氢，制成氟化电解溶液。一般含氟、氮、硫等杂原子的被氟化物，易溶于无水氟化氢，电解以镍电极为阳极，对被氟化物-无水氟化氢溶液进行电解，阳极发生氟化反应，生成全氟化合物，阴极产生氢气。

阴极产生的氢气具有燃爆性，应加强通风，防止积聚。电解氟化过程是放热反应，部分氟化氢受热气化并夹带氢气，需要冷凝回收、吸收处理。以氟化氢为原料的电解过程中，会产生有毒物质二氟化氧（OF_2）。二氟化氧为具有火辣感、刺激性强烈的气体，吸入危害很大，吸入后重者无法行走。

2. 氟化工艺基本构成

（1）物料准备，包括催化剂制备、原料计量、预热、加压、液氯气化等工序。

（2）氟化反应，该过程与物料准备、分离精制等上下游工序联系密切。

（3）分离净化，包括冷凝、脱氯化氢、水洗吸收、碱洗中和等工序。

（4）精制提纯，包括精馏、干燥等工序。

例如，二氟一氯甲烷生产过程由五氯化锑制备、氟化反应、产物混合器冷凝、脱氯化氢、粗品水洗、碱洗中和、精品干燥等工序构成。

四氟乙烯生产过程，包括水蒸气、二氟一氯甲烷分别加热、混合及裂解，急冷回收热能，中和与干燥，压缩与冷凝，精馏与回收等工序。

3. 氟化工艺主要影响因素

1）反应温度

反应温度关系到反应速率。温度越高，反应速率越快，转化率越高，但副反应也随之增加，单位时间反应释放热能也越多，如果反应热不能及时移除，会导致局部过热，氟化反应恶化，应严格控制反应温度，确保换热实时有效，避免局部过热，温度为工艺参数的重要监控指标之一。

2）反应压力

对于气相反应，压力影响化学平衡，反应前后分子数不变时，压力对平衡产率无影响；若反应后分子数增多，降低压力，有利于平衡向产物方向移动，平衡产率提高；若反应后分子数减少，升高压力，有利于平衡向产物方向移动，平衡产率提高。

在一定压力范围内,惰性气体(如氮气)分压降低,则反应物增加,反应速率加快;增加惰性气体分压,反应物分压降低,可降低反应速率。

在一定压力范围内,增加压力,气相体积减小,有利于加快反应速率;而增分压力,动力消耗增加,压力过大时,不仅能量消耗增大,还提高了设备运行的要求。

对于热压反应,反应温度升高,系统压力增大;温度降低,压力则随之下降。

3) 反应物浓度或分压

反应物浓度即被氟化物或氟化剂的浓度(或分压)。根据质量作用定律,反应物浓度越高,反应速率越快。对于间歇操作的亲化反应,随着反应的进行,反应物不断转化,其浓度和反应速率随之下降。反应初始,反应物浓度较高,反应速率较快;反应接近终了时,反应物浓度较低,反应速率较慢。

增加反应物浓度,有利于平衡向产物方向移动,有利于提高平衡产率。提高反应浓度的措施有:气相反应,适当增压,降低惰性组分量;液相反应,选择高溶解度溶剂;可逆反应,采用反应-分离耦合技术,如反应-蒸馏、反应-吸收、反应-吸附、反应-膜分离等,分离出产物。

增加反应物浓度,有利于加快反应速率,提高设备生产能力,减少溶剂用量。增加反应物浓度的措施有使反应物过量,改变加料方式,分离产物或蒸出溶剂等。

4) 反应物配比及其流量

反应物配比即被氟化物与氟化氢配比,适宜的反应物配比可抑制副反应,提高产品收率。为使被氟化物反应完全,避免其过剩增加分离负荷,一般令易于回收的氟化氢过量。

物料配比的控制与调节,采用分批、分阶段加料,以连续滴加、分批加料方式和次序,控制氟化物、氟化剂、助剂的流量和流速。例如,重氮化反应过程中,若亚硝酸钠加料速度过快,酸化产生亚硝酸的速率超过其氮化的消耗速率,过量亚硝酸分解产生氧化氮气体,甚至导致火灾或爆炸事故。氟化反应过程中,氟化剂、催化剂的加料次序颠倒,或加料速度过快,将加剧反应,甚至引起喷冒跑料,导致火灾或爆炸事故。

5) 搅拌速率

搅拌是改善物料流动状态,强化质量传递、热量传递,维持反应温度均匀、氟化物浓度均匀,使氟化剂、催化剂与被氟化物均匀结合,避免局部过热的重要措施,有效的搅拌、适宜的搅拌速率、氟化搅拌系统的稳定控制,对于氟化安全生产十分重要。将搅拌与温度、压力、进料或冷却水设置形成连锁控制,设置氟化紧急停车系统,一旦氟化温度或压力超标、搅拌系统故障,氟化装置自动停止加料并紧急停车。

(四) 氟化工艺过程

1. 四氟乙烯的生产

以甲烷为起始原料,经氯化得三氯甲烷(氯仿),三氯甲烷置换氟化:

$$CHCl_3 + 2HF \longrightarrow CHClF_2 + 2HCl$$

三氯甲烷经置换氟化为液相吸热反应,采用鼓泡式反应器,用夹套蒸汽加热,催化剂五氯化锑溶于氯仿,氯仿经插入管液相进料,氟化氢经鼓泡管鼓泡进入液相反应,控制温度70~90 ℃,压力0.8~1.2 MPa,气相混合物经反应釜顶冷凝器冷凝后进分离塔,脱氯化氢后,经水洗、碱洗、干燥后得二氟一氯甲烷。

二氟一氯甲烷主要用于生产聚四氟乙烯。二氟一氯甲烷裂解、脱氯化氢生成四氟乙烯:

$$2CHClF_2 \longrightarrow CF_2=CF_2+2HCl$$

裂解多采用蒸汽稀释法,将二氟一氯甲烷预热至400 ℃,与950~1000 ℃过热蒸汽按1.5~10 mol混合,进入绝热管式(镀铂镍管)反应器,裂解温度700~900 ℃,压力0.01~0.2 MPa,停留时间0.05~1 s,转化率75%~80%,四氟乙烯选择性90%~95%,副产六氟丙烯等全氟化物。裂解混合气经急冷器(余热锅炉)回收热能,中和与干燥,压缩与冷凝,精馏获得产品四氟乙烯,回收未裂解的二氟一氯甲烷及高沸物。

2. 2,4-二氯氟苯的生产

2,4-二氯氟苯的生产有多种工艺路线。以2,4-二硝基氯苯为原料,经置换氟化、氯化取代硝基制备2,4-二氯氟苯。该路线危险性大,置换氟化温度为188~190 ℃,操作稍有不慎,温度急剧上升,易发生爆炸事故。

以氟苯为原料经混酸硝化,然后氯化制得2,4-二氯氟苯。此路线也比较危险,易发生爆炸事故。

应用希曼反应,以2,4-二氯苯胺为原料制备2,4-二氯氟苯。

目前,2,4-二氯氟苯的生产,多采用氟苯路线或2,4-二氨苯胺路线。

3. 2,4-二氯苯胺的合成

2,4-二氯苯胺主要用于合成氟苯水杨酸。2,4-二氯苯胺有两条合成路线:一条是以1,2,4-三氯苯为原料,经硝化、置换氟化、氢解脱氯而得;另一条是以间苯二胺为原料,经重氮化、置换氟化、硝化、还原而得。

1) 重氮化与置换氟化

在搅拌、冷却条件下,分别将亚硝酸钠水溶液、间苯二胺盐酸盐水溶液缓慢滴加至56%氟硼酸溶液中,反应结束,过滤得二氟硼重氮盐的黄色固体,干燥、加热分解、蒸馏得间二氟苯,收率60.3%。

2) 硝化

在搅拌、冷却条件下,将间二氟苯缓慢滴加至发烟硝酸,加毕,继续搅拌1 h,然后将硝化液倾入冰水,用乙醚提取,提出液用碳酸氢钠溶液、水洗涤,干燥、减压蒸馏,收集58~59 ℃[533.3 Pa(4 mmHg)]的馏分,得2,4-二氟硝基苯,收率93.3%。

3) 还原

将2,4-二氟硝基苯滴加至铁粉与氯化水溶液的混合液中,加毕,继续回流反应2 h。水蒸气蒸馏,馏出液用乙醚提取,干燥、回收乙醚后减压蒸馏,收集46~47 ℃[1200 Pa(9 mmHg)]的馏分,得2,4-二氟苯胺,收率84.6%。

（五）氟化工艺危险性分析

1. 氟化物料及其危险性

氟化工艺作业，使用或接触的被氟化物、氟化剂、氟化产品、中间产品，如氟化氢、氟化钾、氯气、三氯化锑、五氯化锑、有机氟化物、氯化氢、盐酸、硫酸、氟硅酸、三乙胺、氢氧化钠、过硫酸盐或有机过氧化物等，大多属于有毒品，易燃易爆品或腐蚀物品，生产设备泄漏、操作不当或接触等，带来的危险很大。因此，必须进行危险性分析，而后进行有针对性的安全防护。

1）氟化剂的危险性

（1）氟化氢。无水氢氟酸为无色发烟液体，有刺激性，有毒，腐蚀性极强，对含水分的设备管道腐蚀损害严重。

（2）氯气。氯气中混合体积分数为5%以上的氢气时遇强光可能会有爆炸的危险。氯气具有毒性，主要通过呼吸道侵入人体并溶解在黏膜所含的水分里，会对上呼吸道黏膜造成损害。

（3）氟化钾。有毒品，无色立方结晶，易潮解，与酸反应生成氢氟酸，应避免与酸类接触。倒空容器可能残留有害物，应用石灰浆清洗。

2）被氟化物的危险性

（1）乙炔。乙炔俗称风煤、电石气，是炔烃化合物系列中体积最小的一员，主要作工业用途，特别是烧焊金属方面，乙炔在室温下是一种无色、极易燃的气体。纯乙炔为无色无味的易燃、有毒气体。电石制得的乙炔因混有硫化氢（H_2S）、磷化氢（PH_3）、砷化氢，而带乙炔钢瓶特殊的臭味。乙炔熔点（118.656 kPa）-84 ℃，沸点-80.8 ℃，相对密度0.6208（-82 ℃/4 ℃），折射率1.00051，闪点（开杯）-17.78 ℃，自燃点305 ℃，在空气中爆炸极限2.3%～72.3%（体积分数）。在液态和固态下或在气态和一定压力下有猛烈爆炸的危险，受热、震动、电火花等因素都可以引发爆炸，因此不能在加压液化后储存或运输。微溶于水，易溶于乙醇、苯、丙酮等有机溶剂。在15 ℃和1.5 MPa时，乙炔在丙酮中的溶解度为237 g/L，溶液是稳定的。因此，工业上是在装满石棉等多孔物质的钢瓶中，使多孔物质吸收丙酮后将乙炔压入，以便储存和运输。为了与其他气体区别，乙炔钢瓶的颜色一般为白色，橡胶气管一般为黑色。乙炔具有麻醉性，混有磷化氢、硫化氢而毒性更大。

（2）氯乙烯。氯乙烯被IARC确认为人类致癌物，极易燃气体，火场温度下易发生危险的聚合反应。氯乙烯为无色、有醚样气味的气体，难溶于水，溶于乙醇、乙醚、丙酮和二氯乙烷。分子量62.50，熔点-153.7 ℃，沸点-13.3 ℃，气体密度2.15 g/L，相对密度0.91，相对蒸气密度2.2，临界压力5.57 MPa，临界温度151.5 ℃，饱和蒸气压346.53 kPa（25 ℃），闪点-78 ℃，爆炸极限31.6%～31.0%（体积分数），自燃温度472 ℃，最大爆炸压力0.666 MPa。职业接触限值：PC-TWA（时间加权平均容许浓度）10 mg/m^3。

（3）三氯甲烷。三氯甲烷为无色透明液体，有特殊气味，味甜，高折光，不燃，质重，易挥发。纯品对光敏感，遇光照会与空气中的氧作用，逐渐分解而生成剧毒的光气（碳酰氯）和氯化氢。可加 0.6%~1% 的乙醇作稳定剂。能与乙醇、苯、乙醚、石油醚、四氯化碳、二硫化碳和油类等混溶，25 ℃时 1 mL 溶于 200 mL 水，相对密度 1.4840，凝固点 −63.5 ℃，沸点 61~62 ℃，折射率 1.4476。低毒，半数致死量（大鼠，经口）1194 mg/kg，有麻醉性，有致癌可能性。

（4）芳胺重氮盐。干燥的重氮盐极不稳定，受热或摩擦、振动、撞击等诱发剧烈分解，释放氮气，甚至爆炸。在一定条件下，铜、铁、铅等及其盐，某些氧化剂、还原剂可加速其分解。

重氮化原料芳胺有毒，活泼芳胺毒性更强。重氮化过程逸出有毒气体一氧化氮、氯气等，要求设备密闭，通风良好。重氮化所用盐酸、氟硼酸腐蚀性强，应避免化学灼伤。

3）有机氟化物的危险性

（1）四氟乙烯（C_2F_4） 无色、易燃易爆、有毒气体，200 ℃以上开始热解，分解产生氟化氢。爆炸极限随其压力升高而变宽，1.0~1.5 MPa 压力爆炸极限为 11%~46%，大于 0.25 MPa 时为爆炸性气体。氧、过氧化物或变价金属氧化物为爆炸引发剂，水分可加速引发。

在空气中，遇热、静电、火花、冲击、摩擦等发生爆炸性反应：

$$C_2F_4 + O_2 \longrightarrow 2COF_2 + 761.6 \text{ kJ/mol}$$

$$C_2F_4 + O_2 \longrightarrow CO_2 + CF_2 + 651.5 \text{ kJ/mol}$$

局部严重过热，发生歧化反应：

$$C_2F_4 \longrightarrow C + CF_4 + 275.9 \text{ kJ/mol}$$

在光或热引发下，四氟乙烯与氧形成爆炸性过氧化物，臭氧可加速反应。蒸馏会产生过氧化物，呈白色，类似橡胶状，对热、振动特别敏感。过氧化物分解产生的自由基，可引发四氟乙烯发生爆炸性链反应。四氟乙烯遇以下情况易发生爆炸：空气存在系统压力大于 0.21 MPa；氧气存在系统压力大于 2.1 MPa；液态四氟乙烯温度大于 35 ℃，加热液相四氟乙烯，存在摩擦、静电或强辐射的场合；四氟乙烯自聚并伴随放热；聚合物包裹；四氟乙烯被吸收等。

（2）金属丙烯（C_3F_6），无色、无臭气体，不燃，微溶于乙醇、乙醚。受热容器内压增大，有开裂和爆炸危险。燃烧产生一氧化碳、二氧化碳、氟化氢等有害气体产物。采用钢质气瓶包装，严禁与易燃物或可燃物、氧化剂等混装混运，防止暴晒，禁止溜放。

（3）氯化氢（HCl），无色、刺激性、有毒气体，不燃，易溶于水，与碱类、活性金属粉末、氧化剂、硫酸、乙烯等发生反应。无水氯化氢无腐蚀性，遇水生成腐蚀性很强的盐酸；与活性金属粉末反应，放出易燃氢气；氯化氢与氧化物反应，产生剧毒氧化氢气体，危害健康与环境，污染水体、土壤和大气。

2. 氟化工艺过程危险性分析

1）氟化物料接触危险性

（1）氟化氢，高毒，刺激呼吸道黏膜、眼睛，可穿透皮肤向深层渗透，形成坏死和溃疡，损害骨骼引起氟骨症。吸入高浓度氟化氢，引起眼及呼吸道黏膜刺激症状，严重者发生支气管炎、肺炎或肺水肿，甚至产生反射性窒息。

（2）氟化钾与氟化钠，氟化钾，毒害品强烈刺激眼睛、呼吸道黏膜和皮肤，长期接触可导致氟骨症。氟化钠也是毒害品，急性中毒多为误服所致。误食立即出现剧烈恶心、呕吐、腹痛、腹泻。短期内吸入大量氟化钠可引起氟骨症，可致皮炎，重者溃疡或大疱。

（3）氯化氢，氟化的副产物，强烈刺激眼和呼吸道黏膜，最高允许浓度 7 mg/m³。为防止气体泄漏，避免产生烟雾，涉及氯化氢的作业，应佩戴过滤式防毒面具（半面罩）、化学安全防护眼镜、化学防护服、橡胶手套，应急抢救或撤离时应佩戴空气呼吸器。

（4）氯乙烯，长期接触引起氯乙烯病。氯乙烯为致癌物，致职业性肝血管肉瘤。

（5）氯气，具有刺激性，对眼、呼吸道黏膜有刺激作用。长期接触低浓度氯气，引起慢性支气管炎、支气管哮喘等，引起职业性痤疮及牙齿酸蚀症。

（6）四氟乙烯，无色、无臭气体，有毒，损害骨骼。

（7）三氯甲烷，有毒，可疑致癌物，具有刺激性，主要作用于中枢神经系统，具有麻醉作用，损害心、肝、肾，吸入或经皮肤吸收可引起急性中毒。

2）氟化反应过程危险性

氟化反应过程即氟化反应单元，包括催化剂制备、液氯气化、氟化反应、氟化氢冷凝回收岗位。

（1）五氯化锑制备过程。先在釜内投放金属锑块，后通氧气，反应逐渐生成三氧化锑，继而生成五氯化锑。如果氯气通入速度快，氯化反应强烈，反应放热使温度升高，可能引起着火；系统压力升高，物料夹带氯气冲出反应器，造成事故。着火初期现象为反应器外表发热，继而发红，最终火焰由法兰、管接口、垫片等薄弱处喷出，酿成火灾事故。

（2）液氯钢瓶超压或腐蚀导致泄漏。液氯性质类似无水氟化氢，毒性和腐蚀性强，密度比空气大，泄漏后贴近地面扩散，遇水或潮湿空气生成盐酸，在空气中为白色酸雾，对动植物、环境危害很大。

（3）氟化反应。氟化釜运行中，由于加料管、阀门及仪表等故障或损坏，超温、超压、加料速度过快或加料错误等，供电、供热、冷却水系统等故障，均可导致反应失控，造成釜内物料逸出。逸出物料主要成分为氟化氢、氯气、氯仿、氯化氢、五氯化锑及三氯化锑等，逸出物料有燃爆、中毒危险。

氟化反应后期，三氯化锑、五氯化锑催化活性降低，更换失效催化剂时反应釜放料阀易堵塞，强行捅开易导致物料冲出，其中包括氟化氢、氯化氢及氯气、三氯甲烷及少量氯甲烷等，遇湿空气生成大量白色酸雾，造成人员中毒、设备腐蚀和环境污染。

芳烃衍生物交换氟化，芳烃衍生物有燃爆性和毒害性，氟化氢有毒害性和腐蚀性，危险性极大，极易酿成事故，应严格控制氟化剂滴加速度，避免剧烈反应产生大量氯化氢等伴生气体，防止釜压升高，防止发生超压、超温喷冒。

芳烃重氮硼酸盐热分解为芳香氟的反应速率快，放热剧烈，危险性高，添加稀释剂氟化钾可使分解减缓，减少结焦。

三氯甲烷等卤代烷类氟化原料多数有毒，卸料、输送、投料作业时应注意防护，避免吸入。氯仿不燃，有火焰时燃烧，燃烧产生的氟光气危害更大。故不得将氯仿与易燃物品存放在一起。

氯化氢遇水形成盐酸，对设备管道有腐蚀危害，对作业人员有化学灼伤危险。无水氟化氢、氟化产品储槽、钢瓶等压力容器充装过量或温度过高，容易导致爆炸。

氢氧化钠是强碱腐蚀品，碱洗工序的碱液泵密封、出口阀、装卸管接口等处易发生喷溅或滴漏，注意防护眼睛等部位，避免接触而灼伤。

3）氟化氢气体处理及危险性

（1）氟化氢的危险性。氟化氢（氢氟酸）是一种无色、发烟液体，沸点 19.4 ℃，腐蚀性极强，破坏玻璃、混凝土、木材以及某些金属材料，腐蚀性随温度升高而增强；氟化氢遇水反应强烈，产生大量反应热，对管道和设备腐蚀严重，与铁、铝等金属反应，产生易燃易爆的氢气；危害健康，可导致中毒性脑炎、帕金森综合征，损害人体组织、骨骼。国家规定，作业场所氟化氢的最高允许含量为 2 mg/m^3。

（2）氟化氢气体处理作业。一般地，无水氟化氢以钢瓶包装储存，应防止超量充装、高温环境存放，避免钢瓶受热、超压导致膨胀爆裂而泄漏。氟化氢钢瓶使用过程中应防止水分进入。

氟化氢的容器，如储槽、输送管道、阀门、零部件应经常维护检查，防止因腐蚀、意外撞击损坏，造成氟化氢逸出。氟化设备及管路检修时，必须彻底吹扫置换，防止残存氟化氢逸出。

用雷达液位计监视氟化反应系统反应釜液位，石墨冷凝器设计有压力报警器，防止超量、超压导致氟化氢等有毒物质泄漏；应严格控制管道、设备内水分，避免设备管道腐蚀。氟化过程的尾气主要含氯化氢、氟化氢、被氟化物等，具有毒害性和燃爆危险，危害健康，污染环境。一般采用负压引出氟化尾气，冷凝回收凝液，碱液中和洗涤或喷淋吸收，未凝气经火炬燃烧或高空排放。严格控制尾气中易燃易爆物质的含量，避免形成爆炸性混合物。

九、加氢工艺

（一）加氢工艺技术概述

加氢工艺技术是指原料在氢压和催化剂条件下，通过加氢反应和加氢裂化反应达到产品要求的一类工艺技术的总称。它的特点：一是必须有催化剂，因此，以氢作为稀释剂用于生产乙烯、丙烯的加氢裂解不属于此类技术；二是必须以加氢反应为主，故以脱氢反应为主的催化重整亦不归属于加氢技术。

一般来说，反应温度在 600 ℃ 以上所进行的过程称为裂解，反应温度在 600 ℃ 以下所进行的过程称为裂化。由于石油炼制工业中加氢过程的最高温度约 500 ℃，故以加氢裂化相称；而石油化学工业反应温度一般在 800~900 ℃，称为加氢裂解。

加氢工艺技术的主要任务是改变原料化学组成、脱除杂质、改善产品质量、油（馏分油、渣油及页岩油）及煤的轻质化。

（二）加氢工艺技术分类

在现代炼油工业中，加氢工艺技术包括加氢处理和加氢裂化两大类技术。

加氢处理是指在加氢反应过程中有小于或等于 10% 的原料油分子变小的那些加氢技术。加氢处理能有效地使原料油中的硫、氮、氧等的非烃化合物氢解，使烯烃、芳烃选择加氢饱和，并能脱除金属和沥青等杂质，具有处理原料范围广、液体收率高、产品质量好等优点。它包括传统意义上的加氢精制和加氢处理技术。就所加工的原料油而言，它包括催化重整原料油加氢预处理、石脑油加氢脱硫、石脑油芳烃加氢、煤油加氢脱硫、柴油加氢脱硫、其他馏分油加氢处理、渣油加氢处理等。

加氢裂化是指在加氢反应过程中，原料油的分子有 10% 以上变小的那些加氢技术。它包括传统意义上的高压加氢裂化（反应压力大于 14.5 MPa）与中压加氢裂化（反应压力 14.5 MPa）技术。加氢裂化反应实质上就是催化裂化反应和加氢反应的综合，在催化剂作用下，非烃化物进行加氢转化，烷烃、烯烃进行裂化、异构化和少量环化反应，多环化物最终转化为单环化物。就其所加工的原料油而言，它包括馏分油加氢裂化、渣油加氢裂化和馏分油加氢脱蜡等。

加氢裂化的工业装置有多种类型，按反应器的作用又分为一段法和两段法。两段法包括两级反应器：第一级作为加氢精制段，除掉原料油中的氮、硫化物；第二级是加氢裂化反应段。一段法的反应器只有一个或数个并联使用。

一段法固定床加氢裂化装置的工艺流程是原料油、循环油及氢气混合后经加热导入反应器，反应器内装有粒状催化剂，反应产物经高压和低压分离器，把液体产品与气体分开，然后液体产品在分馏塔蒸馏获得产品馏分油。一段裂化深度较低，一般以减压蜡油为原料，产品以中间馏分油为主。

二段法加氢裂化流程是指有两个加氢反应器，第一个加氢反应器装有氢精制催化剂，第二个加氢反应器装有加氢裂化催化剂，两段加氢形成两个独立的加氢体系。该流程的特点是，对原料的适应性强，操作灵活性较大，产品分布可调性很大。但是该工艺的流程复杂，投资及操作费用较高。

（三）典型加氢工艺介绍

1. 典型加氢工艺

（1）不饱和炔烃、烯烃的三键、双键加氢，环戊二烯加氢生产环戊烯等。

（2）芳烃加氢，苯加氢生产环己烷、苯酚加氢生产环己醇等。

（3）含氧化合物加氢，一氧化碳加氢生产甲醇、丁醛加氢生产丁醇、辛烯醛加氢生产辛醇等。

（4）含氮化合物加氢，己二腈加氢生产己二胺、硝基苯催化加氢生产苯胺等。

（5）油品加氢，馏分油加氢裂化生产石脑油、柴油和尾油，渣油加氢改质，减压馏分油加氢改质，催化（异构）脱蜡生产低凝柴油、润滑油基础油等。

2. 苯加氢工艺

1）基本原理

粗苯加氢根据其催化加氢反应温度不同，可分为高温加氢和低温加氢。在低温加氢中，由于加氢油中非芳烃与芳烃分离方法的不同，又分为萃取蒸馏法和溶剂萃取法。

低温催化加氢的典型工艺是萃取蒸馏加氢和溶剂萃取加氢。在温度为 300~370 ℃，压力为 2.5~3.0 MPa 的条件下进行催化加氢反应，主要进行加氢脱除不饱和烃，使之转化为饱和烃的过程。另外，还要进行脱硫、脱氮、脱氧反应，与高温加氢类似，转化成 H_2S、NH_3、H_2O 的形式。但由于加氢温度低，故一般不发生加氢裂解和脱烷基的深度加氢反应。因此，低温加氢的产品有苯、甲苯、二甲苯。

2）苯加氢工艺流程

粗苯经脱重组分后由高压泵提压加入预反应器，进行加氢反应，在此容易聚合的物质，如双烯烃、苯烯烃、二硫化碳在有活性的 Ni-Mo 催化剂作用下液相加氢变为单烯。由于加氢反应温度低，有效地抑制了双烯烃的聚合。加氢原料可以是粗苯也可以是轻苯，原料适应性强。预反应物经高温循环氢气化后经加热炉加热到主反应温度后进入主反应器，在高选择性 Co-Mo 催化剂作用下进行气相加氢反应，单烯烃经加氢生成相应的饱和烃。硫化物主要是噻吩，氮化物及氧化物被加氢转化成烃类、硫化氢、水及氨，同时抑制芳烃的转化，芳烃损失率应小于 0.5%。反应产物经一系列换热后分离，液相组分经稳定塔将 H_2S、NH_3 等气体除去，塔底得到含噻吩小于 0.5 mg/kg 的加氢油。由于预反应温度低，且为液相加氢，预反应产物靠热氢气化，需要高温循环氢量大，循环氢压缩机相对大，且要一台高温循环氢加热炉。

加氢条件：液相加氢反应温度 800 ℃，压力 3.0~4.4 MPa；主反应加氢为气相加氢，反应温度 300~3800 ℃，压力 3.0~4.0 MPa。由于液相加氢温度较低，加氢可以是粗苯加氢也可以是轻苯加氢，对原料适应性强，经过预反应后的原料需由循环氢气化，循环氢量大，经预反应器和主反应器加氢后得到的加氢油分离出循环气循环使用，分离出的加氢油在稳定塔排出尾气后进入预分馏塔，塔底的 C9 馏分去二甲苯塔生产混合二甲苯，塔顶分离出的苯、甲苯馏分进入萃取蒸馏塔分离出非芳烃后，经汽提塔和纯苯塔得到高纯苯和高纯甲苯产品。预反应器加氢采用的新氢是用 PSA 法制得的氢气。

3）安全要求

（1）物料的爆炸危险性分析。

① 粗苯，焦化粗苯是苯、甲苯、二甲苯及一些烯烃、烷烃等杂质组成的混合物。纯苯是无色透明液体，有强烈芳香味，沸点 80.1 ℃，闪点 -11 ℃，爆炸极限 1.2%~8.0%，引燃温度 560 ℃。

② 甲苯，无色透明液体，有类似苯的芳香气味，沸点110.6 ℃，闪点4 ℃，爆炸极限1.2%~7.0%，引燃温度535 ℃。

③ 二甲苯，无色透明液体，有类似甲苯的气味，沸点144.4 ℃，闪点30 ℃，爆炸极限1.0%~7.0%，引燃温度463 ℃。

以上三种物质均有毒、易燃，其蒸气与空气可形成爆炸性混合物，遇明火、高热极易燃烧爆炸，与氧化剂能发生强烈反应，易产生和聚集静电，有燃烧爆炸危险。其蒸气比空气密度大，能在较低处扩散到相当远的地方，遇火源会着火回燃。

④ 氢气，无色无味气体，相对密度0.07，闪点小于-50 ℃，自燃点570 ℃，爆炸极限4%~75%，极易爆炸和燃烧，爆炸范围很宽，与空气形成爆炸性混合物，引燃能量低，遇热或明火即会发生爆炸。氢气比空气密度小，在室内使用和储存时，漏气上升滞留屋顶不易排出，遇火花会引起爆炸。

（2）工艺过程爆炸危险性分析。从装置的生产工艺来看，该装置的主要危险源是在加氢部分，苯蒸气与氢气在催化剂的作用下进行加氢反应，在操作过程中随着反应温度、压力的升高，苯蒸气、氢气极易发生泄漏，有较大的爆炸隐患；氢气会与金属发生反应，造成材料强度降低，在高温、高压下造成氢气外漏，发生火灾甚至爆炸；加氢反应是放热反应，反应条件应严格控制，若调控不当会造成温度、压力的急剧上升，产生爆炸的危险。

3. 柴油加氢精制工艺

加氢精制是指在一定温度、压力、氢油比和空速条件下，原料油、氢气通过反应器内催化剂床层，在加氢精制催化剂的作用下，把油品中所含的硫、氮、氧等非烃类化合物转化成为相应的烃类及易于除去的硫化氢、氨和水，提高油品品质的过程。

石油馏分中各类含硫化合物的C—S键是比较容易断裂的，其键能比C—C键或C—N键的键能小许多。在加氢过程中，一般含硫化合物中的C—S键先行断开而生成相应的烃类和H_2S。但由于苯并噻吩的空间位阻效应，C—S键断键较困难，在反应苛刻度较低的情况下，加氢脱硫率在85%左右，能够满足目前产品柴油硫含量小于2000×10^{-6}的要求。

柴油馏分中有机氮化物脱除较困难，主要是C—N键能较大，正常水平下，在目前的加氢精制技术中脱氢率一般维持在70%左右，提高反应压力对脱氮烯烃饱和反应在柴油加氢过程中进行得较完全，此反应可以提高柴油的安定性和十六烷值。

当然，在加氢精制过程中还有脱氧、芳烃饱和反应。加氢脱硫、脱氮、脱氧、烯烃饱和、芳烃饱和反应都会进行，只是反应转化率存在差别，这些反应对加氢过程都是有利的反应。但同时还会发生烷烃加氢裂化反应，此种反应是不希望的反应类型，但在加氢精制的反应条件下，加氢裂化反应不可避免。目前解决这个问题的方法主要是调整反应温度和采用选择性更高的催化剂。

（四）加氢工艺危险、有害因素分析与安全设计

1. 加氢过程的危险性分析

加氢反应大多为放热反应，而且大多在较高温度下进行，氢气以及大部分所使用的物

料具有燃爆危险性，一部分物料、产品或中间产物具有毒性、腐蚀性。一旦出现泄漏、反应器堵塞等故障，发生火灾、爆炸的危险性很大。

1）火灾、爆炸危险性

（1）火灾危险性。

① 氢气：与空气混合能成为爆炸性混合物，遇火星、高热能引起燃烧。室内使用或储存氢气，当有漏气时，氢气上升滞留屋顶，不易自然排出，遇到火星时会引起爆炸。

② 原料及产品：加氢反应的原料及产品多为易燃、可燃物质，如苯、萘等芳香烃类，环戊二烯、环戊烯等不饱和烃，硝基苯、乙三腈等硝基化合物或含氮烃类，一氧化碳、丁醛、甲醇等含氧化合物，以及石油化工中的馏分油、减压馏分油等油品。

③ 催化剂：部分氢化反应使用的催化剂（如雷尼镍）属于易燃固体，可以自燃。

④ 副产物：在氢化反应过程中产生的副产物，如硫化氢、氨气多为可燃物质。

（2）爆炸危险性。

① 物理爆炸。加氢工艺多为气液相或气相反应，在整个加氢过程中，装置内基本处于高压条件下。在操作条件下，氢腐蚀设备产生氢脆现象，降低设备强度。如操作不当或发生事故，会发生物理爆炸。

② 化学爆炸。氢气爆炸极限为 4.1%~74.2%，当加氢工艺中出现泄漏，或装置内混入空气或氧气时易发生爆炸危险。

在某些加氢工艺中，如一氧化碳加氢制甲醇工艺中，其原料一氧化碳为易燃易爆气体，产品甲醇为甲B类可燃液体，在操作温度下甲醇为气态，当出现泄漏时也可能导致设备爆炸。又如苯加氢制环己烷、苯酚加氢制环己醇、丁醛气相加氢生产丁醇等工艺中，原料、产品在常温下为液态，但在操作条件下为气态，出现泄漏会导致爆炸。再如硝基苯液相加氢生产苯胺等工艺，反应温度、压力相对较低，反应为气液两相反应，其爆炸危险性主要来自氢。

③ 爆炸性危害程度的估算。爆炸主要的破坏力是冲击波，以爆炸点为中心，呈圆形向四面扩张，随着范围扩大冲击波的压力逐步减小。国外某风险评价公司综合工业界最新认知和近几年保险业的损失模型，对爆炸性危害对装置、设备及建筑造成的损失程度作出了估算，部分内容见表1-23。

表1-23 爆炸造成损失的分布情况

环形区超压等级/kPa	着火和爆炸损失分布/%			
	工艺装置	重型机器	建筑物、冷却塔	储罐
>70	100	80	100	100
70~35	80	40	100	100
35~20	20	0	100	100
20~10	5	0	100	50
10~5	0	0	50	0

风速达到或超过 32.7 m/s 的 12 级风压为 0.668 kPa，风速达到 100 m/s 的龙卷风风压为 6.25 kPa，与此相比可知，爆炸产生的超压值比龙卷风大 10 倍以上，可见其破坏力极大。

2）毒害危险性

氢化反应中不同原料和产品毒性差别较大，具体如下：

（1）不饱和烃及馏分油，如环戊二烯、乙炔，常、减压馏分油等无毒。

（2）芳香烃，如苯酚、甲苯等为中低毒性物质，部分有腐蚀性。

（3）含氮化合物，如硝基苯、苯胺等有较强的毒性。

催化剂加氢过程伴生硫化氢、二氧化硫和氨气，在催化剂预硫化过程中有时使用毒性很大的二硫化碳。按照《职业性接触毒物危害程度分级》（GBZ 230—2010）中毒物分级划分，硫化氢、二硫化碳属Ⅱ级高度危害毒物，氨气、溶剂油属Ⅳ级轻度危害毒物。由于有这些有毒物质的存在，又有着在压力下操作发生泄漏的可能，因此，存在着人员中毒伤害乃至死亡的危险。

加氢装置的有毒有害物质中，以硫化氢的中毒事故较为常见，且因其毒性大，造成的伤害事故比较严重。硫化氢主要经呼吸道吸收而引起全身中毒，是一种化学窒息性气体，接触浓度超过 700 mg/m³ 时产生急性中毒。其症状为先出现气急，继而引起呼吸麻痹，如不及时进行人工呼吸，就会死亡。吸入极高浓度时，往往造成电击样窒息死亡。

在对某加工含硫原油企业作的一次全面的硫化氢专题调查报告中，给出了催化加氢处理过程某些介质中硫化氢含量的数据，见表 1-24。

表 1-24　催化加氢处理过程某些介质硫化氢含量

介质	硫化氢含量/(g·m⁻³)	介质	硫化氢含量/(g·m⁻³)
加氢裂化放空瓦斯	79.8	北双塔酸性气	956
加氢裂化酸性气	1520	脱硫酸性气	956
加氢精制瓦斯	109	脱硫酸性气（合并）进料	1050
南双塔酸性气	1460		

加氢裂化装置循环氢气中的硫化氢浓度，通常为每立方米数万至数千万毫克。

催化加氢处理过程作业环境硫化氢含量见表 1-25。

表 1-25　催化加氢处理过程作业环境硫化氢含量

检测部位	硫化氢含量/(g·m⁻³)	检测部位	硫化氢含量/(g·m⁻³)
脱硫酸性气去制硫采样口	>152	北双塔	425.84
脱硫容 7（凝缩油）	41	加氢裂化进 T152 干气（地面）	25.84
火炬-加氢裂化容 1	57.76	加氢裂化进 T152 干气（平台）	186.96
火炬-加氢裂化容 3 脱水口	65.36	加氢精制 D206	180.96
南双塔 D104 出口	196.08	酸性气脱水口	>152

调查报告表明，催化加氢过程有多种含高浓度硫化氢的介质，浓度超过致死浓度（1 g/m³）的几百至上千倍。这些介质一旦泄漏，会给作业人员的人身安全带来严重的威胁。根据国家工业卫生标准规定，车间空气中硫化氢最高允许浓度为 10 mg/m³，调查中检测出催化加氢过程作业环境 10 个点数据全部超出这个标准，最高为南双塔 D104 出口 196.08 mg/m³。

上述结果表明，催化加氢过程和作业过程中存在着硫化氢中毒的风险，在生产实践中，近几年来炼油企业加氢装置发生多起硫化氢泄漏引起人员中毒的事故，给人们敲响了警钟。

2. 加氢装置安全设计

根据工厂厂址的环境条件，即自然条件、地形、周围环境、道路、铁路、港湾、设备及这些条件的将来计划因素，考虑下述各项进行整体布置：①最适合于生产设备的特点及系统；②便于发挥主要生产设备及附属设备的性能；③便于设备整体检修；④不妨碍设备安装及运转安全；⑤留有今后增加装置和设备的余地；⑥不妨碍原有设备的生产及安全；⑦与左邻右舍协调一致。

加氢工艺安全设计时考虑的因素如下：

（1）紧急泄压系统泄压速率应最大，不超过 2.1 MPa/min。

（2）反应器内构件、高压换热器、循环氢脱硫塔内件应考虑紧急泄压时的压差。

（3）高压向低压排放应设两位式液位控制的快速切断阀。两位阀泄压过快时引起低压容器超压，可以设两道泄压阀，其中，一道截止阀，一道快开阀。

（4）冷高压分离器（或循环氢压缩机入口缓冲罐）、新氢压缩机入口缓冲罐液位测量应采取三取二表决式。

（5）燃料压力过低，反应器入口温度过高，反应（循环氢）加料炉流速过低时，反应（循环氢）加热炉应停运。

（6）紧急停车逻辑设备（ESD）应独立于 DCS 之外设置。加氢装置要求 ESD 快速动作，用 DCS 实现起来不甚理想；DCS 供全装置使用，处理信息多，通信系统复杂，出现故障的概率较专用的 ESD 要高；DCS 侧重于过程连续控制，需要频繁的人工干预，其误触发的概率较 ESD 要高。

（7）应设置 UPS 不间断电源，提供装置停电时的仪表用电。

（8）对可能泄漏可燃气体或硫化氢等有毒气体的地方，应设置固定的可燃气体报警仪和硫化氢气体报警仪。操作人员配备便携式硫化氢气体报警仪，并对仪器进行定期校验。

（9）为保护设备和生产安全，高压到低压的液位调节阀、高压原料（循环）泵出口调节阀应选用风关阀，急冷氢阀、高压返料（循环）泵最小流量调节阀、新氢压缩机级间调节阀、循环氢压缩机副线阀应选用风开阀。

（10）为防止仪表管线的冻凝和阻塞，高压分离器液位可设置仪表蒸汽伴管系统和高压隔离液滴注系统。

（11）新氢压缩机、循环气压缩机、高压原料（循环）泵、高压贫胺液泵应选用低噪声产品，在高噪声岗位设隔声间。

（12）沿海企业加氢装置的高奥氏体不锈钢设备均应保温（或防烫保温），避免由于海水蒸发而产生奥氏体不锈钢设备的应力腐蚀。

（13）高压原料（循环）泵出口、循环氢压缩机出入口、循环氢脱硫塔副线应采用遥控阀，高压原料（循环）泵入口可采用遥控阀。

（14）高压与低压的隔断均应采用双切断阀。

（15）装置应配备洗眼器和喷淋设施。

（16）装置紧急泄压系统应排入密闭的火炬系统，紧急泄压的流速应在允许的马赫数范围内。

（17）由于反应器出入口法兰受热应力变化较大，容易出现高压氢气泄漏着火，在反应器进出口法兰处可增设中压蒸汽消防圈。

（18）油品、水、公用工程管线与高压液氢管线相连时，应设高压单向阀，以防高压含氢液体窜入其他管线。

（19）离心式循环氢压缩机应设防喘振线。

（20）往复式新氢压缩机应进行机组和管道的振动计算，使压力脉动和管线机械振动在允许范围内，管线设计避开气柱共振区和机械共振区，防止阀板振碎，单向阀阀板焊道和安全阀阀座振裂，机组吸、排气阀振坏，管线法兰泄漏，安全阀失灵。

十、重氮化工艺

（一）重氮化概念

重氮化-耦合反应为芳香第一氨基的特征反应，药物结构中含芳香第一氨基，可发生重氮化耦合反应。芳香第一氨基遇亚硝酸钠-盐酸试液发生重氮化反应生成重氮盐，再加碱性 β-萘酚，则发生耦合反应，产生橙红色偶氮化合物沉淀。重氮化是使芳伯胺变为重氮盐的反应。通常是把含芳胺的有机化合物在酸性介质中与亚硝酸钠作用，使其中的氨基（—NH_3）转变为重氮基（—$N=N-$）的化学反应，如二硝基重氮酚的制取等。

重氮化是指一级胺与亚硝酸在低温下作用生成重氮盐的反应。芳香族伯胺和亚硝酸作用生成重氮盐的反应称为重氮化，芳伯胺常称为重氮组分，亚硝酸称为重氮化剂，因为亚硝酸不稳定，通常使用亚硝酸钠和盐酸或硫酸使反应时生成的亚硝酸立即与芳伯胺反应，避免亚硝酸的分解，重氮化反应后生成重氮盐。脂肪族、芳香族和杂环的一级胺都可进行重氮化反应。

（二）重氮化反应原理

脂肪族、芳香族和杂环的一级胺都可进行重氮化反应。通常，重氮化试剂是由亚硝酸钠与盐酸作用临时产生的。除盐酸外，也可使用硫酸、过氯酸和氟硼酸等无机酸。脂肪族重氮盐很不稳定，能迅速自发分解，芳香族重氮盐较为稳定。芳香族重氮基可以被其他基团取代，生成多种类型的产物。所以，芳香族重氮化反应在有机合成上很重要。

重氮化反应的机理是首先由一级胺与重氮化试剂结合，然后通过一系列质子转移，最后生成重氮盐。重氮化试剂的形式与所用的无机酸有关。当用较弱的酸时，亚硝酸在溶液中与三氧化二氮达成平衡，有效的重氮化试剂是三氧化二氮。当用较强的酸时，重氮化试剂是质子化的亚硝酸和亚硝酰正离子。因此，重氮化反应中，控制适当的pH值是很重要的。芳香族一级胺碱性较弱，需要用较强的亚硝化试剂，所以通常在较强的酸性条件下进行反应。

重氮化反应可用以下反应式表示：

$$Ar-NH_2 + 2HX + NaNO_2 \longrightarrow Ar-N_2X + NaX + 2H_2O$$

此外，重氮化试剂也可以使用亚硝酰硫酸或者亚硝酸酯（在有机溶剂中进行重氮化），但是都不是很常用。前者多用于极难溶的芳胺，后者则用于对水敏感或者后反应要求无水的反应。例如2-氨基吡啶的重氮化，因为相应的重氮盐在水溶液中生成后极易分解，所以不能在水中进行重氮化；而通过邻氨基苯甲酸重氮化后热解原位生成苯炔参与反应时，由于分离出干燥的重氮盐非常危险，而且后反应要求无水，故也使用亚硝酸酯重氮化的方法。

（三）考虑的因素

1. 酸的用量

在重氮化反应中，无机酸的作用是，首先使芳胺溶解，其次和亚硝酸钠生成亚硝酸，最后与芳胺作用生成重氮盐。重氮盐一般是容易分解的，只有在过量的酸液中才比较稳定。尽管按反应式计算，1 mol 氨基重氮化仅需 2 mol 酸，但要使反应得以进行，酸必须适当过量。酸的过量取决于芳胺的碱性。芳胺碱性越弱，酸过量越多，一般是过量25%~100%，有时过量更多，甚至需浓硫酸。

重氮化反应若酸用量不足，生成的重氮盐容易和未反应的芳胺耦合，生成重氮氨基化合物：

$$Ar-N_2Cl + ArNH_2 \longrightarrow Ar-N=N-NHAr + HCl$$

这是一种不可逆的自耦合反应，它使重氮盐的质量变差，影响耦合反应的正常进行并降低耦合收率。在酸不足的情况下，重氮盐容易分解，且温度越高分解越快。一般重氮化反应完成后，溶液仍呈强酸性，能使刚果红试纸变蓝。

1）亚硝酸

重氮化反应进行时自始至终必须保持亚硝酸稍过量，否则也会引起自我耦合反应，亚硝酸过量太多会促进重氮盐的分解，甚至影响下一步反应。重氮化反应速度是由加入亚硝酸钠溶液的速度来控制的，必须保持一定的加料速度，过慢则来不及反应的芳胺会和重氮盐作用发生自我耦合反应。亚硝酸钠溶液常配成30%的浓度使用，因为在这种浓度下即使-15 ℃也不会结冰。

反应时检定亚硝酸过量是用淀粉碘化钾试纸试验，如果未到终点，HNO_2 会将 I^- 氧化成 I_2 而使淀粉碘化钾试纸显蓝色；反应到终点，微量的 HNO_2。会使淀粉碘化钾试纸显蓝紫色。由于空气在酸性条件下也可使淀粉碘化钾试纸氧化变色，所以试验以 0.5~2 s 的时间内显色为准。亚硝酸过量对下一步耦合反应不利，所以常加入尿素或氨基磺酸以消耗过量的亚硝酸，亚硝酸与尿素反应产生二氧化碳、氮气和水。亚硝酸过量时，也可以加入少量原料芳伯胺，与过量的亚硝酸作用而除去。

2）酸的浓度

无机酸的浓度对重氮化的影响可以从不溶性的芳胺溶解生成盐，盐水解生成溶解的游离铵及亚硝酸的电离等几个方面加以讨论。

2. 反应温度

重氮化反应一般在 0~5 ℃进行，这是因为大部分重氮盐在低温下较稳定，在较高温度下重氮盐分解速度加快，另外，亚硝酸在较高温度下也容易分解。重氮化反应温度常取决于重氮盐的稳定性，对氨基苯磺酸重氮盐稳定性高，重氮化可在 10~15 ℃进行，1-氨基萘-4-碳酸重氮盐稳定性更高，重氮化温度可在 35 ℃进行。重氮化反应一般在较低温度下进行这一原则不是绝对的，在间歇反应锅中重氮化反应时间长，保持较低的反应温度是正确的；但在管道中进行重氮化时，反应中生成的重氮盐会很快转化，因此重氮化反应可在较高温度下进行。

3. 芳胺碱性

从反应机理看，芳胺的碱性越强，越有利于 N-亚硝化反应，从而提高了重氮化反应速率。但强碱性的胺类能与酸生成钾盐，降低了游离胺的浓度，因此也抑制了重氮化反应速率。当酸的浓度低时，芳胺的碱性对 N-亚硝化的影响是主要的，这时芳胺的碱性越强，反应速率越快。当酸的浓度很高时，铵盐的水解难易是主要影响因素，这时碱性较弱的芳伯胺的重氮化反应速率快。

（四）用途

重氮盐的用途很广，其反应分为两大类：一是用适当试剂处理，重氮基被—H、—OH、—X、—CN、—NO_2 等基团取代，生成相应的芳香化合物，因此芳基重氮盐被称为芳香族的"Grignard"试剂；二是保留氮的反应，即与相应的芳胺或酚发生偶联反应，生成偶氮染料（或指示剂），如常用酸碱指示剂甲基橙、甲基红、刚果红，常用染料坚果红 A、锥虫蓝等。

（五）生产方法

在重氮化反应中，由于副反应多，亚硝酸也具有氧化作用，而不同的芳胺所形成盐的溶解度也各不相同。因此，根据这些性质以及制备该重氮盐的目的不同，重氮化反应的操作方法基本上可分为以下几种。

1. 直接法

该方法适用于碱性较强的芳胺，即含有给电子基团的芳胺，包括苯胺、甲苯胺、甲氧基苯胺、二甲苯胺、甲基萘胺、联苯胺、联甲氧基苯胺等。这些胺类与无机酸生成易溶于水但难以水解的稳定铵盐。其操作方法是：将计算量（或稍过量）的亚硝酸钠水溶液在冷却、搅拌下，先快后慢地滴加到预先将芳胺溶解的稀无机酸水溶液中，并在冷却的稀酸水溶液中进行重氮化，直到亚硝酸钠稍微过量为止，该方法亦称正加法，应用最为普遍。

该方法反应温度一般为 0~10 ℃，盐酸用量一般为芳胺用量的 3~4 倍为宜。水的用量一般应控制在反应结束时，反应液的总体积为胺量的 10~20 倍。应控制亚硝酸钠的加料速度，以确保反应正常进行。

2. 连续操作法

该方法适用于碱性较强的芳伯胺的重氮化，工业上以重盐为合成中间体时多采用该方法。由于反应过程具有连续性，可较大幅度提高重氮化反应的温度以增加反应速率。

重氮化反应一般在低温下进行，目的是避免生成的重氮盐发生分解和破坏。采用连续操作法时，可使生成的重氮盐立即进入下步反应系统中，而转化为较稳定的化合物。这种转化反应的速率大于重氮盐的分解速率。连续操作可以利用反应产生的热量提高温度，加快反应速率，缩短反应时间，适合于大规模生产。工业生产上为实现连续操作，通常选择物料停留时间短、无返混的管式反应器。因重氮化温度较高，该方法又称为高温管道重氮化反应。例如，由苯胺制备苯肼就是采用连续操作法，重氮化温度可提高到 50~60 ℃。又如，对氨基偶氮苯的生产中，由于苯胺重氮化反应及产物与苯胺进行耦合反应相继进行，可使重氮化反应的温度提高到 90 ℃ 左右而不致引起重氮盐的分解，大大提高了生产效率。

3. 倒加料法

该方法适用于一些两性化合物，即含—SO_3H、—COOH 等吸电子基团的芳伯胺，如对氨基苯磺酸和对氨基苯甲酸、1-氨基萘-4-磺酸等。此类物质在酸液中生成两性离子的钠盐沉淀，故不溶于酸中，因而很难重氮化。如果先将其制成钠盐使之溶解度增加而易溶于水，则有利于重氮化反应进行。所以，在重氮化反应时先把它们溶于碳酸钠或氢氧化钠溶液中制成钠盐，然后加入无机酸析出很细的沉淀，再加入预先冷却的需要量的 $NaNO_2$ 溶液进行重氮化。对于溶解度更小的 1-氨基萘-4-磺酸，可把等物质的量的芳胺和亚硝酸钠混合物在良好的搅拌下，加到预先经冷却的稀盐酸中进行反加法重氮化。

该方法还适用于一些易于耦合的芳伯胺重氮化，使芳伯胺处于过量酸中形成铵盐而难与重氮盐发生耦合副反应。

4. 浓酸法

该方法适用于碱性很弱的芳伯胺，如 2,4-二硝基甲苯、2-氰基-4-蒽醌或某些杂环 α-位胺（如苯并噻唑衍生物）等。因这些芳伯胺碱性弱，在稀酸中几乎完全以游离胺存在，不溶于稀酸，反应难以进行，但其可溶于浓酸（硫酸、硝酸和磷酸）或者有机溶剂（乙酸和吡啶）。为此，常在浓硫酸或乙酸介质中进行重氮化。该重氮化方法借助于最强的重氮化活泼质点（NO^+），才使电子云密度显著降低的芳伯胺氮原子能够进行反应。其操作方法是：将该类芳伯胺溶解在浓硫酸中，加入亚硝酸钠液体或亚硝酸钠固体，在浓硫酸溶液中进行重氮化。

浓硫酸与亚硝酸钠反应：

$$NaNO_2 + H_2SO_4 \longrightarrow NaHSO_4 + HNO_2$$

由于放出硝酰正离子较慢，可加入冰醋酸或磷酸以加快亚硝酰正离子的释放而使反应加快。

5. 亚硝酸酯法

该方法适用于将芳伯胺盐溶于醇、冰醋酸或其他有机溶剂（如 DMF、丙酮等）中，用亚硝酸酯进行重氮化，常用的亚硝酸酯有亚硝酸戊酯、亚硝酸丁酯等。利用该方法制成的重氮盐，可在反应结束后加入乙醚，使其从有机溶剂中析出，再用水溶解，可得到纯度很高的稳定的固体重氮盐。例如，固体 2-氨基-4-硝基苯甲酸的重氮盐就是用亚硝酸异戊酯来制备的，在 0 ℃搅拌 30 min，在 30 ℃搅拌 20 min，再在 0 ℃搅拌 10 min，加乙醚来沉淀重氮盐，抽滤，真空干燥，产率 90%。亚硝酸异戊酯可由异戊醇和亚硝酸钠反应制得。

（六）反应设备介绍

重氮化一般采用间歇操作，选择釜式反应器。因重氮化水溶液体积很大，反应器的容积可达 12~20 m³。某些金属（或金属盐）如 Fe、Cu、Zn、Ni 等能加速重氮盐分解，因此，重氮化反应器不宜直接使用金属材料制作。大型重氮化反应器通常为内衬耐酸砖的钢槽，或直接选用塑料制反应器。小型重氮化反应器通常为钢制加内衬。用稀硫酸重氮化时，可用搪铅设备，其原因是铅与硫酸可形成硫酸铅保护膜；若用浓硫酸，可用钢制反应器；若用盐酸，因为盐酸对金属腐蚀性较强，一般用玻璃设备。这种设备的特点是除了可安装搅拌装置外，还可以直接向设备中投碎冰块降温。设备底部略有坡度，下方侧部有出料口，以利于物料放尽。

（七）重氮化工艺危险性分析

1. 重氮化反应危险性分析

（1）重氮化反应的主要火灾危险性在于所产生的重氮盐，如重氮盐酸盐、重氮硫酸盐，特别是含有硝基的重氮盐，如重氮二硝基苯酚等，它们在温度稍高或光的作用下易分解，有的甚至在室温时就能分解。一般每升高 10 ℃，分解速率加快 2 倍。在干燥状态下，有些重氮盐不稳定，活力大，受热或摩擦撞击能分解爆炸。含重氮盐的溶液若洒落在地上、蒸汽管道上，干燥后亦能引起着火或爆炸。在酸性介质中，有些金属（如铁、铜、锌等）能促使重氮化合物激烈地分解，甚至发生爆炸。

（2）作为重氮剂的芳胺化合物都是可燃有机物质，在一定条件下也有着火和爆炸的危险。

（3）重氮化生产过程所使用的亚硝酸钠是无机氧化剂，于 175 ℃时分解，能与有机物反应发生着火或爆炸。亚硝酸钠遇到比其氧化性强的氧化剂时，又具有还原性，故遇到氯酸钾、高锰酸钾、硝酸铵等强氧化剂时，有发生着火或爆炸的可能。

（4）在重氮化的生产过程中，若反应温度过高、亚硝酸钠的投料过快或过量，均会增加亚硝酸的浓度，加速物料的分解，产生大量的一氧化氮气体，有引起着火爆炸的危险。

2. 重氮化反应危险因素

重氮化反应过程是指芳香族伯胺在低温条件和无机酸存在下，与重氮化剂——亚硝酸钠的作用，其中的氨基转变为重氮基，生成重氮化合物（通常以重氮盐的形式存在）。重氮盐的化学性质非常活泼，芳香族重氮基可以被其他基团取代，转化成许多类型的化合物，是十分重要的有机合成反应中间体。重氮化反应广泛应用于医药、农药、炸药、染料等工业生产过程，尤其在染料工业，有半数以上有机合成染料是通过重氮化工艺合成的。重氮化反应是危险性比较大的工艺，危险因素主要存在于以下几个方面：

（1）原料。原料芳香族胺类属于可燃有机物质，有着火和爆炸危险，且具有毒性。

（2）投料控制。重氮化反应时，必须严格控制亚硝酸钠的投料量。一般亚硝酸钠用量会比理论值略高，目的是使芳胺反应完全。但如果亚硝酸钠过量太多，重氮化反应速率就会加快，释放的热量增多，导致生成的重氮盐分解而发生事故。

重氮盐易分解，只有在过量酸液中才比较稳定，所以反应混合物的pH值应严格控制。若酸用量不足，生成的重氮盐容易和未反应的芳胺耦合，生成重氮氨基化合物。

对亚硝酸钠投料的速度也必须严格控制，如果投料过快，会造成局部亚硝酸钠过量，引起火灾爆炸事故；如果投料过慢，来不及反应的芳胺会和重氮盐作用发生自我耦合反应。

（3）温度控制。大部分重氮盐在低温下较稳定，在较高温度下分解速率加快。亚硝酸在较高温度下也加速分解，产生大量的一氧化氮气体，进而与空气发生氧化反应生成二氧化氮，同时释放出大量热量。所以，重氮化反应对温度控制的要求比较高。

（4）重氮盐。反应产物重氮盐需经过滤、干燥、研磨、混合等处理，摩擦、受热、撞击后粉尘黏着在热源上，或者流动输送中产生静电，都可能引起重氮盐的火灾爆炸事故。

3. 中毒危险危害因素

重氮化工艺中的中毒危害性如下：

（1）亚硝酸盐。重氮化工艺中的亚硝酸盐主要是亚硝酸钠。以亚硝酸钠为例，亚硝酸钠毒性作用为麻痹血管运动中枢及周围血管，形成高铁血红蛋白。急性中毒表现为全身无力、头痛、头晕、恶心、呕吐、腹泻、呼吸困难，检查见皮肤黏膜明显紫绀。严重者血压下降、昏迷、死亡。工人手部、足部皮肤接触亚硝酸盐可发生损害。

（2）重氮化原料。苯胺、苯二胺等大多为芳香类或杂环类的一级胺，重氮化原料大多具有毒性，对呼吸道、黏膜、眼睛等部位有刺激性。

4. 腐蚀及其他危险性

在重氮化过程中为保持酸性条件，需加入无机酸，无机酸除所具有的酸性（腐蚀性）

外，部分无机酸还具有强氧化性或容易分解释放出有氧化性的气体。同时，部分重氮化原料也具有一定腐蚀性。

5. 工艺过程危险性

重氮化反应时必须严格控制亚硝酸钠的投料量。一般亚硝酸钠用量比理论值略高，但是如果亚硝酸钠过量太多，重氮化反应速率就会加快，导致生成的重氮盐分解而发生事故。若酸用量不足，生成的重氮盐容易和未反应的芳胺耦合，生成重氮氨基化合物。对亚硝酸钠投料的速度也必须严格控制，如果投料速度过快，会造成局部亚硝酸钠过量，产生火灾爆炸危险。重氮化反应过程绝大多数为放热反应，且多数为液相反应，反应温度通常较低，一般在15 ℃以下。反应产物、反应原料多为可燃液体或可燃固体，受热易分解，反应产物和部分反应原料在受热、光照、遇明火或是受到摩擦碰撞时会发生爆炸。在重氮化工艺中，反应温度对反应的影响十分重要，重氮化物容易分解，部分重氮化物在常温下即发生分解。在工艺过程中，反应温度稍有提高就可能出现产物大量分解，甚至出现反应失控发生火灾爆炸事故。

重氮化工艺中，使用的无机酸和部分反应原料、反应产物具有一定毒性和腐蚀性，特别是反应必须处于酸性条件下，如果反应设备或管道在设计、安装时不能达到防腐蚀要求，出现物料泄漏会引发火灾、爆炸或中毒事故。

在重氮化工艺过程中，设备、管道发生泄漏，反应器中温度过高，或在物料的处理、储运过程中处理不当，都有可能造成火灾、爆炸或中毒事故。

重氮化物受热、光照、摩擦或碰撞时可能发生分解，甚至发生爆炸。在重氮化工艺的后处理工序中，如在干燥、离心等设备中，若处理不当容易引发火灾、爆炸事故。

6. 安全对策

1）依据性质，加强对危险性生产物质的防火管理

原料和产品的运输储存应按照危险品管理的规定进行严格管理。相互能起激烈反应的物质（如芳胺和亚硝酸钠）必须分车运输，隔离存放产品。搬运重氮盐时必须轻装轻卸，杜绝摩擦、撞击。在储存时，重氮盐、亚硝酸钠应远离火源、电源或热源，避开日光照射。例如，3-(2-羟基乙氧基)-4-吡咯基-1-苯重氮氯化锌盐储存温度应低于30 ℃，若超过35 ℃则必须采取相应降温措施，否则会引起分解放热，导致火灾爆炸事故。

2）严格按工艺要求准确投料

当亚硝酸钠投料结束后，用淀粉碘化钾试纸检测反应液呈微蓝色则表示投料量合适，因为淀粉碘化钾试纸是无色的，当遇到亚硝酸时，碘化钾被氧化成碘，碘使淀粉变蓝。若发现亚硝酸钠过量较多，应及时采取补救措施。此时可用尿素分解掉过量的亚硝酸。亚硝酸钠投料速度的控制应根据芳胺的碱性不同而有区别，原料为碱性较强的芳胺时，亚硝酸钠的投料速度一定要缓慢。

3）配置自动控制调温系统，确保规定的生产操作温度

生产过程中，重氮化反应和重氮盐产物的干燥操作温度必须严格控制。重氮化反应温

度一般控制在 0~5 ℃ 或更低。重氮盐干燥温度根据性质不同而有所不同。

为确保生产操作温度，重氮化反应釜和重氮盐干燥设备都应配置自动控制调温系统，例如，反应釜配置温度探测、调节、搅拌、冷却连锁装置，干燥设备配置温度测量、加热热源开关、惰性气体保护的连锁装置。

4）注意各处理工艺的生产防火管理，减少火灾隐患

不能用铁、铜、锌等金属设备进行重氮化反应或储存重氮化合物，宜用陶瓷、玻璃或木质的设备。重氮化反应完毕后，宜将场地和设备用水冲洗干净，停用的重氮化反应釜要储满清水，其废水直接排入废水下水道。

用重氮盐生产染料或其他产品时，必须注意检查，确保反应过程中半成品中没有残留未转化的重氮盐。若有，则应延续反应直至重氮盐完全转化掉。否则，残留的未转化的重氮盐会在产品干燥等后加工工序中发生燃烧爆炸。

重氮盐的后处理工序中，要注意经常清除粉碎车间设备上的粉尘，注意防止物料洒落在干燥车间的热源上，以及防止物料凝结在输送设备的摩擦部位。

5）设置防火防爆安全保护系统

重氮化反应釜应安装伸向室外高空释放氧化氮气体的不燃材料制成的排放管，并在此管上安装阻火器，要定期清洗管中的残积物重氮盐。用蒸汽干燥时，干燥室（设备）应安装温度计和防爆门。其加热蒸汽管道应安装压力计。重氮化合物的粉碎、研磨还需配有良好的通风设备。

6）重点监控工艺参数及安全控制基本要求

（1）工艺参数：包括重氮化反应釜内温度、液位、pH 值，重氮化反应釜内搅拌速率，亚硝酸钠流量，反应物质的配料比，后处理单元的温度等。

（2）安全控制的基本要求：包括反应釜温度和压力的报警和连锁，反应物料的比例控制和连锁系统，紧急冷却系统，紧急停车系统，安全泄放系统，后处理单元配置温度检测、惰性气体保护的连锁装置等。

（3）宜采用的控制方式：将重氮化反应釜内温度、压力与釜内搅拌、亚硝酸钠流量、重氮化反应釜夹套冷却水进水阀形成连锁关系，在重氮化反应釜处设立紧急停车系统，当重氮化反应釜内温度超标或搅拌系统发生故障时自动停止加料并紧急停车，启动安全泄放系统。

重氮盐后处理设备应配置温度检测、搅拌、冷却连锁自动控制调节装置，干燥设备应配置温度检测、加热热源开关、惰性气体保护连锁装置。

十一、氧化工艺

（一）氧化概念

狭义地，氧元素与其他的物质元素发生的化学反应称为氧化，氧化也是一种重要的化工单元过程。广义的氧化是指物质失电子（氧化数升高）的过程。氧化侧重的是反应中

的还原剂物质失去电子给氧化剂的过程。但是，氧化还原是不可分割的，故氧化与还原并存。物质失去电子的过程叫氧化，得到电子的过程叫还原。狭义的氧化指物质与氧化合，还原指物质失去氧的过程。氧化时氧化值升高，还原时氧化值降低。氧化、还原都指反应物（分子、离子或原子）。氧化也称氧化作用或氧化反应。有机物反应时把有机物引入氧或脱去氢的作用叫氧化，引入氢或脱去氧的作用叫还原。物质与氧缓慢反应、缓缓发热而不发光的氧化叫缓慢氧化，如金属锈蚀、生物呼吸等。剧烈发光放热的氧化叫燃烧。

一般物质与氧气发生氧化时放热，个别可能吸热，如氮气与氧气的反应。电化学中阳极发生氧化，阴极发生还原。铁在空气中会生锈，银器在空气中会变黑，这也是一种氧化作用。

1. 生物氧化

人的新陈代谢也存在氧化作用，亦即人体每天都在"生锈"，所产生的"铁锈"在医学里就叫自由基。自由基是一种带有未成对电子的粒子。因为带有单数电子，所以非常不稳定，具有高度的化学反应性，很容易和周围的分子反应，使安定分子也变成自由基。如此一再重复，就会生成大量的自由基。自由基非常活跃，非常不安分。

一般情况下，生命活动是离不开自由基的。我们的身体每时每刻都从里到外运动，每一瞬间都在燃烧着能量，而负责传递能量的搬运工就是自由基。当这些帮助能量转换的自由基被封闭在细胞里不能乱跑乱窜时，它们对生命是无害的。但如果自由基的活动失去控制，超过一定的量，生命的正常秩序就会被破坏，疾病可能就会随之而来。

自由基是一把双刃剑。目前已知有许多疾病皆因自由基作祟，如类风湿性关节炎、急性呼吸窘迫症候群、艾滋病以及牙周病等。自由基除会对细胞产生伤害外，还能发起自由基连锁反应，进一步恶化、伤害体内组织。这种连锁反应相当惊人，正常的化学物质是由原子与分子构成，且需携带两个成对电子来维持化学状态的安定，而自由基即含有不成对电子的分子或原子，因此它急需抢夺其他分子或原子的电子配对，才能保持安定。然而，如果自由基抢夺电子的对象是蛋白质、糖类、脂肪等人体必需物质，则这些失去电子的营养成分，不仅因为遭到氧化而面目全非，而且会进一步利用其自由基的新身份，再去抢夺其他电子，由此形成恶性循环的自由基连锁反应，人体的功能因此逐渐损伤。

2. 化学氧化

葡萄糖（或糖原）在正常有氧的条件下氧化后，产生二氧化碳和水，该过程称作糖的有氧氧化，又称细胞氧化或生物氧化。整个过程分为三个阶段。

（1）糖氧化成丙酮酸。葡萄糖进入细胞后经过一系列酶的催化反应，最后生成丙酮酸的过程在细胞质中进行，并且是不消耗能量的过程。

（2）丙酮酸进入线粒体，在基质中脱羧生成乙酰 COA。

（3）乙酰 COA 进入三羧酸循环，彻底氧化。

3. 氧化还原

生活中许多看似寻常的变化都涉及氧化还原，如铁钉生锈，酿酒，面粉发酵做馒头，用醋酸清除水垢等。

氧化还原在工业生产中就更加普遍了，任何物质的反应都是以这两种作用为基础的。而有些物质氧化性强，在生产生活中常用作氧化剂，如氟（F）、氯（Cl）、碘（I），还有空气中的氧及臭氧。常见还原剂有活泼的金属（即金、银、铜、铂除外的常见金属）。

4. 基本意义

在化学工业生产中，氧化占有非常重要的地位，用于许多化合物的制备。

（1）将硫化铁氧化成二氧化硫，再将二氧化硫氧化成三氧化硫，以制备硫酸。

（2）将氮氧化成一氧化氮（以铂作为催化剂），再将一氧化氮氧化成二氧化氮以制备硝酸。

（3）将磷氧化成五氧化二磷制备磷酸。

（4）将乙烯氧化生成环氧乙烷。

（5）将甲醇氧化（被夺去氢）生成甲醛。

（6）将氯化氢氧化（被夺去氢）生成氯气和水。

（7）用氢给自来水消毒、杀菌。

5. 相关危害

（1）铁制品在空气中会自然氧化生成一层松散的铁锈［水合氧化铁（Ⅲ），化学式$Fe_2O_3 \cdot xH_2O$］，水合氧化铁（Ⅲ）容易剥落，使内层未被氧化的铁暴露在空气中继续被氧化，最后锈坏整件铁制品。

（2）草料堆积，通风不好就会缓慢氧化。古罗马一艘满载粮草的给养船在出海远征时神秘起火，后来科学家为这桩奇案找到了起火原因，是粮草发生了自燃。

（3）在坟地里出现的"磷火"也是一种自燃现象。人和动物机体里含磷的有机物腐败分解能生成磷化氢气体。这种气体着火点很低，接触空气就会自燃。在缺乏科学知识的时代，人们常把这种自燃现象说成是"鬼火"。

（4）煤栈会发生自燃，是因为有大量的煤发生缓慢氧化反应。缓慢氧化反应，单位时间内放出的热量少，只要通风良好，热量及时散失就不会发生自燃。虽然缓慢氧化反应单位时间内放出热量少，但是由于发生缓慢氧化反应的煤多，放出的热量不能散失，积少成多，热量积蓄就会有达到着火点的时候。达到着火点，又与氧气接触，具备了可燃物燃烧的条件，煤栈就会自燃。

（5）脂肪氧化会引起变质、变味，氧化产物主要为醛、酮、酯、酸和大分子聚合物等，这些产物有些具有异味，有些本身有毒性。

（二）氧化工艺简介

氧化反应范围很广，其中催化氧化是一大类重要反应，随着科学技术的发展和应用，氧化产品类型不断扩大。氧化产品除了包括各类有机含氧化合物——醇、醛、酮、酸、酯、环氧化合物和过氧化合物等外，还包括有机腈和二烯烃等。

1. 氧化反应及氧化剂

这里的氧化反应过程特指主要以空气或氧气为氧化剂,在烃类或其他有机化合物分子中引入氧的反应。可采用的氧化剂有多种,对于产量大的有机化工产品而言,具有重要价值的氧化剂是气态氧,可以是空气或纯氧,也可以采用其他化学氧化剂,如高锰酸钾、铬酸或有机过氧化物。

2. 氧化反应的特点

以气态氧为氧化剂,氧化反应体系是由"物料-氧"或"物料-空气"组成,反应体系在很广的浓度范围内易燃易爆。因此,氧化反应具有一定特点。

(1) 被氧化的物质以及氧化产物大部分是易(可)燃易爆物质,如乙烯氧化制环氧乙烷、甲醇氧化制甲醛、乙烯和环氧乙烷、甲醇和甲醛均为易燃易爆物质。

(2) 氧化反应是强放热反应,尤其是完全氧化反应,释放的热量要比部分氧化反应大 8~10 倍。故在氧化过程中,反应热的稳定是关键问题。如果反应热不能及时移走,将会使反应温度迅速上升,导致发生大量的完全氧化反应,使反应温度无法控制,发生爆炸。

(3) 氧化反应温度高,除个别气液相反应外,反应温度均高于 100 ℃,特别是气固相催化氧化反应,其反应温度更高。

(4) 氧化反应在热力学上都是很有利的,转化率都很高,尤其是完全氧化反应,在热力学上占绝对优势。烃类氧化的最终产物都是二氧化碳和水,而所需要的氧化产物是氧化中间产物。

3. 氧化方法及工艺构成

氧化方法主要有均相催化氧化和非均相催化氧化。均相催化氧化大多是气液相氧化反应,实质上属气液相非均相反应,但反应发生在液相,故也称为均相催化氧化反应。根据均相氧化反应机理,又可分为自催化氧化反应和络合催化氧化反应。

1) 均相催化氧化

(1) 自催化氧化反应。将空气或氧通入液态乙醛中,乙醛被氧化为乙酸,反应可以在没有催化剂存在下自动进行,但有较长的诱导期,过了诱导期,氧化反应即迅速进行,反应速率达到最大值。这种能自动加速的氧化反应具有自由基链反应特征。自催化氧化反应主要用来生产有机酸和过氧化物,如果条件控制适宜,也可以使反应停留在中间阶段而得到中间氧化产物——醇、醛和酮。工业上,为了缩短诱导期,常用过渡金属离子作催化剂。

以烷烃为原料进行自催化氢化反应,选择性较差,产物组成复杂,主要应用有甲烷氧化制甲醛、丙烷,丁烷氧化制乙醛。芳烃分子中的苯环比较稳定,故自催化氧化时的选择性较高。

(2) 络合催化氧化反应。均相络合催化氧化所用的催化剂是过滤金属的配合物,最主要的是 Pd 配合物。经典的均相络合氧化法——乙烯制乙醛的瓦克(Wacker)法,是以 $PdCl_2$—$CuCl_2$—HCl 的水溶液为催化剂。在此过程中 $PdCl_2$ 起催化剂作用,$CuCl_2$ 起氧化剂作用,将反应过程析出的金属 Pd 氧化为 Pd(Ⅱ),称为共催化剂,所以在反应中 $CuCl_2$ 是必需的,同时氧的存在也是必需的,要使反应能稳定地进行,必须将还原生成的低价 Cu 再氧化为高价 Cu。工业上广泛应用的是乙烯氧化合成乙醛。

(3)烯烃液相环氧化。烯烃液相环氧化是以 ROOH 为环氧化剂,工业上主要应用的是以丙烯环氧化制取环氧丙烷,所用的环氧化剂是过氧化氢乙苯或过氧化氢异丁烷。此工艺除得到环氧丙烷外,同时联产苯乙烯或异丁醇。此方法称为哈康(Halcon)法,其生产过程包括三个主要步骤:一是乙苯液相自动氧化制备过氧化氢乙苯,二是丙烯用过氧化氢乙苯环氧化生成环氧丙烷和 α-甲基苯甲醇,三是 α-甲基苯甲醇脱水转化为苯乙烯。

2)非均相催化氧化

非均相催化氧化主要是指气态有机原料在固体催化剂存在下,以空气或氧气为催化剂,氧化为有机氧化物的过程。非均相催化氧化反应在石油化工中得到广泛的应用,原料主要是烯烃和芳烃,也有的用醇作原料。工业上主要有正丁烷生产顺丁烯二酸酐,乙烯环氧化生产环氧乙烷,烯丙基氧化生产丙烯醛、丙烯酸、丙烯腈,芳香氧化生产酸酐,醇氧化生产醛。

(三)氧化工艺危险性分析

1. 反应物具有较强的助燃性与不稳定性

氧化反应所用的氧化剂具有很大的助燃危险性,一旦泄漏,与有机物、酸类物质混合接触,有着火甚至爆炸危险,如铬酸酐、高锰酸钾、硝酸、四氧化氮和臭氧等。有些氧化剂本身不稳定,遇高温或受撞击、摩擦等作用会引起本身的分解性爆炸,如氯酸钾、高氯酸、过氧化氢以及其他有机过氧化物等。

各类氧化产物,如异丙苯经氧化制得的过氧化氢异丙苯,甲乙酮经氧化制得的过氧化甲乙酮等均属于有机过氧化物,本身稳定性很差,且具有一定燃烧性,遇高温或受撞击、摩擦等均极易引起火灾、爆炸。

2. 反应物具有很强的毒害性

可引起人员中毒的氨、二氧化硫、甲醇等原料,以及环氧乙烷、丙烯腈、甲醛、三氧化硫、氮氧化物等氧化产物均具有较强的刺激性与毒害性,可引起人员中毒,有些物质还具有致癌性。

3. 反应物具有强腐蚀性

反应物可引起化学灼伤与设备、建筑物的腐蚀。硝酸、顺丁烯二酸酐、乙酸等均属于酸性腐蚀物,氨溶于水生成的氨水为碱性腐蚀物。此类化学品泄漏可引起严重的化学灼伤,腐蚀相关设备设施与建筑物,间接引发各类事故。

4. 氧化反应过程会释放出大量热量

氧化反应过程会释放出大量热量,若未能将这些反应热及时地转移,将导致反应装置的温度、压力急剧升高,同时副反应速率增加,引起火灾与爆炸。

5. 各类反应物可造成诸多类型事故

被氧化的物质大部分是易燃易爆物质，如乙烯、丁烷、天然气均是易燃气体，异丙苯、对二甲苯、乙醛、甲醇均是易燃液体。此时，氨的分解和氧化反应将明显加剧，会产生大量的氮、一氧化氮和二氧化氮气体。例如，在丙烯氨氧化制丙烯腈工艺中，若反应温度超过500 ℃，物质具有饱和蒸气压低、爆炸极限下限低、爆炸极限范围宽、最小点火能低等特点，泄漏后在空气中易形成爆炸性混合气体。又如，对于使用过氧化氢作催化剂，或生产物中存在着过氧化物的氧化工艺，温度升高将明显促进此类物质的分解，甚至爆炸。

6. 氧化反应热转移不及时

（1）温度的升高可引起物料危险性增强。工艺温度的升高可能超过反应物的燃点，从而引起燃烧并引发火灾，同时高温可引起爆炸性混合物的爆炸极限范围变大，导致生产装置的危险性显著增大，可能引起物料爆炸。尤其是采用空气或氧气作为氧化剂的气固相氧化工艺，其反应温度一般在300 ℃以上，若反应温度升高，这种危险性后果则更为严重。例如，在对二甲苯氧化制粗对苯二甲酸工艺中，在反应温度达到200 ℃，反应压力高于1.6 MPa的情况下，氧化反应器尾气中的对二甲苯剧烈燃烧，并有可能导致反应器爆炸。

该氧化釜采用间歇操作，液相中对硝基甲苯浓度为23%，液相中乙酸浓度为77%，对硝基甲苯（自燃点529 ℃）蒸气和乙酸（自燃点565 ℃）蒸气都能自燃，气相中主要是乙酸蒸气与氧气。根据温度与压力大小计算可知，气相中乙酸蒸气浓度为28%～57%。在常温、常压下乙酸的爆炸极限为5.4%～17%，但随着温度、压力升高，其爆炸危险性增加。对于密闭式设备，温度升高导致设备或系统的压力升高，高温还会引起设备设施的密封性与强度的降低。以上两方面的作用最终可导致设备内物料泄漏与设备破裂，甚至爆炸等危险。极限范围会扩大，尤其是爆炸上限的上升更为明显，往往造成气相空间形成爆炸性混合物，在可能的点火源作用下极有可能发生爆炸。所以，为了确定合理的工艺参数，确保装置安全运行，先应对物料的爆炸极限进行充分试验，获取有价值的基础资料，并以此确定氧化反应的工艺条件与设备设施及装置的技术要求。

（2）温度升高可引起设备内部压力增大，设备泄漏与破裂的危险性增加。

（3）反应温度过低会引起爆炸危险。对大部分氧化工艺而言，反应温度过低可能引起停车等，一般不会直接造成危险。但是如下情形仍可能引起安全事故：

①反应温度过低，会引起反应速率减慢或停滞。根据阿仑尼乌斯（Arrhenius）经验式，通常反应温度升高10 ℃，反应速率增加2～4倍。若操作人员误判，过量投料，待反应温度恢复至正常时，则往往会由于反应物浓度过高而致反应速率大大升高，造成反应温度急剧升高，反应过程失控，甚至爆炸。

②反应温度过低可能造成中间产物积累而引起爆炸。例如，对于乙醛液相氧化法制乙酸，反应温度过低是危险的，会造成反应速率变慢，从而易造成反应液中过氧乙酸的积累，一旦温度回升，过氧乙酸就会剧烈分解，引起爆炸。

③反应温度过低时，还会使某些物料冻结，使管路堵塞或破裂。

④冷却介质选择不当，搅拌散热措施不足，可引起工艺温度失控，诱发事故。冷却介质仅允许在一定的温度范围内使用，其温度过高或过低将可能发生分解、凝固与结焦等，均可能造成传热不良，致使反应温度上升。若搅拌效果不良，致使传热速度变慢，易造成温度失控，或局部温度过高，将引发反应条件异常。若冷却介质的供应系统设计不当，冷量供应不足，或缺少备用泵等应急措施，也可能引起反应器内部温度过高。

（4）氧化反应后的气体冷却不及时，可能引发"尾烧"现象。氧化反应后的气体若易燃易爆，若未采取措施使之急冷，很可能在出反应器的时候发生"尾烧"现象。例如，乙烯氧化制环氧乙烷，环氧乙烷本身易燃，在高温及固体酸催化剂作用下异构为乙醛，乙醛进一步氧化为二氧化碳和水，并释放出热量引起温度升高，这是很危险的状况，因此通常另设冷却器以加强急冷。

7. 进料配比或系统组分不当

反应器内的物料配比或组成不当，可引起爆炸危险，或致反应温度失控等，常见的事故原因及发生途径如下：

（1）氧化剂与被氧化物配比不当，可形成爆炸性混合物。爆炸极限浓度之上操作的氧化工艺，若被氧化物的浓度降低，或对于在爆炸极限下限之下操作的，若被氧化物的浓度升高，使系统的气体混合物进入爆炸极限之内，由于高温或其他各种可能的点火源作用，就会发生火灾、爆炸。

此外，对气液相氧化工艺而言，若进料配比不当或操作错误，可能在气相中发生爆炸。例如，乙醛液相氧化法制乙酸，应严格控制进气中的氧气含量，主要原因是在氧化液中参与反应的氧气是有限的，若进气中的氧含量增加，反应后逸出的氧气也随之增加，在塔顶氧气浓度可能达到5%，而与乙醛气体形成爆炸性气体，极易引起爆炸。对二甲苯氧化制粗对苯二甲酸工艺也存在同样的危险。

（2）反应抑制剂不足，物料危险性增强，可能引起爆炸。氧化反应的抑制剂加入不足或浓度过低，对混合物的爆炸危险性与系统的反应速率影响很大。例如，甲醇氧化制甲醛，必须加入水蒸气，以降低混合气的爆炸危险性；在乙烯氧化制环氧乙烷工艺中需要保持二氧化碳、二氯乙烷在一定范围，因其分别具有惰性化作用与抑制深度氧化作用。

（3）催化剂含量不足引起爆炸。液相催化氧化工艺中，催化剂用量不足，将使氧化深度不足，如乙醛液相氧化法制乙酸，若氧化液中的乙酸锰催化剂含量低于0.08%或更低，逸入塔顶的氧将大量增加，导致塔顶气相中的氧含量升高，容易导致火灾、爆炸。

8. 催化剂性能降低或停留时间过短

若催化剂未及时更换、填充不当或中毒等可造成催化剂性能降低，物料停留时间过短，可造成被氧化物质、氧化剂等未被完全消耗，或使副反应增强，生成不稳定的副产物并在系统中累积，可能造成反应器与后续工段的火灾、爆炸等危险。例如，氨氧化制硝酸工艺，若催化剂活性降低、停留时间过短，造成氨的转化率下降（一般应保持在98%以上），因此未反应的氨与氧化氮发生反应，生成硝酸铵与亚硝酸铵，可能引起强烈爆炸。氧化炉刚开车时，温度低、转化率低，最易生成硝酸铵和亚硝酸铵。当反应温度达 315 ℃ 时，一氧化氮又会使硝酸分解成亚硝酸，也容易发生爆炸。因此，在尚未升至正常反应温度（800~900 ℃）时，反应后的气体应放空吸收处理。

9. 原料纯度与杂质不符合要求

反应物料中的某些杂质可能引起工艺参数波动与异常，最明显的影响是造成催化剂活性降低，可通过间接作用而引起各类事故。如采用空气作为氧化剂，应对空气进行除尘、除有机物等预处理，以防止催化剂中毒。因此，应结合具体工艺、装置等分析这方面可能带来的具体危险后果。

10. 设备设施选型、设计不当

氧化工艺除氧化反应器之外，还有各类与之配套的设备设施，如换热器、塔器、储罐、槽、泵、压缩机、搅拌器、管道、阀门、密封材料等。氧化反应器等需承受反应温度与压力的作用，局部还需承受高温差的热胀冷缩影响，同时与物料直接接触的设备材质与密封件还应满足物料的腐蚀作用。为了防止反应器超压而发生容器破裂，需要设置安全阀、爆破片等安全保护装置。与反应器配套的管件等在耐温、耐压以及耐腐蚀等方面无法满足要求，在使用中很可能造成设备设施变形、破裂与强度降低等，均可能引起危险。例如，在气-固催化氧化装置中，在操作中有可能发生设备内火灾，如氧化反应器与易燃介质的进料装置之间，尾气锅炉与氧化反应器之间，若缺少阻火器、水封等阻火隔断措施或此类设施本身失效，一旦引起火灾，极有可能造成火灾在整个工艺系统中蔓延，甚至导致爆炸。

11. 高温物料与设备易造成人员烫伤

氧化反应的温度普遍较高，如天然气部分氧化制乙炔工艺，其反应温度甚至达到 1500 ℃，有的反应装置可副产高温蒸汽等，此类装置一旦发生高温物料泄漏，极易造成人员烫伤。高温设备设施若缺少保温措施，也可能引起烫伤。

十二、过氧化工艺

（一）过氧化反应原理

过氧化合物简称过氧化物，泛指分子结构中含有至少一个过氧基（—O—O—）的化合物。过氧化物一般分为无机过氧化物和有机过氧化物两大类。前者通常由金属元素（或氢元素）与过氧基组合而成，后者通常由有机物与过氧基组合而成。

由上述基本概念可知，生成过氧化物的反应即称为过氧化反应，其基本原理就是通过化学反应，将至少一个过氧基（—O—O—）引入无机或有机化合物分子结构中，生成有机或无机过氧化物。

（二）生产工艺及其分类

目前，过氧化物的种类非常多，其中无机过氧化物有几十种，如过氧化氢（H_2O_2）、过氧化钠（Na_2O_2）、过氧化锂（Li_2O_2）、过硫酸钾（$K_2S_2O_8$）等。而有机过氧化物则有几百种之多，常见的有过氧化苯甲酰（$C_{14}H_{10}O_4$）、过氧乙酸（$C_2H_4O_3$）、合成苯酚的中间体过氧化氢异丙苯（$C_9H_{12}O_2$）、尼龙的聚合材料己内酰胺（$C_6H_{11}NO$）、过氧化硫脲（$CH_4N_2O_2S$）等。因此，合成过氧化物的工艺也非常多，从反应类别以及生成化合物类别方面可分为有机反应工艺和无机反应工艺，从化工操作生产过程方面可分为间歇式生产和连续化生产。

1. 反应类别以及生成化合物类别方面

1）无机过氧化物

无机过氧化物主要用于氧气发生剂、化工合成引发剂、高纯金属或化合物制备、漂白剂、氧化剂等方面，该类物质的结构以及合成均相对简单。

如前所述，无机过氧化物通常由金属元素（或氢元素）与过氧基组合而成，其中金属过氧化物是由碱金属（钾、钠等）、碱土金属（钙、镁等）以及某些过渡元素（镧、锑、汞等）直接或在特定介质中与氧气反应生成。该类反应属于简单的无机过氧化反应，其反应可大致表示如下（碱金属以 M 表示）：

$$2M + O_2 \longrightarrow M-O-O-M$$

过氧酸盐通常是由过氧化氢与某些盐类（碳酸钙、硼酸钠）在一定环境下作用生成，也有利用金属超氧化物进行化合反应或采用电解法制取。其中氢的过氧基团（H—O—O—）或过氧基（—O—O—）作为酸根的组成部分，加热时释放出氧气，与稀酸作用产生过氧化氢是该类物质的基本特征，基本反应表示如下（以过硼酸钠的制取为例）：

$$Na_2B_4O_7 + 2NaOH \longrightarrow 4NaBO_2 + H_2O$$

另外一种无机过氧化物属于分子加合型过氧化物，包括含结晶水的过氧化物（如 $Na_2O_2 \cdot 8H_2O$），含结晶过氧化氢的化合物（如 $2Na_2CO_3 \cdot 3H_2O_2$），同时含结晶水和结晶过氧化氢的三元化合物（如 $BaO_2 \cdot H_2O_2 \cdot H_2O$）。该类化合物同样具有在加热或与水、其他试剂作用时释放出氧气，与稀酸作用产生过氧化氢的特征。该类无机过氧化物是利用相应的化合物或过氧化物，与过氧化氢或水在一定的条件下进行分子加合反应而生成的，基本反应表示如下（以过碳酸钠的制取为例）：

$$2Na_2CO_3 + 3H_2O_2 \longrightarrow 2Na_2CO_3 \cdot 3H_2O_2$$

2）有机过氧化物

相对于无机过氧化物，有机过氧化物的种类更多，用途也更加广泛，在工业生产和人们生活中的作用非常重要，在高分子化学、精细化工、纺织印染、食品加工、医药等领域作为固化剂、催化剂、漂白粉、除臭剂、防腐消毒剂以及抗癌药剂等得到了广泛的应用，而且随着研究的深入，有机过氧化物的用途将被进一步扩展。

有机过氧化物是过氧基（—O—O—）连在碳原子上形成的化合物，也可以将所有有机过氧化物看作过氧化氢（H_2O_2）的衍生物。有机过氧化反应即通过过氧化氢或氧气与相关有机物反应，向有机化合物分子中引入过氧基（—O—O—），或者说是用有机基团置换掉过氧化氢中一个或两个氢的反应过程。通常，有机过氧化物的氧化性比金属过氧化物以及过氧酸盐等无机过氧化物的氧化性更强。

由于有机过氧化物种类很多，通常按照被过氧化的有机物类别的不同，将有机过氧化物分为7类：醇类过氧化物、酸类过氧化物、酰类过氧化物、酯类过氧化物、环状过氧化物、烷基类过氧化物和有机金属过氧化物。

2. 化工操作生产过程

化工生产过程与其他生产过程的本质区别就是绝大多数化工生产过程有化学反应发生，并且化学反应是化工生产的核心部分，而产生化学反应的设备（即反应器）是化工生产的关键设备。不同形式的反应器决定了不同类型的化工生产。由于反应器可分为间歇式反应器和连续化反应器，因此，在化工操作生产过程方面，化工生产可分为间歇式生产和连续化生产。

1）间歇式生产工艺

整个生产过程以反应周期为标志，从原料计量到加入反应器开始，通过物料反应、取出反应产物、清洗反应器等多个环节，达到再次投料要求的状态，此过程为一个反应周期，该类化工生产过程称为间歇式生产工艺。在间歇式生产工艺中，物料是分批次投入到反应器中的，物料在反应器中完全混合而与外界无物质交换，在整个反应过程中，反应器内各点物料浓度、反应温度、反应速率等参数均相同，但随时间变化而变化，是一个非稳定的操作过程。

间歇式反应易于适应不同操作条件和产品品种，如小批量、多品种、反应时间较长的产品生产，在精细化、制药、染料中间体、催化剂制备等行业应用比较普遍。其优点是操作方便，灵活性大，投料容易、准确，反应产物容易调控；缺点是设备生产效率低，不易保持产品不同批次的质量稳定，劳动强度大，不适合大规模工业化生产。

2）连续化生产工艺

反应物料不间断地进入反应器，同时产品也不间断地产出，这样的生产过程称为连续化生产。和间歇式反应器相反，连续化反应器各处的物料进出是均匀稳定的，且反应器内各处物料浓度、温度、压力、液位等参数不随时间变化而变化，是一种稳态操作过程。

相对于间歇式生产工艺，连续化生产工艺优点很多，由于生产条件稳定，不随时间变化，因此工艺控制指标很容易实现计算机操作和自动化控制，提高了安全系数，且产品质量均一、稳定。同时，由于设备可以长时间满负荷运转，生产效率大大提高，工人劳动强度降低，通常大规模化工产品的生产均采用连续化生产工艺。其缺点是：连续化反应器中都存在不同程度的返混，为减少这种情况，可采用多级反应器串联的生产方式。

（三）过氧化工艺危险性分析

过氧化工艺火灾爆炸危险性较大，而该工艺的反应物都因涉及过氧化物而存在较高的危险性。因此，必须先了解过氧化物的危险特性、过氧化物的危险特性参数，以及处理过氧化物过程中的危险性。

1. 过氧化物的危险特性

1) 分解爆炸性

爆炸是一种非常急剧的物理化学变化，是一种在限制状态下系统潜能突然释放并转化为动能而对周围介质产生作用的过程。而过氧化物都含有过氧键（—O—O—），属含能物质，且由于过氧键结合力弱，断裂时所需的能量不大，对热、振动、冲击或摩擦极为敏感，当受到轻微外力作用时即分解，如果反应放热速度超过了对周围环境的散热速度，在分解反应热的作用下温度升高，反应加速并发展成爆炸。相对于无机过氧化物，有机过氧化物更容易发生爆炸。有机过氧化物稳定性的次序为：酮过氧化物<二乙酰过氧化物<过醚<二烃基过氧化物。各类过氧化物的低级同系物比高级同系物对机械作用与热量更敏感，爆炸危险更大。

2) 易燃性

多数过氧化物尤其是有机过氧化物很容易燃烧，因燃烧过程释放氧气，导致燃烧迅速而猛烈，有机过氧化物过氧键的活化能低于一般爆炸物质，在 80~160 kJ/mol 范围内，这就决定了有机过氧化物自燃温度较低。当过氧化物封闭受热导致剧烈分解时，极易发生爆炸并燃烧。

易燃、分解爆炸性几乎是所有过氧化物的通性，如过氧化氢、过氧化苯甲酰等，分解均产生氧气且放出大量反应热，导致体积剧烈膨胀，氧气为助燃剂、氧化剂，遇到有机物、还原剂极易发生燃烧、爆炸。

3) 人身伤害

过氧化物的氧化性极强，对人体的伤害也是这一特性所引起。有机过氧化物的人身伤害性主要表现为容易伤害眼睛和皮肤，如过氧化氢、过氧乙酸、过氧化二乙酰等，都对眼睛和皮肤以及上呼吸道有伤害作用，有些即使与眼睛短暂接触，也会对眼角膜造成严重的伤害。相对而言，过氧化物对皮肤的伤害略小，轻微灼伤一般可自行恢复，但高浓度过氧化物对皮肤的伤害很大。因此，当眼睛、皮肤接触到过氧化物后，需立即用大量清水冲洗，及时就医。

2. 过氧化物的危险特性参数

1) 加速分解温度

过氧化物的分解速度随温度升高而加快，当温度高于一定值时，分解反应会自动进行。过氧化物的热不稳定参数可用自加速分解温度（SADT）来衡量。自加速分解温度是指过氧化物在包装、使用、运输中引起其自加速分解的最低温度。如果温度超过了自加速分解温度，过氧化物就会自行加速分解，反应所释放出的热量又会加速其分解。

自加速分解温度与分解速度、活化能、生成热有关。随着温度的升高，活化能高的过氧化物分解速度提高很快，因此，分解速度快、活化能高、生成热大的过氧化物热稳定性较差。一般不稳定的过氧化物自加速分解温度小于或等于 20 ℃，稳定的过氧化物自加速分解温度为 50~60 ℃。

2) 氧平衡值

过氧化物分解爆炸的热量取决于爆炸时形成的并由氧平衡值所决定的气态产品的热能和数量。所谓氧平衡值是指 100 g 物质爆炸并生成完全反应物所需要或剩余氧的质量（以克为单位）。过氧化物的氧平衡值为负数，所以它的爆炸能量比一般爆炸物低得多。过氧化物爆炸时的传播速度相当快，某些过氧化物对冲击的敏感性极强，与爆炸性质相接近。根据氧平衡值，过氧化物可分为能爆炸性分解和不能爆炸性分解两类。氧平衡值在 -200 g 以内的过氧化物能够发生分解爆炸。

3. 处理过氧化物过程中的危险性

1) 过氧化物生产的危险性

过氧化物的生产中，反应温度和浓度的控制很重要。反应温度高，氧化反应速率快，但由于过氧键的不稳定性，使得产物的分解速度也快。由于分解反应释放的热量比氧化反应释放的热量大得多，使分解反应难以控制，甚至发生爆炸性分解反应而引起爆炸。反应中产生的过氧化物浓度愈高，分解速度也愈快，因此在该类反应中，反应产物的及时移除很重要。如异丙苯的过氧化过程中，在氧化塔内生成的产物一般控制在 40%~50%，达到该程度后过氧化氢异丙苯需要及时移除，在一定的环境条件下进行浓缩。

在氧化反应器中，被氧化物与氧化剂、产物的配比是反应过程中重要的火灾爆炸因素，如果控制不当，进入爆炸极限，就易引起爆燃。如蒽醌法过氧化氢生产过程中，在生成过氧化氢的氧化工序，氧化残液中过氧化氢浓度很高，一般在 40%~50%，而此时氧化塔内本身就含有空气与重芳烃的混合物，这类三元混合物的敏感度，随温度和与有机物混合的 H_2O_2 水溶液浓度的升高而增大，若在该反应器内氧化残液中发生剧烈分解反应，将会导致爆炸的发生。

2) 过氧化物储运的危险性

过氧化物是固态或液态产品，极少数是气态产品。能爆炸性分解的固体过氧化物对冲击和摩擦很敏感，储运过程中稍有不慎，就可能引发事故。另外，由于过氧化物对温度的敏感性，使得过氧化物在储运过程中若冷却不充分，使温度升高，超过自燃点，就会导致其发生分解和爆炸。

过氧化物用表面粗糙的容器盛装会加速其分解。如 38% 过氧化氢在抛光的铂器皿中加热至 60 ℃ 仍不分解，而在内表面有多处擦伤的铂器皿中于室温条件下就会分解。

过氧化物溶液泄漏，尤其当溶液是挥发性化合物时，具有很大的危险性。如蒽醌法过氧化氢生产过程中的氧化液若发生泄漏，挥发性溶剂重芳烃蒸发，而过氧化氢则逐渐被浓缩沉积，使与之接触的有机物质迅速氧化会引起火灾。

此外，即便在正常状态下，过氧化物也会不可避免地缓慢分解，若该类物质储存在密闭狭小的空间，就有可能发生危险。以过氧化氢为例，过氧化氢分解可产生很大体积的气体，甚至在很弱的分解过程中，产生的气量也很大。例如 20 t 70% 的过氧化氢即使每年分解 0.1%，每天也将产生 13 L 的氧气。在一个装料系数为 95% 的密闭储槽中，上述产生气体的速率可使储槽内的压力在 2 个月内上升 1 个大气压力。更重要的是，很少量的污染物或容器表面的缺陷可使放气速率增大一个数量级。从过氧化氢的质量和浓度方面，或许检测不出什么不正常，但在几天之内即可出现压力的显著上升。

显然，过氧化物不应储存在完全密闭的容器中，所有容器必须有通气口，以便安全地释放正常或中等加速分解产生的氧气。

3）与过氧化物混合的危险性

过氧化物与有机物质作用，在一定条件下会形成爆炸性混合物。在变价金属盐、胺类作用下，浓过氧化物与强酸混合时会迅速分解，引起爆炸。而含 H_2O_2、有机物和硫酸的一些反应，在工业上是很重要的和普遍的，该体系不仅是危险的，而且是不可预料的一个未知体系，如不首先进行规模很小的实验，就不可进行大规模操作的尝试。固体无机过氧化物与有机物接触时也会剧烈分解，引起有机物氧化并着火。

如合成过氧乙酸的过程中，浓硫酸作为催化剂，于是就存在过氧化物、浓硫酸、有机物的混合体系，该反应也是危险的，除严格控制反应温度外，产品过氧乙酸的浓度一般控制在 15%～20%，以避免高浓度过氧化物在强酸作用下发生剧烈分解。

4）副产过氧化物的危险性

许多化学过程，尤其是氧化、缩聚和聚合过程，甚至只存在少量氧化物时，也会形成过氧化物。有机物质如溶剂、单体与氧或含氧化合物长期接触，能够自发氧化产生过氧化物积聚在各种设备（吸附器）中。如用乙酸酐与过氧化氢反应制过氧乙酸，在生成过氧乙酸的同时，还有副产物二酰基过氧化物的生成，该物质极不稳定，在强酸、有机物混合体系下很容易发生爆炸。

某些化学过程，尤其是用氧液相氧化有机产品的过程，都需要经过氧化物阶段，形成的过氧化物可能成为事故的原因。如乙醛氧化生产乙酸反应，中间产物有过氧乙酸，该物质是一般不稳定的有爆炸性的有机过氧化物。氧化反应器的上部气相空间因无催化剂存在，容易造成过氧化物的积累，可能发生突然分解而导致爆炸。

4. 典型过氧化工艺中危险物质性能

1）氢气

氢气最早于 16 世纪初被人工制成，当时使用的方法是将金属置于强酸中。1766—1781 年，亨利·卡文迪许发现氢气是一种与以往所发现气体不同的另一种气体，在燃烧时产生水，这一性质也决定了氢气的拉丁语 "hydrogenium"（"生成水的物质"之意）。常温、常压下，氢气是一种极易燃烧、无色透明、无臭无味的气体。

（1）理化性质。氢气是无色并且密度比空气小的气体（在各种气体中，氢气的密度最小。标准状况下，1 L 氢气的质量是 0.0899 g，相同体积氢气比空气轻得多）。因为氢气难溶于水，所以可以用排水集气法收集氢气。另外，在 101 kPa 下，温度-252.87 ℃时，氢气可转变成无色的液氢；-259.1 ℃时，变成雪状固氢。常温下，氢气的性质很稳定，不容易与其他物质发生化学反应。但当条件改变（如点燃、加热、使用催化剂等）

时，情况就不同了，如氢气被钯或铂等金属吸附后具有较强的活性（特别是被钯吸附，金属钯对氢气的吸附作用最强）。当空气中氢的体积分数为 4%~75% 时，遇到火源，可引起爆炸。

（2）基本性能。

① 可燃性。纯氢的引燃温度为 400 ℃。氢气在空气里的燃烧，实际上是与空气里的氧气发生反应，生成水：

$$2H_2 + O_2 \xrightarrow{点燃} 2H_2O$$

这一反应过程中有大量热放出，火焰呈淡蓝色（实验室里用玻璃管看不出蓝色，看到的黄色是由于玻璃中存在 Na^+）。氢气燃烧时放出热量是相同条件下汽油的 3 倍。因此，氢气可用作高能燃料，如在火箭上使用，中国长征三号火箭就用液氢作燃料。

不纯的氢气点燃时会发生爆炸，但有一个极限，当空气中所含氢气的体积占混合气体积的 4.0%~74.2% 时，点燃都会发生爆炸，这个体积分数范围叫爆炸极限。

用试管收集一试管氢气，将管口靠近酒精灯，如果听到轻微的"噗"声，表明氢气是纯净的。如果听到尖锐的爆鸣声，表明氢气不纯，这时需要重新收集和检验。

如用排气法收集，则要用大拇指堵住试管口一会儿，使试管内可能尚未熄灭的火焰熄灭，然后才能再收集氢气（或另取一试管收集）。收集好后，用大拇指堵住试管口移近火焰再移开，看是否有"噗"声，直到表明氢气纯净为止。

② 还原性。氢气与氧化铜反应，实质是氢气还原氧化铜中的铜元素，使氧化铜变为红色的金属铜。反应式如下：

$$CuO + H_2 \xrightarrow{\Delta} Cu + H_2O$$

$$CO + 3H_2 \xrightarrow{高温催化} CH_4 + H_2O$$

在这个反应中，氧化铜失去氧变成铜，氧化铜被还原，即氧化铜发生了还原反应，还原剂具有还原性。

根据氢气所具有的燃烧性质，它可以作为燃料，可以应用于航天、焊接、军事等方面。根据它的还原性，还可以用于冶炼某些金属材料等方面。

此外，氢气与有机物的加成反应也体现了氢气的还原性，如

$$CH_2 = CH_2 + H_2 \longrightarrow CH_3CH_3$$

2）重芳烃

重芳烃是指分子量大于二甲苯的混合芳烃，主要来源于重整重芳烃、裂解汽油重芳烃和煤焦油，是一种以 C_9 芳烃为主要成分的混合芳烃。

（1）危险特性。遇高热、明火及强氧化剂易引起燃烧。

（2）理化特性。无色透明液体，具有芳香烃气味；冰/熔点 -45 ℃，沸点范围 140~185 ℃，闪点 40 ℃，引燃温度 450 ℃；不溶于水，溶于乙醇、苯。

（3）健康危害。吸入后引起肺炎，并使神经系统、肝脏受损，会使皮肤脱脂。

（4）急救措施。皮肤接触：先用水冲洗，再用肥皂水彻底洗涤，就医。眼睛接触：眼睛受刺激用水冲洗；溅入眼内严重者需就医诊治，安置休息并保暖。食入：误服立即漱口，就医。灭火方法：用砂土、泡沫、二氧化碳灭火，小面积着火可用雾状水扑救。

（5）泄漏应急处理。迅速将人员从泄漏污染区撤至安全区，并对污染区进行隔离，严格限制出入，切断火源。建议应急处理人员戴自给正压式呼吸器，穿防护服，尽可能切断泄漏源，防止泄漏物进入下水道、排洪沟等限制性空间。

3）过氧化氢

过氧化氢化学式 H_2O_2，英文名称 hydrogen peroxide，别称双氧水。密度 1.13 g/mL（20 ℃），分子量 34.01，CAS 号 7722-84-1。闪点 107.35 ℃。熔点 -0.43 ℃，沸点 158 ℃。

过氧化氢水溶液为无色透明液体，溶于水、醇、乙醚，不溶于苯、石油醚。纯过氧化氢是淡蓝色的黏稠液体，纯过氧化氢的分子构型会改变，所以熔点、沸点也会发生变化。其密度随温度升高而减小。它的缔合程度比水大，所以它的介电常数和沸点比水高。纯过氧化氢比较稳定，加热到 153 ℃ 便猛烈分解为水和氧气。值得注意的是，过氧化氢中不存在分子间氢键。

过氧化氢对有机物有很强的氧化作用，一般作为氧化剂使用。其水溶液适用于医用伤口消毒、环境消毒、食品消毒、物体表面消毒，化工生产，除去异味。在一般情况下会分解成水和氧气，但分解速度极其慢，加快其反应速率的办法是加入催化剂——二氧化锰或用短波射线照射。

4）过氧乙酸

过氧乙酸分子式 $C_2H_4O_3$，英文名称 peroxyacetic acid，别称过乙酸、过氧化乙酸。CAS 号 79-21-0，危险货物编号 52051。结构简式 CH_3COOOH。分子量 76.05（近似值 76）。含量 35%（质量分数）和 18%~23% 两种。无色液体，有强烈刺激性气味。熔点 0.1 ℃，沸点 105 ℃。相对密度 1.15（20 ℃）。饱和蒸气压 2.67 kPa（25 ℃）。闪点 41 ℃。

过氧乙酸完全燃烧能生成二氧化碳和水，具有酸的通性，可分解为乙酸、氧气，具有溶解性。制备的方程式如下：

$$CH_3COOH + H_2O_2 \longrightarrow CH_3COOOH + H_2O$$

过氧乙酸对眼睛、皮肤、黏膜和上呼吸道有强烈刺激作用。吸入后可引起喉、支气管的炎症、水肿、痉挛、化学性肺炎、肺水肿。接触后可引起烧灼感、咳嗽、喘息、喉炎、气短、头痛、恶心和呕吐。

过氧乙酸溶于水、醇、醚、硫酸，属强氧化剂，极不稳定。具有爆炸性，具有强氧化性、强腐蚀性、强刺激性，可致人体灼伤。易燃，加热至 100 ℃ 即猛烈分解，遇火或受热、震动都可起爆。与还原剂、促进剂、有机物、可燃物等接触会发生剧烈反应，有燃烧爆炸的危险。

5）过氧化苯甲酰

过氧化苯甲酰分子式 $C_{14}H_{10}O_4$，英文名称 benzoyl peroxide、benzoyl superoxide，别名过

氧化（二）苯甲酰。CAS 号 94-36-0，分子量 242.23。熔点 103 ℃（分解）。微溶于水、甲醇，溶于乙醇、乙醚、丙酮、苯、二硫化碳等。相对密度 1.33，稳定。

过氧化苯甲酰白色或淡黄色，微有苦杏仁气味，是一种强氧化剂，极不稳定，易燃烧，当撞击及受热、摩擦时能爆炸，加入硫酸时发生燃烧。其主要用途为合成树脂的引发剂，面粉、油脂、蜡的漂白剂，化妆品助剂，橡胶硫化剂。过氧化苯甲酰能对面粉起到漂白和防腐的作用，已经安全性评估，也有研究认为对人体有一定的负面作用。

6）过氧化氢异丙苯

过氧化氢异丙苯为无色液体，在 0.004 MPa 下的沸点为 97.4 ℃，在温度 70~90 ℃时稳定。过氧化氢异丙苯为性质相对稳定的液体有机过氧化物，在 145 ℃以上会分解，属于强氧化剂。易燃易爆，与还原剂、铵、有机物、酸、易燃物、硫、磷等混合可发生爆炸性分解反应，甚至引起爆炸，在受热、撞击时会引发爆炸。过氧化氢异丙苯为中等毒性，对皮肤有刺激性作用，接触可引起灼伤，进入眼内可引起眼角膜损伤。

十三、氨基化工艺

（一）氨基化概念

氨基化合物是氨的氢原子被烃基代替后的有机化合物。氮分子中的一个、两个或三个氢原子被烷基取代而生成的化合物，分别称为第一胺（伯胺）、第二胺（仲胺）和第三胺（叔胺），它们的通式为 RNH_2（伯胺）、R_2NH（仲胺）、R_3N（叔胺）。胺类广泛地存在于生物界，具有极重要的生理作用。因此，绝大多数药物都含有胺的官能团——氨基。蛋白质、核酸、许多激素、抗生素和生物碱都含有氨基，是胺的复杂衍生物。

（二）产品名称及用途

1. 一甲胺

一甲胺（MMA）为无色气体，有似氨的味道；熔点-93.5 ℃，沸点-6.8 ℃，密度 0.66 g/cm^3；用于染料、农药（如甲胺磷）、制药（如非乃根、磺胺）、燃料添加剂、溶剂、火箭推进剂等方面。

2. 二甲胺

二甲胺（DMA）为无色气体，具有刺鼻的烂鱼味；熔点-92.2 ℃，沸点 6.9 ℃，密度 0.68 g/cm^3；广泛用于农药、医药、制革、合成染料、合成树脂、化学纤维、溶剂、表面活性剂、高能燃料、照相材料等领域，是重要的基本有机化工原料。

3. 三甲胺

三甲胺（TMA）为无色气体，具有刺鼻的鱼油臭味；熔点-117.1 ℃，沸点 3 ℃，密度 0.66 g/cm^3；广泛用作消毒剂、天然气的报警剂，用于分析试剂和有机合成领域，也是医药、农药、照相材料、橡胶助剂、炸药、化纤溶剂、表面活性剂和燃料的基础原料。

4. 二甲基甲酰胺

二甲基甲酰胺（DMF）为无色带有鱼腥味的液体；熔点-61 ℃，沸点 153 ℃，密度

$0.953\ g/cm^3$；被誉为万能溶剂，广泛用于皮革、纤维、医药、石油化工、电子、燃料、涂料、金属加工等领域。

5. 二甲基乙酰胺

二甲基乙酰胺（DMAC）为无色透明液体，具有弱氨味；熔点-20 ℃，沸点166 ℃，密度$0.936\ g/cm^3$；用作耐热合成纤维、塑料薄膜、涂料、医药、丙烯腈纺丝的溶剂，在国内主要用于高分子合成纤维纺丝和其他有机合成的优良极性溶剂。

（三）工艺简介及工艺特点

1. 甲胺工艺

甲胺生产是以甲醇和氨为原料，在加压和高温下，采用甲醇和氨连续气相催化胺化的方法合成精甲胺。粗甲胺中含有未反应的氨和一甲胺、二甲胺、三甲胺及微量甲醇。混甲胺粗产品经过脱氨、萃取、脱水、分离四塔连续精馏分离后，分别获得精制的一甲胺、二甲胺、三甲胺三种产品。该工艺由配料合成、精馏分离、尾气回收及废水处理三个工序组成。

1）配料合成工序

新鲜甲醇由界区外送到尾气吸收塔，或送入甲醇槽，再由吸收液循环泵送入配料工序甲醇槽；新鲜液氨由界区外液氨储槽用管道直接送入液氨槽；Ⅱ塔塔顶三甲胺、Ⅳ塔塔顶一甲胺、Ⅳ塔塔底侧线不合格二甲胺送入混胺槽；来自蒸馏工段Ⅰ塔塔顶的氨和一甲胺、三甲胺共沸物送入共沸物槽。

甲醇、液氨、共沸物和混胺四种原料分别从各自储槽经过滤器后，分别进入各自的输送泵，将甲醇、液氨、共沸物和混胺升压至合成系统的压力为$3.0\ MPa(G)$，按一定配料比要求，分别以一定流量进入混合槽，充分混合后直接进入低温换热器。

40 ℃时原料混合液进入低温换热器，经与合成气进行热交换后温度升至125 ℃左右；再进入开工汽化器与Ⅲ塔釜液进行换热，使温度提高至140 ℃左右。此时原料混合液完全气化，然后进入三台串联的高温换热器，与反应器出来的反应气体进行换热，将温度提高到320 ℃左右后进入电加热炉，再将其加热到380~385 ℃后，使其进入反应器。

原料气体在反应器内催化剂层进行气相胺化反应，反应温度为420 ℃，反应压力为3.0 MPa。反应生成的粗胺产品气体从反应器底部引出，随即进入三台串联的高温换热器和低温换热器与原料气（液）进行充分换热后，反应气体温度由进入高温换热器时的400~420 ℃，降至低温换热器出口温度的90%左右，此时反应气体已全部冷凝为液体，反应液再进入过冷器，用水冷却至76 ℃后，经调节阀从3.0 MPa降到$1.9\ MPa(G)$直接进入Ⅰ塔进行蒸馏。

合成系统开车时，原料液应先进入开工汽化器，用蒸汽加热，使物料气化，原料气出开工汽化器，温度为165 ℃，再经电石炉加热到380~385 ℃后进入反应器进行反应，当系统热量逐渐建立平衡后，关闭加热蒸汽，转入上面叙述的正常操作条件运转。

2）精馏分离工序

现在的精馏分离工序，在精馏流程设计中吸收了国内主要甲胺生产厂家所取得的革新成果，采取了四塔连续分离流程，从Ⅰ塔到Ⅲ塔利用压差直接进料。这样既减少了设备，又简化了流程。

合成工序送来的粗胺物料靠压差直接进入Ⅰ塔，Ⅰ塔为脱氢塔，直径为1500～1800 mm，为填料塔，塔顶操作压力1.9 MPa(G)。塔顶蒸出的氮、三甲胺、一甲胺共沸物蒸气进入Ⅰ塔冷凝器内冷凝，冷凝液流入Ⅰ塔回流槽，塔顶压力控制用冷凝器冷却水量和放空气量进行分程调节。冷凝液自Ⅰ塔回流槽经过滤器进入Ⅰ塔回流泵，Ⅰ塔回流泵出口物料一部分经流量计回流到Ⅰ塔塔顶，其余物料经流量计送去甲胺共沸物槽馏出，根据Ⅰ塔回流槽液面进行自动调节。

Ⅰ塔釜液根据塔底液面和流量均匀调节连续排出，经Ⅰ塔釜液冷却器用水冷却至85 ℃左右，进入Ⅱ塔，进行萃取蒸馏。

Ⅱ塔为萃取塔，直径为1400 mm，为填料塔，萃取水为Ⅴ塔釜液，进入Ⅱ塔上部。Ⅱ塔塔顶蒸出三甲胺，经Ⅱ塔冷凝器冷凝，冷凝液流入Ⅱ塔回流槽，Ⅱ塔压力0.9 MPa(G)，其压力由冷凝器冷却水量进行自动调节，冷凝液从Ⅱ塔回流槽流出，经过滤器后进入Ⅱ塔回流泵。Ⅱ塔回流泵出口物料一股经流量计作为回流返回Ⅱ塔塔顶，另一股经流量计经回流槽液位调节返回混胺槽，或送至成品配制单元三甲胺配制槽。

Ⅱ塔釜液根据Ⅱ塔塔底液面和流量均匀调节连续排出经Ⅱ塔釜液冷却器，用水冷却至125 ℃后进入Ⅲ塔。

Ⅲ塔为脱水塔，直径为1400 mm，为填料塔，塔顶压力0.6 MPa(G)，其压力由Ⅲ塔冷凝器冷却水量和放空量进行分程调节。Ⅲ塔塔顶蒸出的一甲胺、二甲胺蒸气经Ⅲ塔冷凝器冷凝，冷凝液流入Ⅲ塔回流槽，再经过Ⅲ塔回流泵后，一部分物料经流量计送至Ⅲ塔塔顶回流，一部分物料经流量计直接进Ⅳ塔蒸馏，塔顶馏出液不合格时（物料含三甲胺偏高）送至馏出物槽，再用泵返回到Ⅱ塔进行萃取蒸馏。Ⅲ塔釜液排出量根据塔底液面自动调节，连续排出，Ⅲ塔釜液先进入合成工序开工汽化器与原料混合液进行热交换，然后进入Ⅲ塔釜液冷却器用水冷却至65 ℃左右，直接送入Ⅴ塔蒸馏。

Ⅲ塔馏出液直接进入Ⅳ塔，Ⅳ塔为分离塔，塔径1200 mm，为填料塔，塔釜加热采用固定蒸汽，流量自动调节，塔顶压力0.7 MPa(G)，其压力由Ⅳ塔冷凝器冷却水量进行自动调节。Ⅳ塔塔顶的一甲胺蒸气进入Ⅳ塔冷凝器冷凝，冷凝液流经Ⅳ塔经回流槽再经过滤器进入Ⅳ塔回流泵，泵出口物料一部分经流量计送入塔顶回流，另一部分经流量计与Ⅳ塔回流槽液位调节，返回混胺槽，或送至成品配制单一甲胺产品槽，不合格料送馏出物，再返回到Ⅱ塔重新蒸馏。

在Ⅳ塔下部第10块塔板处采出二甲胺蒸气，进入Ⅳ塔侧线冷凝器冷凝。冷凝液一部分经流量计送至Ⅳ塔第一块塔板回流；另一部分经流量计根据回流槽液位调节，经流量计计量后，经二甲胺冷却器冷却，送至成品配制单元二甲胺产品槽或DMF装置。不合格时送到Ⅰ塔釜液槽，再返回到Ⅱ塔重新蒸馏，Ⅳ塔釜液排出量根据塔底液位可连续或间断排至馏出物槽内储存,再用泵返回Ⅱ塔甲胺或直接送成品配制单元二甲胺配制槽,配制成二甲胺水溶液产品。

由界区外锅炉送来的 2.5 MPa、1.3 MPa 蒸汽经减压后,分别送至开工汽化器、Ⅰ塔再沸器、Ⅱ塔再沸器、Ⅲ塔再沸器、Ⅳ塔再沸器供加热用。

各用汽加热设备的凝结水,均经疏水器后送入凝液闪蒸槽,闪蒸出 0.3 MPa(G) 水蒸气作为汽提蒸汽进入Ⅴ塔釜液,冷凝水则靠压力进入凝液槽,凝液槽排出二次蒸汽进入冷凝液冷却器,用循环水冷凝后也回到凝液槽,用蒸汽凝液泵进Ⅱ塔萃取。

3) 尾气回收及废水处理工序

(1) 甲醇回收。Ⅴ塔为甲醇回收塔,主要是将Ⅲ塔釜液(含有少量甲醇和有机物的污水)进行分离回收甲醇及胺。这样一方面可降低原料消耗,另一方面可以改善废水水质,以减少环境污染。

Ⅲ塔釜液经塔釜液位调节直接进入Ⅴ塔。Ⅴ塔塔径 1200 mm,塔顶操作压力 0.1 MPa(G),其压力由冷却水量和放空量分程调节,塔顶甲醇蒸气进入Ⅴ塔冷凝器冷凝,冷凝液流入Ⅴ塔回流槽,冷凝液自Ⅴ塔回流槽,由Ⅴ塔回流泵一部分打入塔顶回流,一部分送入Ⅳ塔塔釜。

Ⅴ塔釜液经Ⅴ塔釜液冷却器用水冷却后,由萃取水泵排出。排出的釜液即废水一部分用作Ⅱ塔萃取水,另一部分则经废水冷却器冷却后送至界区外废水处理设施,处理合格达到排放要求后排放,其排出量由Ⅴ塔釜液位进行调节。

(2) 尾气回收。尾气回收是将配料合成工序及蒸馏工序排出的含有氨、甲胺的放空尾气,用低温甲醇吸收回收尾气中的氨和甲胺,以减少放空气体对大气的污染。

从合成、蒸馏工段送来的放空尾气分别进入尾气管冲槽,然后进入Ⅳ塔,Ⅳ塔为尾气吸收塔,用低温甲醇作吸收液,从界区外来的新鲜甲醇,进入Ⅳ塔塔釜与循环甲醇混合,由Ⅳ塔循环泵加压,并经Ⅳ塔冷却器用冷冻盐水冷却后进入Ⅳ塔上部喷洒,与放空尾气逆流接触,以吸收空气中的氨和胺,吸收后的甲醇从塔底部由Ⅳ塔循环泵送入配料工序的甲醇槽,从塔上部排出的尾气进入尾气冷凝器,分离后的尾气排至大气,分离下来的液体返回Ⅳ塔下部。

由Ⅴ塔来的回收甲醇直接进入Ⅳ塔塔釜,从Ⅴ塔冷凝器送来的放空尾气进入尾气缓冲槽,然后进Ⅳ塔用低温甲醇进行吸收。

2. 二甲基甲酰胺工序

自甲胺装置来的二甲胺原料进入二甲胺缓冲槽,桶装的催化剂经催化剂泵送入催化剂储槽。二甲胺和催化剂分别由二甲胺进料泵、催化剂进料泵加压到 2.0 MPa(G),经计量后从顶部进入反应器。由一氧化碳净化装置的 2.0 MPa(G) 一氧化碳经流量调节后由塔釜进入反应器。

在反应器中经气体喷射器鼓泡与二甲胺发生气-液反应,生成二甲基甲酰胺。反应温度为 120 ℃,反应压力为 1.6 MPa(G),因为反应是放热反应,为了维持反应温度,热量由反应器内 U 形管冷却器带走，反应物料经反应器循环泵由底部抽出，一部分物料返回到反应器上部，另一部分送至分离器或过滤器。未反应的物料从反应器顶进入气体冷却器，用循环水冷却，凝液返回反应器，不凝气体进入反应器尾凝器（冷剂为-10 ℃盐水），由放空气体排至放空总管。反应器尾凝器中的冷凝液返回反应器。

由反应器循环泵来的反应液，在蒸发分离阶段循环过程中在蒸发器中气化，然后进入Ⅰ塔。分离器底部物料由蒸发器循环泵加压进入过滤器，滤液进入蒸发器，滤渣为废催化剂，定期焚烧处理。蒸发器加热蒸汽压力为 1.5 MPa(G)，由分离器液位自动调节蒸发量。

Ⅰ塔塔釜温度180 ℃，塔顶温度80 ℃，压力0.105 MPa(G)。塔顶气体进入Ⅰ塔冷凝器，由循环水冷凝，采用自然回流，未凝气体进入Ⅰ塔尾凝器，用-10 ℃冷冻盐水冷凝，冷凝液送到循环槽，由放空气体温度自动调节冷冻盐水量。塔顶压力采用分程调节，主调冷却水量，次调放空气体量，放空气体排至放空总管。从塔顶侧线采出的液体二甲胺/甲醇混合物进入循环槽，用二甲胺/甲醇循环泵加压到 2.3 MPa(G)，经计量后返回反应器或甲醇罐。塔再沸器用饱和蒸汽加热，蒸汽量由塔釜温度自动调节。Ⅰ塔塔底物料由液位调节后进入Ⅱ塔。

Ⅱ塔操作压力为-320 mmHg(A)，塔釜温度为128 ℃，塔顶温度为1117 ℃。塔顶蒸汽在Ⅱ塔冷却器内用循环水冷凝，采用自然回流，未凝气由液环真空泵抽出，排入水封罐，再经阻火器高空排放。塔底高沸物间断排入重组分储罐，然后装桶存放。Ⅱ塔再沸器用 1.5 MPa(G) 饱和蒸汽加热，蒸汽用量由塔釜液位自动调节。塔顶采出的二甲基甲酰胺排入馏出物槽，经Ⅱ塔出料泵加压后进入Ⅲ塔顶部。

自制氮装置来的 0.35 MPa(G) 高纯氮，经计量、减压后进入Ⅲ塔底部，与塔顶流下的液体进行逆流接触，将物料中的微量 DMA 脱除。由塔底排出的物料经Ⅲ塔釜液泵加压，一部分经计量后送入塔顶作为喷淋液，另一部分则经塔底液面自动调节进入 DMF 冷却器冷却到 45 ℃，再送到 DMF 中间槽，最终由 DMF 输送泵送至成品罐区。当 DMF 不合格时，则送到不合格 DMF 储槽储存，然后定期用不合格 DMF 泵送至分离器，重新进行分馏。Ⅲ塔塔顶气体进入Ⅲ塔冷凝器，经循环水冷却，冷却液返回Ⅲ塔，不凝气体进入水封罐后高空排放。

3. 二甲基乙酰胺工序

经分析合格的 DMA 和 AC 从储槽通过进料泵加压加入反应器中，混合物料通过反应器预热器加热后维持在一定温度、压力下，进行 DMAC 的合成反应，未反应的 DMA 等从塔顶出来经冷凝器冷凝后从塔底返回塔内重新参与反应。

反应器出来的粗产品混合物经过排料调节阀的调节靠压差进入Ⅰ塔，在该塔内 DMA 和水等轻组分从塔顶被分离出来。塔顶物料经过冷凝器冷凝，进入馏出物料槽，储槽物料经回流泵加压后部分进入塔内作为回流，以调节塔的上中部温度，当Ⅱ塔塔顶出料槽达到一定液位时，通过Ⅰ塔进料泵将含有 DMA、水和少量 TMA 的物料送到 DMACⅢ塔处理。

Ⅰ塔塔底的 DMAC、MMAC、AC 等混合物靠压差进入Ⅱ塔,该塔通过真空泵控制在真空条件下操作。轻组分 DMAC 经塔顶冷凝器冷凝进入中间槽,中间槽物料部分通过分离泵加压后送入Ⅱ塔作为回流,另一部分采出到中间产品储槽。

在Ⅱ塔中 AC 与 DMAC 形成共沸物,并与高沸物 MMAC 一起在Ⅱ塔塔底浓缩,浓缩的乙酸及 MMAC 混合物以一定的速率循环到 AC 泵出口进入反应器继续反应,由于工艺中产生的 MMAC 会在Ⅱ塔塔底积聚,因此,必须定期从系统中排出,排出的重组分进行处理。

(四)氨基化工艺危险性分析

1. 氨基化工艺主要涉及的危险物质

甲胺生产过程中涉及多种危险、有害物质,其中危险、有害程度较高且数量较多的主要有一氧化碳、液氨、一甲胺、二甲胺、三甲胺、一甲胺溶液(40%)、二甲胺溶液(40%)、三甲胺溶液(30%)、二甲基甲酰胺(DMF)、甲醇-甲醇钠溶液等。各主要危险物料的性质见表 1-26、表 1-27。

表 1-26 甲胺装置危险物料主要性质

名称	甲醇	氨	一甲胺	二甲胺	三甲胺
分子式	NH_3OH	NH_3	CH_3NH_2	$(CH_3)_2NH$	$(CH_3)_3N$
分子量	32.04	17.03	31.06	45.08	59.11
外观	无色透明液体	常温、常压为气态,液化气体无色透明,具有氨味			
熔点/℃	97.8	77.7	93.47	92.9	117.0
沸点/℃	64.8	33.4	6.32	6.88	2.87
临界温度/℃	240	132.3	156.9	164.6	161.0
临界压力(G)/MPa	797	11.98	4.07	5.31	4.15
闪点/℃	7	—	<-17.8	<-17.8	<-17.8
分解温度/℃	—	—	250	879	809
发火点/℃	385	780	480	402	190
爆炸下限/%	6	15~16	4.9	2.8	2
爆炸上限/%	36.5	25~33	20.8	±4.4	11.6
火灾危险等级	甲	乙	甲	甲	甲

表 1-27 DMF 装置危险物料主要性质

序号	名称	分子量	熔点/℃	沸点/℃	闪点/℃	燃点/℃	在空气中的爆炸范围 上限/%	在空气中的爆炸范围 下限/%	国家卫生标准规定值/($mg \cdot m^{-3}$)	备注
1	CO	28	-207	-191	—	610	74	12.5	30	
2	甲醇	32	97.8	64.8	7	385	36.5	6.0	50	
3	DMA	45	-92	6.88	-17.8	402	14.4	2.8	10	

表 1-27（续）

序号	名称	分子量	熔点/℃	沸点/℃	闪点/℃	燃点/℃	在空气中的爆炸范围 上限/%	在空气中的爆炸范围 下限/%	国家卫生标准规定值/(mg·m^{-3})	备注
4	DMF	73	-61	153	67	445	15.2	2.2	10	
5	25%甲醇钠-甲醇溶液	—	-97.8	64.8	7	385	36.5	6.0	50	按甲醇考虑

1）一氧化碳

性质前面有讲述，在此不过多讲解。

2）甲醇

甲醇的中毒病因和途径，主要是误服甲醇或吸入甲醇蒸气。假酒和劣质酒中含有高浓度的甲醇，饮用这类酒也可致中毒。

毒理学简介：甲醇吸收至体内后，可迅速分布在机体各组织内，其中，以脑脊液、血、胆汁和尿中的含量最高，眼房水和玻璃体液中的含量也较高，骨髓和脂肪组织中含量最低。甲醇在肝内代谢，经醇脱氢酶作用氧化成甲醛，进而氧化成甲酸。甲醇在体内氧化缓慢，仅为乙醇的1/7，排泄也慢，有明显蓄积作用。未被氧化的甲醇经呼吸道和肾脏排出体外，部分经胃肠道缓慢排出。

推测人吸入空气中甲醇浓度39.3~65.5 g/m³，30~60 min可致中毒，人口服5~10 mL，可致严重中毒；一次口服15 mL或2 d内分次口服累计达124~164 mL，可致失明。有报告称，一次口服30 mL可致死。甲醇主要作用于神经系统，具有明显的麻醉作用，可引起脑水肿。其对视神经和视网膜有特殊的选择作用，易引起视神经萎缩，导致双目失明。甲醇蒸气对呼吸道黏膜有强烈刺激作用。甲醇的毒性与其代谢产物甲醛和甲酸的蓄积有关。以前认为毒性作用主要为甲醛所致，甲醛能抑制视网膜的氧化磷酸化过程，使膜内不能合成ATP细胞发生变性，最后引起视神经萎缩。近年研究表明，甲醛很快代谢成甲酸，急性中毒引起的代谢性酸中毒和眼部损害，主要与甲酸含量相关。甲醇在体内抑制某些氧化酶系统，抑制糖的需氧分解，造成乳酸和其他有机酸积聚以及甲酸累积而引起酸中毒。一般认为，甲醇的毒性是由其本身及代谢产物所致的。

临床表现：急性甲醇中毒后主要受损靶器官是中枢神经系统、视神经及视网膜。吸入中毒潜伏期一般为1~72 h，也有96 h的；口服中毒多为8~36 h；如同时摄入乙醇，潜伏期较长些。

临床特点体现在以下方面。刺激症状：吸入甲醇蒸气可引起眼和呼吸道黏膜刺激症状。中枢神经症状：患者常有头晕、头痛、眩晕、乏力、步态蹒跚、失眠、表情淡漠、意识浑浊等，重者出现意识蒙眬、昏迷及癫痫样抽搐等，严重口服中毒者可有锥体外系损害的症状或帕金森综合征；头颅CT检查发现豆状核和皮质下中央白质对称性梗塞坏死；还会出现幻觉、忧郁等症状。眼部症状：最初表现为眼前黑影、闪光感、视物模糊、眼球疼痛、畏光、复视等，严重者视力急剧下降，可造成持久性双目失明；检查可见瞳孔扩大或缩小，对光反应迟钝或消失，视乳头水肿，周围视网膜充血、出血、水肿，晚期有视神经萎缩等。酸中毒：二氧化碳结合力降低，严重者出现紫绀，呼吸深而快呈 Kussmaul 呼吸。消化系统及其他症状：患者患有恶心、呕吐、上腹痛等，可并发肝脏损害；口服中毒者可并发急性胰腺炎；少数病例伴有心动过速、心肌炎、S-T 段和 T 波改变，急性肾功能衰竭等。严重急性甲醇中毒出现剧烈头痛、恶心、呕吐、视力急剧下降，甚至双目失明，意识蒙眬、谵妄、抽搐和昏迷，最后可因呼吸衰竭而死亡。根据甲醇接触史，短期内出现中枢神经损害、眼部损害和代谢性酸中毒为主的临床表现，参考现场卫生学调查，排除其他类似表现的疾病，综合分析后诊断并不困难，必要时可作血和尿甲醇测定。中毒早期应与感冒、神经衰弱、急性胃肠炎等鉴别。此外，应与氯甲烷、乙二醇急性中毒和其他原因引起的脑病、视神经损害等相鉴别。必须详细询问职业史，进行现场卫生学调查，密切观察病情进展，结合实验室检查，可得出正确诊断。

3）氨

（1）吸入。吸入是氨接触的主要途径。氨的刺激性是可靠的有害浓度报警信号，但由于嗅觉疲劳，长期接触后对低浓度的氨会难以察觉。

① 轻度吸入氨中毒表现有鼻炎、咽炎、气管炎、支气管炎。患者症状有咽灼痛、咳嗽、咳痰或咯血、胸闷和胸骨后疼痛等。

② 急性吸入氨中毒的发生多由意外事故，如管道破裂、阀门爆裂等造成。急性氨中毒主要表现为呼吸道黏膜刺激和灼伤。其症状根据氨的浓度、吸入时间以及个人感受性等而轻重不同。

③ 严重吸入氨中毒可出现喉头水肿、声门狭窄以及呼吸道黏膜脱落，可造成气管阻塞，引起窒息。吸入高浓度氨可直接影响肺毛细血管通透性而引起肺水肿。

（2）皮肤和眼睛接触。低浓度氨对眼和潮湿的皮肤能迅速产生刺激作用。潮湿的皮肤或眼睛接触高浓度氨能引起严重的化学烧伤。皮肤接触高浓度氨可引起严重疼痛和烧伤，并能发生咖啡样着色。被腐蚀部位呈胶状并发软，可发生深度组织破坏。高浓度氨蒸气对眼睛有强刺激性，可引起疼痛和烧伤，导致明显的炎症，并可能发生水肿、上皮组织破坏、角膜浑浊和虹膜发炎。轻度病例一般会缓解，严重病例可能会长期持续，并发生持续性水肿、疤痕、永久性浑浊、眼睛膨出、白内障、眼睑和眼球粘连及失明等并发症。多次或持续接触氨会导致结膜炎。

4）二甲基甲酰胺

二甲基甲酰胺（DMF）的毒性作用机制尚未完全明了，目前认为与其体内代谢过程有关。DMF 甲基烃基化，生成 N-甲基-甲醇酰胺（HMMF），HMMF 部分脱羟甲基分解成甲基甲酰胺（NMF）和甲醛，NMF 还可羟基化，然后再分解成甲酰胺，还有少部分 DMF 以原形从尿中排出。实验表明，NMF 毒性强于 DMF 及 HMMF。NMF 或 HMMF 生成 N-甲基氨基甲酰半胱氨酸（AM-CC）过程中的活性中间产物（可能是异氰酸甲酯）具有亲电性，可以与蛋白质、DNA、RNA等大分子的亲核中心共价结合，造成机体肝肾器官损伤。

（1）急性中毒。吸入高浓度DMF或皮肤大面积污染后可引起急性中毒。发病潜伏期视接触量和接触时间而定，一般为6~12h。吸入中毒时，可产生眼及上呼吸道刺激症状，表现为眼结膜、咽部充血及不适，出现头痛、头晕、嗜睡，但以消化道症状最为突出，患者有恶心、呕吐、食欲不振、便秘、腹痛等。腹痛位于上腹部或脐周，为持续性或阵发性，进食后加重，但压痛较轻，无肌卫及反跳痛，可与外科急腹症鉴别。体检可见肝脏肿大、肝区叩痛，少数患者皮肤黄染。纤维胃镜可见食道下段至十二指肠黏膜充血水肿、点状出血。心电图出现一过性改变，表现为心肌损害、束支传导阻滞、心率及心律异常。实验室检查可见肝功能异常，一般出现在中毒数日后，血清甘胆酸升高和前白蛋白降低，且较为敏感；血清丙氨酸氨基转移酶（ALT）轻、中度增高，γ-谷氨酰基转肽酶（GT）增高。周围血白细胞增高或降低、血小板减少，尿常规可见蛋白尿、尿隐血阳性、尿胆素原增高。

（2）慢性作用。长期接触后可出现上呼吸道刺激症状及神经衰弱症状群。在低浓度下可出现消化系统症状，表现为恶心、呕吐、食欲不振、腹痛、便秘。长期接触并超过阈限值可有肝功能异常、蛋白尿及心电图改变。

5）甲醇钠/甲醇溶液（25%）

该溶液对中枢神经有麻醉作用，对视神经和视网膜有特殊选择作用，引起病变，可致代谢性酸中毒。短时间大量吸入可引起急性中毒，出现眼及上呼吸道刺激症状。经潜伏期后出现头痛、头晕、乏力、眩晕、醉酒感、意识模糊，甚至昏迷，视神经及视网膜病变，可有视物模糊、复视等症状，重者失明。

6）一甲胺

一甲胺具有强烈的刺激性和腐蚀性。吸入后，可引起咽喉炎、支气管炎、支气管肺炎，重者可因肺水肿、呼吸窘迫综合征而死亡；极高浓度吸入引起声门痉挛、喉水肿而很快窒息死亡。一甲胺可致呼吸道灼伤，对眼和皮肤有强烈刺激性和腐蚀性，可致严重灼伤。口服一甲胺溶液可致口、咽、食道灼伤。

（1）刺激性。4%一甲胺溶液可致兔角膜损伤，40%一甲胺溶液1.0 mL可致兔皮肤刺激坏死。一甲胺的嗅觉度为0.5~1 mg/m³，刺激为10 mg/m³。一甲胺在一般情况下，对皮肤黏膜仅为刺激作用，只有在高浓度吸入时，才可能作用到呼吸道深部致使发生肺水肿，同时由于碱性作用造成呼吸道黏膜破坏。一甲胺低于12.7 mg/m³时仅有微臭味，长期接触对人无刺激；浓度增加2~10倍时，气味加重，有浓烈的鱼腥臭；浓度增加10~50倍时，有难闻的氨气味。

（2）中枢神经系统。可引起先兴奋后抑制，当达到致死剂量时，可引起惊厥、震颤、抽搐而后死亡。

（3）拟交感神经作用。一甲胺为脂肪胺，脂肪胺被称为拟交感胺，可致心跳加快、血压升高等。

（4）一甲胺释放组胺，引起哮喘等过敏反应。

7）二甲胺

二甲胺对眼和呼吸道有强烈的刺激作用。液态二甲胺接触皮肤可以引起坏死，眼睛接触可引起角膜损伤、浑浊。

8）三甲胺

三甲胺对眼、鼻、喉和呼吸道有刺激作用。浓三甲胺水溶液能引起皮肤的烧伤感和潮红，洗去溶液后皮肤上仍可残有点状出血。长期接触三甲胺可致眼、鼻、咽喉干燥不适。

2. 氨基化工艺危险性

1）固有危险性

固有危险性指氨基化反应中的原料、产品、中间产品等本身具有的危险有害特性。

（1）火灾危险性。

① 氨。氨为可燃性气体，在一定条件下能发生燃烧。

② 氨基化原料及产品。氨基化原料及产品多为可燃、易燃物。部分氨基化产品受热、光照，接触明火或受到摩擦、碰撞会发生火灾。

③ 催化剂。氨基化工艺催化剂一般使用金属氧化物类催化剂，这类催化剂正常情况下没有火灾危险性。

（2）爆炸危险性。氨基化工艺使用的氨基化剂一般为氨水、液氨或氨气，氨气在一定条件下能发生火灾爆炸，液氨受热或设备容器出现故障可能导致设备物理爆炸。部分氨基化原料、氨基化产品受热、碰撞、摩擦等可能发生爆炸。

（3）中毒危险危害性。不同氨基化原料和产品的中毒危害性不同，部分原料如硝基氯苯、甲醇等有较强毒性，部分产品（如丙烯腈等）有强毒性，部分氨基化原料（如丙烯）为无毒或低毒类物质，需要对具体工艺进行分析。

（4）腐蚀及其他危险性。

① 氨。氨的水溶液呈碱性，具有一定程度的腐蚀性。

② 其他氨基化原料及产品。部分种类的氨基化原料具有一定酸碱性、氧化性，对设备、管道有一定腐蚀作用。氨基化产品中一般含有氨基或腈基，在一定条件下具有酸、碱性或氧化性，对设备、管道有一定腐蚀作用。

2）工艺过程危险性分析

氨基化反应过程为放热反应，反应产物、反应原料多为可燃物质，部分反应原料、产品受热易分解，在受到热或光照、遇明火或摩擦、碰撞时会发生爆炸。氨基化工艺中，使用的无机酸和部分反应原料、反应产物具有一定毒性和腐蚀性。

有些氨基化工艺反应温度较高，如丙烯腈工艺反应温度在 430 ℃以上，有的氨基化工艺系统中存在中、高压设备，故在氨基化工艺过程中，设备或管道发生泄漏，反应温度过高，物料的储运过程中出现异常，都有可能造成火灾、爆炸或中毒事故。

十四、磺化工艺

苯分子等芳香烃化合物里的氢原子可以被硫酸分子里的磺酸基（—SO_3H）所取代。磺化反应过程即向有机分子中引入磺酸基（—SO_3H）或磺酰氯基（—SO_2Cl）的反应过程。磺化过程中磺酸基取代碳原子上的氢称为直接磺化，磺酸基取代碳原子上的卤素或硝基称为间接磺化。通常用浓硫酸或发烟硫酸作为磺化剂，有时三氧化硫、氯磺酸、二氧化硫+氯气、二氧化硫+氧气以及亚硫酸钠等也作为磺化剂。一些重要的磺化产品及其生产方法见表1-28。

表1-28　一些重要的磺化产品及其生产方法

磺化产品	磺化原料	磺化剂	主要生产方法
仲烷基磺酸盐（SAS）	石蜡烃	SO_2+O_2	磺氧化法
十二烷基苯磺酸	十二烷基苯	SO_3+空气	三氧化硫磺化法
苯磺酸	苯	硫酸	恒沸脱水磺化法
2-萘磺酸	萘	浓硫酸	过量硫酸磺化法
乙酰氨基苯磺酰氯	N-乙酰基苯胺	氯磺酸	氯磺酸磺化法
对氨基苯磺酸	苯胺	浓硫酸	烘焙磺化法
1,3,6-萘三磺酸	萘	发烟硫酸	过量硫酸磺化法

（一）磺化反应原理

1. 磺化过程概念

芳烃磺化是亲电取代反应，芳香化合物磺化反应在机理上属于亲电取代反应，其反应条件大致有三种：含水硫酸、三氧化硫和发烟硫酸。有人通过实验证明：苯在非质子溶剂中与三氧化硫反应时，进攻的亲电试剂为三氧化硫；在含水硫酸中磺化时亲电试剂为硫酸合氢正离子（可理解为水合质子+三氧化硫）；而在发烟硫酸中，亲电试剂为焦硫酸合氢离子（质子化的焦硫酸）和 $H_2S_4O_{13}$（可理解为一分子硫酸+三分子三氧化硫）。因此，在不同条件下磺化，其反应机理略微有所不同。

三氧化硫是亲电取代质点，浓硫酸磺化质点主要为 $H_2S_2O_7$，80%~85%硫酸磺化质点主要为 $H_3SO_4^+$。

硫酸先离解成三氧化硫，然后三氧化硫进攻苯环，发生磺化反应，该配合物失去质子，形成稳定的取代物——苯磺酸负离子。

反应是可逆的，蒸出生成水或用发烟硫酸磺化，平衡向产物方向移动。如将170℃苯蒸气通过浓硫酸，部分苯磺化，部分苯为恒沸剂将水带出反应系统。若除去磺酸基，可将苯磺酸与50%~60%硫酸共热，使之水解脱去磺酸基。

磺化及水解速率与温度关系密切，试验表明，温度每升高10℃，磺化速率增加2倍左右，水解速率增加 2.5~3 倍。因此，浓硫酸低温磺化，将磺化视为不可逆反应；稀硫酸高温磺化，将磺化视为可逆反应。

2. 磺化主要影响因素

1）被磺化物

被磺化物主要是芳香烃及其衍生物，芳香烃的化学结构影响磺化反应的难易。芳环上若含有给电子取代基，磺化反应易于进行；若含有吸电子取代基，磺化反应难于进行。故甲苯比苯易磺化，萘比甲苯易磺化。

2）磺化剂

动力学研究表明，磺化剂的浓度对磺化反应速率影响显著。用硫酸磺化，每引入 1 mol 磺酸基，产生 1 mol 水，硫酸浓度随之降低，其磺化能力和反应速率也随之降低。当硫酸浓度降到一定程度时，反应难以进行，磺化事实上已停止，此时的硫酸称"废酸"。

3）磺化温度与时间

一般而言，磺化温度低，反应速率慢，磺化时间长；磺化温度高，反应速率快，磺化时间短。温度过高，易引起多磺化、氧化、生成砜和树脂化等副反应，高温还易发生异构化，磺酸基位置转移。因此，磺化温度、硫酸浓度及用量、磺化时间不同，磺化产物也不同。

4）辅助剂

少量辅助剂可抑制磺化副反应，并有定位作用。根据化学平衡原理，在磺化液中加入无水硫酸钠，可抑制砜生成。2-萘酚磺化过程中，加入 Na_2SO_4，可抑制硫酸的氧化作用。羟基蒽醌磺化，加入硼酸使羟基转变成硼酸酯，也可抑制氧化副反应。

5）搅拌、传热

良好的搅拌及换热装置，可以加快有机物在酸相中的溶解，提高传热效率，防止局部过热，有利于磺化反应。

（二）磺化生产工艺及分类

磺化生产工艺一般由磺化物料准备、磺化反应、磺化液分离、产物精制、废酸回收等工序组成。

1. 磺化工艺方法

按使用的磺化剂不同，磺化工艺方法分为过量硫酸磺化法、三氧化硫磺化法、氯磺酸磺化法、恒沸脱水磺化法等；按不同的操作方式，分为间歇磺化法和连续磺化法。

1）过量硫酸磺化法

使用过量硫酸或发烟硫酸的磺化，也称液相磺化。过量硫酸磺化可连续操作，也可间歇操作。连续操作常用多釜串联磺化器。间歇操作的加料次序取决于原料性质、磺化温度及引入磺酸基的位置和数目。磺化温度下，若被磺化物呈液态，可先将被磺化物加入釜中，然后升温，在反应温度下徐徐加入磺化剂，这样可避免生成较多的二磺化物。如被磺化物在反应温度下呈固态，先将磺化剂加入釜中，然后在低温下加入固体被磺化物，溶解后再缓慢升温反应，如萘、2-萘酚的低温磺化。多磺酸生产采用分段加酸，即在不同时间、不同温度下，加入不同浓度的磺化剂，以使各阶段都具有最适宜的磺化剂浓度和磺化温度。

磺化过程按规定温度-时间规程控制，加料后需升温保持一定的时间，直到试样中总酸降至规定数值。

传统的磺化反应是采用过量硫酸作为磺化剂，硫酸在工艺中不仅是磺化剂，而且又是溶剂和脱水剂，用量非常大，因此被称为过量硫酸磺化法。目前，高效减水剂合成工艺中的磺化反应通常都采用过量硫酸磺化法。这种磺化工艺有大量的废酸产生，浓度可达70%以上，虽然它在反应中容易控制，但由于硫酸的大量浪费使得磺化剂利用率低，生产能力小，又有大量废硫酸和工业废渣产生，严重污染环境，同时提高了后续处理的成本，有悖于当前倡导的清洁生产工艺和可持续发展战略思想。

2）三氧化硫磺化法

三氧化硫磺化法是一种具有活化能低、反应放热量大、体系黏度剧增、传热慢、副反应多等突出特点的化学反应，给工艺控制带来诸多困难。然而，该法生产出的烷基苯磺酸产品质量好，含盐量低，应用范围广；能与化学计量的烷基苯反应，无废酸生成，可节约大量烧碱，且生产三氧化硫的原料丰富。

因此，生产成本低是今后工业磺化的发展方向。其工艺特点是要求生产过程的反应物料在体系中的停留时间短，气-液两相接触状态良好，投料比、气体浓度和反应温度稳定，使反应热及时排出。为此，对设备加工精度及材质均有较高要求，设备庞大复杂，造价均在几百万元以上，一般中小型企业和乡镇企业难以投产。

（1）气相法即用气体三氧化硫磺化，如十二烷基苯磺酸钠的生产，三氧化硫用干燥空气稀释至4%~7%，磺化采用双膜式反应器。

（2）液相法即用液体三氧化硫磺化，将20%~25%发烟硫酸加热至250℃，产生的三氧化硫蒸气通过硼酐固定床层，冷凝后得稳定的三氧化硫液体。液相法用于不活泼的液态芳烃的磺化，在反应温度下产物磺酸为液态。

（3）三氧化硫-溶剂磺化即先将被磺化物溶解于硫酸、二氧化硫、二氯甲烷、1,2-二氯乙烷、1,1,2,2-四氯乙烷，石油醚、硝基甲烷等溶剂中，再用三氧化硫磺化。

（4）三氧化硫有机配合物磺化即使用三氧化硫与有机物形成的配合物磺化，其反应活性低于发烟硫酸磺化，反应温和，有利于抑制副反应，磺化产品质量较高，适用于高活性的被磺化物。

三氧化硫反应活性高，反应激烈，副反应多，常用干燥空气稀释三氧化硫，以降低浓度。三氧化硫磺化瞬时放热量大，反应热效应显著。三氧化硫是氧化剂，特别是在使用纯三氧化硫时，要严格控制温度和加料顺序，防止发生爆炸事故。

3）氯磺酸磺化法

氯磺酸的磺化能力比硫酸强，比三氧化硫温和，在适宜条件下，氯磺酸和被磺化物几乎是定量反应，副反应少，产品纯度较高。副产物氯化氢负压排出，用水吸收制成盐酸。

4）亚硫酸盐磺化法

亚硫酸盐能将芳环上卤基或硝基置换为磺酸基。邻位和对位二硝基苯与亚硫酸钠反应，生成水溶性的邻位、对位硝基苯磺酸钠盐。利用亚硫酸盐可对间位二硝基苯进行精制提纯。

5）烘焙磺化法

芳伯胺与等物质的量的硫酸混合制成固态芳胺硫酸盐，然后在180~230 ℃高温烘焙炉内烘焙，或用转鼓式球磨机成盐烘焙。

6）恒沸脱水磺化法

被磺化物苯与水可形成恒沸物，故以过量苯为恒沸剂携带反应生成水。苯蒸气通入浓硫酸磺化，过量苯与磺化生产水一起蒸出，维持磺化剂一定浓度，磺化液中游离硫酸含量下降到3%~4%，停止通苯蒸气，磺化结束，如果继续通入苯，生成大量二苯砜。

2. 磺化液的分离操作

磺化液是磺化反应后的液体混合物，对磺化液的处理，一是磺化后不分离，直接进行硝化和氯化等操作；二是分离出磺酸或磺酸盐。根据磺酸或磺酸盐溶解度的差异，分离方法有以下几种。

1）稀释酸析法

磺化液加水稀释至适当浓度析出磺酸，此法适用于在50%~80%硫酸中溶解度很小的芳磺酸。

2）直接盐析法

在稀释后的磺化物中加入食盐、氯化钾或硫酸钠，磺酸成盐析出。

氯化钾或食盐盐析产生氯化氢气体，污染环境，腐蚀设备，也有可能造成人员中毒。

3）中和盐析法

该法用碱性物质，如NaOH、Na_2CO_3等中和稀释磺化液，生成硫酸盐，磺酸以钠盐、铵盐或镁盐形式析出。

4）脱硫酸钙法

磺化液用氢氧化钙悬浮液中和稀释，生成物磺酸钙溶于水，硫酸钙不溶于水，过滤除去硫酸钙，得磺酸钙溶液，再用碳酸钠溶液处理，使磺酸钙转变成钠盐（磺酸钠）、碳酸钙沉淀。滤去碳酸钙沉淀得到不含无机盐的磺酸钠溶液，磺酸钠溶液可直接用于下一步反应，或经蒸发、浓缩制成磺酸钠固体。

5）萃取分离法

该法是以有机溶剂为萃取剂，从磺化液中萃取磺化产物的方法。萘磺化稀释水解除去1-萘磺酸，用叔胺（N,N-二苄基十二胺）甲苯溶液萃取，叔胺与2-萘磺酸形成配合物萃取到甲苯层，分出有机层，用碱液中和，磺酸转入水层，蒸发至干，得2-萘磺酸钠，纯度 86.8%，其中 1-萘磺酸钠占 0.5%，Na_2SO_4 占 0.8%。2-萘磺酸钠以水解物计，收率为 97.5%~99%，叔胺回收循环使用。

（三）磺化工艺危险性分析

磺化工艺过程既有物质状态、组成的变化，又有化学变化。其主要危险来自磺化作业的原辅料，产品和半成品，以及带温、带压或负压作业条件。

1. 危险品的性质

1) 萘

萘是一种有机化合物，分子式 $C_{10}H_8$，白色，易挥发，有特殊气味的晶体，从炼焦的副产品煤焦油中大量生产，用于合成染料、树脂等。以往的卫生球就是用萘制成的，但由于萘具有毒性，现在卫生球已经禁止使用萘作为成分。

(1) 基本信息。中文名称：萘。水溶性：不溶于水。颜色：白色。别称：骈苯、并苯、粗萘、环烷、精萘、萘丸、煤焦油脑。EINECS 登录号：202-049-5。分子量：128.18。CAS 登录号：91-20-3。闪点：78.89 ℃。沸点：217.9 ℃。安全性描述：属低毒类。英文名：naphthalene、tar camphor。熔点：80.5 ℃。应用：制备染料、树脂、溶剂等的原料，也用作驱虫剂。密度：1.162 g/cm。

(2) 性质与稳定性。

① 用五氧化二钒和硫酸钾作催化剂，用硅胶作载体，于 385~390 ℃ 用空气氧化得到邻苯二甲酸酐。在乙酸溶液中用氧化剂进行氧化，生成 α-萘醌。加氢生成四氢化萘，进一步加氢则生成十氢化萘。在氯化铁催化下，将氯气通入萘的苯溶液中，主要得到 α-氯萘。光照下与氯作用生成四氯化萘。萘的硝化比苯容易，常温下即可进行，主要产物是 α-硝基萘。萘的磺化产物和温度有关，低温得到 α-萘磺酸，较高的温度下，主要得到 β-萘磺酸。

② 萘的水溶性较小，而且不易被吸收，故其毒性不太强。吸入浓的萘蒸气或萘粉末时，能促使人呕吐、不适、头痛。特别是损害眼角膜，引起小水泡及点状浑浊，能使皮肤发炎，有时还能引起肺的病理性改变，可损害肾脏，引起血尿，但没有致癌性。工作场所萘的最大容许浓度为 $10×10^{-6}$。生产设备及容器应密闭，防止其蒸气、粉末外逸，操作现场强制通风。若发生萘中毒现象，要立即转移至空气新鲜处，多饮热水，呕吐，进行人工呼吸，严重者送医院治疗。

③ 稳定性：稳定。

④ 禁配物：强氧化剂（如铬酸酐、氯酸盐和高锰酸钾等）。

⑤ 聚合危害：不聚合。

2) 浓硫酸

浓硫酸是一种具有强腐蚀性的矿物酸。坏水指质量分数大于或等于 70% 的硫酸溶液。浓硫酸在浓度高时具有强氧化性，这是它与普通硫酸最大的区别之一。同时，它还具有脱水性、强氧化性、难挥发性、酸性、吸水性等。

(1) 基本信息。中文名称：浓硫酸。化学式：H_2SO_4。CAS 登录号：7664-93-9。外观：无色油状液体。闪点：无。熔点：10.4 ℃。别称：坏水。分子量：98.04。酸碱性：酸性（pH<7）。英文名：concentrated sulfuric acid。沸点：338 ℃。密度：1.84 g/cm³。水溶性：易溶于水。应用：工业、化学实验等。

(2) 化学定义。浓硫酸是指浓度（硫酸的水溶液里硫酸的质量分数）大于或等于70%的硫酸水溶液。硫酸与硝酸、盐酸、氢碘酸、氢溴酸、高氯酸并称为化学六大无机强酸。

(3) 物理性质。除了酸固有的化学性质外，浓硫酸还具有特殊的性质，与稀硫酸有很大差别，主要原因是浓硫酸溶液中存在大量未电离的硫酸分子（硫酸分子亦可以进行自偶电离），这些硫酸分子使浓硫酸有很特殊的性质。

3) 三氧化硫

(1) 危险性类别。第 8.1 类，一级无机酸性腐蚀物品。

(2) 理化性质。三氧化硫按熔点的高低顺序有 α-、β-、γ-三种形态。α-型：石棉状针状结晶，熔点 62.5 ℃，蒸气压 9731 Pa(25 ℃)，能与水发生爆炸样剧烈反应而生成硫酸，易溶于浓硫酸。β-型：石棉状、针状结晶，熔点 32.5 ℃，蒸气压 45900 Pa(25 ℃)。γ-型：无色透明，冰块状（斜方晶系）固体或液体，密度 1.97 g/cm³(20 ℃液体)，熔点 16.8 ℃，沸点 44.8 ℃，蒸气压 57700 Pa(25 ℃)。

(3) 危险特性。与水发生爆炸样剧烈反应。与氧气、氟、氧化铅、过氯酸、磷、四氟乙烯等接触剧烈反应。与有机材料，如木、棉花或草接触会着火。遇潮时对大多数金属有强腐蚀性。三氧化硫吸湿性极强，在空气中产生有毒的白烟。对皮肤、眼睛、黏膜有强烈刺激性。

(4) 应急救援措施。用水、干粉或二氧化碳灭火。应急救援员必须穿戴全身防护服等劳动保护用品，防止灼伤。

4) 氯磺酸

氯磺酸是一种无色或淡黄色的液体，具有辛辣气味，在空气中发烟，是硫酸的一个—OH 被氯取代后形成的化合物。其分子为四面体构型，取代的基团处于硫酸与硫酰氯之间，有催泪性，主要用于有机化合物的磺化，以及制取药物、染料、农药、洗涤剂等。

(1) 基本信息。中文名称：氯磺酸。英文名称：chlorosulfonic acid。化学品类别：无机酸。化学式：$ClSO_2OH$。分子量：116.52。

(2) 物性数据。性状：无色半油状液体，有极浓的刺激性气味。熔点：-80 ℃。沸点：151~158 ℃。相对密度：1.77。相对蒸气密度：4.02。饱和蒸气压：0.13 kPa(32 ℃)。临界压力：8.5 MPa。辛醇/水分配系数：0。溶解性：不溶于二硫化碳、四氯化碳，溶于氯仿、乙酸、二氯甲烷。

(3) 储存注意事项。储存在阴凉、干燥、通风良好的专用库房内，实行"双人收发、双人保管"制度。库温不超过 30 ℃，相对湿度不超过 75%。包装必须密封，切勿受潮。

应与易（可）燃物、酸类、碱类、醇类、活性金属粉末等分开存放，切忌混储。储区应备有泄漏应急处理设备和合适的收容材料。

2. 生产过程中的危险性分析

磺化反应是以芳烃或者直链烷烃为原料，在一定的压力和温度下与磺化剂反应。最常用的磺化剂有浓硫酸、发烟硫酸、氯磺酸和三氧化硫。磺化剂浓硫酸、发烟硫酸、氯磺酸和三氧化硫都是强吸水剂，具有强烈的腐蚀性和氧化性，使用时必须注意以下几点。①防水防潮。浓硫酸、发烟硫酸和硫酸遇水分会强烈吸收，同时放出大量热，造成温度升高，可能引发爆炸。因此，使用磺化剂必须严格防水防潮。②防止接触易燃物。磺化剂具有强烈的氧化性，必须严格防止接触各种可燃、易燃物，以免发生火灾、爆炸。③密切注意腐蚀情况。由于磺化剂具有很强的腐蚀性，设备管道必须采取防腐措施，同时要密切注意腐蚀情况，经常检查，防止因腐蚀造成穿孔泄漏，引起火灾和腐蚀伤害事故。

1）易燃易爆物质危险性分析

磺化反应使用的原料一般为芳烃及其衍生物，都是易燃易爆化学品，而磺化剂本身都具有强氧化性，因此，一旦发生泄漏，遇明火或静电火花，均可引发燃烧、爆炸事故。危险化学品泄漏引发火灾、爆炸事故是该生产装置的主要危险。其原因有：可燃物泄漏引起大火燃烧，进而引发爆炸；紧急停车，误操作引起爆炸；粉尘静电引起燃烧爆炸。

易燃易爆危险化学品的燃烧爆炸常伴随发热、发光、压力上升和电离等现象，具有很强的破坏作用，会造成现场人员灼伤或死亡，附近建筑毁坏，飞出的设备碎片波及的范围很大，应积极预防和控制易燃易爆危险化学品燃烧爆炸的发生。

2）中毒危害分析

磺化反应的原料以芳烃为主，基本上都是挥发液体或者升华固体（萘），因此，装置工艺过程和开停工检修中，会存在大量的有机蒸气。芳烃系列的有机物基本上对人体都有害，因此该装置必须确保密封循环系统良好，杜绝误操作，坚持巡检，以防止各类恶性事故的发生。另外，在设备检修期间，需要确保装置提前通风或者空置一段时间。人员进入受限空间作业时，必须佩戴防毒面具、橡胶手套等防护用品。

防止窒息事故的措施：一是确保装置密封性良好，二是做好监测、检查及个体防护工作，三是严格遵守进入受限空间作业安全管理规定。

3）意外伤害危害分析

磺化装置生产运行存在着意外伤害的可能性，如在接触电气设备时，可能发生触电事故。检修、维修压力容器、管线时，由于种种原因，没有完全泄压造成带压操作，有可能发生人员伤亡事故。装置进行检修或大修时使用机械较多，在场人员立体交叉作业，起吊频繁有可能发生高空落物，造成人员伤害。平时生产运行的机泵、空压机、空冷机等，都存在着机械伤害的危险。

4）灼烫危害分析

磺化反应为放热反应，磺化装置中各种高温设备、容器和蒸汽管线较多，人体直接接触这些设施会造成烫伤事故。在生产过程中，反应物料的温度也较高，在运行中很可能由于管道的泄漏和损坏，造成物料泄漏，以及保温层的损坏，造成高温表面裸露，从而对人体造成物理性和化学性烧伤。

5）触电危害分析

磺化生产装置中需要用到各种电气设备，电气设备断电保护系统不完善，由于腐蚀、损坏等原因造成漏电时，操作人员操作就有可能发生触电危险。因此，要合理设计电路，经常对线路进行检查；发现隐患及时处理；对操作人员进行技术培训，杜绝触电事故的发生。

6）噪声危害分析

磺化反应装置转动机械设备较多，运行时噪声较大。噪声可能引起听觉疲劳、噪声性耳聋、爆炸性耳聋；噪声可引起头晕、头痛、多梦、失眠、心悸、记忆力减退等神经衰弱综合征；噪声可引起血管收缩、血压升高、心律失常、心动过速，从而影响血液循环，长期下去可引起高血压和心脏病；噪声会抑制胃功能，减少唾液分泌，长期处于噪声环境的作业人员易患胃溃疡和胃肠炎；噪声会使视力及识别速度降低，导致视力下降和视物模糊；噪声损害听力，导致人的反应时间延长，烦躁不安，注意力分散。

7）磺化剂配制与计量危险性分析

使用计量罐和配制罐等设备将不同浓度的硫酸输送、混合、计量，混合过程产生大量溶解热，若不能及时移除，将导致硫酸或发烟硫酸分解生成大量三氧化硫气体。因此，酸稀释须在搅拌和冷却条件下进行，温度控制在 30~50 ℃，严格控制加料次序和配比，将浓硫酸加至水或稀酸中，避免冲料。

硫酸、发烟硫酸、氯磺酸等具有强烈的腐蚀性，操作不慎或防护不当容易造成化学性灼伤，以及发生设备腐蚀和环境污染等事故。三氧化硫、发烟硫酸、硫酸、氯磺酸等具有氧化性，与有机物等接触易发生氧化反应，释放大量热能，导致物料喷出，酿成火灾及爆炸事故。

8）磺化反应过程危险性分析

(1) 磺化反应大多数是液-液非均相反应，如果两相分布不均，接触不充分，特别是在磺化初期可能产生局部过热。反应体系分为酸油两相（层），如果搅拌时叶片脱落或失效，搅拌中断，磺化反应质点在酸相积聚，一旦重新启动搅拌，局部磺化反应剧烈，瞬间释放热能，极易引起冲料，在切断时危险性更大。

(2) 磺化是强放热反应，如果不能及时移除反应热，磺化温度上升，导致多磺化、氧化、异构化、分解、水解等副反应，磺化反应进一步恶化，甚至失控。

(3) 磺化系统温度升高或有杂质时，不仅发生副反应，还造成发烟硫酸、硫酸分解产生三氧化硫气体，系统温度、压力迅速升高，极易造成喷料，引发火灾、爆炸和化学灼伤事故。

因此，磺化必须在有效搅拌和冷却条件下进行，按照工艺规定的物料配比、加料次序，控制加料速度和加料量，严禁水、有机物等杂质进入磺化系统。投料速度过快，冷却水供应减少或中断，搅拌失效或中断均可能导致系统温度过高，甚至酿成事故。

9）磺化液后处理危险性分析

后处理作业一般包括磺化液卸出，稀释酸析或中和盐析，浓缩，过滤甩干，或有机溶剂萃取。由于后处理操作涉及的磺化液、废酸、中和液等为腐蚀性物料，必须防范物料泄漏、跑冒等危险。这些现象一旦发生，极易造成化学灼伤、环境污染等事故，甚至引发火灾或爆炸事故。

十五、聚合工艺

（一）聚合反应原理

1. 聚合物的概念

聚合物是由一种或几种简单的低分子化合物（单体）经聚合反应，形成由简单的结构单元以重复方式连接成的高分子化合物。由一种单体形成的聚合物称为均聚物，由两种或多种单体共同形成的聚合物称为共聚物。聚合物的分子量一般大于 1×10^4。

2. 聚合物的分类与命名

1）聚合物的分类

按来源分，聚合物分为天然聚合物和合成聚合物，天然聚合物包括棉、毛、麻、皮、天然橡胶等，合成聚合物包括聚乙烯、聚氯乙烯、聚苯乙烯等。按性质和用途分，聚合物分为塑料、橡胶、纤维、黏合剂、涂料、离子交换树脂等。按高分子链的结构分，聚合物分为碳链聚合物、杂链聚合物和元素有机聚合物。碳链聚合物即主链由碳原子组成；杂链聚合物主链中除碳原子之外还有氧、氮、硫等杂原子；元素有机聚合物主链无碳原子，主要由硅、硼、铝、氧、氮、硫等原子组成，侧基由有机基团组成。按高分子链形状不同，聚合物分为线型、支链型和体型三种类型。

2）聚合物的命名

聚合物通常按制备方法及原料名称命名。以加聚反应制得的聚合物，在原料名称前面加"聚"字，例如，氯乙烯的聚合物称聚氯乙烯，苯乙烯的聚合物称聚苯乙烯等。以缩聚反应制得的聚合物，常在原料后面加上"树脂"二字，如酚醛树脂、环氧树脂等。加聚物在未制成的制品前也常称"树脂"，如聚氯乙烯树脂、聚苯乙烯树脂等。在商业上，聚合物的商品名称，如聚己内酰胺纤维称锦纶-6，聚对苯二甲酸乙二酯纤维称涤纶，聚丙烯腈纤维称腈纶。

3. 聚合反应类别及特征

聚合反应是指由低分子的单体形成高分子聚合物的化学反应。聚合反应按元素组成和结构变化关系，分为加成聚合反应和缩合聚合反应；按反应机理的差异，分为连锁聚合反应和逐步聚合反应。此外，还可通过聚合物的化学转变形成新的聚合物。

1）加成聚合反应及其特征

加成聚合反应简称加聚反应，是由一种或多种单体通过相互加成形成聚合物的反应。由加聚反应形成的聚合物称为加聚物。加聚物的元素组成与原料单体相同，仅分子结构有所变化。加聚物的分子量是单体分子量的整数倍。绝大多数烯类或碳链聚合物是通过加聚反应形成的。例如，乙烯加成聚合产物为聚乙烯，氯乙烯加成聚合产物为聚氯乙烯。加成聚合反应的特征如下：

（1）加成聚合反应需要引发剂或催化剂，在引发剂或催化剂的作用下，单体烯烃 x 键断裂形成活性中心，活性单体与许多单体发生连锁反应，瞬间形成长碳链大分子聚合物。由于活性中心不同，加聚反应可分为自由基聚合、离子型聚合、配位型聚合等反应。

（2）就单个活性中心而言，反应瞬间可连接许多个单体生成一个大分子，聚合物分子量随时间延长变化不大。由于单体活性中心的数量有限，大量单体不能同时参与反应，故单体转化率随聚合时间延长而逐渐增加。由于链增长极快，因此反应无中间产物。

（3）加成聚合反应由链引发、链增长、链终止三个不同的基元反应构成，链增长反应活化能较小，反应速率极快，通常以秒计。

（4）反应热效应较大（ΔH 一般为 -84 kJ/mol），聚合极限温度为 200～300 ℃，一般温度下，加聚反应是不可逆的。

2）缩合聚合反应及其特征

缩合聚合反应简称缩聚反应，即双官能团或多官能团单体形成聚合物的聚合反应。反应过程中，除形成高分子缩聚产物外，还产生低分子的水、醇、氨、氯化氢等副产物。由于有低分子的副产物析出，缩聚产物的结构单元比其单体要少若干个原子，缩聚产物的分子量不是单体分子量的整倍数。聚合反应实质是在官能团之间多次进行重复放热缩合反应，在缩聚产物中保留官能团的特征，如酰氨键（—NHCO—）、酯键（—COO—）、醚键（—O—）等，故大部分缩聚物为含杂原子的杂链聚合物，缩聚物容易被水、醇、醚等分解。缩聚反应的特征如下：

（1）缩聚反应具有逐步性，即单体先生成二聚体、三聚体、四聚体，逐步生成聚合物，每一步均能生成稳定的聚合物，中间产物可单独存在和分离出来，聚合物分子量随聚合时间逐步增大。缩聚过程中，反应初期单体很快转化为低聚物，然后低聚物进一步转化为分子量更高的缩聚物。故缩聚反应的转化率初期变化较大，随时间延长变化不大，缩聚物分子量随反应时间延长而逐步增大。

（2）缩聚反应具有可逆性，多数缩聚反应为可逆反应，当反应进行到一定程度时，就达到平衡状态，缩聚物的分子量不再随时间延长而增大，欲使其分子量增大，则需要改变平衡状态，通常是将缩聚生成的水、氨、氯化氢等小分子从反应系统中移出来。

（3）相对于加聚反应，缩聚反应的热效应小（ΔH 一般为 -21 kJ/mol），聚合临界温度较低（40～50 ℃），无明显的链引发、链增长、链终止反应，反应活化能较高，反应速率较慢。

（4）缩聚反应是复杂反应，除链增长反应外，还可能发生链裂解、链交换等副反应，产物比较复杂。

(二) 聚合工艺及其分类

1. 聚合生产方法

根据物料聚集状态不同，聚合生产方法分为气相聚合、液相聚合和固相聚合；根据反应介质和条件不同，分为本体聚合、溶液聚合、悬浮聚合、乳液聚合。聚合生产方法的选择，取决于单体的性质和聚合物的用途，见表1-29。

表1-29 四种自由基型聚合方法的比较和工艺特征

聚合方法	本体聚合	溶液聚合	悬浮聚合	乳液聚合
引发剂种类	油溶液	油溶液	油溶液	水溶液
配方主要成分	单体、引发剂	单体、引发剂、溶剂	单体、引发剂、水、分散剂	单体、水溶性引发剂、水、乳化剂
聚合场所	本体内	溶液内	液滴内	胶束和乳胶粒内
聚合机理	遵循自由基聚合一般机理，提高聚合速率可降低分子量	伴有向溶剂的链转移反应，一般分子量较低，反应速率也较低	与本体聚合相同	可同时提高分子量和聚合速率
温度控制	难	易，溶剂为载热体	易，溶剂为载热体	易，溶剂为载热体
反应速率	快，初期需低温，再逐渐升温	慢	快	很快
生产特征	不易散热，间歇生产（也可连续生产），设备简单，易于生产透明浅色制品，分子量分布宽	易于散热，可连续生产，不宜制成干燥粉状或粉状树脂	易于散热，间歇生产，需有分离、洗涤、干燥等工序	易于散热，可连续生产；制成固体树脂时，需经凝固、洗涤、干燥等工序
产品纯度与形态	纯度高，块状、颗粒状或粉粒状	比较纯净，可含有分散剂，粉粒状或珠粒状	含有少量乳化剂和其他助剂、乳液，胶粒或粉状	
"三废"	很少	溶剂、废水	废水	胶乳、废水
产品品种举例	有机玻璃、高压聚乙烯、聚苯乙烯、聚氯乙烯	聚丙烯腈、聚醋酸乙烯酯等	聚氯乙烯、聚苯乙烯等	聚氯乙烯、丁苯橡胶、丁腈橡胶、氯丁橡胶

2. 聚合工艺过程

聚合工艺过程由原料准备、聚合、分离、回收、后处理等工序或岗位构成。

（1）原料准备工序指聚合前原料与引发剂的处理准备，包括单体、溶剂、去离子水等的储存、洗涤、精制、干燥、调整浓度等,引发剂和助剂的制备、溶解、储存、调整浓度等。

(2) 聚合工序以聚合装置为核心,附有冷却、加热和物料输送等。

(3) 分离工序包括未反应单体、溶剂、残余引发剂和低聚物的脱除等。

(4) 回收工序包括未反应单体与溶剂的回收、精制。

(5) 后处理工序包括高聚物的输送、干燥、造粒、均匀化、储存、包装。

(6) 辅助工序包括"三废"处理和供电、供气、供水等。

3. 主要工艺影响因素与控制

聚合工艺控制参数包括聚合温度、聚合压力、引发剂及其流量、聚合搅拌速率、聚合釜冷却水流量、料仓静电防护、可燃气体监控等。

(三) 聚合工艺危险性分析

1. 聚合物料的危险性分析

1) 聚合单体的危险性

(1) 氯乙烯。氯乙烯是具有麻醉性、芳香气味的无色气体,密度比空气大1倍,分子量62.51,沸点-13.9 ℃,凝固点-159.7 ℃。纯氯乙烯加压至0.49 MPa,冷却得液体氯乙烯,液体氯乙烯密度比水略小。

氯乙烯化学性质比较活泼,易燃易爆,在空气中的爆炸极限为4%~22%(体积分数),在氧气中的爆炸极限为3.6%~72%(体积分数)。在氯乙烯与空气混合物中充入氮气或二氧化碳气体,可缩小其爆炸浓度范围。当氮气含量大于48.8%、二氧化碳含量大于或等于36.4%时,氯乙烯与空气不会形成爆炸性混合物。

液态氯乙烯一旦泄漏,遇火源极易爆炸起火。液态氯乙烯为绝缘性液体,在压力下高速喷射产生静电荷,静电荷集聚放电,极易引发火灾爆炸事故。故输送液态氯乙烯宜采用低流速,设备及管道应有可靠的防静电接地设施。

(2) 丁二烯。丁二烯是合成橡胶的主要单体,分子量54.09,常温、常压下为无色气体,具有适度甜感、芳香味,沸点-4.413 ℃,凝固点-108.92 ℃。液体丁二烯无色透明,折射率1.4293(-25 ℃),极易挥发,气化潜热386 kJ/kg(25 ℃)。丁二烯易燃易爆,闪点小于或等于6 ℃,自燃点450 ℃,在空气中的爆炸极限为2.0%~11.5%(体积分数)。丁二烯易溶于乙醇、甲苯、乙醚、氯仿、四氯化碳、汽油、乙腈、二甲基甲酰胺、N-甲基吡咯烷酮等有机溶剂,微溶于水。

丁二烯对人体有毒,低浓度下能刺激黏膜和呼吸道,高浓度下对中枢神经有麻醉作用,使人感到头痛、嗜睡、恶心、胸闷、呼吸困难,长期与丁二烯接触使人记忆衰退。按国家卫生标准,空气中丁二烯最高允许浓度为100 mg/m^3。

(3) 苯乙烯。苯乙烯为无色透明、油状、易燃液体,不溶于水,溶于醇、醚等多数有机溶剂。熔点-30.6 ℃,沸点146 ℃,相对密度0.91,相对蒸气密度3.6,闪点34.4 ℃,引燃温度490 ℃,爆炸极限1.1%~6.1%(体积分数)。

苯乙烯为可疑致癌物，具有刺激性，对眼睛、上呼吸道黏膜有刺激和麻醉作用。

苯乙烯严重危害环境，造成水体、土壤和大气污染。

2）聚合助剂的危险性

聚合助剂包括溶剂、引发剂、悬浮剂、分子量调节剂、阻聚剂等化学物质。例如，氯乙烯聚合除需要单体氯乙烯外，还需要分散剂明胶、聚乙烯醇，引发剂过氧化二苯甲酰、偶氮二异庚腈、过氧化二碳酸等。引发剂化学性质活泼，对热、震动和摩擦敏感，易分解，属易燃易爆危险物质，如偶氮二异丁腈、过氧化二苯甲酰、过硫酸铵等。溶剂包括甲醇、乙醇、石油醚、溶剂油等，均为易燃易爆、易产生静电的危险物质。甲醇有毒，具有刺激性，误饮15 mL可致眼睛失明。

3）聚合物的危险性

聚合物大多为粉状或粒状的固体，称合成树脂；聚合物分散在溶剂中呈黏稠态液体，称乳胶。一般而言，聚合物热稳定性差，易分解析出有害气体；具有燃烧性，其粉尘与空气混合可形成爆炸性混合物（粉尘云）；电阻率较高，导热及导电性差，易产生静电。

聚氯乙烯树脂（PVC）130 ℃开始分解变色，析出氯化氢，燃烧过程释放氯化氢气体，还产生二噁英等有毒物质。

2. 聚合反应主要危险源

在生产中，聚合过程本身存在一定的危险因素，主要包括：①反应过程中热量的移除，如果反应热不能及时移除（即反应放出的热量远超出反应移除的热量，导致化学放热系统的热失控行为的发生），随物料温度上升，发生裂解和爆聚，所产生的热量使裂解和爆聚过程进一步加剧，进而引发反应器爆炸；②聚合原料的自聚和燃爆危险性；③部分聚合助剂的危险较大，如自燃、爆炸等。

1）反应过程中热量的移除

反应过程中热量的移除问题，一直以来都是研究人员关注的重点，可以从两个方面进行考虑，即内部因素和外部因素。

（1）内部因素的危险分析及控制。内部因素是指在流化床反应器内部，由于压力、催化剂等的原因，导致的热量的变化。在聚合反应过程中，催化剂确保了反应的进行，但是如果加入量过大，可能导致聚合反应过快，放出热量过多。对此，自动控制系统有流量监控装置，确保流量的稳定。当聚合反应超温时，将导致超压，进而引起爆炸。

（2）外部因素的危险分析及控制。外部因素是指工艺对于产生热量的移除、消除的能力。为了确保流化床反应器内产生的热量及时移除，一般采用循环气外部冷却的方法，即循环气由流化床反应器顶部流出，将聚合反应产生的热量移除反应器，经循环气冷却器移除这部分热量。同时，还设有调温水冷却器，以确保循环气冷却器的水温。具体来说，是指流化床反应器与循环气冷却器设有温度连锁控制，流化床反应器内的温度数据会传送至循环气冷却器，当流化床反应器内热量骤增时，循环气带出的热量就会增多，这时，调温冷却器接收到调节信号，对冷却水温度进行调节，保持调温冷却器的工作效率，以此确保流化床反应器内产生的热量的移除。同时，也会确保循环气的温度，不至于温度过低，影响聚合反应的进行。此外，当热量聚集过多，温度骤增时情况会非常危险，为有效控制反应速率，则会由流化床反应器底注入少量的阻聚剂，抑制单体自聚，从而控制热量的产生。当确实无法控制的时候，将会启动连锁停车系统，停止物料供应，彻底终止反应。

2) 聚合原料与部分助剂的危险性

在聚合过程中，聚合原料具有自聚性和燃爆危险性。例如，原料乙烯遇明火、高热会引起燃烧爆炸，有麻醉性或其蒸气有麻醉性；共聚单体苯丁烯有毒，易燃，与空气混合能形成爆炸性混合物，遇明火、高热会引起燃烧爆炸。同时，部分聚合助剂的危险较大，例如：助催化剂三乙基铝遇高热分解，遇水或潮湿空气会引起燃烧爆炸，与酸类、卤素、醇类、胺类发生强烈反应，会引起燃烧，遇微堵氧易引起燃烧爆炸，接触空气能自燃或干燥品久储变质后能自燃，触及皮肤有强烈刺激作用而造成灼伤；助催化剂二乙基氯化铝具有强腐蚀性，暴露在空气中会自燃，与水、强氧化剂、酸类、卤代烃、碱类和胺类接触剧烈反应，燃烧时能产生剧毒气体。因此，在整个聚合过程中，这些物料均要有惰性气体保护。此外，为了能够及时发现危险物料的泄漏，以便准确地做出应急行动，在装置的关键部位、有危险物料经过的泵房以及厂房均设有可燃和有毒气体检测报警装置。同时，可将报警信息回传至总控制室，以便做出应急行动。

3) 单体储存与精制的危险性

（1）单体储存的危险性。单体绝大多数为易燃易爆、易产生静电的危险化学品。单体储存设备为各种球罐、储槽等密闭承压容器，而且单体储存量较大，内储单体一旦泄漏、溢冒、喷射、误注入，极易引发火灾爆炸等事故。因此，杜绝误操作，防泄漏、静电、雷击，杜绝一切火种及严格执行安全操作规程，十分重要而且必要。

（2）单体精制的危险性。分析单体精制的方法主要有精馏、吸附干燥、加氢精制等。精馏过程在精馏塔内进行，温度较低的液体在重力作用下，由塔顶自上而下流动，温度较高的蒸气在压力作用下，自下而上流动，二者在塔盘（或填料）上进行质量、热量传递。精制装置由塔体和塔盘（填料）、再沸器、冷凝器、预热器等组成。塔盘（填料）是气液相进行质量、热量传递的基本构件，再沸器是提供热能的设备，塔顶冷凝器是提供冷量（或移除热量）的设备，预热器是提供进料条件的设备。精馏过程一旦失控，易燃易爆的单体泄漏，极易酿成火灾爆炸事故。

4) 聚合物后处理的危险性

根据聚合工艺过程的不同，后处理主要有闪蒸（溶剂或单体与聚合产物分离），汽提，破乳及乳化剂转化、胶粒化或切片、粉碎、洗涤脱水、离心过滤、气体输送干燥，称重包装等。后处理工序开放性操作较多，涉及动力设备，如离心机、螺杆挤压机、气流输送及料仓储存设备等；涉及物料种类和聚集状态较多，且为易燃易爆的单体或溶剂，易产生静电的聚合物、单体或溶剂；生产中的机械、电气故障，操作中的物料沉积、堵塞、泄漏等极易引发火灾或爆炸事故。聚氯乙烯后处理工序常见事故及预防措施见表1-30。

表 1-30 聚氯乙烯后处理工序常见事故及预防措施

作业系统	故障现象	产生原因	预防措施
离心操作	离心机自动停车	①熔断器损坏; ②浆料量过载,使转矩控制器自动拖杆; ③润滑油量不足,使油压力开关跳脱; ④电机超温,热保护器跳开; ⑤离心机下料斗堵塞	①更换烧坏的熔断器; ②转矩控制器自动脱开时,用手顺时针转动矩臂,若无障碍,抬上转矩臂,调整进料量;若有障碍时,抬上转矩臂,取下外罩,前后转动转臂,并用水冲洗,转动皮带,开车运转; ③调节润滑油量,再开车运转; ④电机超温使热保护器跳开时,电机停止运转,请电工检查; ⑤打开下料斗手孔,疏通离心机下料斗的积料
	离心机不进料	①过滤器或进料管堵塞; ②浆料自控阀故障	①关闭过滤器进料阀,用热软水冲洗疏通; ②切换手控阀,检修自控阀
气流干燥系统	螺旋机不能自启或自停	①加料量过大,熔断器烧坏; ②未启动松料器	①调换熔断器,打开输送机手孔,将"料封"树脂挖出,重新运输; ②使松料器运转
	旋风分离器堵塞	①物料过干或过湿; ②螺旋输送机自停或太慢	①调整气流干燥温度; ②使输送机运转或提高转速
	气流干燥器底部积料	①先开输送机,后开鼓风机; ②开车时蝶阀未开启	停车,清理积料
	干燥器第Ⅳ室温度过高	进料量少	提高离心机进料量,降低气流干燥温度,或暂停热水循环泵
	干燥器第Ⅳ室温度过低	①加料量过多; ②空气湿度增加,导致干燥过慢	①降低离心机进料量,或适当开大散热片蒸气阀; ②提高气流干燥顶部温度
	旋风分离器堵塞	①分离器下料管堵塞; ②下料管锥形底部"料封"故障	①清理积料; ②停车检修
	压差难控制	鼓风或抽风装置蝶阀故障	停车检查、检修
	粗料增多	①料过干,产生静电粘网; ②筛网堵塞,树脂颗粒大	①降低干燥温度,或沸腾床第Ⅳ室通少量蒸汽增湿; ②停车,清理筛网

5）其他危险因素

（1）压缩机。在聚合反应过程中，循环气经循环气压缩机加压后，进入后续过程。其中，当循环气压缩机出现问题，导致循环气不能从循环气压缩机通过时，由紧急排放系统将循环气排至火炬系统。

（2）静电。在流化床反应器内，形成的颗粒状产物之间的接触以及颗粒状产物与器壁的接触，可能会产生静电，从而产生结片甚至爆聚现象。而原料中存在杂质就可能导致上述现象的产生。如物料中杂质含量超标，与三乙基铝作用，使反应器内静电效应大大增加，致使反应器静电波动较大，且温度波动大。若静电持续时间较长，将打破反应器静电平衡，导致反应结片甚至爆聚。因此，在物料进入流化床反应器之前，由原料净化工序严格控制物料中杂质的含量。此外，在循环气中加入抗静电剂，有效地抑制了静电的产生。

十六、烷基化工艺

利用加成或置换反应将烷基引入有机物分子中的反应过程为烷基化反应。烷基化反应作为一种重要的合成手段，广泛应用于许多化工生产过程。

（一）烷基化概念

烷基化是烷基由一个分子转移到另一个分子的过程，是化合物分子中引入烷基（甲基、乙基等）的反应。如在微生物作用下，在底质下会烷基化生成甲基汞或二甲基汞。工业上常用的烷基化剂有烯烃、卤代烷、硫酸烷酯等。铅的烷基化产物为烷基铅，其中四乙基铅曾作为汽油添加剂，也作防爆剂。

标准的炼油过程中，烷基化系统在催化剂（磺酸或者氢氟酸）的作用下，将低分子量烯烃（主要由丙烯和丁烯组成）与异丁烷结合起来，形成烷基化物（主要由高级辛烷、侧链烷烃组成）。烷基化物是一种汽油添加剂，具有抗爆作用并且燃烧后产生清洁的产物。烷基化物的辛烷值与所用的烯烃种类和采用的反应条件有关。

大部分原油仅含有 10%～40% 可直接用于汽油的烃类。精炼厂采用裂解加工，将高分子量的烃类转变成低分子量易挥发的产物。利用聚合反应将小分子的气态烃类转变成液态的可用于汽油的烃类。烷基化反应将小分子烯烃和侧链烷烃转变成更大的具有高辛烷值的侧链烷烃。

裂解、聚合和烷基化相结合的过程可以将原油的 70% 转变为汽油产物。另一些高级的加工过程，如烷烃环化和环烷脱氢可以获得芳烃，也可以增大汽油辛烷值。现代化炼油过程可以将输入的原油完全转变为燃料型产物。

在整个炼油过程中，烷基化可以将分子按照需要重组，增加产量，是非常重要的一环。

（二）反应类型

烷基化反应可分为热烷基化和催化烷基化两种。由于热烷基化反应温度高，易发生热解等副反应，所以工业上都采用催化烷基化法。

(三) 催化剂

工业上催化烷基化过程可分为液相法和气相法两种，所用催化剂各有不相同。

1. 液相烷基化法催化剂

（1）酸催化剂。常用的有硫酸和氢氟酸。异丁烷用丙烯、丁烯进行的烷基化，目前以应用氢氟酸为多。苯用高碳烯烃或用$C_{10} \sim C_{18}$的氯代烷进行的烷基化，以及酚类的烷基化，则以应用硫酸为多。

（2）弗瑞德-克来福特催化剂。如氯化铝-氯化氢和氟化硼-氟化氢等，常用于苯与乙烯、丙烯以及高碳烯烃的烷基化，以及酚类的烷基化等过程。

2. 气相烷基化法催化剂

（1）固体酸催化剂。如磷酸硅藻土等，用于苯与乙烯、丙烯，萘与丙烯的烷基化。

（2）金属氧化物催化剂。如氧化铝、氧化铝-氧化硅、镁和铁的氧化物以及活性白土等，常用于苯与乙烯、酚与甲醇进行的烷基化反应等。

（3）分子筛催化剂。如ZSM-5型分子筛催化剂，主要用于苯与乙烯进行的烷基化过程。

烷基化是放热反应，反应热一般为$80 \sim 120$ kJ/mol。因此，反应热的移除至关重要。从热力学观点来看，在很宽的温度范围内，均可使反应接近完全，只有在温度很高时，才有明显的逆反应。液相反应所用催化剂一般活性较高，反应可在较低温度（$0 \sim 100$ ℃）下进行。采用适当的压力是为了维持反应物呈液相以及调节反应温度。为了减少烯烃的聚合以及多烷基化物的生成，常采用较高的烷烯或苯烯摩尔比［$(5 \sim 14):1$］以及较短的停留时间。工业上为了使苯和烷基化剂得到有效利用，常将多烷基化物循环送回反应器，使之与苯发生烷基转移反应，以生成一烷基苯。原料中的乙炔、硫化物和水对催化剂有害，应预先除去。气相烷基化所用催化剂活性一般较低，故在较高温度（$150 \sim 620$ ℃）下进行反应，压力通常在$1.4 \sim 4.1$ MPa，苯烯摩尔比为$(3 \sim 20):1$。原料中的硫化物及水易使催化剂中毒，必须预先脱除。

(四) 石油烃烷基化

1. 原理

石油烃烷基化是炼厂气加工过程之一，是在催化剂［氢氟酸、硫酸或固体酸（研究方向，可以避免液体废酸造成的环境污染或产生高昂的回收处理费用）］存在下，使异丁烷和丁烯（或丙烯、丁烯、戊烯的混合物）通过烷基化反应，以制取高辛烷值汽油组分的过程。以异丁烷和丁烯为原料，产品的研究法辛烷值可达94。以丙烯、丁烯、戊烯混合物为原料的辛烷值稍低。烷基化汽油的敏感性好，蒸气压低，感铅性好（加少量四乙基铅可显著提高汽油辛烷值），是生产航空汽油和高标号车用汽油的理想调和组分。

2. 工艺方法

根据所用催化剂的不同，可分为氢氟酸法烷基化和硫酸法烷基化两种。氢氟酸法烷基化流程通常由原料预处理、反应、产品分馏及处理、酸再生和"三废"治理等部分组成。

预处理的目的主要是控制原料的含水量（低于 $20×10^{-6}$），以免造成设备严重腐蚀，同时要严格控制硫、丁二烯、C_2、C_6 和含氧化合物等杂质含量。由于烃类在氢氟酸中的溶解度较大，烷基化反应速率非常快，仅几十秒钟即可基本完成，故可使用管式反应器，反应温度 20~40 ℃，压力 0.7~1.2 MPa。为抑制副反应的进行，需将大量异丁烷循环回到反应进料中，使异丁烷与烯烃进料保持（8~12）∶1 的体积比。反应热依靠酸冷却器带走。酸再生的目的主要是去除反应中生成的叠合物及原料中带入的水，以酸溶性油自再生器底排出，使氢氟酸浓度维持在 90% 左右。烷基化油从主分馏塔底排出，循环异丁烷从塔的侧线抽出。如果要生产航空燃料，则所得烷基化油还需进行再蒸馏，自塔顶分出轻烷基化油作航空汽油组分。自系统排出的含氢氟酸的废气或废液均需经过处理，最后与氯化钙进行反应，使之变成惰性的氟化钙。生产每吨烷基化汽油消耗氢氟酸 0.4~0.6 kg。

硫酸法烷基化的基本过程与氢氟酸法相似，主要问题是酸耗高，1 t 烷基化油需消耗 70~80 kg 硫酸，同时副产大量稀酸。若附近没有硫酸厂或酸提浓设施，将对环境造成严重的污染。

3. 石油烃烷基化过程

石油烃烷基化过程由原料加氢精制、反应、制冷压缩、流出物精制和产品分馏等几部分组成。

1）原料加氢精制

自 MTBE 来的未反应 C_4 馏分经凝聚脱水器脱除游离水后进入原料缓冲罐，经泵抽出换热、加热到反应温度，与来自系统的氢气在静态混合器中混合，进入加氢反应器底部床层，反应物从反应器顶部出来，与加氢裂化液化气（来自双脱装置，进入缓冲罐，经泵抽出）混合进入脱轻烃塔（脱除 C_3 以下轻组分和二甲醚）。塔顶轻组分经冷凝器冷凝，进入回流罐，不凝气排至燃料气管网，冷凝液部分回流，部分作为液化气送出装置。塔底 C_4 馏分经换热、冷却至 40 ℃ 进入烷基化部分。

2）反应

烯烃与异丁烷的烷基化反应，主要是在酸催化剂的作用下，二者通过中间反应生成汽油馏分的过程。

C_4 馏分与脱异丁烷塔来的循环异丁烷混合经换冷至 11 ℃，经脱水器脱除游离水（$10×10^{-6}$）后与闪蒸罐来的循环冷剂直接混合，降温至 3 ℃ 分两路进入烷基化反应器。反应完全的酸-烃乳化液经上升管直接进入酸沉降器，分出的酸液经下降管返回反应器重新使用，90% 浓度废酸排至废酸脱烃罐，从酸沉降器分出的烃相流经反应器内的取热管束部分气化，气-液混合物进入闪蒸罐。净反应流出物经泵抽出经换热、加热至约 31 ℃ 去流出物精制和产品分馏部分继续处理，循环冷剂经泵抽出送至反应进料线与原料直接混合，从闪蒸罐气相空间出来的烃类气体至制冷压缩机。

3）制冷压缩

从闪蒸罐来的烃类气体进入压缩机一级入口，从节能罐顶部来的气体进入压缩机二级入口，上述气体被压缩到压力 2 kgf/cm²（1 kgf/cm² = 98.0665 kPa），经过空冷器冷凝，冷凝的烃类液体进入冷剂罐，后进入节能罐在其内闪蒸，富含丙烯的气体返回压缩机二级入口，液体去闪蒸罐，经降压闪蒸温度降低至-10 ℃左右，经泵抽出送至反应器入口循环。冷剂中的一小部分经泵抽出至丙烷碱洗罐碱洗，以中和可能残留的微量酸，从罐抽出的丙烷经丙烷脱水器脱水后送出装置。

4）流出物精制和产品分馏

该步骤目的是脱除酸酯（99.2%的硫酸+12%的 NaOH）。

换热后的反应流出物进入酸洗系统，与酸在酸洗混合器内进行混合后，进入流出物酸洗罐，绝大部分酸酯被吸收。流出物烃类和酸在酸洗罐中分离，烃类流出物酸含量低于 $10×10^{-5}$，酸则连续进入反应器作为催化剂使用。

酸洗后的流出物与循环碱液在流出物碱洗混合器中混合后，进入碱洗罐脱除微量酸，进入流出物水洗罐，含硫酸钠和亚硫酸盐的碱水经泵从罐底抽出换热后送回混合器入口循环使用。

（五）烷基化工艺危险性分析

烷基化是在有机化合物中的氮、氧、碳等原子上引入烷基（—R）的化学反应。引入的烷基有甲基（—CH₃）、乙基（—C₂H₅）、丙基（—C₃H₇）、丁基（—C₄H₉）等。

烷基化常用烯烃、卤代烃、醇等能在有机化合物分子中的氮、氧、碳等原子上引入烷基的物质作烷基化剂，如苯胺和甲醇烷基化制取二甲基苯胺。

1. 烷基化普遍的火灾危险性分析

（1）被烷基化的物质大都具有着火爆炸危险。例如：苯是甲类液体，闪点-11 ℃，爆炸极限 1.5%~9.5%；苯胺是丙类液体，闪点 71 ℃，爆炸极限 1.3%~4.2%。

（2）烷基化剂一般比被烷基化物质的火灾危险性要大。例如：丙烯是易燃气体，爆炸极限 2%~11%；甲醇是甲类液体，闪点 7 ℃，爆炸极限 6%~36.5%；十二烯是乙类液体，闪点 35 ℃，自燃点 220 ℃。

（3）烷基化过程所用的催化剂反应活性强。例如：三氯化铝是忌湿物品，有强烈的腐蚀性，遇水或水蒸气分解放热，放出氯化氢气体，有时能引起爆炸，若接触可燃物，则易着火；三氯化磷是腐蚀性忌湿液体，遇水或乙醇剧烈分解，放出大量的热和氯化氢气体，有极强的腐蚀性和刺激性，有毒，遇水及酸（主要是硝酸、乙酸）发热、冒烟，有起火爆炸的危险。

（4）烷基化反应都是在加热条件下进行的，如果原料、催化剂、烷基化剂等加料次序颠倒、速度过快或者搅拌中断停止，就会发生剧烈反应，引起跑料，造成起火或爆炸事故。

（5）烷基化的产品亦有一定的火灾危险。例如：异丙苯是乙类液体，闪点 35.5 ℃，自燃点 434 ℃，爆炸极限 0.68%~4.2%；二甲基苯胺是丙类液体，闪点 61 ℃，自燃点 371 ℃；烷基苯是丙类液体，闪点 127 ℃。

2. 烷基化物质危险性及分析

参与烷基化反应的原料、中间产物及其产品大多数是易燃易爆、腐蚀性强的物质,一旦在反应过程中发生泄漏,很可能发生火灾、爆炸和人身伤害事故。因此,了解烷基化物料的危险性,对控制烷基化反应的操作就显得非常重要。轻烯烃和异丁烷在酸催化剂的环境下发生的烷基化反应主要涉及的烷基化原料有丙烯、异丁烷、氢氟酸、硫酸、烷基化油(汽油)、丙烷、正丁烷等。

1)丙烯

理化特性:无色、有烃类气味的气体。分子式:C_3H_6。分子量:42.08。熔点:-192.2 ℃。相对密度:0.5。沸点:-47.7 ℃。相对蒸气密度:1.48。闪点:-108 ℃。引燃温度:445 ℃。爆炸极限:1.0%~15.0%(体积分数)。燃烧热:2049 kJ/mol。临界温度:91.9 ℃。临界压力:4.62 MPa。溶解性:溶于水、乙醇。主要用途:用于制丙烯腈、环氧乙烷、丙酮等。

危险特性:易燃,与空气混合能形成爆炸性混合物;遇热源和明火有燃烧爆炸的危险,与二氧化碳、四氧化二氮、一氧化二氮等激烈化合,与其他氧化剂接触发生剧烈反应;气体比空气密度大,能在较低处扩散到相当远的地方,遇火源会着火回燃。

2)丁烯

理化特性:无色气体。分子式:C_4H_8。分子量:56.11。熔点:-158.3 ℃。相对密度:0.67。沸点:-6.3 ℃。相对蒸气密度:1.93。闪点:-80 ℃。引燃温度:385 ℃。爆炸极限:1.6%~10%(体积分数)。燃烧热:2583.8 kJ/mol。临界温度:146.4 ℃。临界压力:4.02 MPa。溶解性:不溶于水,微溶于苯,易溶于乙醇、乙醚。主要用途:用于制丁二烯、异戊二烯、合成橡胶等。

危险特性:易燃,与空气混合能形成爆炸性混合物;遇热源和明火有燃烧爆炸的危险;若遇高热,可发生聚合反应,放出大量热量而引起容器破裂和爆炸事故;与氧化剂接触发生猛烈反应;气体比空气密度大,能在较低处扩散到相当远的地方,遇火源会着火回燃。

3)氟化氢(氢氟酸)

理化特性:无色液体或气体。分子式:HF。分子量:20.01。熔点:-83.7 ℃。相对密度:1.15。沸点:19.5 ℃。相对蒸气密度:1.27。临界温度:188 ℃。临界压力:6.48 MPa。溶解性:易溶于水。主要用途:用于蚀刻玻璃,以及制氟化合物。

危险特性:不燃,高毒,具有强腐蚀性、强刺激性,可致人体灼伤。

4)异丁烷

理化特性:无色稍有气味的气体。化学名:2-甲基丙烷。分子式:C_4H_{10}。分子量:58.12。熔点:-159.6 ℃。沸点:-11.8 ℃。相对密度:0.56。相对蒸气密度:2.01。闪点:-82.8 ℃。自燃温度:460 ℃。爆炸极限:1.8%~8.5%(体积分数)。溶解性:微溶于水,溶于乙醚。

危险特性：易燃，与空气混合能形成爆炸性混合物；遇明火、高热能引起燃烧爆炸；其蒸气比空气密度大，能在较低处扩散到相当远的地方，遇火源会着火回燃；若遇高热，容器内压增大，有开裂和爆炸的危险。

5）烷基化油（汽油）

理化特性：无色或淡黄色易挥发液体，具有特殊臭味。熔点：小于-60 ℃。相对密度：0.70~0.79。沸点：40~200 ℃。相对蒸气密度：3.5。闪点：-50 ℃。引燃温度：415~530 ℃。爆炸极限：1.3%~6.0%（体积分数）。溶解性：不溶于水，易溶于苯、二硫化碳、醇、脂肪。

危险特性：其蒸气与空气混合可形成爆炸性混合物，遇明火、高热极易燃烧爆炸；与氧化剂能发生强烈反应；其蒸气比空气密度大，能在较低处扩散到相当远的地方，遇火源会着火回燃。

6）丙烷

理化特性：无色气体，纯品无臭。分子式：C_3H_8。分子量：44.10。熔点：-187.6 ℃。相对密度：0.58(-44.5 ℃)。沸点：-42.1 ℃。相对蒸气密度：1.56。闪点：-104 ℃。引燃温度：450 ℃。爆炸极限：2.1%~9.5%（体积分数）。燃烧热：2217.8 kJ/mol。临界温度：96.8 ℃。临界压力：4.25 MPa。溶解性：微溶于水，溶于乙醇、乙醚。主要用途：用于有机合成。

危险特性：易燃气体，与空气混合能形成爆炸性混合物，遇热源和明火有燃烧爆炸的危险，与氧化剂接触猛烈反应；气体比空气密度大，能在较低处扩散到相当远的地方，遇火源会着火回燃。

7）正丁烷

理化特性：无色气体，气味似天然气。分子式：C_4H_{10}。分子量：59.12。熔点：-138.4 ℃。相对密度：0.58(-44.5 ℃)。沸点：-0.5 ℃。相对蒸气密度：2.05。引燃温度：287 ℃。爆炸极限：1.6%~8.4%（体积分数）。燃烧热：2653 kJ/mol。临界温度：151.9 ℃。临界压力：3.79 MPa。溶解性：易溶于水、醇和氯仿。主要用途：用于有机合成和乙烯制造，仪器校正，也可作燃料等。

危险特性：易燃，与空气混合能形成爆炸性混合物，遇热源和明火有燃烧爆炸的危险，与氧化剂接触发生猛烈反应；气体比空气密度大，能在较低处扩散到相当远的地方，遇火源会着火回燃。

3. 烷基化工艺过程危险性分析

氢氟酸（硫酸）烷基化生产过程中的主要危险因素有火灾、爆炸、中毒，还有噪声、高温、灼烫、高处坠落等危险因素。

1）氢氟酸（硫酸）烷基化反应火灾、爆炸危险性

（1）被烷基化的物质大多具有着火爆炸危险，如异丁烷是易燃气体，闪点-82.8 ℃，爆炸极限1.8%~8.5%（体积分数）。

（2）烷基化剂一般比被烷基化物质的火灾危险性要大。

（3）烷基化过程所用的催化剂反应活性强。例如：氢氟酸是高毒性物质，有强烈的腐蚀性；硫酸有极强的腐蚀性和刺激性，遇水或水蒸气放热，有发生人身伤害的危险。

（4）烷基化反应都是在加热条件下进行的，如果原料、催化剂、烷基化剂等加料次序颠倒、速度过快或者搅拌中断停止，就会发生剧烈反应，引起跑料，造成着火或爆炸事故。

（5）烷基化的产品亦有一定的火灾危险。例如：烷基化油（汽油）是易燃液体，闪点-50 ℃，引燃温度434 ℃，爆炸极限1.3%~6.0%（体积分数）；丙烷是易燃气体，闪点-140 ℃，引燃温度450 ℃，爆炸极限2.1%~9.5%（体积分数）；正丁烷是易燃气体，引燃温度287 ℃，爆炸极限1.6%~8.4%（体积分数）。

（6）烷基化反应使用的物料中有许多为电介质，它们在管道内高速流动或经阀门、喷嘴喷出时会产生静电，最高静电电压可达万伏以上，装置中存在静电放电引起火灾的可能性。

（7）氟化氢、硫酸都是有强腐蚀性的危险化学品，对设备和管件都会产生腐蚀，造成易燃液体和气体的泄漏，与空气混合形成爆炸性混合物，遇火源（如加热炉）等就会引起火灾或爆炸事故。

2）氢氟酸（硫酸）烷基化反应中毒危险性分析

烷基化油（汽油）和氢氟酸蒸气是毒性物质，对人体都有中毒的危害。烷基化油（汽油）是一种麻醉性毒物，能引起中枢神经系统功能障碍。吸入高浓度汽油蒸气后，出现头痛、头晕、四肢无力、恶心、呕吐、视物模糊、步态不稳，以及眼睑、舌、手指细微震和易激动等。严重者可迅速出现意识丧失、呼吸停止。吸入汽油可引起吸入性肺炎。汽油蒸气对黏膜有刺激性，引起流泪、流涕、咳嗽、结膜充血等。口服可出现口腔、胸骨后烧灼感，以及恶心、呕吐、腹痛、腹泻或大便带血。

氢氟酸蒸气对呼吸系统的所有部分都有强烈的刺激性，严重时会迅速致肺发炎充血，导致急性中毒的氢氟酸蒸气浓度随着暴露的时间而异，400~430 mg/m^3 可引起急性中毒致死。慢性中毒表现：长期反复地暴露于有害浓度的氢氟酸蒸气中，会导致氢氟酸在骨骼中沉积，引起氟化病。

3）氢氟酸烷基化反应灼烫危险性分析

（1）装置主分馏塔底的重沸加热炉温度达400~500 ℃。另外，装置内蒸汽伴热和蒸汽加热的压力为0.55~1.0 MPa，温度接近160 ℃。蒸汽管线在投用时，要进行低点排凝，以防止进气后发生水击损坏管线，低点排凝易发生蒸汽烫伤作业人员的事故，裸露管壁会烫伤人员的皮肤。

（2）烷基化反应所用的催化剂是氢氟酸，氢氟酸极易吸收水分并放出大量热。装置氢氟酸泄漏后，与作业人员皮肤接触会造成灼伤事故。另外，烷基化反应产物后处理用的氢氧化钠（钾）与皮肤接触也会引起灼伤事故。

为防止灼伤事故的发生，在有可能发生氢氟酸泄漏的区域和制取蒸汽操作时，作业人员要佩戴好劳动防护用品。

4）氢氟酸（硫酸）烷基化反应噪声危害性分析

装置内运转的机泵、加热炉的引风机、空气冷却器的抽风机、蒸汽和气体的排放设备等都会产生强大噪声，对人体的听力、神经、心脏、消化系统等造成不良影响。为此，要对产生噪声的设备进行密闭化，或采用吸声材料以减少噪声污染。同时在有噪声的地方，要定期检测，如噪声太高或超标，要佩戴耳罩或进行技术改造，使其达到国家标准要求。

5）烷基化反应过程中有害物质及主要危险分布

烷基化反应过程中有害物质及主要危险分布见表1-31。

表1-31　烷基化反应过程中有害物质及主要危险分布

装置名称	主要危险部位	主要化学品	主要危险	火灾危险性分类
氢氟酸烷基化装置	原料干燥区	丙烯、丁烯、异丁烷	火灾、爆炸、灼烫	甲
	反应区	丙烯、丁烯、异丁烷、汽油、丙烷、正丁烷、氢氟酸	火灾、爆炸、中毒、灼伤	
	分馏区	汽油、异丁烷、丙烷、正丁烷、氢氟酸	火灾、爆炸、中毒、灼伤、高温、噪声	
	加热炉区	汽油、瓦斯	火灾、爆炸、中毒、灼伤、高温、噪声	
	产品处理区	汽油、丙烷、正丁烷、氢氧化钠（钾）	火灾、爆炸、中毒、灼伤、噪声	
	酸再生区	氢氟酸	灼伤	
	ASO碱洗区	氢氧化钠（钾）	灼伤	
	酸储存区	氢氟酸	灼伤	

十七、新型煤化工工艺

（一）煤化工火灾危险性

1. 煤化工生产过程的特点

1）煤化工物质的特点

在煤化工企业中，所涉及的绝大多数化工原料、中间体、成品、半成品、副产品等都具有易燃易爆、腐蚀性或者有毒有害等特点。

2）煤化工生产装置的特点

（1）煤化工生产装置种类繁多，各种塔、釜、槽、罐、阀门比比皆是。

（2）高度密集，设备紧凑。

(3) 各种管道（线）纵横交错，上下串通，左右贯穿。

3) 煤化工生产工艺的特点

(1) 自动化生产程度高，连续性强。

(2) 生产中的处理量比较大。

(3) 生产工艺过程复杂多样，工艺控制参数多。

(4) 要求高，操作严格，通常都是在高温、高压、低温、真空等条件下进行，并且伴有复杂的化学反应。

2. 煤化工火灾的特点

煤化工生产的特点，决定着煤化工企业的各个环节中都容易发生火灾甚至爆炸的事故。一旦发生火灾，通常会出现以下的特点：

(1) 火势猛烈，燃烧强度大，火场温度高，热辐射强。

(2) 火灾蔓延速度快，极易形成立体火灾、大面积火灾和流淌火。

(3) 容易复燃和多次爆炸。

(4) 往往需要投入较多的扑救力量和较长时间。

(5) 组织指挥、扑救和处置的难度都相当大。

(6) 易造成重大人员伤亡和财产损失，社会影响大。

(7) 容易造成环境污染，有毒有害物质一旦泄漏到大气或排放到江河中，易造成大量人员伤亡和大气、水资源污染，影响持久，治理难度大。

3. 煤化工火灾危险性分析

预防煤化工火灾事故的发生，减少火灾事故的损失是当前企业安全工作中一项十分重要的内容。而进行火灾预防的前提就是清楚煤化工生产过程中存在的主要火灾危险种类、分布及可能产生的危险方式和途径等。火灾危险性分析是煤化工火灾预防的重要环节和基础，分析是否全面、准确、科学合理，将直接影响到预防措施的正确性。

1) 煤化工生产中典型化学反应的火灾危险性分析

化工生产的核心是化学反应，这些化学反应过程中均存在着不同程度的火灾危险性，不同的化学反应过程的火灾危险性往往不同。结合某化工园区内化工企业的生产状况，这里针对几种典型的化学反应过程的火灾危险性展开分析。

(1) 氧化反应。在煤化工生产中，常把加氧去氢的反应叫作氧化反应。氧化反应需要加热，绝大多数又都是放热反应，反应热若不及时移去，会使温度迅速升高引发爆炸。在反应中，被氧化的物质大部分是易燃易爆物质。而反应所用的氧化剂本身也具有很大的火灾危险性，如过氧化氢、氯酸钾、高锰酸钾等，遇高温或受撞击、摩擦，与有机物、酸类接触，就会着火爆炸。因此，要严格控制反应温度，进行有效的冷却和良好的搅拌，以及控制氧化剂的加料速度和投料量。

(2) 还原反应。在煤化工生产中，通常把加氢去氧的反应叫作还原反应。还原反应种类很多，无论是利用初生态氢还原，还是用催化剂把氢气活化后还原，都有氢气存在，特别是催化加氢还原，大都在加热、加压下进行。若氢气泄漏，极易与空气形成爆炸性混合物，遇火就会爆炸。其他如固体还原剂、硼氢类、四氢化锂铝、氢化钠等都是遇湿易燃危险品，本身就具有很大的火灾危险性。因此，需严格控制反应温度以及反应设备的密闭性等。

（3）硝化反应。硝化反应是指在有机化合物分子中引入硝基（—NO_2），取代氢原子而生成硝基化合物的反应。硝化反应是放热反应，温度越高，反应速率越快，放出的热量越多，需在降温条件下进行，否则易引起火灾和爆炸事故。因此，控制反应温度是关键，可以通过有效冷却、良好搅拌、控制反应速率等方法实现。此外，硝化剂具有较强的氧化性，常用的硝化剂有浓硝酸、发烟硝酸、浓硝酸和浓硫酸的混酸或是脱水剂配合硝化剂，它们与油脂、有机物接触即能引起燃烧。而被硝化的物质（如苯、甲苯、甘油、脱脂棉等）也大多易燃，若使用或储存管理不当，易造成火灾。硝化产品大都有着火爆炸的危险，受热、摩擦、撞击或接触明火，极易发生爆炸或火灾。

（4）聚合反应。聚合反应是指将若干个分子结合为一个较大的组成相同而分子量较高的化合物的反应过程。聚合反应一般在高压下进行，而聚合反应本身又是放热反应，往往由于聚合热不易散出而导致火灾爆炸事故。因此，在聚合反应中要严格控制反应温度并使反应过程中有良好的搅拌。如果在聚合反应过程中不能充分搅拌，就会引起爆聚，发生爆炸事故。

（5）裂化反应。裂化反应是指有机化合物在高温下分子发生分解的反应过程，主要有热裂化、催化裂化和加氢裂化三种类型。热裂化在高温、高压下进行，装置内的油品温度一般超过其自燃点，若漏出油品会立即起火，反应还会产生大量的可燃裂化气，有发生爆炸的危险。催化裂化一般在 460~520 ℃ 和 0.1~0.2 MPa 下进行，也会产生大量的易燃裂化气。而加氢裂化需要使用大量氢气，容易使装置发生氢脆，且反应温度和压力都较高，再加上是强烈的放热反应，火灾危险性相当大。因此，需严格控制反应温度和反应设备的密闭性等。

（6）氯化反应。氯化反应是指有机化合物中氢原子被氯原子取代的反应过程。常用的氯化剂有气态或液态氯、三氯化磷、次氯酸钙等。氯化反应的原料大多是有机易燃物和强氧化剂（如甲烷、乙烷、乙醇、天然气、苯、甲苯、液氯等），本身容易发生火灾爆炸。而最常用的液态或气态氯，不仅属剧毒品，且氧化性极强，储存压力较高，一旦泄漏，危险性很大。氯化反应是放热反应，温度越高，反应越剧烈，放出的氯化氢气体和氢气越多，设备易受腐蚀而发生泄漏，容易造成火灾或爆炸。因此，氯化反应的关键是控制投料配比、温度、压力和投入氯化剂的速度。

（7）磺化反应。磺化反应是指在有机化合物分子中引入磺（酸）基（—SO_3H）或其衍生物的化学反应。常用的磺化剂有浓硫酸、发烟硫酸、硫酸钠等，它们都能强烈吸水放热，引起温度升高。磺化反应中所用原料（如苯、硝基苯、氯苯等）均为可燃物，所用磺化剂浓硫酸、发烟硫酸等又都是氧化性较强的物质，整个反应是典型的放热反应；若不进行有效控制,很可能使反应温度超高,以致发生火灾或爆炸事故。因此,要严格控制反应温度,进行有效的冷却和良好的搅拌,并控制投料的速度。

(8) 电解反应。电解反应是指电流通过电解质溶液或熔融电解质时,在两个电极上所引起的化学变化过程。钠、钾、镁等有色金属和锆、铪等稀有金属的冶炼,铜、锌、铝等的精炼,氢气、氧气、氯气、过氧化氢等许多化工产品的制备,以及电镀、电抛光、阳极氧化等,都是通过电解来实现。电解反应的火灾危险性主要是在电作用下能产生一些易燃易爆气体,泄漏遇明火就会发生爆炸。因此,要防止易燃气体的泄漏、渗透,设备整体要有良好接地。

2) 煤化工生产中典型操作单元的火灾危险性分析

虽然煤化工生产中的化学反应种类繁多,但是煤化工生产中的操作单元却相对比较固定,下面分析几种典型操作单元的火灾危险性。

(1) 物料输送。由于化工生产中所输送的物料大部分为有机易燃物,因此要防止在输送过程中产生静电,或在搬运过程中由于撞击、摩擦产生火花而引发火灾。

(2) 加热。加热是最常见的控制条件。若温度过高,反应速率加快,容易引发火灾爆炸。若升温速度过快,容易使反应温度超过规定的温度上限。因此,在加热过程中要严格控制温度的上限和升温速度。

(3) 冷却。冷却一般比加热安全,但应该控制冷却温度的下限,以免过度冷却,造成物料太稠。冷却速度也不可太快,以免温差太大,引起设备渗漏,引发事故。忌水物料的冷却介质应该选用凝固点低的矿物油,以免遇水发生爆炸。

(4) 蒸馏。蒸馏是煤化工企业常见单元操作,主要有减压蒸馏、常压蒸馏和高压蒸馏,通常以蒸汽、载体、电加热等方式进行加热,而加热物料往往是易燃可燃液体,极易造成火灾。因此,要严格控制加热温度,保证冷却效果、反应设备管道的密闭性和系统的静电消除。

(5) 搅拌。把物料拌匀,以利于进行反应,通常都是用机械搅拌。机械搅拌时要严格控制温度、搅拌速度以及防止产生静电。

(6) 调节 pH 值。加酸、碱调节 pH 值时,都会产生热量,所以加的速度不宜过快,而且要控制温度。调节 pH 值时,酸、碱也不能过量,要严格控制 pH 值。

(7) 过滤。当过滤易燃液体时,防火的重点主要是设备的静电消除,以及防止物料的泄漏。

(8) 干燥。干燥的火灾危险性主要在于加热方式及被加热物质的化学特性。因此,干燥工艺的防火关键是合理选用干燥设备和控制干燥温度。在加热方式上尽可能用蒸汽加热等代替电加热、明火加热。

(9) 筛分、粉碎。筛分与粉碎过程中的火灾危险性在于此时的物料一般为可燃物料,可燃粉尘往往能达到爆炸极限,如遇明火、赤热表面或火花等就能引起火灾、爆炸。因此,这一操作单元的防火重点是增加场所的相对湿度,以及避免产生火花。

（二）煤化工爆炸危险性

1. 有机溶剂的火灾爆炸危险性分析

有机溶剂是一大类在生活和生产中广泛应用的有机化合物，分子量不大，常温下呈液态。有机溶剂包括多类物质，如链烷烃、烯烃、醇、醛、胺、酯、醚、酮、芳香烃、萜烯烃、卤代烃、杂环化物、含氮化合物及含硫化合物等，多数对人体有一定毒性。有机溶剂在工业生产中应用十分普遍，在塑料、染料、橡胶、油漆、香料、印刷、油墨、电影胶片、医药、纺织、机械、选矿等各个领域均有应用。由于有机溶剂本身具有易燃易爆的特性，决定了有机溶剂生产使用场所具有较大的火灾爆炸危险性，并且起火后燃烧猛烈，蔓延迅速，扑救困难。有机溶剂生产使用场所火灾爆炸事故时有发生。

1）有机溶剂的类型

有机溶剂种类十分繁多，常见的溶剂有800多种，按其化学结构可分为十大类：芳香烃类，如苯、甲苯、二甲苯等；脂肪烃类，如戊烷、己烷、辛烷等；脂环烃类，如环己烷、环己酮、甲苯环己酮等；卤化烃类，如氯苯、二氯苯、二氯甲烷等；醇类，如甲醇、乙醇、异丙醇等；醚类，如乙醚、环氧丙烷等；酯类，如醋酸甲酯、醋酸乙酯、醋酸丙酯等；酮类，如丙酮、甲基丁酮、甲基异丁酮等；二醇衍生物，如乙二醇单甲醚、乙二醇单乙醚、乙二醇单丁醚等；其他，如乙腈、吡啶、苯酚等。

2）有机溶剂在生产中的应用

有机溶剂在备料、投料、化学反应、出料、分离等生产的各个工艺过程都有存在。有机溶剂在生产中应用大致可以归纳为以下几个方面：

（1）溶解物料。应用有机溶剂溶解物料，以提取生产所需的有效成分。如中药雷公藤片的生产，采用乙醇和醋酸乙酯提取雷公藤片中的雷公藤甲素和乙素。

（2）稀释物料。采用有机溶剂稀释物料，以满足工艺要求。如乙醇和醚类溶剂混合可以提高对硝基纤维的溶解能力，在硝基纤维涂料中用作稀释剂可以降低溶液黏度。橡胶制品生产中，在生胶或混炼胶中加入大量溶剂汽油进行打浆，制成黏合用的胶浆。油漆生产中，直接将高温树脂打到有机溶剂兑稀罐中制成油漆。

（3）处理物料。利用有机溶剂对物料进行脱水、沉淀、结晶和洗涤等处理。如赛璐珞生产中，采用乙醇将含水硝脂棉中的水分除去；塑料生产中，用有机溶剂洗涤固体聚合物表面的杂质。

（4）分离混合物。利用有机溶剂分离混合物在生产中应用广泛，如在合成橡胶生产过程中，采用乙腈或二甲基甲酰胺萃取二丁烯。以糠醛作为萃取剂进行萃取精馏，分离环己烷与苯的混合物。

（5）化学反应。有机溶剂常作为化学反应的介质，生产新的化工产品。如染料N,N-二甲基苯胺的合成，由甲醇、苯胺与硫酸混合，经过甲基化反应、中和、分层、减压蒸馏而得产品。

（6）作为移除反应热的载体。将有机溶剂作为移除热的载体，蒸发回流时较好地移除反应热的方法。例如,在溶液聚合中,常采用该法以控制聚合温度。

(7)在特殊工艺中起特殊作用。有机溶剂在特殊工艺中具有特殊作用,如静电喷涂时,可用来调整防火涂料的电导率,以改进雾化和上漆率;在分散聚合物中,用来控制聚合物的粒度;在溶液聚合中,用作链转移剂来控制分子量及其分布等。

3)有机溶剂生产使用场所火灾爆炸危险性分析

(1)有机溶剂的危险性质。

① 燃烧爆炸性。有机溶剂绝大部分属于易燃危险化学品,它们的闪点一般在-41~46℃之间,沸点一般在30~200℃之间,相对密度较小,一般在0.8左右,爆炸浓度下限一般小于10%。有机溶剂所需点火能量较小,一般在0.2~0.3 mJ,如苯为0.2 mJ,丙烷为0.29 mJ,因此,只要遇火都可能引起爆炸燃烧。

② 挥发性。有机溶剂具有易挥发特性,如汽油即使在较低的气温下都能蒸发,挥发的蒸气能迅速与空气混合,形成爆炸性混合气体。

③ 流动扩散性。有机溶剂具有流动扩散的特性,其流动性的强弱取决于本身的黏度。一般黏度低的液体,流动扩散性强。如果管路、容器破损或闸门关闭不严,罐装超出容器容量,就容易造成跑冒滴漏现象。流动的可燃物就是流动火源,增加了对周围的建构筑物的威胁和危害。可燃有机溶剂流动性越好,扩散速度越快,其火灾扩大的危险性越大。有机溶剂蒸气若比空气密度小,逸散在空气中,顺风向移动,可成为气体火焰迅速蔓延的条件。有机溶剂蒸气若比空气密度大,往往漂流于地表、沟渠建筑的死角,不易被空气吹散,一旦遇引火源就可能发生燃烧爆炸。

④ 静电危害性。有机溶剂类物质大多属于绝缘物质,其导电性比较差,如汽油、甲苯等,电阻率为10^{10}~10^{15} Ω·cm。在生产、使用、输送、装卸过程中,与容器、管道、机泵、过滤介质、水、杂质、空气等发生碰撞、摩擦,都会产生静电,由于物料本身不导电,所产生的静电极难散失,容易产生静电火花。

⑤ 毒害性。有机溶剂是由各种烃类化合物组成的,大多具有毒害性,其中芳香烃毒性最大,环烷烃次之,烷烃最小。如油漆涂料,特别是作为溶剂和稀释剂的各种液体材料,会挥发出刺激、毒害人的毒气,经常吸入这种气体,会破坏人的生理机能,并引起某些器官病变。

(2)有机溶剂生产使用场所的火灾特点。

① 易发生燃烧。有机溶剂生产使用场所,一般多种原料、产品等同时存在,工艺过程中,大量、多种易燃危险品存在,有引起火灾的可能性。如果控制不当,易发生燃烧。常见的起火源有明火、电气火花、静电火花、摩擦撞击火花、高热、自燃等。

② 易发生爆炸。在生产设备的外部空间,由于溶剂以液态或气态的形式跑冒滴漏,易与空气形成爆炸性混合物,遇火源引起着火爆炸。一些生产设备为负压操作,出现渗漏或误操作等异常情况时,会使空气进入容器内,因氧化高温引起可燃蒸气着火爆炸。有机溶剂在应用到生产过程中时,其操作条件大多要通过加温、加压来实现。当温度失去控

制，达到某一溶剂的过热温度极限时，就会由液相突变为气相，体积迅速扩大数十甚至数百倍，压力猛增导致容器超压爆炸。在反复使用的有机溶剂中，过氧化物含量增多，发生异常反应，也会导致温度、压力升高。当容器发生物理性爆炸后，其内部物料（有机溶剂）则大量地迅速扩散，物理性爆炸的高温和遇外部火源又会引起扩散蒸气的化学性爆炸和燃烧。

③ 易形成大面积立体火灾。有机溶剂从罐、桶、槽、锅等容器中大量溢出，形成流淌火，流量越大，燃烧面积就越大。有机溶剂随着罐、桶、槽、锅的爆炸而喷射到各个角落，瞬间形成大面积燃烧。长期使用溶剂的设备、建筑，在可燃蒸气的熏蒸下，其表面常积有一定数量的污垢，火灾通过这些可燃污垢迅速将设备的建筑引燃。起火后有机溶剂、物料由上层流至下层，爆炸时有机溶剂、物料上下喷溅，均会形成上下一起的立体火灾。

④ 发生事故易引起连锁反应。有机溶剂生产使用工艺各生产工序相互衔接，设备相互串通，有机溶剂往往经过几道工序后回收反复使用，一旦某个工序发生火灾爆炸事故，易出现连锁反应，火灾爆炸事故沿着生产管道、污水管网、可燃物料、建筑物孔洞蔓延。

4）防火防爆措施

（1）建筑和布局符合防火要求。有机溶剂生产使用场所的建筑和布局，应按《建筑设计防火规范》《石油化工企业设计防火标准》《爆炸和火灾危险环境电力装置设计规范》等相关要求和规定进行设计、施工、安装。工厂要经过住房建设部门的验收批准才能投产，设备的布局一定要考虑安全防火防爆的需要。

（2）用难燃或不燃的溶剂代替可燃溶剂。在生产中，用燃烧性能差的溶剂代替易燃溶剂，以改善操作的安全性。选择危险性较小的液体作为溶剂时，沸点和蒸气压是很重要的两个参数。沸点在110 ℃以上的液体，常温下（18～20 ℃）不可能达到爆炸浓度。醋酸戊酯、丁醇、戊烷、乙二醇、氯苯、二甲苯等都是危险性较小的液体。代替可燃溶剂的不燃液体（或难燃液体）有甲烷的氯衍生物（二氯甲烷、三氯甲烷、四氯化碳）及乙烯的氯衍生物（三氯乙烯）等。例如，溶解脂肪、油、树脂、沥青、橡胶以及油漆，可以用四氯化碳代替危险性大的液体溶剂。可以用不燃（或难燃）清洗剂代替汽油或其他易燃溶剂，清洗沾有油污的机件和零件。

（3）严格安全操作。尽量减少敞口操作，采用密闭操作，容器要加盖，减少溶剂挥发。车间内各种化学原料和溶剂的储存量要严加控制，以不超过当天用量为宜，多用储罐式静态装料，而少使用桶式动态装料。在使用易燃易爆、挥发性强的有机溶剂时，应控制使用温度低于其沸点30 ℃。如果操作温度高时，应采取冷凝、冷却措施。如油漆生产中，高温树脂（200~400 ℃）直接加入兑稀溶剂（溶剂汽油、甲苯、二甲苯等）的兑稀罐中，会使溶剂温度升高，溶剂蒸气大量排出。因此，要在罐上安装冷凝、冷却装置，减少有机溶剂的反复使用次数。有机溶剂初次使用前应进行化验检测，清除杂质和水分，定期取样分析反复使用的有机溶剂中的过氧化物含量，防止出现异常反应。

（4）控制和消除火源。有机溶剂生产使用场所严禁随意使用明火或其他易于生产火源的用具及装置，如必须动火、使用喷灯、焊接时，必须在安全规范的区域里进行。禁止一切能产生火花的行为，如用铁棒撬开封盖的金属桶、穿带钉子的鞋和使用易产生火花的工具等。选用符合防爆等级要求的防爆电气设备，采用耐火电缆或防火塑料管套敷设电气线路。采用控制有机溶剂流速和搅拌速度，空间增湿，工艺设备、管线接地，投入抗静电添加剂等措施消除静电火花。揩过有机溶剂的棉纱、破布等必须存放在专用的有水的金属桶内，定期予以清理烧毁，防止自燃。

（5）保证设备完好不漏。为了防止有机溶剂蒸气逸出，与空气形成爆炸性混合物，设备应该密闭，对于有压力设备更需要保持其密闭性。正确选择设备之间的连接方法，如设备与管道之间的连接应尽量采用焊接方法，输送易燃有机溶剂的管道应采用无缝钢管等。由于生产过程中的高温、腐蚀性，各种设备、容器、管线壁厚逐渐变薄，易发生泄漏造成火灾事故。因此，对重点设备应定期进行保养、维修、更换，严格检漏、试漏。有机溶剂储罐应尽可能埋在地下，防止高温、日晒使之温度升高，发生泄漏。

（6）设置安全装置和灭火设施。承压设备及其他有爆炸危险的工艺设备上安装独立、合适的防爆泄压装置，如安全阀、防爆膜等。在相互连通的生产工艺管线上安装单向阀等阻火防爆装置，以截断事故扩展途径。排放管沟上设置隔油池、水封装置。在有机溶剂生产使用场所，设置浓度自动检测报警与通风装置联动系统。当发生泄漏时，泄漏液体蒸气达到危险浓度时，报警系统动作，同时通风系统自动开启，驱散泄漏蒸气。有机溶剂用量较大、发生事故后果严重的场所，增设蒸汽幕或水喷淋系统。一旦有机溶剂或蒸气大量泄漏，通风不足以排除危险时，则启动蒸汽幕或水喷淋系统，以稀释有机溶剂、蒸气，消除起火爆炸的危险。根据生产使用有机溶剂工艺的不同特点和生产规模，设置相应的固定式或移动式灭火装置。

2. 粉尘爆炸危险性分析

1）粉尘爆炸的基本原理

粉尘爆炸是指可燃性粉尘在助燃气体中悬浮，在点火源作用下急剧燃烧，引起温度、压力明显跃升，从而发生爆炸。粉尘爆炸包括五个条件：可燃性粉尘、助燃气体（一般指氧气）、点火源、扩散（形成粉尘云）、受限空间。前三个条件一般称为"燃烧三要素"。可燃性粉尘云的燃烧速度比堆积的粉尘燃烧速度要快得多，会在瞬间产生大量的燃烧热，气体温度迅速升高，体积剧烈膨胀，如果空间受限，就会发生爆炸。

发生粉尘爆炸事故的原因很多，既有粉尘物质自身物理化学性质等因素，也有点火源、点火浓度等外部因素。通过消除粉尘燃烧爆炸的外部因素，可预防粉尘爆炸事故的发生；增加隔爆、抑爆、泄爆等装置，能减弱粉尘爆炸造成的损失。

一般比较容易发生爆炸事故的粉尘大致有铝粉、锌粉、镁粉、铝材加工研磨粉、各种塑料粉末、有机合成药品的中间体、小麦粉、糖、木屑、染料、胶木灰、奶粉、茶叶粉末、烟草粉末、煤尘、植物纤维尘等。这些物料的粉尘易发生爆炸燃烧的原因是都有较强的还原性元素（H、C、N、S等）存在。当过氧化物和易爆粉尘共存时，便发生分解，由氧化反应产生大量的气体，或者气体量虽小，但释放出大量的燃烧热。

粉尘爆炸极具破坏性，除"初始爆炸"外，还会发生"二次爆炸"及多次爆炸，往往是火灾和爆炸同时发生。像煤尘、塑料等粉尘燃烧爆炸时还会产生一氧化碳、氯化氢等有毒有害气体，往往造成爆炸过后的大量人畜中毒伤亡，必须充分重视。

2）预防粉尘爆炸的技术措施

粉尘爆炸是可以预防的。在采取预防措施之前，必须了解哪些生产工艺和设备容易发生粉尘爆炸事故。

容易发生粉尘爆炸事故的生产工艺有：物料研磨、破碎过程，气固分离过程，除尘过程，干燥过程，气力输送过程，粉料清（吹）扫过程等，这些过程使粉尘处于悬浮状态，只要有合适的点火源则极易发生燃烧爆炸。集尘器、除尘器、气力输送机、磨粉机、干燥机、筒仓、连锁提升机等生产设备也特别容易发生爆炸。

预防粉尘爆炸的关键，就是消除燃料、火源、氧化剂这"燃烧三要素"中的一个或多个要素。

消除火源的措施有可靠接地、选用粉尘防爆电器、消除明火、防止局部过热、不用铁质工具敲击等。据统计，引起袋式除尘器内粉尘爆炸的火花主要是粉尘与滤袋摩擦、撞击产生的静电火花。如果在滤袋中织入金属导线并可靠接地，就能使静电及时释放，避免积聚到放电的水平。如果可燃性粉尘覆盖在失效的工业轴承或电动机表面上，容易点燃粉尘，引发火灾、爆炸事故。

消除粉尘的措施主要是保持工作面、设备表面清洁，采用正确的清扫方法，目的是防止粉尘云产生。可燃性粉尘车间宜采用负压清扫、湿式清扫（活泼金属粉尘除外），而不应采用压缩空气清扫。

消除氧化剂的主要方法是用惰性气体（如氮气、二氧化碳等）替代氧气，使内部空气惰化，可在密闭条件好、内部无人工作的筒仓等设备中使用。像旋风分离器、干燥器、粉尘收集器等设备则不适合采用惰化的方法。

预防措施不可能百分之百奏效。为了减少爆炸造成的损失，应采用泄爆、抑爆、隔爆等措施，进一步控制爆炸事故及其后果。抑爆是在爆炸初始阶段，通过物理化学作用扑灭火焰，抑制爆炸的发展；泄爆旨在爆炸压力尚未达到围包体的极限强度之前，通过泄压膜泄除爆炸压力，使围包体不致被破坏；隔爆是在爆炸发生后，通过物理化学作用扑灭火焰，阻止爆炸传播。通过采取合适的泄爆、抑爆、隔爆技术，能够最大限度降低爆炸损失。

3）防止粉尘爆炸事故的监管对策

（1）强化监管。要调查可燃性粉尘加工、使用企业状况，分析以往粉尘爆炸事故特点、规律，提出重点监管的粉尘、加工工艺的措施。对饲料、铝镁粉、棉麻、淀粉、木材、烟草、煤粉、制糖、港口等企业，参照高危行业进行监管。

（2）开展专项检查。应根据不同行业粉尘防爆重点，制定安全检查表，开展检查方法培训；要求企业自查，提交自查报告；各地对本辖区企业开展专项检查，查找隐患、督促整改；组织对重点地区、重点企业检查，检查的重点为现场、设备、工艺缺陷、粉尘防爆设施"三同时"情况、隐患整改情况等。

（3）开展专项整治。通过专项整治纠正违法、违规行为，通过工程技术措施治理设备、工艺安全隐患，对标整改。在易发生粉尘爆炸事故的行业中，树立粉尘防爆示范标杆企业，建立标准化考评方法，促使同类企业对标整改。

十八、电石生产工艺

（一）定义

碳化钙（CaC_2）俗称电石，工业品呈灰色、黄褐色或黑色，含碳化钙较高的呈紫色。其新创断面有光泽，在空气中吸收水分呈灰色或灰白色。能导电，纯度愈高，导电性愈好。在空气中能吸收水分，加水分解成乙炔和氢氧化钙。加热粉状电石与氮气时，反应生成氰氨化钙，即石灰氮。

电石工业诞生于19世纪末，迄今工业生产仍沿用电热法工艺，即生石灰（CaO）和焦炭（C）在埋弧式电石炉内，通过电阻电弧产生的高温反应制得，同时生成副产品一氧化碳（CO）。还有一种生产电石的方法，即氧热法。

电石是有机合成化学工业的基本原料之一，是乙炔化工的重要原料。由电石制取的乙炔广泛应用于金属焊接和切割。

原料经过加工、配料，通过电石炉上端的入口或管道将混合料加入电石炉内，在开放或密闭的电石炉中加热至2000 ℃左右，反应式为

$$CaO+3C \longrightarrow CaC_2+CO$$

熔化了的碳化钙从炉底取出后，经冷却、破碎后作为成品包装。反应中生成的一氧化碳则依电石炉的类型以不同方式排出：在开放炉中，一氧化碳在料面上燃烧，产生的火焰随同粉尘一起向外四散；在半密闭炉中，一氧化碳的一部分被安置于炉上的吸气罩抽出，剩余的部分仍在料面燃烧；在密闭炉中，一氧化碳被全部抽出。

（二）电石生产的基本化学原理

根据 $CaO+3C \longrightarrow CaC_2+CO$ 可见，电石生成反应中投入的三份 C，其中两份生成 CaC_2，而另一份则生成 CO，即消耗了 1/3 的炭素材料。

1. 石灰生产

生石灰（CaO）是由石灰石（$CaCO_3$）在石灰窑内于1200 ℃左右的高温煅烧分解制得：

$$CaCO_3 \xrightarrow{\text{高温}} CaO + CO_2 \uparrow$$

2. 电石生产

电石（CaC_2）是生石灰（CaO）和焦炭（C）于电石炉内通过电阻电弧热在1800～

2200 ℃的高温下反应制得。

电石炉是电石生产的主要设备,电石工业发展的初期,电石炉的容量很小,只有 100~300 kV·A,炉型是开放式的,副产品 CO 在炉面上燃烧,生成 CO_2 白白浪费。

电石行业是一个高耗能、高污染的行业。在原材料的运输、准备过程及生产过程中都有污染物生成。现在这个行业国家规定比较严格,一氧化碳的回收也取得了很好的效果。

3. 电石生产工艺过程

烧好的石灰经破碎、筛分后,送入石灰仓储藏,待用。把符合电石生产需求的石灰和焦炭按规定的配比进行配料,用斗式提升机将炉料送至电石炉炉顶料仓,经过料管向电石炉内加料,炉料在电石炉内经过电极电弧垫和炉料的电阻热反应生成电石。电石定时出炉,放至电石锅内,经冷却后,破碎成一定要求的粒度规格,得到成品电石。在电石炉中,电弧和电阻所产生的热把炉料加热至 1900~2200 ℃,其总的化学反应式为

$$CaO + 3C = CaC_2 + CO\uparrow$$

4. 电石生产工艺

电石生产分为原料储运,炭材干燥,电石生产,固态电石冷却、破碎、储存及电极壳制造等几个工序。

1) 原料储运

电石生产主要原料焦炭、石灰、电极糊均由汽车运入厂区,经地中衡计量后储存。焦炭采用露天堆场和焦棚储存,储存周期按 14 天计,储量为 5000 t;石灰采用地下料仓储存,储存周期按 2 天计,储量为 850 t;电极糊储存在电极糊厂房内,储量为 8 t。

焦炭干燥时由装载机送到受料斗中,经带式输送机及斗式提升机送到破碎筛分楼筛分,5~25 mm 焦炭通过带式输送机送至炭材干燥中间料仓,0~5 mm 焦炭用小车送至电厂、空心电极或炭材干燥焦粉仓供热风炉使用。石灰需要时经带式输送机送至石灰破碎筛分楼进行破碎筛分。破筛后 8~45 mm 石灰由大倾角输送机送至配料站配料,0~8 mm 石灰送至石灰粉仓。电极糊经破碎机破碎后由专用小车运往电石厂房。

2) 炭材干燥

合格粒度(≤25 mm)焦炭由带式输送机分别送入湿焦炭仓,再由电机振动给料机把焦炭送入回转干燥机进行烘干。经过烘干后的物料由带式输送机、斗式提升机送往配料站,储存备用。

烘干炭材的热量由热风炉供给,温度达到 400~600 ℃,炭材物料流入烘干机内,由回转干燥机转动,其内部栅格式扬板使物料均匀扬起,使热风与物料充分接触,热风把物料中水分带走,起到干燥物料作用。热风炉以煤为燃料。用过的热风(低于 160 ℃)进入旋风除尘器、布袋除尘器净化排空,收集的炭材粉被送入炭材粉仓,再由汽车送至厂外。除尘后的废气达标经烟囱排空。

炭材干燥设备选用 $\phi 2.2$ m×15 m,能力为 12 t/h 的回转干燥机两台,每台每天生产 1~2 班,全年工作日为 330 天。

3）电石生产

合格粒度的石灰、焦炭由仓口分别经配料站块料仓下的振动给料机，又经称重斗按合适的重量配比，由振动给料机分三层经长带式输送机送至电石生产厂房，经短带式输送机分别送到电石炉的环形加料机进入炉料储斗。电石炉炉料共有12个储仓，储仓中的混合物料经过向下延伸的料管及炉盖上的进料口靠重力连续进入炉中。装在电极糊盛斗内的破碎好的电极糊（100 mm 以下），经单轨吊从地面提升到各电极筒顶部倒入电极筒内。

电能由变压器和导电系统经自焙电极输入炉内，石灰和炭素原料在电阻电弧产生的高温（2000~2200 ℃）下转变成电石。

冶炼好的电石，每隔 1 h 左右从炉口出炉一次，熔融电石流入牵引小车上的电石锅内，由卷扬机将小车拉到冷破厂房进行冷却、破碎。

4）固态电石冷却、破碎、储存

液态电石注入电石锅，经卷扬机牵引小车送至冷却厂房。由 5 t 吊钩桥式起重机将电石锅用吊具从小车上吊出，放置在热锅预冷区冷却。待液态电石凝固成坨后从锅内吊出，放置在冷却区继续冷却（冷却时间20~22 h）。再由 5 t 吊钩桥式起重机通过专用卡具将整坨电石从锅内吊出，送至破碎平台进入一次破碎机破碎（破碎后的块状电石粒度 200 mm）。再经带式输送机送至二次破碎机破碎（破碎后的块状电石粒度 80 mm）。然后再经带式大倾角输送机送至成品电石仓储存。需要时经方形电动颚式阀以汽车运出。成品电石依级别建仓，分一级品、合格品和次品，储存周期按 2 天计，储量为 800 t。

5）电极壳制造

电极壳制造工段的任务是加工适合于电石炉组合式把持器使用的电极壳。同时，在电石炉正常运转期间负责将电极壳焊于电石炉的电极柱上。

电极壳由 12 块带折边的弧形板及若干块大小筋板组成，焊后的电极壳直径为 1250 mm，长度为 1500 mm，其所用材料为厚度 2 mm 和 3 mm 的冷轧薄钢板。

（三）电石生产工艺危险性分析

1. 电石的危害性

电石是碳化钙的俗称，分子式 CaC_2，工业用电石密度 2.2~2.8 g/cm^3。电石的制造是将焦炭和氧化钙放在电石炉中熔炼：$CaO + 3C = CaC_2 + CO$。制取 1 t 电石约需耗电 3500 kW·h，电石粒度一般为 20~80 mm。

碳化钙本身不具燃烧性质，但与水的化合作用极为活跃，电石与水接触或吸收空气中潮气立即分解，产生乙炔气并放出大量热量，该热量即可引起乙炔的着火爆炸。因此，电石属于遇水燃烧的一级危险品。电石与水的反应式为

$$CaC_2 + 2H_2O = C_2H_2 + Ca(OH)_2 + 127.19 \text{ J/mol}$$

由于电石与水反应时放出大量热量，如果不能及时导出，在散热不良的条件下，就会因积热升温而促使乙炔着火爆炸。

电石过热是乙炔发生器着火爆炸事故的主要原因之一。考虑到电石的热效应，根据发

生器的不同原理，分解 1 kg 电石的用水量，包括分解和冷却用水量应为 5~15 kg。

电石发生着火爆炸的危险性与分解速度有关。电石与水作用的分解速度单位是 L/(kg·min)，它与电石的粒度、纯度及水的纯度、温度等有关。其中，粒度是最重要的影响因素，对粒度为 2~4 mm 至 50~80 mm 的电石来说，其完全分解的时间为 1.17~16.57 min。

电石粒度越小，分解速度越快，单位时间内产热越多，而积热升温引起乙炔的燃爆就越迅速。因此，应当按规定的粒度给发生器加料。一般结构的发生器严禁使用粒度小于 2 mm 的电石粉（俗称芝麻电石），这种电石遇水后立即快速分解，冒黄烟，产生高热并结块，能促使乙炔自燃。当发生器含有空气时，将引起爆炸和着火。

电石一般含有杂质硅铁，硅铁与硅铁或其他金属相互摩擦碰撞时，容易产生火花，往往成为乙炔燃烧爆炸的火源，发生意外事故。

电石含有 CaS 和 Ca_3P_2 等有害杂质，其含量必须限制，以乙炔中的磷化氢含量不超过 0.08%（体积分数）为合格。

2. 生产过程中危险因素分析

根据物理化学性质，电石在危险化学品中被列为第 4.3 类，属于遇湿易燃物品，其生产过程中产生高温、高压、乙炔、一氧化碳、二氧化碳、二氧化硫及粉尘等诸多的职业危害因素，并伴随着高电压、大电流等，在生产过程中的灼烫、爆炸、窒息与中毒、机械伤害、物体打击、高处坠落、淹溺等都属于多发事故。如果设备设施整体安全性不足或存在误操作现象等各种原因，易造成各类重大事故的发生。近几年来，在电石生产行业发生的多起电石炉事故，造成了严重的人员伤亡和重大财产损失以及恶劣的社会影响，充分说明了电石生产的危险性和危害程度。

当电石受水或潮湿的空气作用时即放出乙炔气体，与空气混合浓度在 2.1%~87% 时形成爆炸性混合物，倘若室内或容器内的水进入电石中就可以放出大量的乙炔气体及热量，若有任何火源存在，即能引起燃烧及爆炸。

在生产过程中，电石炉内以 2300 ℃ 左右的高温来冶炼电石，同时放出一氧化碳、二氧化碳、二氧化硫等气体及粉尘。

一氧化碳为无色、无味、无臭、有毒气体，在温度 15~20 ℃，一氧化碳的相对密度为 0.968。一氧化碳和空气混合达到一定的浓度比例时，会引起燃烧及爆炸。在 18~19 ℃ 时，一氧化碳在空气中的浓度达到 12.5%~74.2% 范围内即爆炸，在 650 ℃ 时与空气接触会自动着火。当空气中一氧化碳含量在 0.16%~0.2% 时，人吸入 1~1.5 h 后会中毒死亡；浓度增加到 1.5% 以上时，则人吸入 15 min 即会中毒死亡。一氧化碳浓度控制在 0.01% 以下，才能确保人身安全。

二氧化碳一般来说是无害的，但会对人产生窒息的作用，当空气中二氧化碳浓度达到 3%~4% 时，会使人心跳加剧；当二氧化碳浓度达到 8% 时，会引起剧烈头痛；如二氧化碳浓度超过 10%，则足以使人窒息而死。

二氧化硫是从炉内废气中生成的，因为原料中（主要是炭素原料中）含有一定的硫。

空气中二氧化硫的允许极限浓度是 0.02~0.04 mg/L。在电石炉出炉时含有一些二氧化硫气体，但在距离出炉口 4~5 m 的场所，通常没有硫化物气体。

电石炉使用的白灰、炭素材料及排出的粉尘，对人的呼吸器官、视觉器官、皮肤等都是有害的。

电石炉生产的主要消耗之一是电能，电石炉设备的电流通过部分必须绝缘良好。

十九、偶氮化工艺

（一）偶氮化合物概念

偶氮化合物是偶氮基—N≡N—与两个烃基相连接而生成的化合物，通式为 R—N≡N—R，式中，R 为脂烃基或芳烃基，两个 R 基可相同或不同。脂肪族偶氮化合物由相应的肼经氧化或脱氢反应制取。芳香族偶氮化合物一般由重氮化合物的偶联反应制备。偶氮基（—N≡N—）是生成团，芳香族偶氮化合物大多为有色物质，用作染料及指示剂。脂肪族偶氮化合物加热易分解为自由基，例如，偶氮二异丁腈是聚合反应的引发剂。

氢化偶氮化合物和芳香胺在氧化剂（如 $NaOBr$、$CuCl$、MnO 等）存在下，可被氧化为相应的偶氮化合物；氧化偶氮化合物和硝基化合物在还原剂存在下，也可被还原为偶氮化合物，例如：

单偶氮染料：Ar—N≡N—Ar—OH(NH_2)

双偶氮染料：Ar_1—N≡N—Ar_2—N≡N—Ar_3

三偶氮染料：Ar_1—N≡N—Ar_2—N≡N—Ar_3—N≡N—Ar_4

式中，Ar 为芳基。

偶氮基能吸收一定波长的可见光，是一个发色团。偶氮染料是品种最多、应用最广的一类合成染料，可用于纤维、纸张、墨水、皮革、塑料、彩色照相材料和食品着色。有些偶氮化合物可用作分析化学中的酸碱指示剂和金属指示剂。有些偶氮化合物加热时容易分解，释放出氮气，并产生自由基，如偶氮二异丁腈 AIBN 等，故可用作聚合反应的引发剂。

很多偶氮化合物有致癌作用，如曾用于人造奶油着色的奶油黄能诱发肝癌，现已禁用。作为指示剂使用的甲基红可引起膀胱和乳腺肿瘤。有些偶氮化合物虽不致癌，但毒性与硝基化合物和芳香胺相近，用时应注意。

（二）偶氮染料反应机理

在偶氮染料的生产中，重氮化与耦合是两个主要工序及基本反应。也有少量偶氮染料是通过氧化缩合的方法，而不是通过重氮盐的耦合反应合成的。对染整工作者来说，重氮化和耦合反应是两个很重要的反应，人们常用这两个反应进行染色和印花。

1. 重氮化反应

芳香族伯胺和亚硝酸作用生成重氮盐的反应称为重氮化反应，芳伯胺常称为重氮组分，亚硝酸称为重氮化试剂。因为亚硝酸不稳定，通常使用亚硝酸钠和盐酸或硫酸，使反应时生成的亚硝酸立即与芳伯胺反应，避免亚硝酸的分解，重氮化反应后生成重氮盐。影响重氮化反应的因素如下。

1）酸的用量和浓度

在重氮化反应中，无机酸的作用是：首先使芳胺溶解，其次和亚硝酸钠生成亚硝酸，最后与芳胺作用生成重氮盐。重氮盐一般是容易分解的，只有在过量的酸液中才比较稳定。尽管按反应式计算，一个氨基的重氮化仅需要 2 mol 的酸，但要使反应得以顺利进行，酸必须适当过量。酸过量的多少取决于芳伯胺的碱性。其碱性越弱，酸过量越多，一般是 25%~100%。有的过量更多，甚至需在浓硫酸中进行反应。

2）亚硝酸的用量

按重氮化反应方程式，一个氨基的重氮化需要 1 mol 的亚硝酸钠。重氮化反应进行时，自始至终必须保持亚硝酸稍过量，否则会引起自耦合反应。这可由加入亚硝酸溶液的速度来控制。加料速度过慢，未重氮化的芳胺会和重氮盐作用发生自耦合反应；加料速度过快，溶液中产生的大量亚硝酸会分解或产生其他副反应。反应时，鉴定亚硝酸过量的方法是用淀粉-碘。

过量的亚硝酸对下一步耦合反应不利，会使耦合组分亚硝化、氧化或产生其他反应。所以，常加入尿素或氨基磺酸以分解过量的亚硝酸。

3）反应温度

重氮化反应一般在 0~5 ℃ 进行，这是因为大部分重氮盐在低温下较稳定。

4）芳胺的碱性

酸的浓度越低，芳胺的碱性越强，反应速率越快。在酸的浓度较高时，酸性较弱的芳胺重氮化速率快。

2. 耦合反应

芳香族重氮盐与酚类和芳胺等作用，生成偶氮化合物的反应称为耦合反应。酚类和芳胺等称为耦合组分。重要的耦合组分如下：

（1）酚类：苯酚、萘酚及其衍生物。

（2）芳胺类：苯胺、萘胺及其衍生物。

（3）氨基萘酚磺酸类：H 酸、J 酸、γ 酸等。

（4）活泼的亚甲基化合物：乙酰苯胺、吡唑啉酮等。

耦合反应机理：耦合反应条件对反应过程影响的各种研究结果表明，耦合反应是一个芳环亲电取代反应。在反应过程中，第一步是重氮盐阳离子和耦合组分结合形成一种中间产物；第二步是这种中间产物释放质子给质子接受体，生成偶氮化合物。

3. 影响耦合反应的因素

（1）偶氮盐耦合反应是芳香族亲电取代反应。重氮盐芳核上有吸电子取代基存在时，加强了重氮盐亲电子性，耦合活泼性高；反之，芳核上有给电子取代基存在时，减弱了重氮盐的亲电子性，耦合活泼性低。

（2）耦合组分芳环上的取代基性质，对耦合活泼性有显著的影响。

（3）耦合介质的 pH 值。

（4）耦合反应一般在较低温度下进行。

（5）盐效应。

（6）催化剂存在的影响。

（三）偶氮化工艺危险性分析

1. 偶氮化合物自身危险性

部分偶氮化合物极不稳定，活性强，受热或摩擦、撞击等作用能发生分解甚至爆炸，以偶氮二异丁腈为例。

1）性状

偶氮二异丁腈呈白色结晶或结晶性粉末，不溶于水，溶于乙醚、甲醇、乙醇、丙醇、氯仿、二氯乙烷、乙酸乙酯、苯等，多为油溶性引发剂。遇热分解，熔点 100～104 ℃。应保存于 20 ℃ 的干燥地方。遇水分解放出氮气和含—$(CH_2)_2$—C—CN 基有机氰化物。分解温度 64 ℃，室温下缓慢分解，100 ℃ 急剧分解，能引起爆炸、着火、易燃、有毒。分解放出的有机氰化物对人体危害较大。

2）应用特性

偶氮二异丁腈是油溶性的偶氮引发剂，偶氮引发剂反应稳定，是一级反应，没有副反应，比较好控制，所以广泛应用在高分子的研究和生产中。比如用作氯乙烯、乙酸乙烯、丙烯腈等单体聚合引发剂，也可用作聚氯乙烯、聚烯烃、聚氨酯、聚乙烯醇、丙烯腈与丁二烯和苯乙烯共聚物、聚异氰酸酯、聚乙酸乙烯酯、聚酰胺和聚酯等的发泡剂。此外，也可用于其他有机合成。

3）制备或来源

可由丙酮、水合肼和氢氰酸，或由丙酮、硫酸肼和氰化钠作用，再经氧化制得。现在工艺有氯气氧化和双氧水氧化两种。

4）物质毒性

偶氮二异丁腈物质毒性见表 1-32。

表 1-32　偶氮二异丁腈物质毒性

编号	毒性类型	测试方法	测试对象	使用剂量	毒 性 作 用
1	急性毒性	口服	大鼠	100 mg/kg	1. 行为毒性——全身麻醉； 2. 行为毒性——嗜睡； 3. 行为毒性——共济失调
2	急性毒性	吸入	大鼠	>12 mg/m^3	1. 眼毒性——结膜刺激； 2. 行为毒性——兴奋； 3. 营养和代谢系统毒性——体重下降或体重增加速率下降

表 1-32（续）

编号	毒性类型	测试方法	测试对象	使用剂量	毒 性 作 用
3	急性毒性	腹腔注射	大鼠	25 mg/kg	1. 行为毒性——全身麻醉； 2. 行为毒性——嗜睡； 3. 行为毒性——共济失调
4	急性毒性	皮下注射	大鼠	30 mg/kg	1. 行为毒性——惊厥和癫痫发作阈值受到影响； 2. 肺部、胸部或者呼吸毒性——其他变化
5	急性毒性	口服	小鼠	700 mg/kg	详细作用没有报告除致死剂量以外的其他值
6	急性毒性	腹腔注射	小鼠	25 mg/kg	详细作用没有报告除致死剂量以外的其他值
7	急性毒性	皮下注射	小鼠	40 mg/kg	1. 行为毒性——惊厥或癫痫发作阈值受到影响； 2. 肺部、胸部或者呼吸毒性——其他变化
8	急性毒性	皮下注射	兔	50 mg/kg	1. 行为毒性——惊厥或癫痫发作阈值受到影响； 2. 肺部、胸部或者呼吸毒性——其他变化
9	急性毒性	皮下注射	豚鼠	50 mg/kg	1. 行为毒性——惊厥或癫痫发作阈值受到影响； 2. 肺部、胸部或者呼吸毒性——其他变化
10	急性毒性	口服	大鼠	2200 mg/kg	1. 胃肠道毒性——其他变化； 2. 营养和代谢系统毒性——体重下降或体重增加速率下降； 3. 慢性病相关毒性——死亡

2. 其他反应原料的危险性

偶氮化生产过程所使用的肼类化合物高毒，具有腐蚀性，易发生分解爆炸，遇氧化剂能自燃。肼又称联氨，无色油状液体，有类似于氨的刺鼻气味，是一种强极性化合物。肼能很好地混溶于水、醇等极性溶剂中，与卤素、过氧化氢等强氧化剂作用能自燃，长期暴露在空气中或短时间受高温作用会爆炸分解，具有强烈的吸水性，储存时用氮气保护并密封。肼能强烈侵蚀皮肤，对眼睛、肝脏有损害作用。

偶氮苯危险性也较强，吸入、摄入或经皮肤吸收后对身体有害，具有刺激作用、致敏作用，受热分解释出氮氧化物。对环境有危害，可燃。

操作注意事项：密闭操作，局部排风。防止粉尘释放到车间空气中。操作人员必须经过专门培训，严格遵守操作规程。建议操作人员佩戴自吸过滤式防尘口罩，戴化学安全防护眼镜，穿防毒物渗透工作服，戴橡胶手套。远离火种、热源，工作场所严禁吸烟。使用防爆型的通风系统和设备。避免产生粉尘。避免与氧化剂接触。配备相应品种和数量的消防器材及泄漏应急处理设备。倒空的容器可能残留有害物，应做好相应的防护措施。

储存注意事项：储存于阴凉、通风的库房。远离火种、热源。防止阳光直射。包装密封。应与氧化剂分开存放，切忌混储。配备相应品种和数量的消防器材。储区应备有合适的材料收容泄漏物。

第三节　常见危险化学品化工设备与风险

一、化工设备

化工生产中为了将原料加工成一定规格的成品，往往需要经过原料预处理、化学反应以及反应产物的分离和精制等一系列化工过程，实现这些过程所用的机械称为化工设备。化工设备一般分为静设备和动设备两大类。

（一）静设备

静设备是指安装后处于静止状态即可在生产操作过程中无须动力传动的设备。静设备被广泛地应用于生产中的传质、传热、介质加热、化学反应等各种工艺过程以及储存物料。常见的静设备类别有各种容器、塔器、反应器、换热器等。

1. 精馏塔

蒸馏是利用液体混合物中各组分挥发性的差异将其分离的化工单元操作，按照蒸馏方式可以分为简单蒸馏、平衡蒸馏、精馏以及特殊精馏等多种方式。如果进行多次部分气化或部分冷凝，最终可得到较纯的轻、重组分，这称为精馏。精馏塔是进行精馏的一种塔式汽液接触装置，有板式塔与填料塔两种主要类型。

板式塔由圆筒形塔体和按一定间距水平装在塔内的若干塔板组成；填料塔是以塔内的填料作为气液两相间接触构件的传质设备，塔内填充适当高度的填料，以增加两种流体间的接触表面。两者主要区别如下：

（1）填料塔操作范围较小，对于液体负荷的变化特别敏感。当液体负荷较小时，填料表面不能很好地润湿，传质效果急剧下降；当液体负荷过大时，容易产生液泛。板式塔具有较大的操作范围。

（2）填料塔不宜处理含固体悬浮物的物料，而某些类型的板式塔（如大孔径穿流板塔）可以有效地处理这种物系，板式塔的清洗亦比填料塔方便。

（3）填料塔的压降比板式塔的小，因而对真空操作更为适宜。板式塔因为每块塔板的开孔率为5%~10%，又有25~50 mm清液层，故压降大，各块理论板压降约为1 kPa；压降小是填料塔的主要优点，规整填料约0.15 kPa压降。

（4）对于真空精馏和常压精馏，填料塔的效率优于板式塔，其原因在于填料充分利用了塔内空间，提供了大的传质面积，使得气液两相可以充分接触传质。

（5）板式塔较填料塔投资较小。

在实际生产过程中，精馏操作可分为间歇精馏和连续精馏两种。对于石油化工等大型生产过程，主要是采用连续精馏。

2. 蒸馏塔

蒸馏塔是稀有金属钛等材料及其合金材料制造的化工设备，具有强度高、韧性大、耐高温、耐腐蚀、比重轻等特性，因此，被广泛应用于化工、石油化工、冶金、轻工、纺织、制碱、制药、农药、电镀、电子等领域。蒸馏塔蒸馏原理是将液体混合物部分气化，利用其中各组分挥发度不同的特性实现分离。塔釜为液体，塔顶馏出气体。

3. 换热器

换热器是将热流体的部分热量传递给冷流体的设备。石化装置常用的换热器是管壳式换热器、U型管换热器等，精细化工常用碟片式冷凝器、螺旋板冷凝器等。管壳式换热器适应性最大，使用最广泛。在中等压力（4.0 MPa以下）情况下，采用管壳式换热器最为合适。U型管换热器适用于高压下操作。

4. 空冷器

空冷器是空气冷却器的简称。空冷器是以环境空气作为冷却介质，横掠翅片管外，使管内高温工艺流体得到冷却或冷凝的设备，一般布置在装置的最顶层。它与水冷相比，其优点是节省了大量的冷却用水，减少了工业地区水的污染问题；节省了工厂的投资和维修费用。它的缺点是占地面积大，造价较高。

5. 管式加热炉

管式加热炉是将炉管中通过的物料加热至所需温度，然后进入下一工艺设备进行分馏、裂解或反应等。常用的管式加热炉按其外形结构分为圆筒形加热炉、卧管立式加热炉、立管立式加热炉等。

管式加热炉一般由辐射段和对流段组成。在辐射段内，高温烟气主要以辐射的方式将加热量传给辐射管。烟气上升进入对流段，在对流段中烟气主要以对流的方式将热量传给对流管。为了提高加热炉的热效率，普遍采用余热回收系统，并采用集中排烟的高烟囱以减少环境污染。

6. 储罐

储罐是用于储存液体或气体的钢制密封容器即钢制储罐，广泛地应用于石油储备、炼油与化工行业，储存的多为易燃易爆、有毒以及腐蚀性介质。

（1）按位置分类，可分为地上储罐、地下储罐、半地下储罐、海上储罐、海底储罐等。

（2）按油品分类，可分为原油储罐、燃油储罐、润滑油罐、食用油罐、消防水罐等。

（3）按用途分类，可分为生产油罐、存储油罐等。

（4）按形式分类，可分为立式储罐、卧式储罐等。

（5）按结构分类，可分为固定顶储罐、浮顶储罐、球形储罐等。

（6）按大小分类，50 m³以上的为大型储罐，多为立式储罐；50 m³以下的为小型储罐，多为卧式储罐。

固定顶储罐是指罐顶为球冠状、罐体为圆柱形的一种钢制容器，制造简单、造价低廉，所以在国内外许多行业应用最为广泛，最常用的容积为1000~10000 m³。固定顶储罐顶部留有一定容量的气相空间，气相空间大会使罐内储存油品的蒸发损失变大，所以固定顶储罐不适宜轻质油品和原油的储存，主要用于储存闪点大于 60 ℃ 的各种馏分、燃料油、煤油、低挥发性及重质油品。

浮顶储罐是由漂浮在介质表面上的浮顶和立式圆柱形罐壁所构成。浮顶随罐内介质储量的增加或减少而升降，浮顶外缘与罐壁之间有环形密封装置，罐内介质始终被内浮顶直接覆盖，减少介质挥发。浮顶储罐分为外浮顶和内浮顶两种形式。外浮顶储罐适宜建造大容积储罐，建造大容积储罐不仅可以节省单位储油容积的钢材耗量和建设投资，而且可以减少罐区的占地面积，节省油罐附件和罐区管网。但是外浮顶储罐的浮顶直接暴露在大气下，储存的油品容易被雨雪、灰尘污染，故而外浮顶储罐多用来储存原油、乙烯原料，较少用于储存成品油。外浮顶储罐最大容积为 150000 m^3。内浮顶储罐是在拱顶储罐内部增设浮顶而成，罐内增设浮顶可减少介质的挥发损耗，外部的拱顶又可以防止雨水、积雪及灰尘等进入罐内，保证罐内介质清洁。内浮顶储罐主要用于储存轻质油，如汽油、航空煤油等。内浮顶储罐最大容积为 30000 m^3。

7. 压力管道

从广义上理解，压力管道是指所有承受内压或外压的管道，无论其管内介质如何。压力管道是管道中的一部分，管道是用以输送、分配、混合、分离、排放、计量、控制和制止流体流动的，由管子、管件、法兰、螺栓连接、垫片、阀门、其他组成件或受压部件和支承件组成的装配总成。

压力管道是利用一定的压力，用于输送气体或者液体的管状设备，其范围规定为最高工作压力大于或者等于 0.1 MPa（表压），介质为气体、液化气体、蒸汽或者可燃、易爆、有毒、有腐蚀性、最高工作温度高于或者等于标准沸点的液体，且公称直径大于或者等于 50 mm 的管道。公称直径小于 150 mm，且其最高工作压力小于 1.6 MPa（表压）的输送无毒、不可燃、无腐蚀性气体的管道和设备本体所属管道除外。

级别划分标准：

真空管道：$p<0$ MPa；

低压管道：$0 \leqslant p \leqslant 1.6$ MPa；

中压管道：$1.6 < p \leqslant 10$ MPa；

高压管道：$10 < p \leqslant 100$ MPa；

超高压管道：$p > 100$ MPa。

8. 反应器

反应器是实现反应过程的设备，是化工生产流程中的中心环节。反应器按结构大致可分为管式、釜式、塔式、固定床和流化床等类型，精细化工中常用反应釜。固定床是装填有固体催化剂或固体反应物用以实现多相反应过程的一种反应器。固体物通常呈颗粒状，粒径 2~15 mm，堆积成一定高度（或厚度）的床层。床层静止不动，流体通过床层进行反应，主要用于实现气固相催化反应，如氨合成塔、二氧化硫接触氧化器、烃类蒸汽转化炉等。流化床是一种利用气体或液体通过颗粒状固体层而使固体颗粒处于悬浮运动状态，并进行气固相反应过程或液固相反应过程的反应器。在用于气固系统时，又称沸腾床反应器。

9. 反应釜

反应釜的广义理解即有物理或化学反应的容器，通过对容器的结构设计与参数配置，实现工艺要求的加热、蒸发、冷却及低高速的混配功能。

反应釜是广泛应用于石油、化工、橡胶、农药、染料、医药、食品，用来完成硫化、硝化、氢化、烃化、聚合、缩合等工艺过程的压力容器，例如反应器、反应锅、分解锅、聚合釜等；材质一般有碳锰钢、不锈钢、锆、镍基（哈氏、蒙乃尔、因康镍）合金及其他复合材料。其结构一般由釜体、传动装置、搅拌装置、加热装置、冷却装置、密封装置组成，相应配套的辅助设备有分馏柱、冷凝器、分水器、收集罐、过滤器等。

10. 气瓶

气瓶是指在正常环境下（-40~60 ℃）可重复充气使用，公称工作压力为1.0~30 MPa（表压），公称容积为0.4~1000 L的盛装永久性气体、液化气体或溶解气体的移动式压力容器。

气瓶是一种承压设备，具有爆炸危险，且其承装介质一般具有易燃易爆、有毒、强腐蚀等性质，又因其移动、重复充装、操作使用人员不固定和使用环境变化的特点，比其他压力容器更为复杂、恶劣。气瓶一旦发生爆炸或泄漏，往往发生火灾或中毒，甚至引起灾难性事故，带来严重的财产损失、人员伤亡和环境污染。

《气瓶颜色标志》（GB/T 7144—2016）对气瓶颜色作了明确规定。例如，乙炔气瓶为白色，氮气瓶为黑色，氧气瓶为淡蓝色，氨气瓶为淡黄色，二氧化碳气瓶为铝白色。

（二）动设备

动设备是指有驱动机带动的转动设备，如泵、压缩机、风机、电机以及成型机、搅拌机等。

1. 泵

泵是输送液体或使液体增压的机械，它是将电机的机械能或其他外部能量传送给液体，使液体能量增加。石油化工装置用泵主要分三大类，即离心泵、往复泵和旋转泵。

离心泵是利用叶轮旋转而使水发生离心运动来工作的。水泵在启动前，必须使泵壳和吸水管内充满水，然后启动电机，使泵轴带动叶轮和水做高速旋转运动，水发生离心运动，被甩向叶轮外缘，经蜗形泵壳的流道流入水泵的压水管路。

往复泵是通过活塞的往复运动直接以压力能形式向液体提供能量的输送机械。活塞自左向右移动时，泵缸内形成负压，则贮槽内液体经吸入阀进入泵缸内。当活塞自右向左移动时，缸内液体受挤压，压力增大，由排出阀排出。活塞往复一次，各吸入和排出一次液体，称为一个工作循环，这种泵称为单动泵。若活塞往返一次，各吸入和排出两次液体，称为双动泵。活塞由一端移至另一端，称为一个冲程。

旋转泵是靠泵内一个或一个以上的转子旋转来吸入与排出液体的，又称转子泵。

2. 压缩机

压缩机是一种将低压气体提升为高压气体的从动的流体机械，是制冷系统的心脏，它从吸气管吸入低温、低压的制冷剂气体，通过电机运转带动活塞对其进行压缩后，向排气管排出高温、高压的制冷剂液体，为制冷循环提供动力，从而实现压缩→冷凝→膨胀→蒸发的制冷循环。压缩机分为活塞压缩机、螺杆压缩机、离心压缩机、直线压缩机等。

3. 风机

风机是强排式热水器的一个重要部件，是依靠输入的机械能，提高气体压力从而引导气体流动的机械。风机与透平压缩机工作原理基本相同，根据气流进入叶轮后的流动方向不同，主要分为三种，即轴流式风机、离心式风机和斜流（混流）式风机。

（1）轴流风机。气流轴向进入风机的叶轮，近似地在圆柱形表面上沿轴线方向流动。这类风机包括轴流通风机、轴流鼓风机和轴流压缩机。

（2）离心风机。气流轴向进入风机的叶轮后主要沿径向流动。这类风机根据离心作用的原理制成，产品包括离心通风机、离心鼓风机和离心压缩机。

（3）斜流风机。斜流风机又名混流风机，是介于轴流风机和离心风机之间的风机，斜流风机的叶轮让空气既做离心运动又做轴向运动，壳内空气的运动混合了轴流与离心两种运动形式。

4. 电机

电机俗称马达，是指依据电磁感应定律实现电能转换或传递的一种电磁装置。

5. 成型机

成型机是能够自动完成开箱、成形和下底折叶折曲，并实现下部分胶带粘贴，将叠成纸板的箱板自动打开，箱子底部按一定程序折合，并用胶带密封后输送给装箱机的专用设备。自动纸箱成型机、自动开箱机是大批量纸箱自动开箱，并且会自动折合下盖。

6. 搅拌机

搅拌机是一种带有叶片的轴在圆筒或槽中旋转，将多种原料进行搅拌混合，使之成为一种混合物或适宜稠度的机器。搅拌机有强制式搅拌机、单卧轴搅拌机、双卧轴搅拌机等。

二、风险

在第一节中，介绍了危险有害因素的辨别及风险评价方法。同样地，也可用之前介绍的其他分析方法进行分析。综上，对于动设备而言，根据《企业职工伤亡事故分类》，可能会存在物体打击、机械伤害、触电等危险因素，可能会造成人员受伤或死亡等结果；对于静设备，可能会存在灼烫、火灾、高处坠落、容器爆炸、中毒和窒息等危险因素，危险不同，造成的结果也不同，轻者身体部分部位受伤，重者伤害到神经甚至失去生命。无论动设备还是静设备，一旦出现问题，都会影响化工企业的正常生产，严重时可能会带来无法承担的后果。为避免事故发生，每个环节应当严格把关，按照国家规定操作生产。在日常管理中，企业应按照规定，做好日常巡检及维护，发现问题及时整改。对应急救援员而言，应当了解所监管范围内化工工艺及设备基本信息，掌握不同种类化学品、不同事故的处理方法，在事故发生时，从源头着手，制定最优救援方案。

第四节 危险化学品常用法律法规知识

本节内容为危险化学品常用规章相关知识。

一、《危险化学品安全使用许可证实施办法》相关知识

《危险化学品安全使用许可证实施办法》是为了严格使用危险化学品从事生产的化工企业安全生产条件，规范危险化学品安全使用许可证的颁发和管理工作，根据《危险化学品安全管理条例》和有关法律、行政法规，制定的办法。2012年11月16日国家安全生产监督管理总局令第57号发布，2013年5月1日实施。至今经历两次修正，最新修正为2017年3月6日国家安全生产监督管理总局令第89号《国家安全监管总局关于修改和废止部分规章及规范性文件的决定》中对相关内容的修正。

《办法》共7章49条，主要内容如下。

（一）立法目的和适用范围

第一条规定了本法的立法目的：为了严格使用危险化学品从事生产的化工企业安全生产条件，规范危险化学品安全使用许可证的颁发和管理工作，根据《危险化学品安全管理条例》和有关法律、行政法规，制定本办法。

第二条规定了本法适用范围为：本办法适用于列入危险化学品安全使用许可适用行业目录、使用危险化学品从事生产并且达到危险化学品使用量的数量标准的化工企业（危险化学品生产企业除外，以下简称企业）。

使用危险化学品作为燃料的企业不适用本办法。

（二）各级安全监督管理部门职责

《办法》明确了各级安全生产监督管理部门在安全使用许可证的申请条件、颁证程序、延期和变更手续、法律责任等各个环节中的职责，规范了危险化学品安全使用许可证的颁发管理。

第四条规定："安全使用许可证的颁发管理工作实行企业申请、市级发证、属地监管的原则。"

第五条规定："国家安全生产监督管理总局（现应急管理部）负责指导、监督全国安全使用许可证的颁发管理工作。

省、自治区、直辖市人民政府安全生产监督管理部门（以下简称省级安全生产监督管理部门）负责指导、监督本行政区域内安全使用许可证的颁发管理工作。

设区的市级人民政府安全生产监督管理部门（以下简称发证机关）负责本行政区域内安全使用许可证的审批、颁发和管理，不得再委托其他单位、组织或者个人实施。"

1. 安全使用许可证的颁发

第二十条规定："发证机关收到企业申请文件、资料后，应当按照下列情况分别作出处理：

（一）申请事项依法不需要取得安全使用许可证的，当场告知企业不予受理；

（二）申请材料存在可以当场更正的错误的，允许企业当场更正；

（三）申请材料不齐全或者不符合法定形式的，当场或者在5个工作日内一次告知企业需要补正的全部内容，并出具补正告知书；逾期不告知的，自收到申请材料之日起即为受理；

（四）企业申请材料齐全、符合法定形式，或者按照发证机关要求提交全部补正申请材料的，立即受理其申请。

发证机关受理或者不予受理行政许可申请，应当出具加盖本机关专用印章和注明日期的书面凭证。"

第二十一条规定："安全使用许可证申请受理后，发证机关应当组织人员对企业提交的申请文件、资料进行审查。对企业提交的文件、资料内容存在疑问，需要到现场核查的，应当指派工作人员对有关内容进行现场核查。工作人员应当如实提出书面核查意见。"

第二十二条规定："发证机关应当在受理之日起45日内作出是否准予许可的决定。发证机关现场核查和企业整改有关问题所需时间不计算在本条规定的期限内。"

第二十三条规定："发证机关作出准予许可的决定的，应当自决定之日起10个工作日内颁发安全使用许可证。

发证机关作出不予许可的决定的，应当在10个工作日内书面告知企业并说明理由。"

第二十六条规定："发证机关按照本办法第二十条、第二十一条、第二十二条、第二十三条的规定进行审查，并作出是否准予延期的决定。"

第二十八条规定："安全使用许可证分为正本、副本，正本为悬挂式，副本为折页式，正、副本具有同等法律效力。

发证机关应当分别在安全使用许可证正、副本上注明编号、企业名称、主要负责人、注册地址、经济类型、许可范围、有效期、发证机关、发证日期等内容。其中，'许可范围'正本上注明'危险化学品使用'，副本上注明使用危险化学品从事生产的地址和对应的具体品种、年使用量。"

2. 监督管理

第三十条规定："发证机关应当坚持公开、公平、公正的原则，依照本办法和有关行政许可的法律法规规定，颁发安全使用许可证。

发证机关工作人员在安全使用许可证颁发及其监督管理工作中,不得索取或者接受企业的财物,不得谋取其他非法利益。"

第三十一条规定:"发证机关应当加强对安全使用许可证的监督管理,建立、健全安全使用许可证档案管理制度。"

第三十二条规定:"有下列情形之一的,发证机关应当撤销已经颁发的安全使用许可证:

(一)滥用职权、玩忽职守颁发安全使用许可证的;

(二)超越职权颁发安全使用许可证的;

(三)违反本办法规定的程序颁发安全使用许可证的;

(四)对不具备申请资格或者不符合法定条件的企业颁发安全使用许可证的;

(五)以欺骗、贿赂等不正当手段取得安全使用许可证的。"

第三十三条规定:"企业取得安全使用许可证后有下列情形之一的,发证机关应当注销其安全使用许可证:

(一)安全使用许可证有效期届满未被批准延期的;

(二)终止使用危险化学品从事生产的;

(三)继续使用危险化学品从事生产,但使用量降低后未达到危险化学品使用量的数量标准规定的;

(四)安全使用许可证被依法撤销的;

(五)安全使用许可证被依法吊销的。

安全使用许可证注销后,发证机关应当在当地主要新闻媒体或者本机关网站上予以公告,并向省级和企业所在地县级安全生产监督管理部门通报。"

第三十四条规定:"发证机关应当将其颁发安全使用许可证的情况及时向同级环境保护主管部门和公安机关通报。"

第三十五条规定:"发证机关应当于每年1月10日前,将本行政区域内上年度安全使用许可证的颁发和管理情况报省级安全生产监督管理部门,并定期向社会公布企业取得安全使用许可证的情况,接受社会监督。

省级安全生产监督管理部门应当于每年1月15日前,将本行政区域内上年度安全使用许可证的颁发和管理情况报国家安全生产监督管理总局。"

3. 法律责任

第三十六条规定:"发证机关工作人员在对危险化学品使用许可证的颁发管理工作中滥用职权、玩忽职守、徇私舞弊,构成犯罪的,依法追究刑事责任;尚不构成犯罪的,依法给予处分。"

第四十四条规定:"本办法规定的行政处罚,由安全生产监督管理部门决定;但本办法第三十八条规定的行政处罚,由发证机关决定;第四十二条、第四十三条规定的行政处罚,依照《安全评价机构管理规定》执行。"

(三) 企业职责

《办法》明确了适用范围，对从事危险化学品生产企业的安全条件从选址布局、规划，设计、工艺和安全设施，制度和人员三个方面提出要求，严格规范了危险化学品企业申请安全使用许可证的准入门槛，同时又具有较强的可操作性，切实加强了危险化学品安全监督管理。

第三条规定："企业应当依照本办法的规定取得危险化学品安全使用许可证（以下简称安全使用许可证）。"

1. 申请安全使用许可证的条件

第六条规定："企业与重要场所、设施、区域的距离和总体布局应当符合下列要求，并确保安全：

（一）储存危险化学品数量构成重大危险源的储存设施，与《危险化学品安全管理条例》第十九条第一款规定的八类场所、设施、区域的距离符合国家有关法律、法规、规章和国家标准或者行业标准的规定；

（二）总体布局符合《工业企业总平面设计规范》（GB 50187）、《化工企业总图运输设计规范》（GB 50489）、《建筑设计防火规范》（GB 50016）等相关标准的要求；石油化工企业还应当符合《石油化工企业设计防火规范》（GB 50160）的要求；

（三）新建企业符合国家产业政策、当地县级以上（含县级）人民政府的规划和布局。"

第七条规定："企业的厂房、作业场所、储存设施和安全设施、设备、工艺应当符合下列要求：

（一）新建、改建、扩建使用危险化学品的化工建设项目（以下统称建设项目）由具备国家规定资质的设计单位设计和施工单位建设；其中，涉及国家安全生产监督管理总局公布的重点监管危险化工工艺、重点监管危险化学品的装置，由具备石油化工医药行业相应资质的设计单位设计；

（二）不得采用国家明令淘汰、禁止使用和危及安全生产的工艺、设备；新开发的使用危险化学品从事化工生产的工艺（以下简称化工工艺），在小试、中试、工业化试验的基础上逐步放大到工业化生产；国内首次使用的化工工艺，经过省级人民政府有关部门组织的安全可靠性论证；

（三）涉及国家安全生产监督管理总局公布的重点监管危险化工工艺、重点监管危险化学品的装置装设自动化控制系统；涉及国家安全生产监督管理总局公布的重点监管化工工艺的大型化工装置装设紧急停车系统；涉及易燃易爆、有毒有害气体化学品的作业场所装设易燃易爆、有毒有害介质泄漏报警等安全设施；

（四）新建企业的生产区与非生产区分开设置，并符合国家标准或者行业标准规定的距离；

（五）新建企业的生产装置和储存设施之间及其建（构）筑物之间的距离符合国家标

准或者行业标准的规定。

同一厂区内（生产或者储存区域）的设备、设施及建（构）筑物的布置应当适用同一标准的规定。"

第八条规定："企业应当依法设置安全生产管理机构，按照国家规定配备专职安全生产管理人员。配备的专职安全生产管理人员必须能够满足安全生产的需要。"

第九条规定："企业主要负责人、分管安全负责人和安全生产管理人员必须具备与其从事生产经营活动相适应的安全知识和管理能力，参加安全资格培训，并经考核合格，取得安全资格证书。

特种作业人员应当依照《特种作业人员安全技术培训考核管理规定》，经专门的安全技术培训并考核合格，取得特种作业操作证书。

本条第一款、第二款规定以外的其他从业人员应当按照国家有关规定，经安全教育培训合格。"

第十条规定："企业应当建立全员安全生产责任制，保证每位从业人员的安全生产责任与职务、岗位相匹配。"

第十一条规定："企业根据化工工艺、装置、设施等实际情况，至少应当制定、完善下列主要安全生产规章制度：

（一）安全生产例会等安全生产会议制度；

（二）安全投入保障制度；

（三）安全生产奖惩制度；

（四）安全培训教育制度；

（五）领导干部轮流现场带班制度；

（六）特种作业人员管理制度；

（七）安全检查和隐患排查治理制度；

（八）重大危险源的评估和安全管理制度；

（九）变更管理制度；

（十）应急管理制度；

（十一）生产安全事故或者重大事件管理制度；

（十二）防火、防爆、防中毒、防泄漏管理制度；

（十三）工艺、设备、电气仪表、公用工程安全管理制度；

（十四）动火、进入受限空间、吊装、高处、盲板抽堵、临时用电、动土、断路、设备检维修等作业安全管理制度；

（十五）危险化学品安全管理制度；

（十六）职业健康相关管理制度；

（十七）劳动防护用品使用维护管理制度；

（十八）承包商管理制度；

（十九）安全管理制度及操作规程定期修订制度。"

第十二条规定："企业应当根据工艺、技术、设备特点和原辅料的危险性等情况编制岗位安全操作规程。"

第十三条规定："企业应当依法委托具备国家规定资质条件的安全评价机构进行安全评价，并按照安全评价报告的意见对存在的安全生产问题进行整改。"

第十四条规定："企业应当有相应的职业病危害防护设施，并为从业人员配备符合国家标准或者行业标准的劳动防护用品。"

第十五条规定："企业应当依据《危险化学品重大危险源辨识》（GB 18218），对本企业的生产、储存和使用装置、设施或者场所进行重大危险源辨识。

对于已经确定为重大危险源的，应当按照《危险化学品重大危险源监督管理暂行规定》进行安全管理。"

第十六条规定："企业应当符合下列应急管理要求：

（一）按照国家有关规定编制危险化学品事故应急预案，并报送有关部门备案；

（二）建立应急救援组织，明确应急救援人员，配备必要的应急救援器材、设备设施，并按照规定定期进行应急预案演练。

储存和使用氯气、氨气等对皮肤有强烈刺激的吸入性有毒有害气体的企业，除符合本条第一款的规定外，还应当配备至少两套以上全封闭防化服；构成重大危险源的，还应当设立气体防护站（组）。"

第十七条规定："企业除符合本章规定的安全使用条件外，还应当符合有关法律、行政法规和国家标准或者行业标准规定的其他安全使用条件。"

2. 安全使用许可证的申请

第十八条规定："企业向发证机关申请安全使用许可证时，应当提交下列文件、资料，并对其内容的真实性负责：

（一）申请安全使用许可证的文件及申请书；

（二）新建企业的选址布局符合国家产业政策、当地县级以上人民政府的规划和布局的证明材料复制件；

（三）安全生产责任制文件，安全生产规章制度、岗位安全操作规程清单；

（四）设置安全生产管理机构，配备专职安全生产管理人员的文件复制件；

（五）主要负责人、分管安全负责人、安全生产管理人员安全资格证和特种作业人员操作证复制件；

（六）危险化学品事故应急救援预案的备案证明文件；

（七）由供货单位提供的所使用危险化学品的安全技术说明书和安全标签；

（八）工商营业执照副本或者工商核准文件复制件；

（九）安全评价报告及其整改结果的报告；

（十）新建企业的建设项目安全设施竣工验收报告；

（十一）应急救援组织、应急救援人员，以及应急救援器材、设备设施清单。

有危险化学品重大危险源的企业，除应当提交本条第一款规定的文件、资料外，还应当提交重大危险源的备案证明文件。"

第十九条规定："新建企业安全使用许可证的申请，应当在建设项目安全设施竣工验收通过之日起 10 个工作日内提出。"

第二十四条规定："企业在安全使用许可证有效期内变更主要负责人、企业名称或者注册地址的，应当自工商营业执照变更之日起 10 个工作日内提出变更申请，并提交下列文件、资料：

（一）变更申请书；

（二）变更后的工商营业执照副本复制件；

（三）变更主要负责人的，还应当提供主要负责人经安全生产监督管理部门考核合格后颁发的安全资格证复制件；

（四）变更注册地址的，还应当提供相关证明材料。

对已经受理的变更申请，发证机关对企业提交的文件、资料审查无误后，方可办理安全使用许可证变更手续。

企业在安全使用许可证有效期内变更隶属关系的，应当在隶属关系变更之日起 10 日内向发证机关提交证明材料。"

第二十五条规定："企业在安全使用许可证有效期内，有下列情形之一的，发证机关按照本办法第二十条、第二十一条、第二十二条、第二十三条的规定办理变更手续：

（一）增加使用的危险化学品品种，且达到危险化学品使用量的数量标准规定的；

（二）涉及危险化学品安全使用许可范围的新建、改建、扩建建设项目的；

（三）改变工艺技术对企业的安全生产条件产生重大影响的。

有本条第一款第一项规定情形的企业，应当在增加前提出变更申请。

有本条第一款第二项规定情形的企业，应当在建设项目安全设施竣工验收合格之日起 10 个工作日内向原发证机关提出变更申请，并提交建设项目安全设施竣工验收报告等相关文件、资料。

有本条第一款第一项、第三项规定情形的企业，应当进行专项安全验收评价，并对安全评价报告中提出的问题进行整改；在整改完成后，向原发证机关提出变更申请并提交安全验收评价报告。"

第二十六条规定："安全使用许可证有效期为 3 年。企业安全使用许可证有效期届满后需要继续使用危险化学品从事生产、且达到危险化学品使用量的数量标准规定的，应当在安全使用许可证有效期届满前 3 个月提出延期申请，并提交本办法第十八条规定的文件、资料。"

第二十七条规定："企业取得安全使用许可证后，符合下列条件的，其安全使用许可证届满办理延期手续时，经原发证机关同意，可以不提交第十八条第一款第二项、第五

项、第九项和第十八条第二款规定的文件、资料,直接办理延期手续:

(一)严格遵守有关法律、法规和本办法的;

(二)取得安全使用许可证后,加强日常安全管理,未降低安全使用条件,并达到安全生产标准化等级二级以上的;

(三)未发生造成人员死亡的生产安全责任事故的。

企业符合本条第一款第二项、第三项规定条件的,应当在延期申请书中予以说明,并出具二级以上安全生产标准化证书复印件。"

第二十九条规定:"企业不得伪造、变造安全使用许可证,或者出租、出借、转让其取得的安全使用许可证,或者使用伪造、变造的安全使用许可证。"

3. 法律责任

第三十七条规定:"企业未取得安全使用许可证,擅自使用危险化学品从事生产,且达到危险化学品使用量的数量标准规定的,责令立即停止违法行为并限期改正,处 10 万元以上 20 万元以下的罚款;逾期不改正的,责令停产整顿。

企业在安全使用许可证有效期届满后未办理延期手续,仍然使用危险化学品从事生产,且达到危险化学品使用量的数量标准规定的,依照前款规定给予处罚。"

第三十八条规定:"企业伪造、变造或者出租、出借、转让安全使用许可证,或者使用伪造、变造的安全使用许可证的,处 10 万元以上 20 万元以下的罚款,有违法所得的,没收违法所得;构成违反治安管理行为的,依法给予治安管理处罚;构成犯罪的,依法追究刑事责任。"

第三十九条规定:"企业在安全使用许可证有效期内主要负责人、企业名称、注册地址、隶属关系发生变更,未按照本办法第二十四条规定的时限提出安全使用许可证变更申请或者将隶属关系变更证明材料报发证机关的,责令限期办理变更手续,处 1 万元以上 3 万元以下的罚款。"

第四十条规定:"企业在安全使用许可证有效期内有下列情形之一,未按照本办法第二十五条的规定提出变更申请,继续从事生产的,责令限期改正,处 1 万元以上 3 万元以下的罚款:

(一)增加使用的危险化学品品种,且达到危险化学品使用量的数量标准规定的;

(二)涉及危险化学品安全使用许可范围的新建、改建、扩建建设项目,其安全设施已经竣工验收合格的;

(三)改变工艺技术对企业的安全生产条件产生重大影响的。"

第四十一条规定:"发现企业隐瞒有关情况或者提供虚假文件、资料申请安全使用许可证的,发证机关不予受理或者不予颁发安全使用许可证,并给予警告,该企业在 1 年内不得再次申请安全使用许可证。

企业以欺骗、贿赂等不正当手段取得安全使用许可证的,自发证机关撤销其安全使用许可证之日起 3 年内,该企业不得再次申请安全使用许可证。"

(四)安全评价机构法律责任

安全评价机构是依法取得安全评价资质,按照资质证书规定的业务范围开展安全评价活动的社会中介服务组织。开展安全评价可有效地预防事故发生,减少财产损失和人员伤亡和伤害。安全评价机构应当依法独立开展安全评价活动,客观、如实地反映所评价的安全事项,并对作出的安全评价结果承担法律责任。

第四十二条规定:"安全评价机构有下列情形之一的,给予警告,并处1万元以下的罚款;情节严重的,暂停资质6个月,并处1万元以上3万元以下的罚款;对相关责任人依法给予处理:

(一)从业人员不到现场开展安全评价活动的;

(二)安全评价报告与实际情况不符,或者安全评价报告存在重大疏漏,但尚未造成重大损失的;

(三)未按照有关法律、法规、规章和国家标准或者行业标准的规定从事安全评价活动的。"

第四十三条规定:"承担安全评价的机构出具虚假证明的,没收违法所得;违法所得在10万元以上的,并处违法所得2倍以上5倍以下的罚款;没有违法所得或者违法所得不足10万元的,单处或者并处10万元以上20万元以下的罚款;对其直接负责的主管人员和其他直接责任人员处2万元以上5万元以下的罚款;给他人造成损害的,与企业承担连带赔偿责任;构成犯罪的,依照刑法有关规定追究刑事责任。

对有前款违法行为的机构,依法吊销其相应资质。"

二、《危险化学品登记管理办法》相关知识

《危险化学品登记管理办法》是为了加强对危险化学品的安全管理,规范危险化学品登记工作,为危险化学品事故预防和应急救援提供技术、信息支持,根据《危险化学品安全管理条例》,制定的办法。2012年7月1日国家安全生产监督管理总局令第53号发布,2012年8月1日实施。

《办法》共7章34条,主要内容如下。

(一)立法目的和适用范围

第一条规定了本法的立法目的:为了加强对危险化学品的安全管理,规范危险化学品登记工作,为危险化学品事故预防和应急救援提供技术、信息支持,根据《危险化学品安全管理条例》,制定本办法。

第二条规定了本法适用范围为:本办法适用于危险化学品生产企业、进口企业(以下统称登记企业)生产或者进口《危险化学品目录》所列危险化学品的登记和管理工作。

(二)登记机构及职责

《办法》规范了危险化学品登记制度及其监督管理工作。

1. 登记机构分工及条件

第三条规定:"国家实行危险化学品登记制度。危险化学品登记实行企业申请、两级审核、统一发证、分级管理的原则。"

第四条规定:"国家安全生产监督管理总局负责全国危险化学品登记的监督管理工作。

县级以上地方各级人民政府安全生产监督管理部门负责本行政区域内危险化学品登记的监督管理工作。"

第五条规定:"国家安全生产监督管理总局化学品登记中心(以下简称登记中心),承办全国危险化学品登记的具体工作和技术管理工作。

省、自治区、直辖市人民政府安全生产监督管理部门设立危险化学品登记办公室或者危险化学品登记中心(以下简称登记办公室),承办本行政区域内危险化学品登记的具体工作和技术管理工作。"

第八条规定:"登记中心和登记办公室(以下统称登记机构)从事危险化学品登记的工作人员(以下简称登记人员)应当具有化工、化学、安全工程等相关专业大学专科以上学历,并经统一业务培训,取得培训合格证,方可上岗作业。"

第九条规定:"登记办公室应当具备下列条件:

(一)有3名以上登记人员;

(二)有严格的责任制度、保密制度、档案管理制度和数据库维护制度;

(三)配备必要的办公设备、设施。"

2. 登记机构职责

第六条规定:"登记中心履行下列职责:

(一)组织、协调和指导全国危险化学品登记工作;

(二)负责全国危险化学品登记内容审核、危险化学品登记证的颁发和管理工作;

(三)负责管理与维护全国危险化学品登记信息管理系统(以下简称登记系统)以及危险化学品登记信息的动态统计分析工作;

(四)负责管理与维护国家危险化学品事故应急咨询电话,并提供24小时应急咨询服务;

(五)组织化学品危险性评估,对未分类的化学品统一进行危险性分类;

(六)对登记办公室进行业务指导,负责全国登记办公室危险化学品登记人员的培训工作;

(七)定期将危险化学品的登记情况通报国务院有关部门,并向社会公告。"

第七条规定:"登记办公室履行下列职责:

(一)组织本行政区域内危险化学品登记工作;

(二)对登记企业申报材料的规范性、内容一致性进行审查;

(三)负责本行政区域内危险化学品登记信息的统计分析工作;

(四)提供危险化学品事故预防与应急救援信息支持;

（五）协助本行政区域内安全生产监督管理部门开展登记培训，指导登记企业实施危险化学品登记工作。"

3. 监督管理

第二十四条规定："安全生产监督管理部门应当将危险化学品登记情况纳入危险化学品安全执法检查内容，对登记企业未按照规定予以登记的，依法予以处理。"

第二十五条规定："登记办公室应当对本行政区域内危险化学品的登记数据及时进行汇总、统计、分析，并报告省、自治区、直辖市人民政府安全生产监督管理部门。"

第二十六条规定："登记中心应当定期向国务院工业和信息化、环境保护、公安、卫生、交通运输、铁路、质量监督检验检疫等部门提供危险化学品登记的有关信息和资料，并向社会公告。"

第二十七条规定："登记办公室应当在每年1月31日前向所属省、自治区、直辖市人民政府安全生产监督管理部门和登记中心书面报告上一年度本行政区域内危险化学品登记的情况。

登记中心应当在每年2月15日前向国家安全生产监督管理总局书面报告上一年度全国危险化学品登记的情况。"

4. 法律责任

第二十八条规定："登记机构的登记人员违规操作、弄虚作假、滥发证书，在规定限期内无故不予登记且无明确答复，或者泄露登记企业商业秘密的，责令改正，并追究有关责任人员的责任。"

（三）危险化学品生产企业、进口企业职责

《办法》明确了危险化学品生产企业、进口企业为危险化学品登记的主体，对危险化学品登记的内容进行细化，对危险化学品登记的程序进行完善，规范了登记企业的应急咨询服务。

1. 内容程序

第十条规定："新建的生产企业应当在竣工验收前办理危险化学品登记。

进口企业应当在首次进口前办理危险化学品登记。"

第十一条规定："同一企业生产、进口同一品种危险化学品的，按照生产企业进行一次登记，但应当提交进口危险化学品的有关信息。

进口企业进口不同制造商的同一品种危险化学品的，按照首次进口制造商的危险化学品进行一次登记，但应当提交其他制造商的危险化学品的有关信息。

生产企业、进口企业多次进口同一制造商的同一品种危险化学品的，只进行一次登记。"

第十二条规定："危险化学品登记应当包括下列内容：

（一）分类和标签信息，包括危险化学品的危险性类别、象形图、警示词、危险性说明、防范说明等；

（二）物理、化学性质，包括危险化学品的外观与性状、溶解性、熔点、沸点等物理性质，闪点、爆炸极限、自燃温度、分解温度等化学性质；

（三）主要用途，包括企业推荐的产品合法用途、禁止或者限制的用途等；

（四）危险特性，包括危险化学品的物理危险性、环境危害性和毒理特性；

（五）储存、使用、运输的安全要求，其中，储存的安全要求包括对建筑条件、库房条件、安全条件、环境卫生条件、温度和湿度条件的要求，使用的安全要求包括使用时的操作条件、作业人员防护措施、使用现场危害控制措施等，运输的安全要求包括对运输或者输送方式的要求、危害信息向有关运输人员的传递手段、装卸及运输过程中的安全措施等；

（六）出现危险情况的应急处置措施，包括危险化学品在生产、使用、储存、运输过程中发生火灾、爆炸、泄漏、中毒、窒息、灼伤等化学品事故时的应急处理方法，应急咨询服务电话等。"

第十三条规定："危险化学品登记按照下列程序办理：

（一）登记企业通过登记系统提出申请；

（二）登记办公室在3个工作日内对登记企业提出的申请进行初步审查，符合条件的，通过登记系统通知登记企业办理登记手续；

（三）登记企业接到登记办公室通知后，按照有关要求在登记系统中如实填写登记内容，并向登记办公室提交有关纸质登记材料；

（四）登记办公室在收到登记企业的登记材料之日起20个工作日内，对登记材料和登记内容逐项进行审查，必要时可进行现场核查，符合要求的，将登记材料提交给登记中心；不符合要求的，通过登记系统告知登记企业并说明理由；

（五）登记中心在收到登记办公室提交的登记材料之日起15个工作日内，对登记材料和登记内容进行审核，符合要求的，通过登记办公室向登记企业发放危险化学品登记证；不符合要求的，通过登记系统告知登记办公室、登记企业并说明理由。

登记企业修改登记材料和整改问题所需时间，不计算在前款规定的期限内。"

第十四条规定："登记企业办理危险化学品登记时，应当提交下列材料，并对其内容的真实性负责：

（一）危险化学品登记表一式2份；

（二）生产企业的工商营业执照，进口企业的对外贸易经营者备案登记表、中华人民共和国进出口企业资质证书、中华人民共和国外商投资企业批准证书或者台港澳侨投资企业批准证书复制件1份；

（三）与其生产、进口的危险化学品相符并符合国家标准的化学品安全技术说明书、化学品安全标签各1份；

（四）满足本办法第二十二条规定的应急咨询服务电话号码或者应急咨询服务委托书复制件1份；

（五）办理登记的危险化学品产品标准（采用国家标准或者行业标准的，提供所采用的标准编号）。"

第十五条规定："登记企业在危险化学品登记证有效期内，企业名称、注册地址、登记品种、应急咨询服务电话发生变化，或者发现其生产、进口的危险化学品有新的危险特性的，应当在 15 个工作日内向登记办公室提出变更申请，并按照下列程序办理登记内容变更手续：

（一）通过登记系统填写危险化学品登记变更申请表，并向登记办公室提交涉及变更事项的证明材料 1 份；

（二）登记办公室初步审查登记企业的登记变更申请，符合条件的，通知登记企业提交变更后的登记材料，并对登记材料进行审查，符合要求的，提交给登记中心；不符合要求的，通过登记系统告知登记企业并说明理由；

（三）登记中心对登记办公室提交的登记材料进行审核，符合要求且属于危险化学品登记证载明事项的，通过登记办公室向登记企业发放登记变更后的危险化学品登记证并收回原证；符合要求但不属于危险化学品登记证载明事项的，通过登记办公室向登记企业提供书面证明文件。"

第十六条规定："危险化学品登记证有效期为 3 年。登记证有效期满后，登记企业继续从事危险化学品生产或者进口的，应当在登记证有效期届满前 3 个月提出复核换证申请，并按下列程序办理复核换证：

（一）通过登记系统填写危险化学品复核换证申请表；

（二）登记办公室审查登记企业的复核换证申请，符合条件的，通过登记系统告知登记企业提交本规定第十四条规定的登记材料；不符合条件的，通过登记系统告知登记企业并说明理由；

（三）按照本办法第十三条第一款第三项、第四项、第五项规定的程序办理复核换证手续。"

第十七条规定："危险化学品登记证分为正本、副本，正本为悬挂式，副本为折页式。正本、副本具有同等法律效力。

危险化学品登记证正本、副本应当载明证书编号、企业名称、注册地址、企业性质、登记品种、有效期、发证机关、发证日期等内容。其中，企业性质应当注明危险化学品生产企业、危险化学品进口企业或者危险化学品生产企业（兼进口）。"

2. 职责

第十八条规定："登记企业应当对本企业的各类危险化学品进行普查，建立危险化学品管理档案。

危险化学品管理档案应当包括危险化学品名称、数量、标识信息、危险性分类和化学品安全技术说明书、化学品安全标签等内容。"

第十九条规定："登记企业应当按照规定向登记机构办理危险化学品登记，如实填报登记内容和提交有关材料，并接受安全生产监督管理部门依法进行的监督检查。"

第二十条规定："登记企业应当指定人员负责危险化学品登记的相关工作，配合登记人员在必要时对本企业危险化学品登记内容进行核查。

登记企业从事危险化学品登记的人员应当具备危险化学品登记相关知识和能力。"

第二十一条规定："对危险特性尚未确定的化学品，登记企业应当按照国家关于化学品危险性鉴定的有关规定，委托具有国家规定资质的机构对其进行危险性鉴定；属于危险化学品的，应当依照本办法的规定进行登记。"

第二十二条规定："危险化学品生产企业应当设立由专职人员24小时值守的国内固定服务电话，针对本办法第十二条规定的内容向用户提供危险化学品事故应急咨询服务，为危险化学品事故应急救援提供技术指导和必要的协助。专职值守人员应当熟悉本企业危险化学品的危险特性和应急处置技术，准确回答有关咨询问题。

危险化学品生产企业不能提供前款规定应急咨询服务的，应当委托登记机构代理应急咨询服务。

危险化学品进口企业应当自行或者委托进口代理商、登记机构提供符合本条第一款要求的应急咨询服务，并在其进口的危险化学品安全标签上标明应急咨询服务电话号码。

从事代理应急咨询服务的登记机构，应当设立由专职人员24小时值守的国内固定服务电话，建有完善的化学品应急救援数据库，配备在线数字录音设备和8名以上专业人员，能够同时受理3起以上应急咨询，准确提供化学品泄漏、火灾、爆炸、中毒等事故应急处置有关信息和建议。"

第二十三条规定："登记企业不得转让、冒用或者使用伪造的危险化学品登记证。"

3. 法律责任

第二十九条规定："登记企业不办理危险化学品登记，登记品种发生变化或者发现其生产、进口的危险化学品有新的危险特性不办理危险化学品登记内容变更手续的，责令改正，可以处5万元以下的罚款；拒不改正的，处5万元以上10万元以下的罚款；情节严重的，责令停产停业整顿。"

第三十条规定："登记企业有下列行为之一的，责令改正，可以处3万元以下的罚款：

（一）未向用户提供应急咨询服务或者应急咨询服务不符合本办法第二十二条规定的；

（二）在危险化学品登记证有效期内企业名称、注册地址、应急咨询服务电话发生变化，未按规定按时办理危险化学品登记变更手续的；

（三）危险化学品登记证有效期满后，未按规定申请复核换证，继续进行生产或者进口的；

（四）转让、冒用或者使用伪造的危险化学品登记证，或者不如实填报登记内容、提交有关材料的。

（五）拒绝、阻挠登记机构对本企业危险化学品登记情况进行现场核查的。"

三、《危险化学品经营许可证管理办法》相关知识

《危险化学品经营许可证管理办法》是为了严格危险化学品经营安全条件，规范危险化学品经营活动，保障人民群众生命、财产安全，根据《中华人民共和国安全生产法》和《危险化学品安全管理条例》，制定的办法。2012 年 7 月 17 日国家安全生产监督管理总局令第 55 号发布，2012 年 9 月 1 日实施。最新修正为 2015 年 5 月 27 日国家安全生产监督管理总局令第 79 号《国家安全监管总局关于废止和修改危险化学品等领域七部规章的决定》中对相关内容的修正。

《办法》共 6 章 40 条，主要内容如下。

（一）立法目的和适用范围

第一条规定了本法的立法目的：为了严格危险化学品经营安全条件，规范危险化学品经营活动，保障人民群众生命、财产安全，根据《中华人民共和国安全生产法》和《危险化学品安全管理条例》，制定本办法。

第二条规定了本法适用范围为：在中华人民共和国境内从事列入《危险化学品目录》的危险化学品的经营（包括仓储经营）活动，适用本办法。

民用爆炸物品、放射性物品、核能物质和城镇燃气的经营活动，不适用本办法。

（二）安全生产监督管理部门职责

《办法》明确了各级安全生产监督管理部门在危险化学品经营许可证的审批与颁发、监督管理等各个环节中的职责，规范了危险化学品经营许可证的颁发管理。

第四条规定："经营许可证的颁发管理工作实行企业申请、两级发证、属地监管的原则。"

第五条规定："国家安全生产监督管理总局指导、监督全国经营许可证的颁发和管理工作。

省、自治区、直辖市人民政府安全生产监督管理部门指导、监督本行政区域内经营许可证的颁发和管理工作。

设区的市级人民政府安全生产监督管理部门（以下简称市级发证机关）负责下列企业的经营许可证审批、颁发：

（一）经营剧毒化学品的企业；

（二）经营易制爆危险化学品的企业；

（三）经营汽油加油站的企业；

（四）专门从事危险化学品仓储经营的企业；

（五）从事危险化学品经营活动的中央企业所属省级、设区的市级公司（分公司）；

（六）带有储存设施经营除剧毒化学品、易制爆危险化学品以外的其他危险化学品的企业。

县级人民政府安全生产监督管理部门（以下简称县级发证机关）负责本行政区域内本条第三款规定以外企业的经营许可证审批、颁发；没有设立县级发证机关的，其经营许可证由市级发证机关审批、颁发。"

1. 经营许可证的审批与颁发

第十条规定："发证机关收到申请人提交的文件、资料后，应当按照下列情况分别作出处理：

（一）申请事项不需要取得经营许可证的，当场告知申请人不予受理；

（二）申请事项不属于本发证机关职责范围的，当场作出不予受理的决定，告知申请人向相应的发证机关申请，并退回申请文件、资料；

（三）申请文件、资料存在可以当场更正的错误的，允许申请人当场更正，并受理其申请；

（四）申请文件、资料不齐全或者不符合要求的，当场告知或者在5个工作日内出具补正告知书，一次告知申请人需要补正的全部内容；逾期不告知的，自收到申请文件、资料之日起即为受理；

（五）申请文件、资料齐全，符合要求，或者申请人按照发证机关要求提交全部补正材料的，立即受理其申请。

发证机关受理或者不予受理经营许可证申请，应当出具加盖本机关印章和注明日期的书面凭证。"

第十一条规定："发证机关受理经营许可证申请后，应当组织对申请人提交的文件、资料进行审查，指派2名以上工作人员对申请人的经营场所、储存设施进行现场核查，并自受理之日起30日内作出是否准予许可的决定。

发证机关现场核查以及申请人整改现场核查发现的有关问题和修改有关申请文件、资料所需时间，不计算在前款规定的期限内。"

第十二条规定："发证机关作出准予许可决定的，应当自决定之日起10个工作日内颁发经营许可证；发证机关作出不予许可决定的，应当在10个工作日内书面告知申请人并说明理由，告知书应当加盖本机关印章。"

第十三条规定："经营许可证分为正本、副本，正本为悬挂式，副本为折页式。正本、副本具有同等法律效力。

经营许可证正本、副本应当分别载明下列事项：

（一）企业名称；

（二）企业住所（注册地址、经营场所、储存场所）；

（三）企业法定代表人姓名；

（四）经营方式；

（五）许可范围；

（六）发证日期和有效期限；

（七）证书编号；

（八）发证机关；

（九）有效期延续情况。"

第十五条规定："发证机关受理变更申请后，应当组织对企业提交的文件、资料进行审查，并自收到申请文件、资料之日起10个工作日内作出是否准予变更的决定。

发证机关作出准予变更决定的，应当重新颁发经营许可证，并收回原经营许可证；不予变更的，应当说明理由并书面通知企业。

经营许可证变更的，经营许可证有效期的起始日和截止日不变，但应当载明变更日期。"

第二十条规定："发证机关受理延期申请后，应当依照本办法第十条、第十一条、第十二条的规定，对延期申请进行审查，并在经营许可证有效期满前作出是否准予延期的决定；发证机关逾期未作出决定的，视为准予延期。

发证机关作出准予延期决定的，经营许可证有效期顺延3年。"

2. 监督管理

第二十二条规定："发证机关应当坚持公开、公平、公正的原则，严格依照法律、法规、规章、国家标准、行业标准和本办法规定的条件及程序，审批、颁发经营许可证。

发证机关及其工作人员在经营许可证的审批、颁发和监督管理工作中，不得索取或者接受当事人的财物，不得谋取其他利益。"

第二十三条规定："发证机关应当加强对经营许可证的监督管理，建立、健全经营许可证审批、颁发档案管理制度，并定期向社会公布企业取得经营许可证的情况，接受社会监督。"

第二十四条规定："发证机关应当及时向同级公安机关、环境保护部门通报经营许可证的发放情况。"

第二十五条规定："安全生产监督管理部门在监督检查中，发现已经取得经营许可证的企业不再具备法律、法规、规章、国家标准、行业标准和本办法规定的安全生产条件，或者存在违反法律、法规、规章和本办法规定的行为的，应当依法作出处理，并及时告知原发证机关。"

第二十六条规定："发证机关发现企业以欺骗、贿赂等不正当手段取得经营许可证的，应当撤销已经颁发的经营许可证。"

第二十八条规定："县级发证机关应当将本行政区域内上一年度经营许可证的审批、颁发和监督管理情况报告市级发证机关。

市级发证机关应当将本行政区域内上一年度经营许可证的审批、颁发和监督管理情况报告省、自治区、直辖市人民政府安全生产监督管理部门。

省、自治区、直辖市人民政府安全生产监督管理部门应当按照有关统计规定，将本行政区域内上一年度经营许可证的审批、颁发和监督管理情况报告国家安全生产监督管理总局。"

3. 法律责任

第三十四条规定:"安全生产监督管理部门的工作人员徇私舞弊、滥用职权、弄虚作假、玩忽职守,未依法履行危险化学品经营许可证审批、颁发和监督管理职责的,依照有关规定给予处分。"

第三十六条规定:"本办法规定的行政处罚,由安全生产监督管理部门决定。其中,本办法第三十一条规定的行政处罚和第三十条、第三十二条规定的吊销经营许可证的行政处罚,由发证机关决定。"

(三)危险化学品经营销售单位职责

《办法》明确了危险化学品经营销售单位在危险化学品经营许可证的办理条件、申请、变更等各个环节中的职责,规范了危险化学品经营许可证的使用管理。

第三条规定:"国家对危险化学品经营实行许可制度。经营危险化学品的企业,应当依照本办法取得危险化学品经营许可证(以下简称经营许可证)。未取得经营许可证,任何单位和个人不得经营危险化学品。

从事下列危险化学品经营活动,不需要取得经营许可证:

(一)依法取得危险化学品安全生产许可证的危险化学品生产企业在其厂区范围内销售本企业生产的危险化学品的;

(二)依法取得港口经营许可证的港口经营人在港区内从事危险化学品仓储经营的。"

1. 申请经营许可证的条件

第六条规定:"从事危险化学品经营的单位(以下统称申请人)应当依法登记注册为企业,并具备下列基本条件:

(一)经营和储存场所、设施、建筑物符合《建筑设计防火规范》(GB 50016)、《石油化工企业设计防火规范》(GB 50160)、《汽车加油加气站设计与施工规范》(GB 50156)、《石油库设计规范》(GB 50074)等相关国家标准、行业标准的规定;

(二)企业主要负责人和安全生产管理人员具备与本企业危险化学品经营活动相适应的安全生产知识和管理能力,经专门的安全生产培训和安全生产监督管理部门考核合格,取得相应安全资格证书;特种作业人员经专门的安全作业培训,取得特种作业操作证书;其他从业人员依照有关规定经安全生产教育和专业技术培训合格;

(三)有健全的安全生产规章制度和岗位操作规程;

(四)有符合国家规定的危险化学品事故应急预案,并配备必要的应急救援器材、设备;

(五)法律、法规和国家标准或者行业标准规定的其他安全生产条件。

前款规定的安全生产规章制度,是指全员安全生产责任制度、危险化学品购销管理制度、危险化学品安全管理制度(包括防火、防爆、防中毒、防泄漏管理等内容)、安全投入保障制度、安全生产奖惩制度、安全生产教育培训制度、隐患排查治理制度、安全风险管理制度、应急管理制度、事故管理制度、职业卫生管理制度等。"

第七条规定:"申请人经营剧毒化学品的,除符合本办法第六条规定的条件外,还应当建立剧毒化学品双人验收、双人保管、双人发货、双把锁、双本账等管理制度。"

第八条规定:"申请人带有储存设施经营危险化学品的,除符合本办法第六条规定的条件外,还应当具备下列条件:

(一)新设立的专门从事危险化学品仓储经营的,其储存设施建立在地方人民政府规划的用于危险化学品储存的专门区域内;

(二)储存设施与相关场所、设施、区域的距离符合有关法律、法规、规章和标准的规定;

(三)依照有关规定进行安全评价,安全评价报告符合《危险化学品经营企业安全评价细则》的要求;

(四)专职安全生产管理人员具备国民教育化工化学类或者安全工程类中等职业教育以上学历,或者化工化学类中级以上专业技术职称,或者危险物品安全类注册安全工程师资格;

(五)符合《危险化学品安全管理条例》《危险化学品重大危险源监督管理暂行规定》《常用危险化学品贮存通则》(GB 15603)的相关规定。

申请人储存易燃、易爆、有毒、易扩散危险化学品的,除符合本条第一款规定的条件外,还应当符合《石油化工可燃气体和有毒气体检测报警设计规范》(GB/T 50493)的规定。"

2. 经营许可证的申请、变更

第九条规定:"申请人申请经营许可证,应当依照本办法第五条规定向所在地市级或者县级发证机关(以下统称发证机关)提出申请,提交下列文件、资料,并对其真实性负责:

(一)申请经营许可证的文件及申请书;

(二)安全生产规章制度和岗位操作规程的目录清单;

(三)企业主要负责人、安全生产管理人员、特种作业人员的相关资格证书(复制件)和其他从业人员培训合格的证明材料;

(四)经营场所产权证明文件或者租赁证明文件(复制件);

(五)工商行政管理部门颁发的企业性质营业执照或者企业名称预先核准文件(复制件);

(六)危险化学品事故应急预案备案登记表(复制件)。

带有储存设施经营危险化学品的,申请人还应当提交下列文件、资料:

(一)储存设施相关证明文件(复制件);租赁储存设施的,需要提交租赁证明文件(复制件);储存设施新建、改建、扩建的,需要提交危险化学品建设项目安全设施竣工验收报告;

(二)重大危险源备案证明材料、专职安全生产管理人员的学历证书、技术职称证书或者危险物品安全类注册安全工程师资格证书(复制件);

(三)安全评价报告。"

第十四条规定:"已经取得经营许可证的企业变更企业名称、主要负责人、注册地址或者危险化学品储存设施及其监控措施的,应当自变更之日起20个工作日内,向本办法第五条规定的发证机关提出书面变更申请,并提交下列文件、资料:

(一)经营许可证变更申请书;

(二)变更后的工商营业执照副本(复制件);

(三)变更后的主要负责人安全资格证书(复制件);

(四)变更注册地址的相关证明材料;

(五)变更后的危险化学品储存设施及其监控措施的专项安全评价报告。"

第十六条规定:"已经取得经营许可证的企业有新建、改建、扩建危险化学品储存设施建设项目的,应当自建设项目安全设施竣工验收合格之日起20个工作日内,向本办法第五条规定的发证机关提出变更申请,并提交危险化学品建设项目安全设施竣工验收报告等相关文件、资料。发证机关应当按照本办法第十条、第十五条的规定进行审查,办理变更手续。"

第十七条规定:"已经取得经营许可证的企业,有下列情形之一的,应当按照本办法的规定重新申请办理经营许可证,并提交相关文件、资料:

(一)不带有储存设施的经营企业变更其经营场所的;

(二)带有储存设施的经营企业变更其储存场所的;

(三)仓储经营的企业异地重建的;

(四)经营方式发生变化的;

(五)许可范围发生变化的。"

第十八条规定:"经营许可证的有效期为3年。有效期满后,企业需要继续从事危险化学品经营活动的,应当在经营许可证有效期满3个月前,向本办法第五条规定的发证机关提出经营许可证的延期申请,并提交延期申请书及本办法第九条规定的申请文件、资料。

企业提出经营许可证延期申请时,可以同时提出变更申请,并向发证机关提交相关文件、资料。"

第十九条规定:"符合下列条件的企业,申请经营许可证延期时,经发证机关同意,可以不提交本办法第九条规定的文件、资料:

(一)严格遵守有关法律、法规和本办法;

(二)取得经营许可证后,加强日常安全生产管理,未降低安全生产条件;

(三)未发生死亡事故或者对社会造成较大影响的生产安全事故。

带有储存设施经营危险化学品的企业,除符合前款规定条件的外,还需要取得并提交危险化学品企业安全生产标准化二级达标证书（复制件）。"

第二十一条规定："任何单位和个人不得伪造、变造经营许可证，或者出租、出借、转让其取得的经营许可证，或者使用伪造、变造的经营许可证。"

3. 经营许可证的监督管理

第二十七条规定："已经取得经营许可证的企业有下列情形之一的，发证机关应当注销其经营许可证：

（一）经营许可证有效期届满未被批准延期的；

（二）终止危险化学品经营活动的；

（三）经营许可证被依法撤销的；

（四）经营许可证被依法吊销的。

发证机关注销经营许可证后，应当在当地主要新闻媒体或者本机关网站上发布公告，并通报企业所在地人民政府和县级以上安全生产监督管理部门。"

4. 法律责任

第二十九条规定："未取得经营许可证从事危险化学品经营的，依照《中华人民共和国安全生产法》有关未经依法批准擅自生产、经营、储存危险物品的法律责任条款并处罚款；构成犯罪的，依法追究刑事责任。

企业在经营许可证有效期届满后，仍然从事危险化学品经营的，依照前款规定给予处罚。"

第三十条规定："带有储存设施的企业违反《危险化学品安全管理条例》规定，有下列情形之一的，责令改正，处5万元以上10万元以下的罚款；拒不改正的，责令停产停业整顿；经停产停业整顿仍不具备法律、法规、规章、国家标准和行业标准规定的安全生产条件的，吊销其经营许可证：

（一）对重复使用的危险化学品包装物、容器，在重复使用前不进行检查的；

（二）未根据其储存的危险化学品的种类和危险特性，在作业场所设置相关安全设施、设备，或者未按照国家标准、行业标准或者国家有关规定对安全设施、设备进行经常性维护、保养的；

（三）未将危险化学品储存在专用仓库内，或者未将剧毒化学品以及储存数量构成重大危险源的其他危险化学品在专用仓库内单独存放的；

（四）未对其安全生产条件定期进行安全评价的；

（五）危险化学品的储存方式、方法或者储存数量不符合国家标准或者国家有关规定的；

（六）危险化学品专用仓库不符合国家标准、行业标准的要求的；

（七）未对危险化学品专用仓库的安全设施、设备定期进行检测、检验的。"

第三十一条规定："伪造、变造或者出租、出借、转让经营许可证，或者使用伪造、变造的经营许可证的，处10万元以上20万元以下的罚款，有违法所得的，没收违法所得；构成违反治安管理行为的，依法给予治安管理处罚；构成犯罪的，依法追究刑事责任。"

第三十二条规定："已经取得经营许可证的企业不再具备法律、法规和本办法规定的安全生产条件的，责令改正；逾期不改正的，责令停产停业整顿；经停产停业整顿仍不具备法律、法规、规章、国家标准和行业标准规定的安全生产条件的，吊销其经营许可证。"

第三十三条规定："已经取得经营许可证的企业出现本办法第十四条、第十六条规定的情形之一，未依照本办法的规定申请变更的，责令限期改正，处1万元以下的罚款；逾期仍不申请变更的，处1万元以上3万元以下的罚款。"

（四）安全评价机构职责

安全评价机构应当依法独立开展安全评价活动，客观、如实地反映所评价的安全事项，并对作出的安全评价结果承担法律责任。

第三十五条规定："承担安全评价的机构和安全评价人员出具虚假评价报告的，依照有关法律、法规、规章的规定给予行政处罚；构成犯罪的，依法追究刑事责任。"

四、《危险化学品生产企业安全生产许可证实施办法》相关知识

《危险化学品生产企业安全生产许可证实施办法》是为了严格规范危险化学品生产企业安全生产条件，做好危险化学品生产企业安全生产许可证的颁发和管理工作，根据《安全生产许可证条例》和《危险化学品安全管理条例》，制定的办法。2011年8月5日国家安全生产监督管理总局令第41号发布，2011年12月1日实施。最新修正为2017年3月6日，国家安全生产监督管理总局令第89号《国家安全监管总局关于修改和废止部分规章及规范性文件的决定》中对相关内容的修正。

《办法》共7章57条，主要内容如下。

（一）立法目的和适用范围

第一条规定了本法的立法目的：为了严格规范危险化学品生产企业安全生产条件，做好危险化学品生产企业安全生产许可证的颁发和管理工作，根据《安全生产许可证条例》、《危险化学品安全管理条例》等法律、行政法规，制定本实施办法。

第二条规定了本法适用范围为：本办法所称危险化学品生产企业（以下简称企业），是指依法设立且取得工商营业执照或者工商核准文件从事生产最终产品或者中间产品列入《危险化学品目录》的企业。

（二）安全监管部门职责

《办法》明确了各级安全生产监督管理部门在安全生产许可证的审批、颁发、变更及监督管理等各个环节中的职责，规范了危险化学品安全生产许可证的管理。

1. 安全生产许可证的审批、颁发

第二十六条规定："实施机关收到企业申请文件、资料后，应当按照下列情况分别作出处理：

（一）申请事项依法不需要取得安全生产许可证的，即时告知企业不予受理；

（二）申请事项依法不属于本实施机关职责范围的，即时作出不予受理的决定，并告知企业向相应的实施机关申请；

（三）申请材料存在可以当场更正的错误的，允许企业当场更正，并受理其申请；

（四）申请材料不齐全或者不符合法定形式的，当场告知或者在 5 个工作日内出具补正告知书，一次告知企业需要补正的全部内容；逾期不告知的，自收到申请材料之日起即为受理；

（五）企业申请材料齐全、符合法定形式，或者按照实施机关要求提交全部补正材料的，立即受理其申请。

实施机关受理或者不予受理行政许可申请，应当出具加盖本机关专用印章和注明日期的书面凭证。"

第二十七条规定："安全生产许可证申请受理后，实施机关应当组织对企业提交的申请文件、资料进行审查。对企业提交的文件、资料实质内容存在疑问，需要到现场核查的，应当指派工作人员就有关内容进行现场核查。工作人员应当如实提出现场核查意见。"

第二十八条规定："实施机关应当在受理之日起 45 个工作日内作出是否准予许可的决定。审查过程中的现场核查所需时间不计算在本条规定的期限内。"

第二十九条规定："实施机关作出准予许可决定的，应当自决定之日起 10 个工作日内颁发安全生产许可证。

实施机关作出不予许可的决定的，应当在 10 个工作日内书面告知企业并说明理由。"

2. 监督管理

第三十七条规定："实施机关应当坚持公开、公平、公正的原则，依照本办法和有关安全生产行政许可的法律、法规规定，颁发安全生产许可证。

实施机关工作人员在安全生产许可证颁发及其监督管理工作中，不得索取或者接受企业的财物，不得谋取其他非法利益。"

第三十八条规定："实施机关应当加强对安全生产许可证的监督管理，建立、健全安全生产许可证档案管理制度。"

第三十九条规定："有下列情形之一的，实施机关应当撤销已经颁发的安全生产许可证：

（一）超越职权颁发安全生产许可证的；

（二）违反本办法规定的程序颁发安全生产许可证的；

（三）以欺骗、贿赂等不正当手段取得安全生产许可证的。"

第四十条规定："企业取得安全生产许可证后有下列情形之一的，实施机关应当注销其安全生产许可证：

（一）安全生产许可证有效期届满未被批准延续的；

（二）终止危险化学品生产活动的；

（三）安全生产许可证被依法撤销的；

（四）安全生产许可证被依法吊销的。

安全生产许可证注销后，实施机关应当在当地主要新闻媒体或者本机关网站上发布公告，并通报企业所在地人民政府和县级以上安全生产监督管理部门。"

第四十一条规定："省级安全生产监督管理部门应当在每年1月15日前，将本行政区域内上年度安全生产许可证的颁发和管理情况报国家安全生产监督管理总局。

国家安全生产监督管理总局、省级安全生产监督管理部门应当定期向社会公布企业取得安全生产许可的情况，接受社会监督。"

3. 法律责任

第四十二条规定："实施机关工作人员有下列行为之一的，给予降级或者撤职的处分；构成犯罪的，依法追究刑事责任：

（一）向不符合本办法第二章规定的安全生产条件的企业颁发安全生产许可证的；

（二）发现企业未依法取得安全生产许可证擅自从事危险化学品生产活动，不依法处理的；

（三）发现取得安全生产许可证的企业不再具备本办法第二章规定的安全生产条件，不依法处理的；

（四）接到对违反本办法规定行为的举报后，不及时依法处理的；

（五）在安全生产许可证颁发和监督管理工作中，索取或者接受企业的财物，或者谋取其他非法利益的。"

第四十九条规定："发现企业隐瞒有关情况或者提供虚假材料申请安全生产许可证的，实施机关不予受理或者不予颁发安全生产许可证，并给予警告，该企业在1年内不得再次申请安全生产许可证。

企业以欺骗、贿赂等不正当手段取得安全生产许可证的，自实施机关撤销其安全生产许可证之日起3年内，该企业不得再次申请安全生产许可证。"

第五十二条规定："本办法规定的行政处罚，由国家安全生产监督管理总局、省级安全生产监督管理部门决定。省级安全生产监督管理部门可以委托设区的市级或者县级安全生产监督管理部门实施。"

（三）企业职责

《办法》明确了企业在安全生产许可证的申请条件、申请程序、变更等各个环节中的职责，规范了危险化学品安全生产许可证的使用管理。

1. 申请安全生产许可证的条件

第八条规定："企业选址布局、规划设计以及与重要场所、设施、区域的距离应当符合下列要求：

（一）国家产业政策；当地县级以上（含县级）人民政府的规划和布局；新设立企业

建在地方人民政府规划的专门用于危险化学品生产、储存的区域内；

（二）危险化学品生产装置或者储存危险化学品数量构成重大危险源的储存设施，与《危险化学品安全管理条例》第十九条第一款规定的八类场所、设施、区域的距离符合有关法律、法规、规章和国家标准或者行业标准的规定；

（三）总体布局符合《化工企业总图运输设计规范》（GB 50489）、《工业企业总平面设计规范》（GB 50187）、《建筑设计防火规范》（GB 50016）等标准的要求。

石油化工企业除符合本条第一款规定条件外，还应当符合《石油化工企业设计防火规范》（GB 50160）的要求。"

第九条规定："企业的厂房、作业场所、储存设施和安全设施、设备、工艺应当符合下列要求：

（一）新建、改建、扩建建设项目经具备国家规定资质的单位设计、制造和施工建设；涉及危险化工工艺、重点监管危险化学品的装置，由具有综合甲级资质或者化工石化专业甲级设计资质的化工石化设计单位设计；

（二）不得采用国家明令淘汰、禁止使用和危及安全生产的工艺、设备；新开发的危险化学品生产工艺必须在小试、中试、工业化试验的基础上逐步放大到工业化生产；国内首次使用的化工工艺，必须经过省级人民政府有关部门组织的安全可靠性论证；

（三）涉及危险化工工艺、重点监管危险化学品的装置装设自动化控制系统；涉及危险化工工艺的大型化工装置装设紧急停车系统；涉及易燃易爆、有毒有害气体化学品的场所装设易燃易爆、有毒有害介质泄漏报警等安全设施；

（四）生产区与非生产区分开设置，并符合国家标准或者行业标准规定的距离；

（五）危险化学品生产装置和储存设施之间及其与建（构）筑物之间的距离符合有关标准规范的规定。

同一厂区内的设备、设施及建（构）筑物的布置必须适用同一标准的规定。"

第十条规定："企业应当有相应的职业危害防护设施，并为从业人员配备符合国家标准或者行业标准的劳动防护用品。"

第十一条规定："企业应当依据《危险化学品重大危险源辨识》（GB 18218），对本企业的生产、储存和使用装置、设施或者场所进行重大危险源辨识。

对已确定为重大危险源的生产和储存设施，应当执行《危险化学品重大危险源监督管理暂行规定》。"

第十二条规定："企业应当依法设置安全生产管理机构，配备专职安全生产管理人员。配备的专职安全生产管理人员必须能够满足安全生产的需要。"

第十三条规定："企业应当建立全员安全生产责任制，保证每位从业人员的安全生产责任与职务、岗位相匹配。"

第十四条规定："企业应当根据化工工艺、装置、设施等实际情况，制定完善下列主要安全生产规章制度：

（一）安全生产例会等安全生产会议制度；

（二）安全投入保障制度；

（三）安全生产奖惩制度；

（四）安全培训教育制度；

（五）领导干部轮流现场带班制度；

（六）特种作业人员管理制度；

（七）安全检查和隐患排查治理制度；

（八）重大危险源评估和安全管理制度；

（九）变更管理制度；

（十）应急管理制度；

（十一）生产安全事故或者重大事件管理制度；

（十二）防火、防爆、防中毒、防泄漏管理制度；

（十三）工艺、设备、电气仪表、公用工程安全管理制度；

（十四）动火、进入受限空间、吊装、高处、盲板抽堵、动土、断路、设备检维修等作业安全管理制度；

（十五）危险化学品安全管理制度；

（十六）职业健康相关管理制度；

（十七）劳动防护用品使用维护管理制度；

（十八）承包商管理制度；

（十九）安全管理制度及操作规程定期修订制度。"

第十五条规定："企业应当根据危险化学品的生产工艺、技术、设备特点和原辅料、产品的危险性编制岗位操作安全规程。"

第十六条规定："企业主要负责人、分管安全负责人和安全生产管理人员必须具备与其从事的生产经营活动相适应的安全生产知识和管理能力，依法参加安全生产培训，并经考核合格，取得安全资格证书。

企业分管安全负责人、分管生产负责人、分管技术负责人应当具有一定的化工专业知识或者相应的专业学历，专职安全生产管理人员应当具备国民教育化工化学类（或安全工程）中等职业教育以上学历或者化工化学类中级以上专业技术职称。

企业应当有危险物品安全类注册安全工程师从事安全生产管理工作。

特种作业人员应当依照《特种作业人员安全技术培训考核管理规定》，经专门的安全技术培训并考核合格，取得特种作业操作证书。

本条第一、二、四款规定以外的其他从业人员应当按照国家有关规定，经安全教育培训合格。"

第十七条规定："企业应当按照国家规定提取与安全生产有关的费用，并保证安全生产所必须的资金投入。"

第十八条规定:"企业应当依法参加工伤保险,为从业人员缴纳保险费。"

第十九条规定:"企业应当依法委托具备国家规定资质的安全评价机构进行安全评价,并按照安全评价报告的意见对存在的安全生产问题进行整改。"

第二十条规定:"企业应当依法进行危险化学品登记,为用户提供化学品安全技术说明书,并在危险化学品包装(包括外包装件)上粘贴或者拴挂与包装内危险化学品相符的化学品安全标签。"

第二十一条规定:"企业应当符合下列应急管理要求:

(一)按照国家有关规定编制危险化学品事故应急预案并报有关部门备案;

(二)建立应急救援组织,规模较小的企业可以不建立应急救援组织,但应指定兼职的应急救援人员;

(三)配备必要的应急救援器材、设备和物资,并进行经常性维护、保养,保证正常运转。

生产、储存和使用氯气、氨气、光气、硫化氢等吸入性有毒有害气体的企业,除符合本条第一款的规定外,还应当配备至少两套以上全封闭防化服;构成重大危险源的,还应当设立气体防护站(组)。"

第二十二条规定:"企业除符合本章规定的安全生产条件,还应当符合有关法律、行政法规和国家标准或者行业标准规定的其他安全生产条件。"

2. 安全生产许可证的申请、变更

第二十三条规定:"中央企业及其直接控股涉及危险化学品生产的企业(总部)以外的企业向所在地省级安全生产监督管理部门或其委托的安全生产监督管理部门申请安全生产许可证。"

第二十四条规定:"新建企业安全生产许可证的申请,应当在危险化学品生产建设项目安全设施竣工验收通过后10个工作日内提出。"

第二十五条规定:"企业申请安全生产许可证时,应当提交下列文件、资料,并对其内容的真实性负责:

(一)申请安全生产许可证的文件及申请书;

(二)安全生产责任制文件,安全生产规章制度、岗位操作安全规程清单;

(三)设置安全生产管理机构,配备专职安全生产管理人员的文件复制件;

(四)主要负责人、分管安全负责人、安全生产管理人员和特种作业人员的安全资格证或者特种作业操作证复制件;

(五)与安全生产有关的费用提取和使用情况报告,新建企业提交有关安全生产费用提取和使用规定的文件;

(六)为从业人员缴纳工伤保险费的证明材料;

(七)危险化学品事故应急救援预案的备案证明文件;

(八)危险化学品登记证复制件;

（九）工商营业执照副本或者工商核准文件复制件；

（十）具备资质的中介机构出具的安全评价报告；

（十一）新建企业的竣工验收报告；

（十二）应急救援组织或者应急救援人员，以及应急救援器材、设备设施清单。

有危险化学品重大危险源的企业，除提交本条第一款规定的文件、资料外，还应当提供重大危险源及其应急预案的备案证明文件、资料。"

第三十条规定："企业在安全生产许可证有效期内变更主要负责人、企业名称或者注册地址的，应当自工商营业执照或者隶属关系变更之日起 10 个工作日内向实施机关提出变更申请，并提交下列文件、资料：

（一）变更后的工商营业执照副本复制件；

（二）变更主要负责人的，还应当提供主要负责人经安全生产监督管理部门考核合格后颁发的安全资格证复制件；

（三）变更注册地址的，还应当提供相关证明材料。

对已经受理的变更申请，实施机关应当在对企业提交的文件、资料审查无误后，方可办理安全生产许可证变更手续。

企业在安全生产许可证有效期内变更隶属关系的，仅需提交隶属关系变更证明材料报实施机关备案。"

第三十一条规定："企业在安全生产许可证有效期内，当原生产装置新增产品或者改变工艺技术对企业的安全生产产生重大影响时，应当对该生产装置或者工艺技术进行专项安全评价，并对安全评价报告中提出的问题进行整改；在整改完成后，向原实施机关提出变更申请，提交安全评价报告。实施机关按照本办法第三十条的规定办理变更手续。"

第三十二条规定："企业在安全生产许可证有效期内，有危险化学品新建、改建、扩建建设项目（以下简称建设项目）的，应当在建设项目安全设施竣工验收合格之日起 10 个工作日内向原实施机关提出变更申请，并提交建设项目安全设施竣工验收报告等相关文件、资料。实施机关按照本办法第二十七条、第二十八条和第二十九条的规定办理变更手续。"

第三十三条规定："安全生产许可证有效期为 3 年。企业安全生产许可证有效期届满后继续生产危险化学品的，应当在安全生产许可证有效期届满前 3 个月提出延期申请，并提交延期申请书和本办法第二十五条规定的申请文件、资料。

实施机关按照本办法第二十六条、第二十七条、第二十八条、第二十九条的规定进行审查，并作出是否准予延期的决定。"

第三十四条规定："企业在安全生产许可证有效期内，符合下列条件的，其安全生产许可证届满时，经原实施机关同意，可不提交第二十五条第一款第二、七、八、十、十一项规定的文件、资料，直接办理延期手续：

（一）严格遵守有关安全生产的法律、法规和本办法的；

（二）取得安全生产许可证后，加强日常安全生产管理，未降低安全生产条件，并达到安全生产标准化等级二级以上的；

（三）未发生死亡事故的。"

第三十五条规定："安全生产许可证分为正、副本，正本为悬挂式，副本为折页式，正、副本具有同等法律效力。

实施机关应当分别在安全生产许可证正、副本上载明编号、企业名称、主要负责人、注册地址、经济类型、许可范围、有效期、发证机关、发证日期等内容。其中，正本上的'许可范围'应当注明'危险化学品生产'，副本上的'许可范围'应当载明生产场所地址和对应的具体品种、生产能力。

安全生产许可证有效期的起始日为实施机关作出许可决定之日，截止日为起始日至三年后同一日期的前一日。有效期内有变更事项的，起始日和截止日不变，载明变更日期。"

第三十六条规定："企业不得出租、出借、买卖或者以其他形式转让其取得的安全生产许可证，或者冒用他人取得的安全生产许可证、使用伪造的安全生产许可证。"

3. 法律责任

第四十三条规定："企业取得安全生产许可证后发现其不具备本办法规定的安全生产条件的，依法暂扣其安全生产许可证1个月以上6个月以下；暂扣期满仍不具备本办法规定的安全生产条件的，依法吊销其安全生产许可证。"

第四十四条规定："企业出租、出借或者以其他形式转让安全生产许可证的，没收违法所得，处10万元以上50万元以下的罚款，并吊销安全生产许可证；构成犯罪的，依法追究刑事责任。"

第四十五条规定："企业有下列情形之一的，责令停止生产危险化学品，没收违法所得，并处10万元以上50万元以下的罚款；构成犯罪的，依法追究刑事责任：

（一）未取得安全生产许可证，擅自进行危险化学品生产的；

（二）接受转让的安全生产许可证的；

（三）冒用或者使用伪造的安全生产许可证的。"

第四十六条规定："企业在安全生产许可证有效期届满未办理延期手续，继续进行生产的，责令停止生产，限期补办延期手续，没收违法所得，并处5万元以上10万元以下的罚款；逾期仍不办理延期手续，继续进行生产的，依照本办法第四十五条的规定进行处罚。"

第四十七条规定："企业在安全生产许可证有效期内主要负责人、企业名称、注册地址、隶属关系发生变更或者新增产品、改变工艺技术对企业安全生产产生重大影响，未按照本办法第三十条规定的时限提出安全生产许可证变更申请的，责令限期申请，处1万元以上3万元以下的罚款。"

第四十八条规定："企业在安全生产许可证有效期内，其危险化学品建设项目安全设施竣工验收合格后，未按照本办法第三十二条规定的时限提出安全生产许可证变更申请并且擅自投入运行的，责令停止生产，限期申请，没收违法所得，并处 1 万元以上 3 万元以下的罚款。"

第四十九条规定："发现企业隐瞒有关情况或者提供虚假材料申请安全生产许可证的，实施机关不予受理或者不予颁发安全生产许可证，并给予警告，该企业在 1 年内不得再次申请安全生产许可证。

企业以欺骗、贿赂等不正当手段取得安全生产许可证的，自实施机关撤销其安全生产许可证之日起 3 年内，该企业不得再次申请安全生产许可证。"

（四）安全评价机构责任

第五十条规定："安全评价机构有下列情形之一的，给予警告，并处 1 万元以下的罚款；情节严重的，暂停资质半年，并处 1 万元以上 3 万元以下的罚款；对相关责任人依法给予处理：

（一）从业人员不到现场开展安全评价活动的；

（二）安全评价报告与实际情况不符，或者安全评价报告存在重大疏漏，但尚未造成重大损失的；

（三）未按照有关法律、法规、规章和国家标准或者行业标准的规定从事安全评价活动的。"

第五十一条规定："承担安全评价、检测、检验的机构出具虚假证明的，没收违法所得；违法所得在 10 万元以上的，并处违法所得 2 倍以上 5 倍以下的罚款；没有违法所得或者违法所得不足 10 万元的，单处或者并处 10 万元以上 20 万元以下的罚款；对其直接负责的主管人员和其他直接责任人员处 2 万元以上 5 万元以下的罚款；给他人造成损害的，与企业承担连带赔偿责任；构成犯罪的，依照刑法有关规定追究刑事责任。

对有前款违法行为的机构，依法吊销其相应资质。"

五、《危险化学品重大危险源监督管理暂行规定》相关知识

《危险化学品重大危险源监督管理暂行规定》是为了加强危险化学品重大危险源的安全监督管理，防止和减少危险化学品事故的发生，保障人民群众生命财产安全，根据《中华人民共和国安全生产法》和《危险化学品安全管理条例》等有关法律、行政法规，制定的规定。2011 年 8 月 5 日国家安全生产监督管理总局令第 40 号发布，2011 年 12 月 1 日实施。最新修正为 2015 年 5 月 27 日，国家安全生产监督管理总局令第 79 号《国家安全监管总局关于废止和修改危险化学品等领域七部规章的决定》中对相关内容的修正。

《规定》共 6 章 37 条，主要内容如下。

（一）立法目的和适用范围

第一条规定了本法的立法目的：为了加强危险化学品重大危险源的安全监督管理，防止和减少危险化学品事故的发生，保障人民群众生命财产安全，根据《中华人民共和国

安全生产法》和《危险化学品安全管理条例》等有关法律、行政法规，制定本规定。

第二条规定了本法适用范围为：从事危险化学品生产、储存、使用和经营的单位（以下统称危险化学品单位）的危险化学品重大危险源的辨识、评估、登记建档、备案、核销及其监督管理，适用本规定。

城镇燃气、用于国防科研生产的危险化学品重大危险源以及港区内危险化学品重大危险源的安全监督管理，不适用本规定。

（二）安全生产监督管理部门职责

《规定》明确了各级安全生产监督管理部门在危险化学品重大危险源监督管理工作中的分工及职责，规范了危险化学品重大危险源监督管理工作。

1. 管理分工

第五条规定："重大危险源的安全监督管理实行属地监管与分级管理相结合的原则。

县级以上地方人民政府安全生产监督管理部门按照有关法律、法规、标准和本规定，对本辖区内的重大危险源实施安全监督管理。"

第二十三条规定："县级人民政府安全生产监督管理部门应当每季度将辖区内的一级、二级重大危险源备案材料报送至设区的市级人民政府安全生产监督管理部门。设区的市级人民政府安全生产监督管理部门应当每半年将辖区内的一级重大危险源备案材料报送至省级人民政府安全生产监督管理部门。"

2. 监督检查

第二十五条规定："县级人民政府安全生产监督管理部门应当建立健全危险化学品重大危险源管理制度，明确责任人员，加强资料归档。"

第二十六条规定："县级人民政府安全生产监督管理部门应当在每年1月15日前，将辖区内上一年度重大危险源的汇总信息报送至设区的市级人民政府安全生产监督管理部门。设区的市级人民政府安全生产监督管理部门应当在每年1月31日前，将辖区内上一年度重大危险源的汇总信息报送至省级人民政府安全生产监督管理部门。省级人民政府安全生产监督管理部门应当在每年2月15日前，将辖区内上一年度重大危险源的汇总信息报送至国家安全生产监督管理总局。"

第二十八条规定："县级人民政府安全生产监督管理部门应当自收到申请核销的文件、资料之日起30日内进行审查，符合条件的，予以核销并出具证明文书；不符合条件的，说明理由并书面告知申请单位。必要时，县级人民政府安全生产监督管理部门应当聘请有关专家进行现场核查。"

第二十九条规定："县级人民政府安全生产监督管理部门应当每季度将辖区内一级、二级重大危险源的核销材料报送至设区的市级人民政府安全生产监督管理部门。设区的市级人民政府安全生产监督管理部门应当每半年将辖区内一级重大危险源的核销材料报送至省级人民政府安全生产监督管理部门。"

第三十条规定："县级以上地方各级人民政府安全生产监督管理部门应当加强对存在

重大危险源的危险化学品单位的监督检查，督促危险化学品单位做好重大危险源的辨识、安全评估及分级、登记建档、备案、监测监控、事故应急预案编制、核销和安全管理工作。

首次对重大危险源的监督检查应当包括下列主要内容：

（一）重大危险源的运行情况、安全管理规章制度及安全操作规程制定和落实情况；

（二）重大危险源的辨识、分级、安全评估、登记建档、备案情况；

（三）重大危险源的监测监控情况；

（四）重大危险源安全设施和安全监测监控系统的检测、检验以及维护保养情况；

（五）重大危险源事故应急预案的编制、评审、备案、修订和演练情况；

（六）有关从业人员的安全培训教育情况；

（七）安全标志设置情况；

（八）应急救援器材、设备、物资配备情况；

（九）预防和控制事故措施的落实情况。

安全生产监督管理部门在监督检查中发现重大危险源存在事故隐患的，应当责令立即排除；重大事故隐患排除前或者排除过程中无法保证安全的，应当责令从危险区域内撤出作业人员，责令暂时停产停业或者停止使用；重大事故隐患排除后，经安全生产监督管理部门审查同意，方可恢复生产经营和使用。"

第三十一条规定："县级以上地方各级人民政府安全生产监督管理部门应当会同本级人民政府有关部门，加强对工业（化工）园区等重大危险源集中区域的监督检查，确保重大危险源与周边单位、居民区、人员密集场所等重要目标和敏感场所之间保持适当的安全距离。"

（三）危险化学品单位的职责

危险化学品重大危险源（以下简称重大危险源），是指按照《危险化学品重大危险源辨识》（GB 18218）标准辨识确定，生产、储存、使用或者搬运危险化学品的数量等于或者超过临界量的单元（包括场所和设施）。危险化学品单位是本单位重大危险源安全管理的责任主体，《规定》从辨识与评估、安全管理等方面规范了危险化学品单位的职责。

1. 辨识与评估

第六条规定："国家鼓励危险化学品单位采用有利于提高重大危险源安全保障水平的先进适用的工艺、技术、设备以及自动控制系统，推进安全生产监督管理部门重大危险源安全监管的信息化建设。"

第七条规定："危险化学品单位应当按照《危险化学品重大危险源辨识》标准，对本单位的危险化学品生产、经营、储存和使用装置、设施或者场所进行重大危险源辨识，并记录辨识过程与结果。"

第八条规定："危险化学品单位应当对重大危险源进行安全评估并确定重大危险源等级。危险化学品单位可以组织本单位的注册安全工程师、技术人员或者聘请有关专家进行安全评估，也可以委托具有相应资质的安全评价机构进行安全评估。

依照法律、行政法规的规定，危险化学品单位需要进行安全评价的，重大危险源安全评估可以与本单位的安全评价一起进行，以安全评价报告代替安全评估报告，也可以单独进行重大危险源安全评估。

重大危险源根据其危险程度，分为一级、二级、三级和四级，一级为最高级别。重大危险源分级方法由本规定附件1列示。"

第九条规定："重大危险源有下列情形之一的，应当委托具有相应资质的安全评价机构，按照有关标准的规定采用定量风险评价方法进行安全评估，确定个人和社会风险值：

（一）构成一级或者二级重大危险源，且毒性气体实际存在（在线）量与其在《危险化学品重大危险源辨识》中规定的临界量比值之和大于或等于1的；

（二）构成一级重大危险源，且爆炸品或液化易燃气体实际存在（在线）量与其在《危险化学品重大危险源辨识》中规定的临界量比值之和大于或等于1的。"

第十一条规定："有下列情形之一的，危险化学品单位应当对重大危险源重新进行辨识、安全评估及分级：

（一）重大危险源安全评估已满三年的；

（二）构成重大危险源的装置、设施或者场所进行新建、改建、扩建的；

（三）危险化学品种类、数量、生产、使用工艺或者储存方式及重要设备、设施等发生变化，影响重大危险源级别或者风险程度的；

（四）外界生产安全环境因素发生变化，影响重大危险源级别和风险程度的；

（五）发生危险化学品事故造成人员死亡，或者10人以上受伤，或者影响到公共安全的；

（六）有关重大危险源辨识和安全评估的国家标准、行业标准发生变化的。"

2. 安全管理

第十二条规定："危险化学品单位应当建立完善重大危险源安全管理规章制度和安全操作规程，并采取有效措施保证其得到执行。"

第十三条规定："危险化学品单位应当根据构成重大危险源的危险化学品种类、数量、生产、使用工艺（方式）或者相关设备、设施等实际情况，按照下列要求建立健全安全监测监控体系，完善控制措施：

（一）重大危险源配备温度、压力、液位、流量、组份等信息的不间断采集和监测系统以及可燃气体和有毒有害气体泄漏检测报警装置，并具备信息远传、连续记录、事故预警、信息存储等功能；一级或者二级重大危险源，具备紧急停车功能。记录的电子数据的保存时间不少于30天；

（二）重大危险源的化工生产装置装备满足安全生产要求的自动化控制系统；一级或者二级重大危险源，装备紧急停车系统；

（三）对重大危险源中的毒性气体、剧毒液体和易燃气体等重点设施，设置紧急切断装置；毒性气体的设施，设置泄漏物紧急处置装置。涉及毒性气体、液化气体、剧毒液体的一级或者二级重大危险源，配备独立的安全仪表系统（SIS）；

（四）重大危险源中储存剧毒物质的场所或者设施，设置视频监控系统；

（五）安全监测监控系统符合国家标准或者行业标准的规定。"

第十四条规定："通过定量风险评价确定的重大危险源的个人和社会风险值，不得超过本规定附件2列示的个人和社会可容许风险限值标准。

超过个人和社会可容许风险限值标准的，危险化学品单位应当采取相应的降低风险措施。"

第十五条规定："危险化学品单位应当按照国家有关规定，定期对重大危险源的安全设施和安全监测监控系统进行检测、检验，并进行经常性维护、保养，保证重大危险源的安全设施和安全监测监控系统有效、可靠运行。维护、保养、检测应当作好记录，并由有关人员签字。"

第十六条规定："危险化学品单位应当明确重大危险源中关键装置、重点部位的责任人或者责任机构，并对重大危险源的安全生产状况进行定期检查，及时采取措施消除事故隐患。事故隐患难以立即排除的，应当及时制定治理方案，落实整改措施、责任、资金、时限和预案。"

第十七条规定："危险化学品单位应当对重大危险源的管理和操作岗位人员进行安全操作技能培训，使其了解重大危险源的危险特性，熟悉重大危险源安全管理规章制度和安全操作规程，掌握本岗位的安全操作技能和应急措施。"

第十八条规定："危险化学品单位应当在重大危险源所在场所设置明显的安全警示标志，写明紧急情况下的应急处置办法。"

第十九条规定："危险化学品单位应当将重大危险源可能发生的事故后果和应急措施等信息，以适当方式告知可能受影响的单位、区域及人员。"

第二十条规定："危险化学品单位应当依法制定重大危险源事故应急预案，建立应急救援组织或者配备应急救援人员，配备必要的防护装备及应急救援器材、设备、物资，并保障其完好和方便使用；配合地方人民政府安全生产监督管理部门制定所在地区涉及本单位的危险化学品事故应急预案。

对存在吸入性有毒、有害气体的重大危险源，危险化学品单位应当配备便携式浓度检测设备、空气呼吸器、化学防护服、堵漏器材等应急器材和设备；涉及剧毒气体的重大危险源，还应当配备两套以上（含本数）气密型化学防护服；涉及易燃易爆气体或者易燃液体蒸气的重大危险源，还应当配备一定数量的便携式可燃气体检测设备。"

第二十一条规定："危险化学品单位应当制定重大危险源事故应急预案演练计划，并按照下列要求进行事故应急预案演练：

（一）对重大危险源专项应急预案，每年至少进行一次；

（二）对重大危险源现场处置方案，每半年至少进行一次。

应急预案演练结束后，危险化学品单位应当对应急预案演练效果进行评估，撰写应急预案演练评估报告，分析存在的问题，对应急预案提出修订意见，并及时修订完善。"

第二十二条规定："危险化学品单位应当对辨识确认的重大危险源及时、逐项进行登记建档。

重大危险源档案应当包括下列文件、资料：

（一）辨识、分级记录；

（二）重大危险源基本特征表；

（三）涉及的所有化学品安全技术说明书；

（四）区域位置图、平面布置图、工艺流程图和主要设备一览表；

（五）重大危险源安全管理规章制度及安全操作规程；

（六）安全监测监控系统、措施说明、检测、检验结果；

（七）重大危险源事故应急预案、评审意见、演练计划和评估报告；

（八）安全评估报告或者安全评价报告；

（九）重大危险源关键装置、重点部位的责任人、责任机构名称；

（十）重大危险源场所安全警示标志的设置情况；

（十一）其他文件、资料。"

第二十三条规定："危险化学品单位在完成重大危险源安全评估报告或者安全评价报告后15日内，应当填写重大危险源备案申请表，连同本规定第二十二条规定的重大危险源档案材料（其中第二款第五项规定的文件资料只需提供清单），报送所在地县级人民政府安全生产监督管理部门备案。

县级人民政府安全生产监督管理部门应当每季度将辖区内的一级、二级重大危险源备案材料报送至设区的市级人民政府安全生产监督管理部门。设区的市级人民政府安全生产监督管理部门应当每半年将辖区内的一级重大危险源备案材料报送至省级人民政府安全生产监督管理部门。

重大危险源出现本规定第十一条所列情形之一的，危险化学品单位应当及时更新档案，并向所在地县级人民政府安全生产监督管理部门重新备案。"

第二十四条规定："危险化学品单位新建、改建和扩建危险化学品建设项目，应当在建设项目竣工验收前完成重大危险源的辨识、安全评估和分级、登记建档工作，并向所在地县级人民政府安全生产监督管理部门备案。"

第二十七条规定："重大危险源经过安全评价或者安全评估不再构成重大危险源的，危险化学品单位应当向所在地县级人民政府安全生产监督管理部门申请核销。

申请核销重大危险源应当提交下列文件、资料：

（一）载明核销理由的申请书；

（二）单位名称、法定代表人、住所、联系人、联系方式；

（三）安全评价报告或者安全评估报告。"

3. 法律责任

第三十二条规定:"危险化学品单位有下列行为之一的,由县级以上人民政府安全生产监督管理部门责令限期改正,可以处 10 万元以下的罚款;逾期未改正的,责令停产停业整顿,并处 10 万元以上 20 万元以下的罚款,对其直接负责的主管人员和其他直接责任人员处 2 万元以上 5 万元以下的罚款;构成犯罪的,依照刑法有关规定追究刑事责任:

(一)未按照本规定要求对重大危险源进行安全评估或者安全评价的;

(二)未按照本规定要求对重大危险源进行登记建档的;

(三)未按照本规定及相关标准要求对重大危险源进行安全监测监控的;

(四)未制定重大危险源事故应急预案的。"

第三十三条规定:"危险化学品单位有下列行为之一的,由县级以上人民政府安全生产监督管理部门责令限期改正,可以处 5 万元以下的罚款;逾期未改正的,处 5 万元以上 20 万元以下的罚款,对其直接负责的主管人员和其他直接责任人员处 1 万元以上 2 万元以下的罚款;情节严重的,责令停产停业整顿;构成犯罪的,依照刑法有关规定追究刑事责任:

(一)未在构成重大危险源的场所设置明显的安全警示标志的;

(二)未对重大危险源中的设备、设施等进行定期检测、检验的。"

第三十四条规定:"危险化学品单位有下列情形之一的,由县级以上人民政府安全生产监督管理部门给予警告,可以并处 5000 元以上 3 万元以下的罚款:

(一)未按照标准对重大危险源进行辨识的;

(二)未按照本规定明确重大危险源中关键装置、重点部位的责任人或者责任机构的;

(三)未按照本规定建立应急救援组织或者配备应急救援人员,以及配备必要的防护装备及器材、设备、物资,并保障其完好的;

(四)未按照本规定进行重大危险源备案或者核销的;

(五)未将重大危险源可能引发的事故后果、应急措施等信息告知可能受影响的单位、区域及人员的;

(六)未按照本规定要求开展重大危险源事故应急预案演练的。"

第三十五条规定:"危险化学品单位未按照本规定对重大危险源的安全生产状况进行定期检查,采取措施消除事故隐患的,责令立即消除或者限期消除;危险化学品单位拒不执行的,责令停产停业整顿,并处 10 万元以上 20 万元以下的罚款,对其直接负责的主管人员和其他直接责任人员处 2 万元以上 5 万元以下的罚款。"

(四)安全风险评价机构的职责

1. 辨识与评估

第十条规定:"重大危险源安全评估报告应当客观公正、数据准确、内容完整、结论明确、措施可行,并包括下列内容:

（一）评估的主要依据；
（二）重大危险源的基本情况；
（三）事故发生的可能性及危害程度；
（四）个人风险和社会风险值（仅适用定量风险评价方法）；
（五）可能受事故影响的周边场所、人员情况；
（六）重大危险源辨识、分级的符合性分析；
（七）安全管理措施、安全技术和监控措施；
（八）事故应急措施；
（九）评估结论与建议。

危险化学品单位以安全评价报告代替安全评估报告的，其安全评价报告中有关重大危险源的内容应当符合本条第一款规定的要求。"

2. 法律责任

第三十六条规定："承担检测、检验、安全评价工作的机构，出具虚假证明的，没收违法所得；违法所得在 10 万元以上的，并处违法所得 2 倍以上 5 倍以下的罚款；没有违法所得或者违法所得不足 10 万元的，单处或者并处 10 万元以上 20 万元以下的罚款；对其直接负责的主管人员和其他直接责任人员处 2 万元以上 5 万元以下的罚款；给他人造成损害的，与危险化学品单位承担连带赔偿责任；构成犯罪的，依照刑法有关规定追究刑事责任。

对有前款违法行为的机构，依法吊销其相应资质。"

六、《危险化学品建设项目安全监督管理办法》相关知识

《危险化学品建设项目安全监督管理办法》是为了加强危险化学品建设项目安全监督管理，规范危险化学品建设项目安全审查，根据《中华人民共和国安全生产法》和《危险化学品安全管理条例》等法律、行政法规，制定的办法。2012 年 1 月 30 日国家安全生产监督管理总局令第 45 号发布，2012 年 4 月 1 日实施。最新修正为 2015 年 5 月 27 日，国家安全生产监督管理总局令第 79 号《国家安全监管总局关于废止和修改危险化学品等领域七部规章的决定》中对相关内容的修正。

《办法》共 8 章 48 条，主要内容如下。

（一）立法目的和适用范围

第一条规定了本法的立法目的：为了加强危险化学品建设项目安全监督管理，规范危险化学品建设项目安全审查，根据《中华人民共和国安全生产法》和《危险化学品安全管理条例》等法律、行政法规，制定本办法。

第二条规定了本法适用范围为：中华人民共和国境内新建、改建、扩建危险化学品生产、储存的建设项目以及伴有危险化学品产生的化工建设项目（包括危险化学品长输管道建设项目，以下统称建设项目），其安全管理及其监督管理，适用本办法。

危险化学品的勘探、开采及其辅助的储存，原油和天然气勘探、开采及其辅助的储存、海上输送，城镇燃气的输送及储存等建设项目，不适用本办法。

（二）安全生产监督管理部门职责

《办法》明确了各级安全生产监督管理部门在危险化学品建设项目安全监督管理工作中的审查及监督管理职责，规范了危险化学品建设项目安全监督管理工作。

1. 管理分工

第四条规定："国家安全生产监督管理总局指导、监督全国建设项目安全审查和建设项目安全设施竣工验收的实施工作，并负责实施下列建设项目的安全审查：

（一）国务院审批（核准、备案）的；

（二）跨省、自治区、直辖市的。

省、自治区、直辖市人民政府安全生产监督管理部门（以下简称省级安全生产监督管理部门）指导、监督本行政区域内建设项目安全审查和建设项目安全设施竣工验收的监督管理工作，确定并公布本部门和本行政区域内由设区的市级人民政府安全生产监督管理部门（以下简称市级安全生产监督管理部门）实施的前款规定以外的建设项目范围，并报国家安全生产监督管理总局备案。"

第五条规定："建设项目有下列情形之一的，应当由省级安全生产监督管理部门负责安全审查：

（一）国务院投资主管部门审批（核准、备案）的；

（二）生产剧毒化学品的；

（三）省级安全生产监督管理部门确定的本办法第四条第一款规定以外的其他建设项目。"

第六条规定："负责实施建设项目安全审查的安全生产监督管理部门根据工作需要，可以将其负责实施的建设项目安全审查工作，委托下一级安全生产监督管理部门实施。委托实施安全审查的，审查结果由委托的安全生产监督管理部门负责。跨省、自治区、直辖市的建设项目和生产剧毒化学品的建设项目，不得委托实施安全审查。

建设项目有下列情形之一的，不得委托县级人民政府安全生产监督管理部门实施安全审查：

（一）涉及国家安全生产监督管理总局公布的重点监管危险化工工艺的；

（二）涉及国家安全生产监督管理总局公布的重点监管危险化学品中的有毒气体、液化气体、易燃液体、爆炸品，且构成重大危险源的。

接受委托的安全生产监督管理部门不得将其受托的建设项目安全审查工作再委托其他单位实施。"

2. 建设项目安全条件审查

第十一条规定："建设单位申请安全条件审查的文件、资料齐全，符合法定形式的，安全生产监督管理部门应当当场予以受理，并书面告知建设单位。

建设单位申请安全条件审查的文件、资料不齐全或者不符合法定形式的，安全生产监督管理部门应当自收到申请文件、资料之日起五个工作日内一次性书面告知建设单位需要补正的全部内容；逾期不告知的，收到申请文件、资料之日起即为受理。"

第十二条规定："对已经受理的建设项目安全条件审查申请，安全生产监督管理部门应当指派有关人员或者组织专家对申请文件、资料进行审查，并自受理申请之日起四十五日内向建设单位出具建设项目安全条件审查意见书。建设项目安全条件审查意见书的有效期为两年。

根据法定条件和程序，需要对申请文件、资料的实质内容进行核实的，安全生产监督管理部门应当指派两名以上工作人员对建设项目进行现场核查。

建设单位整改现场核查发现的有关问题和修改申请文件、资料所需时间不计算在本条规定的期限内。"

3. 建设项目安全设施设计审查

第十八条规定："对已经受理的建设项目安全设施设计审查申请，安全生产监督管理部门应当指派有关人员或者组织专家对申请文件、资料进行审查，并在受理申请之日起二十个工作日内作出同意或者不同意建设项目安全设施设计专篇的决定，向建设单位出具建设项目安全设施设计的审查意见书；二十个工作日内不能出具审查意见的，经本部门负责人批准，可以延长十个工作日，并应当将延长的期限和理由告知建设单位。

根据法定条件和程序，需要对申请文件、资料的实质内容进行核实的，安全生产监督管理部门应当指派两名以上工作人员进行现场核查。

建设单位整改现场核查发现的有关问题和修改申请文件、资料所需时间不计算在本条规定的期限内。"

4. 监督管理

第三十条规定："有下列情形之一的，负责审查的安全生产监督管理部门或者其上级安全生产监督管理部门可以撤销建设项目的安全审查：

（一）滥用职权、玩忽职守的；
（二）超越法定职权的；
（三）违反法定程序的；
（四）申请人不具备申请资格或者不符合法定条件的；
（五）依法可以撤销的其他情形。

建设单位以欺骗、贿赂等不正当手段通过安全审查的，应当予以撤销。"

第三十一条规定："安全生产监督管理部门应当建立健全建设项目安全审查档案及其管理制度，并及时将建设项目的安全审查情况通报有关部门。"

第三十二条规定："各级安全生产监督管理部门应当按照各自职责，依法对建设项目安全审查情况进行监督检查，对检查中发现的违反本办法的情况，应当依法作出处理，并通报实施安全审查的安全生产监督管理部门。"

第三十三条规定:"市级安全生产监督管理部门应当在每年 1 月 31 日前,将本行政区域内上一年度建设项目安全审查的实施情况报告省级安全生产监督管理部门。

省级安全生产监督管理部门应当在每年 2 月 15 日前,将本行政区域内上一年度建设项目安全审查的实施情况报告国家安全生产监督管理总局。"

5. 法律责任

第三十四条规定:"安全生产监督管理部门工作人员徇私舞弊、滥用职权、玩忽职守,未依法履行危险化学品建设项目安全审查和监督管理职责的,依法给予处分。"

(三)建设项目和建设单位的职责

《办法》明确了建设项目和建设单位在危险化学品建设项目安全监督管理工作中安全条件、安全设施设计等职责,规范了危险化学品建设项目安全监督管理工作。

第三条规定:"本办法所称建设项目安全审查,是指建设项目安全条件审查、安全设施的设计审查。建设项目的安全审查由建设单位申请,安全生产监督管理部门根据本办法分级负责实施。

建设项目安全设施竣工验收由建设单位负责依法组织实施。

建设项目未经安全审查和安全设施竣工验收的,不得开工建设或者投入生产(使用)。"

1. 建设项目安全条件审查

第八条规定:"建设单位应当在建设项目的可行性研究阶段,委托具备相应资质的安全评价机构对建设项目进行安全评价。

安全评价机构应当根据有关安全生产法律、法规、规章和国家标准、行业标准,对建设项目进行安全评价,出具建设项目安全评价报告。安全评价报告应当符合《危险化学品建设项目安全评价细则》的要求。"

第九条规定:"建设项目有下列情形之一的,应当由甲级安全评价机构进行安全评价:

(一)国务院及其投资主管部门审批(核准、备案)的;

(二)生产剧毒化学品的;

(三)跨省、自治区、直辖市的;

(四)法律、法规、规章另有规定的。"

第十条规定:"建设单位应当在建设项目开始初步设计前,向与本办法第四条、第五条规定相应的安全生产监督管理部门申请建设项目安全条件审查,提交下列文件、资料,并对其真实性负责:

(一)建设项目安全条件审查申请书及文件;

(二)建设项目安全评价报告;

(三)建设项目批准、核准或者备案文件和规划相关文件(复制件);

(四)工商行政管理部门颁发的企业营业执照或者企业名称预先核准通知书(复制

件)。"

第十三条规定:"建设项目有下列情形之一的,安全条件审查不予通过:

(一)安全评价报告存在重大缺陷、漏项的,包括建设项目主要危险、有害因素辨识和评价不全或者不准确的;

(二)建设项目与周边场所、设施的距离或者拟建场址自然条件不符合有关安全生产法律、法规、规章和国家标准、行业标准的规定的;

(三)主要技术、工艺未确定,或者不符合有关安全生产法律、法规、规章和国家标准、行业标准的规定的;

(四)国内首次使用的化工工艺,未经省级人民政府有关部门组织的安全可靠性论证的;

(五)对安全设施设计提出的对策与建议不符合法律、法规、规章和国家标准、行业标准的规定的;

(六)未委托具备相应资质的安全评价机构进行安全评价的;

(七)隐瞒有关情况或者提供虚假文件、资料的。

建设项目未通过安全条件审查的,建设单位经过整改后可以重新申请建设项目安全条件审查。"

第十四条规定:"已经通过安全条件审查的建设项目有下列情形之一的,建设单位应当重新进行安全评价,并申请审查:

(一)建设项目周边条件发生重大变化的;

(二)变更建设地址的;

(三)主要技术、工艺路线、产品方案或者装置规模发生重大变化的;

(四)建设项目在安全条件审查意见书有效期内未开工建设,期限届满后需要开工建设的。"

2. 建设项目安全设施设计审查

第十六条规定:"建设单位应当在建设项目初步设计完成后、详细设计开始前,向出具建设项目安全条件审查意见书的安全生产监督管理部门申请建设项目安全设施设计审查,提交下列文件、资料,并对其真实性负责:

(一)建设项目安全设施设计审查申请书及文件;

(二)设计单位的设计资质证明文件(复制件);

(三)建设项目安全设施设计专篇。"

第十七条规定:"建设单位申请安全设施设计审查的文件、资料齐全,符合法定形式的,安全生产监督管理部门应当当场予以受理;未经安全条件审查或者审查未通过的,不予受理。受理或者不予受理的情况,安全生产监督管理部门应当书面告知建设单位。

安全设施设计审查申请文件、资料不齐全或者不符合要求的,安全生产监督管理部门应当自收到申请文件、资料之日起五个工作日内一次性书面告知建设单位需要补正的全部内容；逾期不告知的，收到申请文件、资料之日起即为受理。"

第十九条规定："建设项目安全设施设计有下列情形之一的，审查不予通过：

（一）设计单位资质不符合相关规定的；

（二）未按照有关安全生产的法律、法规、规章和国家标准、行业标准的规定进行设计的；

（三）对未采纳的建设项目安全评价报告中的安全对策和建议，未作充分论证说明的；

（四）隐瞒有关情况或者提供虚假文件、资料的。

建设项目安全设施设计审查未通过的，建设单位经过整改后可以重新申请建设项目安全设施设计的审查。"

第二十条规定："已经审查通过的建设项目安全设施设计有下列情形之一的，建设单位应当向原审查部门申请建设项目安全设施变更设计的审查：

（一）改变安全设施设计且可能降低安全性能的；

（二）在施工期间重新设计的。"

3. 建设项目试生产（使用）

第二十一条规定："建设项目安全设施施工完成后，建设单位应当按照有关安全生产法律、法规、规章和国家标准、行业标准的规定，对建设项目安全设施进行检验、检测，保证建设项目安全设施满足危险化学品生产、储存的安全要求，并处于正常适用状态。"

第二十二条规定："建设单位应当组织建设项目的设计、施工、监理等有关单位和专家，研究提出建设项目试生产（使用）(以下简称试生产〈使用〉）可能出现的安全问题及对策，并按照有关安全生产法律、法规、规章和国家标准、行业标准的规定，制定周密的试生产（使用）方案。试生产（使用）方案应当包括下列有关安全生产的内容：

（一）建设项目设备及管道试压、吹扫、气密、单机试车、仪表调校、联动试车等生产准备的完成情况；

（二）投料试车方案；

（三）试生产（使用）过程中可能出现的安全问题、对策及应急预案；

（四）建设项目周边环境与建设项目安全试生产（使用）相互影响的确认情况；

（五）危险化学品重大危险源监控措施的落实情况；

（六）人力资源配置情况；

（七）试生产（使用）起止日期。

建设项目试生产期限应当不少于30日，不超过1年。"

第二十三条规定："建设单位在采取有效安全生产措施后，方可将建设项目安全设施与生产、储存、使用的主体装置、设施同时进行试生产（使用）。

试生产（使用）前，建设单位应当组织专家对试生产（使用）方案进行审查。

试生产（使用）时，建设单位应当组织专家对试生产（使用）条件进行确认，对试生产（使用）过程进行技术指导。"

4. 建设项目安全设施竣工验收

第二十五条规定："建设项目试生产期间，建设单位应当按照本办法的规定委托有相应资质的安全评价机构对建设项目及其安全设施试生产（使用）情况进行安全验收评价，且不得委托在可行性研究阶段进行安全评价的同一安全评价机构。

安全评价机构应当根据有关安全生产的法律、法规、规章和国家标准、行业标准进行评价。建设项目安全验收评价报告应当符合《危险化学品建设项目安全评价细则》的要求。"

第二十七条规定："建设项目安全设施有下列情形之一的，建设项目安全设施竣工验收不予通过：

（一）未委托具备相应资质的施工单位施工的；

（二）未按照已经通过审查的建设项目安全设施设计施工或者施工质量未达到建设项目安全设施设计文件要求的；

（三）建设项目安全设施的施工不符合国家标准、行业标准的规定的；

（四）建设项目安全设施竣工后未按照本办法的规定进行检验、检测，或者经检验、检测不合格的；

（五）未委托具备相应资质的安全评价机构进行安全验收评价的；

（六）安全设施和安全生产条件不符合或者未达到有关安全生产法律、法规、规章和国家标准、行业标准的规定的；

（七）安全验收评价报告存在重大缺陷、漏项，包括建设项目主要危险、有害因素辨识和评价不正确的；

（八）隐瞒有关情况或者提供虚假文件、资料的；

（九）未按照本办法规定向参加验收人员提供文件、材料，并组织现场检查的。

建设项目安全设施竣工验收未通过的，建设单位经过整改后可以再次组织建设项目安全设施竣工验收。"

第二十八条规定："建设单位组织安全设施竣工验收合格后，应将验收过程中涉及的文件、资料存档，并按照有关法律法规及其配套规章的规定申请有关危险化学品的其他安全许可。"

5. 监督管理

第二十九条规定："建设项目在通过安全条件审查之后、安全设施竣工验收之前，建设单位发生变更的，变更后的建设单位应当及时将证明材料和有关情况报送负责建设项目安全审查的安全生产监督管理部门。"

6. 法律责任

第三十五条规定："未经安全条件审查或者安全条件审查未通过，新建、改建、扩建生产、储存危险化学品的建设项目的，责令停止建设，限期改正；逾期不改正的，处 50 万元以上 100 万元以下的罚款；构成犯罪的，依法追究刑事责任。

建设项目发生本办法第十四条规定的变化后，未重新申请安全条件审查，以及审查未通过擅自建设的，依照前款规定处罚。"

第三十六条规定："建设单位有下列行为之一的，依照《中华人民共和国安全生产法》有关建设项目安全设施设计审查、竣工验收的法律责任条款给予处罚：

（一）建设项目安全设施设计未经审查或者审查未通过，擅自建设的；

（二）建设项目安全设施设计发生本办法第二十一条规定的情形之一，未经变更设计审查或者变更设计审查未通过，擅自建设的；

（三）建设项目的施工单位未根据批准的安全设施设计施工的；

（四）建设项目安全设施未经竣工验收或者验收不合格，擅自投入生产（使用）的。"

第三十七条规定："建设单位有下列行为之一的，责令改正，可以处 1 万元以下的罚款；逾期未改正的，处 1 万元以上 3 万元以下的罚款：

（一）建设项目安全设施竣工后未进行检验、检测的；

（二）在申请建设项目安全审查时提供虚假文件、资料的；

（三）未组织有关单位和专家研究提出试生产（使用）可能出现的安全问题及对策，或者未制定周密的试生产（使用）方案，进行试生产（使用）的；

（四）未组织有关专家对试生产（使用）方案进行审查、对试生产（使用）条件进行检查确认的。"

第三十八条规定："建设单位隐瞒有关情况或者提供虚假材料申请建设项目安全审查的，不予受理或者审查不予通过，给予警告，并自安全生产监督管理部门发现之日起一年内不得再次申请该审查。

建设单位采用欺骗、贿赂等不正当手段取得建设项目安全审查的，自安全生产监督管理部门撤销建设项目安全审查之日起三年内不得再次申请该审查。"

（四）设计、施工单位职责

1. 建设项目安全设施设计审查

第十五条规定："设计单位应当根据有关安全生产的法律、法规、规章和国家标准、行业标准以及建设项目安全条件审查意见书，按照《化工建设项目安全设计管理导则》（AQ/T 3033），对建设项目安全设施进行设计，并编制建设项目安全设施设计专篇。建设项目安全设施设计专篇应当符合《危险化学品建设项目安全设施设计专篇编制导则》的要求。"

2. 建设项目安全设施竣工验收

第二十四条规定："建设项目安全设施施工完成后，施工单位应当编制建设项目安全设施施工情况报告。建设项目安全设施施工情况报告应当包括下列内容：

（一）施工单位的基本情况，包括施工单位以往所承担的建设项目施工情况；

（二）施工单位的资质情况（提供相关资质证明材料复印件）；

（三）施工依据和执行的有关法律、法规、规章和国家标准、行业标准；

（四）施工质量控制情况；

（五）施工变更情况，包括建设项目在施工和试生产期间有关安全生产的设施改动情况。"

（五）安全评价机构职责

第七条规定："建设项目的设计、施工、监理单位和安全评价机构应当具备相应的资质，并对其工作成果负责。

涉及重点监管危险化工工艺、重点监管危险化学品或者危险化学品重大危险源的建设项目，应当由具有石油化工医药行业相应资质的设计单位设计。"

1. 建设项目安全条件审查

第八条规定："建设单位应当在建设项目的可行性研究阶段，委托具备相应资质的安全评价机构对建设项目进行安全评价。

安全评价机构应当根据有关安全生产法律、法规、规章和国家标准、行业标准，对建设项目进行安全评价，出具建设项目安全评价报告。安全评价报告应当符合《危险化学品建设项目安全评价细则》的要求。"

2. 法律责任

第三十九条规定："承担安全评价、检验、检测工作的机构出具虚假报告、证明的，依照《中华人民共和国安全生产法》的有关规定给予处罚。"

七、《危险化学品输送管道安全管理规定》相关知识

《危险化学品输送管道安全管理规定》是为了加强危险化学品输送管道的安全管理，预防和减少危险化学品输送管道生产安全事故，保护人民群众生命财产安全，根据《中华人民共和国安全生产法》和《危险化学品安全管理条例》，制定的规定。2012年1月17日国家安全生产监督管理总局令第43号发布，2012年3月1日实施。最新修正为2015年5月27日，国家安全生产监督管理总局令第79号《国家安全监管总局关于废止和修改危险化学品等领域七部规章的决定》中对相关内容的修正。

《办法》共7章41条，主要内容如下。

（一）立法目的和适用范围

第一条规定了本法的立法目的：为了加强危险化学品输送管道的安全管理，预防和减少危险化学品输送管道生产安全事故，保护人民群众生命财产安全，根据《中华人民共和国安全生产法》和《危险化学品安全管理条例》，制定本规定。

第二条规定了本法适用范围为：生产、储存危险化学品的单位在厂区外公共区域埋地、地面和架空的危险化学品输送管道及其附属设施（以下简称危险化学品管道）的安全管理，适用本规定。

原油、成品油、天然气、煤层气、煤制气长输管道安全保护和城镇燃气管道的安全管理，不适用本规定。

（二）危险化学品管道单位的职责

《办法》明确了危险化学品管道单位在危险化学品输送管道安全管理工作中的管道建设、运行职责，规范了危险化学品输送管道安全管理工作。

第三条规定："对危险化学品管道享有所有权或者运行管理权的单位（以下简称管道单位）应当依照有关安全生产法律法规和本规定，落实安全生产主体责任，建立、健全有关危险化学品管道安全生产的规章制度和操作规程并实施，接受安全生产监督管理部门依法实施的监督检查。"

1. 危险化学品管道的建设

第十三条规定："危险化学品管道试生产（使用）前，管道单位应当对有关保护措施进行安全检查，科学制定安全投入生产（使用）方案，并严格按照方案实施。"

第十四条规定："危险化学品管道试压半年后一直未投入生产（使用）的，管道单位应当在其投入生产（使用）前重新进行气密性试验；对敷设在江、河或者其他环境敏感区域的危险化学品管道，应当相应缩短重新进行气密性试验的时间间隔。"

2. 危险化学品管道的运行

第十五条规定："危险化学品管道应当设置明显标志。发现标志毁损的，管道单位应当及时予以修复或者更新。"

第十六条规定："管道单位应当建立、健全危险化学品管道巡护制度，配备专人进行日常巡护。巡护人员发现危害危险化学品管道安全生产情形的，应当立即报告单位负责人并及时处理。"

第十七条规定："管道单位对危险化学品管道存在的事故隐患应当及时排除；对自身排除确有困难的外部事故隐患，应当向当地安全生产监督管理部门报告。"

第十八条规定："管道单位应当按照有关国家标准、行业标准和技术规范对危险化学品管道进行定期检测、维护，确保其处于完好状态；对安全风险较大的区段和场所，应当进行重点监测、监控；对不符合安全标准的危险化学品管道，应当及时更新、改造或者停止使用，并向当地安全生产监督管理部门报告。对涉及更新、改造的危险化学品管道，还应当按照本办法第九条的规定办理安全条件审查手续。"

第十九条规定："管道单位发现下列危害危险化学品管道安全运行行为的，应当及时予以制止，无法处置时应当向当地安全生产监督管理部门报告：

（一）擅自开启、关闭危险化学品管道阀门；

（二）采用移动、切割、打孔、砸撬、拆卸等手段损坏管道及其附属设施；

（三）移动、毁损、涂改管道标志；

（四）在埋地管道上方和巡查便道上行驶重型车辆；

（五）对埋地、地面管道进行占压，在架空管道线路和管桥上行走或者放置重物；

（六）利用地面管道、架空管道、管架桥等固定其他设施缆绳悬挂广告牌、搭建构筑物；

（七）其他危害危险化学品管道安全运行的行为。"

第二十一条规定："在危险化学品管道及其附属设施外缘两侧各 5 米地域范围内，管道单位发现下列危害管道安全运行的行为的，应当及时予以制止，无法处置时应当向当地安全生产监督管理部门报告：

（一）种植乔木、灌木、藤类、芦苇、竹子或者其他根系深达管道埋设部位可能损坏管道防腐层的深根植物；

（二）取土、采石、用火、堆放重物、排放腐蚀性物质、使用机械工具进行挖掘施工、工程钻探；

（三）挖塘、修渠、修晒场、修建水产养殖场、建温室、建家畜棚圈、建房以及修建其他建（构）筑物。"

第二十二条规定："在危险化学品管道中心线两侧及危险化学品管道附属设施外缘两侧 5 米外的周边范围内，管道单位发现下列建（构）筑物与管道线路、管道附属设施的距离不符合国家标准、行业标准要求的，应当及时向当地安全生产监督管理部门报告：

（一）居民小区、学校、医院、餐饮娱乐场所、车站、商场等人口密集的建筑物；

（二）加油站、加气站、储油罐、储气罐等易燃易爆物品的生产、经营、存储场所；

（三）变电站、配电站、供水站等公用设施。"

第二十三条规定："在穿越河流的危险化学品管道线路中心线两侧 500 米地域范围内，管道单位发现有实施抛锚、拖锚、挖沙、采石、水下爆破等作业的，应当及时予以制止，无法处置时应当向当地安全生产监督管理部门报告。但在保障危险化学品管道安全的条件下，为防洪和航道通畅而实施的养护疏浚作业除外。"

第二十四条规定："在危险化学品管道专用隧道中心线两侧 1000 米地域范围内，管道单位发现有实施采石、采矿、爆破等作业的，应当及时予以制止，无法处置时应当向当地安全生产监督管理部门报告。

在前款规定的地域范围内，因修建铁路、公路、水利等公共工程确需实施采石、爆破等作业的，应当按照本规定第二十五条的规定执行。"

第二十七条规定："危险化学品管道的专用设施、永工防护设施、专用隧道等附属设施不得用于其他用途；确需用于其他用途的，应当征得管道单位的同意，并采取相应的安全防护措施。"

第二十八条规定："管道单位应当按照有关规定制定本单位危险化学品管道事故应急预案，配备相应的应急救援人员和设备物资，定期组织应急演练。

发生危险化学品管道生产安全事故，管道单位应当立即启动应急预案及响应程序，采取有效措施进行紧急处置，消除或者减轻事故危害，并按照国家规定立即向事故发生地县级以上安全生产监督管理部门报告。"

第二十九条规定:"对转产、停产、停止使用的危险化学品管道,管道单位应当采取有效措施及时妥善处置,并将处置方案报县级以上安全生产监督管理部门。"

3. 法律责任

第三十四条规定:"管道单位未对危险化学品管道设置明显的安全警示标志的,由安全生产监督管理部门责令限期改正,可以处 5 万元以下的罚款;逾期未改正的,处 5 万元以上 20 万元以下的罚款,对其直接负责的主管人员和其他直接责任人员处 1 万元以上 2 万元以下的罚款;情节严重的,责令停产停业整顿;构成犯罪的,依照刑法有关规定追究刑事责任。"

第三十五条规定:"管道单位未按照本规定对管道进行检测、维护的,由安全生产监督管理部门责令改正,可以处 5 万元以下的罚款;拒不改正的,处 5 万元以上 10 万元以下的罚款;情节严重的,责令停产停业整顿。"

第三十六条规定:"对转产、停产、停止使用的危险化学品管道,管道单位未采取有效措施及时、妥善处置的,由安全生产监督管理部门责令改正,处 5 万元以上 10 万元以下的罚款;构成犯罪的,依法追究刑事责任。

对转产、停产、停止使用的危险化学品管道,管道单位未按照本规定将处置方案报县级以上安全生产监督管理部门的,由安全生产监督管理部门责令改正,可以处 1 万元以下的罚款;拒不改正的,处 1 万元以上 5 万元以下的罚款。"

(三) 管道建设、施工、监理单位的职责

《办法》明确了危险化学品管道建设、施工、监理单位在危险化学品输送管道安全管理工作中的管道规划、建设、运行职责,规范了危险化学品输送管道安全管理工作。

1. 危险化学品管道的规划

第六条规定:"危险化学品管道建设应当遵循安全第一、节约用地和经济合理的原则,并按照相关国家标准、行业标准和技术规范进行科学规划。"

第七条规定:"禁止光气、氯气等剧毒气体化学品管道穿(跨)越公共区域。

严格控制氨、硫化氢等其他有毒气体的危险化学品管道穿(跨)越公共区域。"

第八条规定:"危险化学品管道建设的选线应当避开地震活动断层和容易发生洪灾、地质灾害的区域;确实无法避开的,应当采取可靠的工程处理措施,确保不受地质灾害影响。

危险化学品管道与居民区、学校等公共场所以及建筑物、构筑物、铁路、公路、航道、港口、市政设施、通讯设施、军事设施、电力设施的距离,应当符合有关法律、行政法规和国家标准、行业标准的规定。"

2. 危险化学品管道的建设

第九条规定:"对新建、改建、扩建的危险化学品管道,建设单位应当依照国家安全生产监督管理总局有关危险化学品建设项目安全监督管理的规定,依法办理安全条件审查、安全设施设计审查和安全设施竣工验收手续。"

第十条规定：“对新建、改建、扩建的危险化学品管道，建设单位应当依照有关法律、行政法规的规定，委托具备相应资质的设计单位进行设计。"

第十一条规定：“承担危险化学品管道的施工单位应当具备有关法律、行政法规规定的相应资质。施工单位应当按照有关法律、法规、国家标准、行业标准和技术规范的规定，以及经过批准的安全设施设计进行施工，并对工程质量负责。

参加危险化学品管道焊接、防腐、无损检测作业的人员应当具备相应的操作资格证书。"

第十二条规定：“负责危险化学品管道工程的监理单位应当对管道的总体建设质量进行全过程监督，并对危险化学品管道的总体建设质量负责。管道施工单位应当严格按照有关国家标准、行业标准的规定对管道的焊缝和防腐质量进行检查，并按照设计要求对管道进行压力试验和气密性试验。

对敷设在江、河、湖泊或者其他环境敏感区域的危险化学品管道，应当采取增加管道压力设计等级、增加防护套管等措施，确保危险化学品管道安全。"

3. 危险化学品管道的运行

第二十五条规定：“实施下列可能危及危险化学品管道安全运行的施工作业的，施工单位应当在开工的 7 日前书面通知管道单位，将施工作业方案报管道单位，并与管道单位共同制定应急预案，采取相应的安全防护措施，管道单位应当指派专人到现场进行管道安全保护指导：

（一）穿（跨）越管道的施工作业；

（二）在管道线路中心线两侧 5 米至 50 米和管道附属设施周边 100 米地域范围内，新建、改建、扩建铁路、公路、河渠，架设电力线路，埋设地下电缆、光缆，设置安全接地体、避雷接地体；

（三）在管道线路中心线两侧 200 米和管道附属设施周边 500 米地域范围内，实施爆破、地震法勘探或者工程挖掘、工程钻探、采矿等作业。"

第二十六条规定：“施工单位实施本规定第二十四条第二款、第二十五条规定的作业，应当符合下列条件：

（一）已经制定符合危险化学品管道安全运行要求的施工作业方案；

（二）已经制定应急预案；

（三）施工作业人员已经接受相应的危险化学品管道保护知识教育和培训；

（四）具有保障安全施工作业的设备、设施。"

4. 法律责任

第三十三条规定：“新建、改建、扩建危险化学品管道建设项目未经安全条件审查的，由安全生产监督管理部门责令停止建设，限期改正；逾期不改正的，处 50 万元以上 100 万元以下的罚款；构成犯罪的，依法追究刑事责任。

危险化学品管道建设单位将管道建设项目发包给不具备相应资质等级的勘察、设计、施工单位或者委托给不具有相应资质等级的工程监理单位的,由安全生产监督管理部门移送建设行政主管部门依照《建设工程质量管理条例》第五十四条规定予以处罚。"

第三十五条规定:"进行可能危及危险化学品管道安全的施工作业,施工单位未按照规定书面通知管道单位,或者未与管道单位共同制定应急预案并采取相应的防护措施,或者管道单位未指派专人到现场进行管道安全保护指导的,由安全生产监督管理部门责令改正,可以处 5 万元以下的罚款;拒不改正的,处 5 万元以上 10 万元以下的罚款;情节严重的,责令停产停业整顿。"

(四)政府部门职责

《办法》明确了政府部门在危险化学品输送管道安全管理工作中的监督检查、审查处理职责,规范了危险化学品输送管道安全管理工作。

第四条规定:"各级安全生产监督管理部门负责危险化学品管道安全生产的监督检查,并依法对危险化学品管道建设项目实施安全条件审查。"

第五条规定:"任何单位和个人不得实施危害危险化学品管道安全生产的行为。

对危害危险化学品管道安全生产的行为,任何单位和个人均有权向安全生产监督管理部门举报。接受举报的安全生产监督管理部门应当依法予以处理。"

第三十条规定:"省级、设区的市级安全生产监督管理部门应当按照国家安全生产监督管理总局有关危险化学品建设项目安全监督管理的规定,对新建、改建、扩建管道建设项目办理安全条件审查、安全设施设计审查、试生产(使用)方案备案和安全设施竣工验收手续。"

第三十一条规定:"安全生产监督管理部门接到管道单位依照本规定第十七条、第十九条、第二十一条、第二十二条、第二十三条、第二十四条提交的有关报告后,应当及时依法予以协调、移送有关主管部门处理或者报请本级人民政府组织处理。"

第三十二条规定:"县级以上安全生产监督管理部门接到危险化学品管道生产安全事故报告后,应当按照有关规定及时上报事故情况,并根据实际情况采取事故处置措施。"

第二章

应急预案的编制与演练

第一节　危险化学品综合应急预案编制

一、应急能力评估

应急能力评估包括应急资源评估、应急措施评估、应急管理评估，根据应急能力不足提供相应的改进措施以及形成书面报告即应急能力评估表，对于技师已掌握了应急能力评估相应的理论知识，因此需要学会制作应急能力评估表来评估一个生产经营单位、危险化学品所属部门及所在地区的应急能力。应急能力评估表见表2-1。

表 2-1　应急能力评估表

评估项目	内　　容	评估情况
人力	紧急时可动员多少全职人员、多少兼职人员、多少志愿者	
	培训水平如何	
通信联络设备	有什么样的通信设备（电话、专线电话、无线电和警笛）	
	有无应急指挥中心，它们位于何处	
个人防护设备	在何处、有多少和什么类型的个人防护设备（如呼吸器、防毒面具、防护服等）	
消防设备和供应	有什么类型的消防设备（消防车、消防梯、液压起重机）	
	有无消防水系统、有什么替代水源	
	其他有什么样和多少消防设备（如各种便携式灭火器、泡沫罐、灭火药剂）	
事故控制和防污染设备及供应	有什么专用工具和设备，在什么地方	
	有多少掘土设备	
	有什么类型的防污染设备和药剂（如中和剂）	
医疗服务机构、设施、设备和供应	当地医院和其他医疗机构的位置	
	它们的装备如何	
	有多少救护车	
	有多少医生、护士	

表 2-1（续）

评估项目	内　　容	评估情况
监测系统	有什么样的监测和检测系统，有多少	
	这些化学实验室是否能进行危险物质分析	
	是否有专门技术参考资料的图书馆或数据库	
气象站	有多少气象站（特别是确定风向）	
	它们位于何处	
交通系统	有多少卡车和其他交通设备以便在紧急时运输和供应	
	有多少车辆可用来运输和疏散人员	
保安和进出管制设备	是否有足够的警力以控制交通和疏散警戒	
	是否有足够进出管制设备（如路障）以便在紧急时控制交通	
社会服务机构、设施和设备	有多少接收疏散人员的设施	
	有多少可以提供的应急设备（如帐篷、药品等）	

总体评估：

评估人员：

二、应急预案编制要求及步骤

应急预案的编制过程可分为下面 5 个步骤：成立预案编制小组，危险分析和应急能力评估，编制应急预案，应急预案的评审与发布，应急预案的实施。

（一）成立预案编制小组

重大事故的应急救援行动涉及来自不同部门、不同专业领域的应急各方，需要应急各方在相互信任、相互了解的基础上进行密切配合和相互协调。因此，应急预案的成功编制需要城市各个有关职能部门和团体的积极参与，并达成一致意见，尤其是应寻求与危险直接相关的各方进行合作。成立预案编制小组是将城市各有关职能部门、各类专业技术有效结合起来的最佳方式，可有效地保证准确性和完整性，而且为城市应急各方提供了一个非常重要的协作与交流机会，有利于统一应急各方的不同观点和意愿。预案编制小组的成员一般应包括：市长或其代表，应急管理部门，下属区或县的行政负责人，消防、公安、环保、卫生、市政、医院、医疗急救、卫生防疫、邮电、交通和运输管理部门，技术专家，广播、电视等新闻媒体，法律顾问，有关企业，以及上级政府或应急机构代表等。预案编制小组的成员确定后，必须确定小组领导，明确编制计划，保证整个预案编制工作的组织实施。

（二）危险分析和应急能力评估

1. 危险分析

危险分析是应急预案编制的基础和关键过程。危险分析的结果不仅有助于确定需要重点考虑的危险，提供划分预案编制优先级别的依据，而且也为应急预案的编制、应急准备和应急响应提供必要的信息和资料。

危险分析包括危险识别、脆弱性分析和风险分析。

1）危险识别

要调查所有的危险并进行详细的分析是不可能的。危险识别的目的是将城市中可能存在的重大危险因素识别出来，作为下一步危险分析的对象。危险识别应分析本地区的地理、气象等自然条件，工业和运输、商贸、公共设施等的具体情况，总结本地区历史上曾经发生的重大事故，来识别出可能发生的自然灾害和重大事故。危险识别还应符合国家有关法律法规和标准的要求。危险识别应明确下列内容：

（1）危险化学品工厂（尤其是重大危险源）的位置和运输路线。
（2）伴随危险化学品的泄漏而最有可能发生的危险（如火灾、爆炸和中毒）。
（3）城市内或经过城市进行运输的危险化学品的类型和数量。
（4）重大火灾隐患的情况（如地铁、大型商场等人口密集场所）。
（5）其他可能的重大事故隐患（如大坝、桥梁等）。
（6）可能的自然灾害，以及地理、气象等自然环境的变化和异常情况。

2）脆弱性分析

脆弱性分析要确定的是：一旦发生危险事故，城市的哪些地方容易受到破坏。脆弱性分析结果应提供下列信息：

（1）受事故或灾害严重影响的区域，以及该区域的影响因素（如地形、风向等）。
（2）预计位于脆弱带中的人口数量和类型（如居民、职员、敏感人群、医院、学校、疗养院、托儿所）。
（3）可能遭受的财产破坏，包括基础设施（如水、食物、电、医疗）和运输线路。
（4）可能的环境影响。

3）风险分析

风险分析是根据脆弱性分析的结果，评估事故或灾害发生时，对城市造成破坏（或伤害）的可能性，以及可能导致的实际破坏（或伤害）程度。通常可能会选择对最坏的情况进行分析。风险分析应提供下列信息：

（1）发生事故和环境异常（如洪涝）的可能性，或同时发生多种紧急事故的可能性。

(2) 对人造成的伤害类型（急性、延时或慢性的）和相关的高危人群。

(3) 对财产造成的破坏类型（暂时、可修复或永久的）。

(4) 对环境造成的破坏类型（可恢复或永久的）。

要做到准确分析事故发生的可能性是不太现实的，不必过多地将精力集中到对事故或灾害发生的可能性进行精确定量分析中，可以用相对性的词汇（如低、中、高）来描述发生事故或灾害的可能性，但关键是要在充分利用现有数据和技术的基础上进行合理的评估。

2. 应急能力评估

根据危险分析的结果，对已有的应急资源和应急能力进行评估，包括城市应急资源的评估和企业应急资源的评估，明确应急救援的需求和不足。应急资源包括应急人员、应急设施（设备）、装备和物资等，应急能力包括人员的技术、经验和接受的培训等。应急资源和应急能力将直接影响应急行动的快速有效性。制定预案时应当在评价与潜在危险相适应的应急资源和应急能力的基础上，选择最现实、最有效的应急策略。

（三）编制应急预案

应急预案的编制必须基于城市重大事故风险的分析结果，城市应急资源的需求和现状以及有关的法律法规要求。此外，编制预案时应充分收集和参阅已有的应急预案，以最大可能减少工作量和避免应急预案的重复和交叉，并确保与其他相关应急预案的协调和一致。

预案编制小组在设计应急预案编制格式时应考虑以下方面：

(1) 合理组织。应合理地组织预案的章节，以便每个不同的读者能快速地找到各自所需要的信息，避免从一堆不相关的信息中去查找所需要的信息。

(2) 连续性。保证应急预案各个章节及其组成部分在内容上的相互衔接，避免内容出现明显的位置不当。

(3) 一致性。保证应急预案的每个部分都采用相似的逻辑结构来组织内容。

(4) 兼容性。应急预案的格式应尽量采取与上级机构一致的格式，以便各级应急预案能更好地协调和对应。

（四）应急预案的评审与发布

为保证应急预案的科学性、合理性以及与实际情况相符合，城市重大事故应急预案必须经过评审，包括组织内部评审和专家评审，必要时请上级应急机构进行评审。应急预案经评审通过和批准后，按有关程序进行正式发布和备案。

（五）应急预案的实施

应急预案经批准发布后，应急预案的实施便成了城市应急管理工作的重要环节。应急预案的实施包括：开展预案的宣传贯彻，进行预案的培训，落实和检查各个有关部门的职责、程序和资源准备，组织预案的演练，并定期评审和更新预案，使应急预案有机地融入城市的公共安全保障工作之中，真正将应急预案所规定的要求落到实处。

三、应急预案评审与发布

(一) 评审方法

应急预案评审采取形式评审和要素评审两种方法。形式评审主要用于应急预案备案时的评审,要素评审用于生产经营单位组织的应急预案评审工作。应急预案评审采用符合、基本符合、不符合三种意见进行判定。对于基本符合和不符合的项目,应给出具体修改意见或建议。

1. 形式评审

依据 2021 年 4 月 1 日实施的《生产经营单位生产安全事故应急预案编制导则》(GB/T 29639—2020)(以下简称《导则》) 和有关行业规范,对应急预案的层次结构、内容格式、语言文字、附件项目以及编制过程等内容进行审查,重点审查应急预案的规范性和编制过程。应急预案形式评审的具体内容及要求见附录一。

2. 要素评审

依据国家有关法律法规、《导则》和有关行业规范,从合法性、完整性、针对性、实用性、科学性、操作性和衔接性等方面对应急预案进行评审。为细化评审,采用列表方式分别对应急预案的要素进行评审。评审时,将应急预案的要素内容与评审表中所列要素的内容进行对照,判断是否符合有关要求,指出存在问题及不足。应急预案要素分为关键要素和一般要素。应急预案要素评审的具体内容及要求见附录二至附录六。

关键要素是指应急预案构成要素中必须规范的内容。这些要素涉及生产经营单位日常应急管理及应急救援的关键环节,具体包括危险源辨识与风险分析、组织机构及职责、信息报告与处置和应急响应程序与处置技术等要素。关键要素必须符合生产经营单位实际和有关规定要求。

一般要素是指应急预案构成要素中可简写或省略的内容。这些要素不涉及生产经营单位日常应急管理及应急救援的关键环节,具体包括应急预案中的编制目的、编制依据、适用范围、工作原则、单位概况等要素。

(二) 评审程序

应急预案编制完成后,生产经营单位应在广泛征求意见的基础上,对应急预案进行评审。

1. 评审准备

成立应急预案评审工作组,落实参加评审的单位或人员,将应急预案及有关资料在评审前送达参加评审的单位或人员。

2. 组织评审

评审工作应由生产经营单位主要负责人或主管安全生产工作的负责人主持,参加应急预案评审的人员应符合《生产安全事故应急预案管理办法》要求。生产经营规模小、人员少的单位,可以采取演练的方式对应急预案进行论证,必要时应邀请相关主管部门或安全管理人员参加。应急预案评审工作组讨论并提出评审意见。

3. 修订完善

生产经营单位应认真分析研究评审意见，按照评审意见对应急预案进行修订和完善。评审意见要求重新组织评审的，生产经营单位应组织有关部门对应急预案重新进行评审。

4. 批准印发

生产经营单位的应急预案经评审或论证，符合要求的，由生产经营单位主要负责人签发。

（三）评审要点

应急预案评审应坚持实事求是的工作原则，结合生产经营单位工作实际，按照《导则》和有关行业规范，从以下7个方面进行评审：

（1）合法性。符合有关法律法规、规章和标准，以及有关部门和上级单位规范性文件要求。

（2）完整性。具备《导则》所规定的各项要素。

（3）针对性。紧密结合本单位危险源辨识与风险分析。

（4）实用性。切合本单位工作实际，与生产安全事故应急处置能力相适应。

（5）科学性。组织体系、信息报送和处置方案等内容科学合理。

（6）操作性。应急响应程序和保障措施等内容切实可行。

（7）衔接性。综合、专项应急预案和现场处置方案形成体系，并与相关部门或单位应急预案相互衔接。

有关部门应急预案的评审工作可参照附录一至附录六。

四、应急预案编制要点

应急预案按照预案功能可分为综合应急预案、专项应急预案及现场处置方案，在编制这三种预案时不仅需要根据定义确定内容，还需要注意其中的编制要点。该要点就相当于预案编制中的细节，细节一旦出现问题将会带来不可估量的后果。在本书中，将这三种应急预案编制要点以表格形式呈现，见表2-2。

表 2-2 应急预案编制要点

类别	要素		内容
综合应急预案	总则	编制目的	说明预案编制的目的、作用等
		编制依据	简述预案编制依据的法律法规、规章、规范和标准等
		适用范围	说明预案所适用的区域范围，以及事故的类型、级别
		应急预案体系	说明本单位的预案体系构成情况
		应急工作原则	说明本单位应急工作原则，内容简明扼要、明确具体
	危险性分析	单位概况	说明单位地址、从业人数、隶属关系、主要工作内容、周边设施、人员分布等
		危险源与风险分析	阐述本单位存在的危险源及风险分析结果

表 2-2（续）

类别	要素		内容
综合应急预案	组织机构及职责	应急组织体系	说明应急组织形式、构成单位或人员等
		指挥机构及职责	说明应急救援指挥机构总指挥、副总指挥、各成员单位及其相应职责，应急救援工作小组及工作任务与职责
	预防与预警	危险源监控	说明本单位对危险源监测监控的方式、方法以及采取的预防措施
		预警行动	说明事故预警的条件、方式、方法和信息的发布程序
		信息报告与处置	说明事故及未遂伤亡事故信息报告及处置办法
	应急响应	应急分级	根据事故危害程度、影响范围和单位控制事态的能力，明确应急响应级别
		响应程度	根据事故的大小和发展态势，明确应急指挥、应急行动、资源调配、应急避险、扩大应急等响应程序
		应急结束	明确应急终止的条件、事故情况上报事项、向事故调查组处理小组移交的相关事项、应急救援总结报告
	信息发布	信息发布	明确事故信息发布的部门和发布原则
	后期处置	后期处置	包括污染物处理、事故后果影响消除、生产恢复、善后赔偿、抢险过程和应急救援能力评估、预案修订等
	保障措施	通信与信息保障	明确应急工作关联的人员、单位通信联系方式，并提供备用、维护方案
		应急队伍保障	明确各类应急的人力资源，包括专业、兼职队伍的组织与保障方案
		应急物资装备保障	明确应急物资和装备的类型、数量、性能、存放位置、管理责任人及联系方式等
		经费保障	明确应急经费的来源、使用范围、数量和监管措施
		其他保障	与应急相关的保障措施，如交通、治安、技术、医疗、后勤保障等
	培训与演练	培训	明确对相关人员应急培训计划、方式和要求
		演练	明确演练的规模、方式、频次、范围、内容、组织、评估、总结等
	奖惩	奖惩	明确应急工作中的奖励和处罚的条件和内容
	附则	术语和定义	对预案涉及的主要术语进行定义
		预案备案	明确预案报备部门
		维护和更新	明确预案维护和更新的基本要求
		制定与解释	明确预案负责制定与解释的部门
		预案实施	明确预案实施的具体时间
专项应急预案	事故类型和危害程度分析		在危险源评估的基础上，对其可能发生事故的类型、季节、严重程度进行确定
	应急处置基本原则		明确处置事故应当遵循的基本原则

表 2-2（续）

类别	要素		内容
专项应急预案	组织机构及职责	应急组织体系	明确应急组织形式、构成单位和人员
		指挥机构及职责	明确总指挥、副总指挥、各成员单位及人员职责，应急救援工作小组和工作任务及主要负责人职责
	预防与预警	危险源监控	明确危险源监控方式、方法及采取的预防措施
		预警行动	明确预警条件、方式、方法和信息发布程序
	信息报告程序		确定报警系统、程序及现场报警方式，确定值班信息沟通、通信及联络方式，明确相互认可的通告、报警形式和向外部求援的方式
	应急处置	响应分级	根据事故危害程度、影响范围和单位控制事态的能力，设定事故的不同等级，明确应急响应级别
		响应程序	根据事故的大小和发展态势，明确应急指挥、应急行动、资源调配、应急避险、扩大应急等响应程序
		处置措施	根据事故类别和可能发生的事故特点、危险性，制定相应的应急处置措施
	应急物资与装备保障		明确应急处置所需的物资与装备数量、管理和维护、正确使用等
现场处置方案	事故特征		包括危险性分析、可能发生的事故类型，事故发生的区域、地点或装置名称，事故可能发生的季节和造成的危害程度，事故前可能出现的征兆
	应急组织与职责		包括基层单位应急自救组织形式及人员构成，应急自救组织机构及相关人员的具体职责
	应急处置		包括事故应急处置程序，现场应急处置措施，报警电话及上级管理部门、相关应急救援单位和人员联系方式，事故报告内容和基本要求等
	注意事项		包括个人防护用品及抢险救援器材使用、采取救援对策或措施、现场自救和互救、现场应急处置能力确认和人员安全防护、应急结束后及特别警示等的注意事项
预案附件	有关应急机构或人员联系方式		列出应急工作中需要联系的有关部门、机构或人员的联系方式
	重要物资装备名录或清单		列出预案涉及的重要物资和装备名称、型号、存放地点和联系电话
	规范化格式文本		信息接收、处理、上报等规范化表格、文本
	关键路线、标识和图纸		包括警报系统分布及覆盖范围、重要防护目标一览表及分布图、应急救援指挥位置及救援队伍行动路线、疏散路线、重要地点标识、相关平面布置图纸及救援力量的分布图纸等
	相关应急预案名录		列出直接与预案相关的或相衔接的应急预案名称
	有关协议或备忘录		与相关应急救援部门签订的应急支援协议或备忘录

第二节 应急演练与评估

一、应急演练策划与实施

(一) 应急演练策划

演练组织单位要根据实际情况,并依据相关法律法规和应急预案的规定,制定年度应急演练规划,按照"先单项后综合、先桌面后实战、循序渐进、时空有序"等原则,合理规划应急演练的频次、规模、形式、时间、地点等。

(二) 应急演练组织机构

演练应在相关预案确定的应急领导机构或指挥机构领导下组织开展。演练组织单位要成立由相关单位领导组成的演练领导小组,通常下设策划部、保障部和评估组;对于不同类型和规模的演练活动,其组织机构和职能可以适当调整。根据需要,可成立现场指挥部。

1. 演练领导小组

演练领导小组负责应急演练活动全过程的组织领导,审批决定演练的重大事项。演练领导小组组长一般由演练组织单位或其上级单位负责人担任,副组长一般由演练组织单位或主要协办单位负责人担任,小组其他成员一般由各演练参与单位相关负责人担任。在演练实施阶段,演练领导小组组长、副组长通常分别担任演练总指挥、副总指挥。

2. 策划部

策划部负责应急演练策划、演练方案设计、演练实施的组织协调、演练评估总结等工作。策划部设总策划、副总策划,下设文案组、协调组、控制组、宣传组等。

(1) 总策划和副总策划。总策划是演练准备、演练实施、演练总结等阶段各项工作的主要组织者,一般由演练组织单位具有应急演练组织经验和突发事件应急处置经验的人员担任。副总策划协助总策划开展工作,一般由演练组织单位或参与单位的有关人员担任。

(2) 文案组。在总策划的直接领导下,负责制定演练计划、设计演练方案、编写演练总结报告以及演练文档归档与备案等。其成员应具有一定的演练组织经验和突发事件应急处置经验。

(3) 协调组。负责与演练涉及的相关单位以及本单位有关部门之间沟通协调。其成员一般为演练组织单位及参与单位的行政、外事等部门人员。

(4) 控制组。在演练实施过程中,在总策划的直接指挥下,负责向演练人员传送各类控制消息,引导应急演练进程按计划进行。其成员最好有一定的演练经验,也可以从文案组和协调组抽调,常称为演练控制人员。

(5) 宣传组。负责编制演练宣传方案,整理演练信息、组织新闻媒体和开展新闻发布等。其成员一般是演练组织单位及参与单位宣传部门的人员。

3. 保障部

保障部负责调集演练所需物资装备，购置和制作演练模型、道具、场景，准备演练场地，维持演练现场秩序，保障运输车辆，保障人员生活和安全保卫等。其成员一般是演练组织单位及参与单位后勤、财务、办公等部门人员，常称为后勤保障人员。

4. 评估组

评估组负责设计演练评估方案和编写演练评估报告，对演练准备、组织、实施及其安全事项等进行全过程、全方位评估，及时向演练领导小组、策划部和保障部提出意见、建议。其成员一般是应急管理专家、具有一定演练评估经验和突发事件应急处置经验的专业人员，常称为演练评估人员。评估组可由上级部门组织，也可由演练组织单位自行组织。

5. 参演队伍和人员

参演队伍和人员包括应急预案规定的有关应急管理部门（单位）工作人员、各类专兼职应急救援队伍以及志愿者队伍等。参演人员承担具体演练任务，针对模拟事件场景作出应急响应行动。有时也可使用模拟人员替代未在现场参加演练的单位人员，或模拟事故的发生过程，如释放烟雾、模拟泄漏等。

（三）应急演练准备

1. 制定演练计划

演练计划由文案组编制，经策划部审查后报演练领导小组批准。主要内容包括：

（1）确定演练目的，明确举办应急演练的原因、演练要解决的问题和期望达到的效果等。

（2）分析演练需求，在对事先设定事件的风险及应急预案进行认真分析的基础上，确定需调整的演练人员、需锻炼的技能、需检验的设备、需完善的应急处置流程和需进一步明确的职责等。

（3）确定演练范围，根据演练需求、经费、资源和时间等条件的限制，确定演练事件类型、等级、地域、参演机构及人数、演练方式等。演练需求和演练范围往往互为影响。

（4）安排演练准备与实施的日程计划，包括各种演练文件编写与审定的期限、物资器材准备的期限、演练实施的日期等。

（5）编制演练经费预算，明确演练经费筹措渠道。

2. 设计演练方案

演练方案由文案组编写，通过评审后由演练领导小组批准，必要时还需报有关主管单位同意并备案。

1）确定演练目标

演练目标是需完成的主要演练任务及其达到的效果，一般说明"由谁在什么条件下完成什么任务，依据什么标准，取得什么效果"。演练目标应简单、具体、可量化、可实现。一次演练一般有若干项演练目标,每项演练目标都要在演练方案中有相应的事件和演练活动予以实现,并在演练评估中有相应的评估项目判断该目标的实现情况。

2)设计演练情景与实施步骤

演练情景要为演练活动提供初始条件,还要通过一系列的情景事件引导演练活动继续,直至演练完成。演练情景包括演练场景概述和演练场景清单。

(1)演练场景概述。要对每一处演练场景概要说明,主要说明事件类别、发生的时间地点、发展速度、强度与危险性、受影响范围、人员和物资分布、造成的损失、后续发展预测、气象及其他环境条件等。

(2)演练场景清单。要明确演练过程中各场景的时间顺序列表和空间分布情况。演练场景之间的逻辑关联依赖于事件发展规律、控制消息和演练人员收到控制消息后应采取的行动。

事故应对方面主要涉及突发事件本身、承灾载体和应急管理。但是传统的"预测–应对"管理模式在非常规突发事件的应对中显得力不能及,无法对非常规突发事件的发生发展进行准确及时的预警预测。因此,为了更好地针对实时发生的关键情景作出合理的决策,应急决策者在事件发生发展过程中采用"情景–应对"型应急管理模式也就是事故应急情景构建技术。

既有的应急演练往往采用编写演练脚本方式,演练过程趋于角色化、剧本化,依赖于特定事故场景和固定应急救援程序,需要事先编排和预演,现场演练具有较强的观摩性,在预案培训和示范方面可以起到很好的作用。但是由于事故的突发性和不确定性,脚本式的演练为保证其成功率,往往回避了复杂、多样的事故类型,对于提高突发事故应急能力作用有限。

所有的事故应急情景应遵循共同的框架结构,用同样的顺序和层次对情景进行描述。情景构建支撑应急预案编制的三个核心环节:辨识风险、确定应急响应优先事项、确定应急程序,按照逻辑顺序,可分为情景分析、任务梳理、能力评估三项程序,具体细分为构建应急预案编制团队、风险辨识、确定优先相应目标和级别、确定应急响应可利用资源、编制应急预案并审查发布、演练和修订7个步骤。应急情景构建步骤如图2-1所示。

有别于传统应急演练模式,情景构建是基于事件树和墨菲定律进行的,这也就意味着更加适用于巨灾等小概率的重大危害后果事件,力图避免最坏结果,从而减少和遏制事故损失,达到提高应急预案针对性、强化应急能力建设、增强系统防控能力的最终目标,它是传统应急预案和演练的补充和改良。

3)设计评估标准与方法

演练评估是通过观察、体验和记录演练活动,比较演练实际效果与目标之间的差异,总结演练成效和不足的过程。演练评估应以演练目标为基础。每项演练目标都要设计合理的评估方法、标准。根据演练目标的不同,可以用选择项(如是/否判断,多项选择)、主观评分(如1—差、3—合格、5—优秀)、定量测量(如响应时间、被困人数、获救人

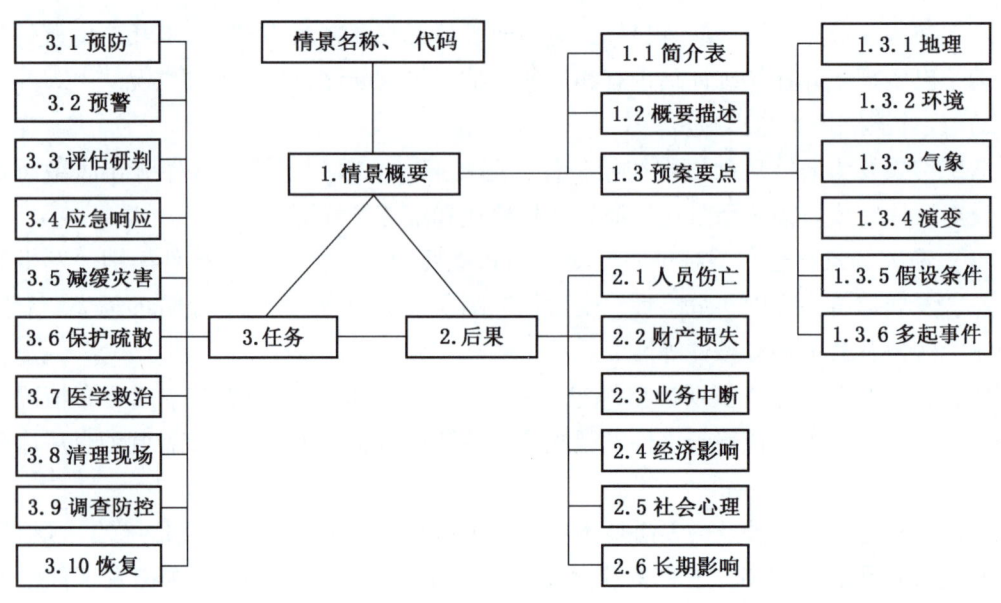

图 2-1 应急情景构建步骤

数）等方法进行评估。

为便于演练评估操作,通常事先设计好评估表格,包括演练目标、评估方法、评价标准和相关记录项等。有条件时还可以采用专业评估软件等工具。

4）编写演练方案文件

演练方案文件是指导演练实施的详细工作文件。根据演练类别和规模的不同,演练方案可以编为一个或多个文件。编为多个文件时可包括演练人员手册、演练控制指南、演练评估指南、演练宣传方案、演练脚本等,分别发给相关人员。对涉密应急预案的演练或不宜公开的演练内容,还要制定保密措施。

(1) 演练人员手册。内容主要包括演练概述、组织机构、时间、地点、参演单位、演练目的、演练情景概述、演练现场标识、演练后勤保障、演练规则、安全注意事项、通信联系方式等,但不包括演练细节。演练人员手册可发放给所有参加演练的人员。

(2) 演练控制指南。内容主要包括演练情景概述、演练事件清单、演练场景说明、参演人员及其位置、演练控制规则、控制人员组织结构与职责、通信联系方式等。演练控制指南主要供演练控制人员使用。

(3) 演练评估指南。内容主要包括演练情况概述、演练事件清单、演练目标、演练场景说明、参演人员及其位置、评估人员组织结构与职责、评估人员位置、评估表格及相关工具、通信联系方式等。演练评估指南主要供演练评估人员使用。

(4) 演练宣传方案。内容主要包括宣传目标、宣传方式、传播途径、主要任务及分工、技术支持、通信联系方式等。

(5) 演练脚本。对于重大综合性示范演练,演练组织单位要编写演练脚本,描述演练事件场景、处置行动、执行人员、指令与对白、视频背景与字幕、解说词等。

5）评审演练方案

对综合性较强、风险较大的应急演练，评估组要对文案组制定的演练方案进行评审，确保演练方案科学可行，以确保应急演练工作的顺利进行。

3. 进行演练动员与培训

在演练开始前要进行演练动员与培训，确保所有演练参与人员掌握演练规则、演练情景和各自在演练中的任务。

所有演练参与人员都要经过应急基本知识、演练基本概念、演练现场规则等方面的培训。对控制人员要进行岗位职责、演练过程控制和管理等方面的培训，对评估人员要进行岗位职责、演练评估方法、工具使用等方面的培训，对参演人员要进行应急预案、应急技能及个体防护装备使用等方面的培训。

4. 明确应急演练保障

1）人员保障

演练参与人员一般包括演练领导小组、演练总指挥、总策划、文案人员、控制人员、评估人员、保障人员、参演人员、模拟人员等，有时还会有观摩人员等其他人员。在演练的准备过程中，演练组织单位和参与单位应合理安排工作，保证相关人员参与演练活动的时间；通过组织观摩学习和培训，提高演练人员素质和技能。

2）经费保障

演练组织单位每年要根据应急演练规划编制应急演练经费预算，纳入该单位的年度财政（财务）预算，并按照演练需要及时拨付经费。对经费使用情况进行监督检查，确保演练经费专款专用、节约高效。

3）场地保障

根据演练方式和内容，经现场勘察后选择合适的演练场地。桌面演练一般可选择会议室或应急指挥中心等；实战演练应选择与实际情况相似的地点，并根据需要设置指挥部、集结点、接待站、供应站、救护站、停车场等设施。演练场地应有足够的空间，良好的交通、生活、卫生和安全条件，尽量避免干扰公众生产生活。

4）物资和器材保障

根据需要，准备必要的演练材料、物资和器材，制作必要的模型设施等，主要包括：

（1）信息材料，主要包括应急预案和演练方案的纸质文本、演示文档、图表、地图、软件等。

（2）物资设备，主要包括各种应急抢险物资、特种装备、办公设备、录音摄像设备、信息显示设备等。

（3）通信器材，主要包括固定电话、移动电话、对讲机、海事电话、传真机、计算机、无线局域网、视频通信器材和其他配套器材，尽可能使用已有通信器材。

（4）演练情景模型，搭建必要的模拟场景及装置设施。

5）通信保障

应急演练过程中应急指挥机构、总策划、控制人员、参演人员、模拟人员等之间要有及时可靠的信息传递渠道。根据演练需要，可以采用多种公用或专用通信系统，必要时可组建演练专用通信与信息网络，确保演练控制信息的快速传递。

6）安全保障

演练组织单位要高度重视演练组织与实施全过程的安全保障工作。大型或高风险演练活动要按规定制定专门应急预案，采取预防措施，并对关键部位和环节可能出现的突发事件进行针对性演练。根据需要为演练人员配备个体防护装备，购买商业保险。对可能影响公众生活、易于引起公众误解和恐慌的应急演练，应提前向社会发布公告，告示演练内容、时间、地点和组织单位，并做好应对方案，避免造成负面影响。

演练现场要有必要的安保措施，必要时对演练现场进行封闭或管制，保证演练安全进行。演练出现意外情况时，演练总指挥与其他领导小组成员会商后可提前终止演练。

（四）应急演练实施

1. 演练启动

演练正式启动前一般要举行简短仪式，由演练总指挥宣布演练开始并启动演练活动。

2. 演练执行

1）演练指挥与行动

（1）演练总指挥负责演练实施全过程的指挥控制。当演练总指挥不兼任总策划时，一般由总指挥授权总策划对演练过程进行控制。

（2）按照演练方案要求，应急指挥机构指挥各参演队伍和人员，开展对模拟演练事件的应急处置行动，完成各项演练活动。

（3）演练控制人员应充分掌握演练方案，按总策划的要求，熟练发布控制信息，协调参演人员完成各项演练任务。

（4）参演人员根据控制消息和指令，按照演练方案规定的程序开展应急处置行动，完成各项演练活动。

（5）模拟人员按照演练方案要求，模拟未参加演练的单位或人员的行动，并作出信息反馈。

2）演练过程控制

总策划负责按演练方案控制演练过程。

（1）桌面演练过程控制。在讨论桌面演练中，演练活动主要是围绕对所提出问题进行讨论。由总策划以口头或书面形式，部署引入一个或若干个问题。参演人员根据应急预案及有关规定，讨论应采取的行动。

在角色扮演或推演式桌面演练中，由总策划按照演练方案发出控制消息，参演人员接收到事件信息后，通过角色扮演或模拟操作，完成应急处置活动。

（2）实战演练过程控制。在实战演练中，要通过传递控制消息来控制演练进程。总策划按照演练方案发出控制消息,控制人员向参演人员和模拟人员传递控制消息。参演人员和模拟人员接收到信息后,按照发生真实事件时的应急处置程序,或根据应急行动方案,采取相应的应急处置行动。

控制消息可由人工传递,也可以用对讲机、电话、手机、传真机、网络等方式传送,或者通过特定的声音、标志、视频等呈现。演练过程中,控制人员应随时掌握演练进展情况,并向总策划报告演练中出现的各种问题。

3)演练解说

在演练实施过程中,演练组织单位可以安排专人对演练过程进行解说。解说内容一般包括演练背景描述、进程讲解、案例介绍、环境渲染等。对于有演练脚本的大型综合性示范演练,可按照脚本中的解说词进行讲解。

4)演练记录

演练实施过程中,一般要安排专门人员,采用文字、照片和音像等手段记录演练过程。文字记录一般可由评估人员完成,主要包括演练实际开始与结束时间、演练过程控制情况、各项演练活动中参演人员的表现、意外情况及其处置等内容,尤其是要详细记录可能出现的人员"伤亡"(如进入"危险"场所而无安全防护,在规定的时间内不能完成疏散等)及财产"损失"等情况。照片和音像记录可安排专业人员和宣传人员在不同现场、不同角度进行拍摄,尽可能全方位反映演练实施过程。

5)演练宣传报道

演练宣传组按照演练宣传方案做好演练宣传报道工作。认真做好信息采集、媒体组织、广播电视节目现场采编和播报等工作,扩大演练的宣传教育效果。对涉密应急演练要做好相关保密工作。

3. 演练结束与终止

演练完毕,由总策划发出结束信号,演练总指挥宣布演练结束。演练结束后所有人员停止演练活动,按预定方案集合进行现场总结讲评或者组织疏散。保障部负责组织人员对演练现场进行清理和恢复。

演练实施过程中出现下列情况,经演练领导小组决定,由演练总指挥按照事先规定的程序和指令终止演练:

(1)出现真实突发事件,需要参演人员参与应急处置时,要终止演练,使参演人员迅速回归其工作岗位,履行应急处置职责。

(2)出现特殊或意外情况,短时间内不能妥善处理或解决时,可提前终止演练。

二、应急演练评估与总结

(一)总则

1. 评估目的

通过评估发现应急预案、应急组织、应急人员、应急机制、应急保障等方面存在的问题或不足，提出改进意见或建议。

2. 评估依据

有关法律法规、标准及有关规定和要求如下：

(1)《中华人民共和国安全生产法》。
(2)《生产安全事故应急条例》。
(3)《生产安全事故应急预案管理办法》。
(4)《生产经营单位生产安全事故应急预案编制导则》(GB/T 29639—2020)。
(5)《生产经营单位生产安全事故应急预案评估指南》。
(6)《生产安全事故应急演练评估规范》。
(7)《生产安全事故应急预案演练基本规范》。

3. 评估原则

实事求是、科学考评、依法依规、以评促改。

(二) 演练评估过程

(1) 评估人员就位。
(2) 划分评估单元，确定评估要素。
(3) 观察记录和收集数据、信息和资料。
(4) 确定评估要素权重和评估计算模型。
(5) 对各要素进行评分。
(6) 采用层次分析法、模糊数值法等计算综合评估结果。
(7) 根据评估结果提出改进意见。

(三) 演练评估计算方法

1. 建立层次结构模型

按照应急一级、二级要素构建程序，自上而下建立层次结构模型，层次分析法在应急演练评估的运用中，顶层事件通常为应急演练全生命周期阶段。

2. 层次单排序

将同一层级的各因素之间的权重进行两两相互比较，将比较结果用量化得分（按照从同等重要到极端重要按照1~9分进行量化）的方式构建矩阵。对矩阵进行归一化，归一化结果即为该单一层次上各元素的相对重要性的权重。

3. 对计算结果进行一致性检验

计算 n 阶权重矩阵 A 的特征根 λ，如果 $\lambda = n$，则 A 为一致矩阵。由此可见，$\lambda - n$ 的值直接影响到计算结果一致性。引入一致性指标 CI，定义 $CI = \dfrac{\lambda - n}{n - 1}$。$CI = 0$ 时，具有完全的一致性，CI 越接近 0，一致性越高。

为对 CI 与 0 的差值进行比较，定义随机一致性指标 RI，$RI = \dfrac{CI_1 + CI_2 + \cdots + CI_n}{n}$。通常，

矩阵的阶数和一致性呈负相关性。

由于一致性随机偏离可能是由于某一随机事件造成，还需要将 CI 和 RI 进行比较，引入检验系数 CR，定义 $CR = \dfrac{CI}{RI}$。对于 $CR<0.1$ 的情况，认为该模型满足一致性评价标准。

4. 计算评价结果

按照各要素的权重和实际评分进行计算加权，得出最后评价分数，结合综合评价分数结果和二级要素评价分数得出结论并提出改进意见。

（四）演练评估

所有应急演练活动都应进行演练评估。演练结束后可通过组织评估会议、填写演练评价表和对参演人员进行访谈等方式，也可要求参演单位提供自我评估总结材料，进一步收集演练组织实施的情况。

演练评估报告的主要内容一般包括演练执行情况、预案的合理性与可操作性、应急指挥人员的指挥协调能力、参演人员的处置能力、演练所用设备装备的适用性、演练目标的实现情况、演练的成本效益分析、对完善预案的建议等。

（五）演练总结

演练总结可分为现场总结和事后总结。

（1）现场总结。在演练的一个或所有阶段结束后，由演练总指挥、总策划、专家评估组组长等在演练现场有针对性地进行讲评和总结。内容主要包括本阶段的演练目标、参演队伍和人员的表现、演练中暴露的问题、解决问题的办法等。

（2）事后总结。在演练结束后，由文案组根据演练记录、演练评估报告、应急预案、现场总结等材料，对演练进行系统和全面的总结，并形成演练总结报告。演练参与单位也可对本单位的演练情况进行总结。

演练总结报告的内容包括演练目的、时间和地点，参演单位和人员，演练方案概要，发现的问题与原因，经验和教训，以及改进有关工作的建议等。

（六）成果运用

对演练暴露出来的问题，演练单位应当及时采取措施予以改进，包括修改完善应急预案、有针对性地加强应急人员的教育和培训、对应急物资装备有计划地更新等，并建立改进任务表，按规定时间对改进情况进行监督检查。

（七）文件归档与备案

演练组织单位在演练结束后应将演练计划、演练方案、演练评估报告、演练总结报告等资料归档保存。

对于由上级有关部门布置或参与组织的演练，或者法律法规、规章要求备案的演练，演练组织单位应当将相应资料报有关部门备案。

（八）考核与奖惩

演练组织单位要注重对演练参与单位及人员进行考核。对在演练中表现突出的单位及个人，可给予表彰和奖励；对不按要求参加演练，或影响演练正常开展的，可给予相应批评。

（九）附则

名词解释：

（1）演练情景。指根据应急演练的目标要求，根据突发事件发生与演变的规律，事先假设的事件发生发展过程，一般从事件发生的时间、地点、状态特征、波及范围、周边环境、可能的后果以及随时间的演变进程等方面进行描述。

（2）应急响应功能。突发事件应急响应过程中需要完成的某些任务的集合，这些任务之间联系紧密，共同构成应急响应的一个功能模块。比较核心的应急响应功能包括接警与信息报送、指挥与调度、警报与信息公告、应急通信、公共关系、事态监测与评估、警戒与治安、人群疏散与安置、人员搜救、医疗救护、生活救助、工程抢险、紧急运输、应急资源调配等。

（3）应急指挥机构。应急预案所规定的应急指挥协调机构，如现场指挥部等。

（4）演练参与人员。参与演练活动的各类人员的总称，主要分为以下几类：

演练领导小组：负责演练活动组织领导的临时性机构，一般包括组长、副组长、成员。

演练总指挥：负责演练实施过程的指挥控制，一般由演练领导小组组长或上级领导担任；副总指挥协助演练总指挥对演练实施过程进行控制。

总策划：负责组织演练准备与演练实施各项活动，在演练实施过程中在演练总指挥的授权下对演练过程进行控制；副总策划是总策划的助手，协助总策划开展工作。

文案人员：指负责演练计划和方案设计等文案工作的人员。

评估人员：指负责观察和记录演练进展情况，对演练进行评估的专家或专业人员。

控制人员：指根据演练方案和现场情况，通过发布控制消息和指令，引导和控制应急演练进程的人员。

参演人员：指在应急演练活动中承担具体演练任务，需针对模拟事件场景作出应急响应行动的人员。

模拟人员：指演练过程中扮演、代替某些应急响应机构和服务部门，或模拟事件受害者的人员。

后勤保障人员：指在演练过程中提供安全警戒、物资装备、生活用品等后勤保障工作的人员。

观摩人员：指观摩演练过程的其他各类人员。

（5）演练控制消息。指演练过程中向演练人员传递的事件信息，一般用于提示事件情景的出现和引导和控制演练过程。

（6）演练规划。指演练组织单位根据实际情况，依据相关法律法规和应急预案的规定，对一定时期内各类应急演练活动作出的总体计划安排，通常包括应急演练的频次、规模、形式、时间、地点等。

(7) 演练计划。指对拟举行演练的基本构想和准备活动的初步安排，一般包括演练的目的、方式、时间、地点、日程安排、经费预算和保障措施等。

(8) 演练方案。内容一般包括演练目的、演练情景、演练实施步骤、评估标准与方法、后勤保障、安全注意事项等。

(9) 演练评估。由专业人员在全面分析演练记录及相关资料的基础上，对比参演人员表现与演练目标要求，对演练活动及其组织过程作出客观评价，并编写演练评估报告。

第三节 应急培训

一、应急培训目标

应急培训目标主要如下：

(1) 让领导干部重视应急救援工作，具备良好的应急意识，树立生命至上、安全第一的科学发展观，严格履行应急职责，切实把应急工作当作"生命工程"来抓。

(2) 让应急指挥人员掌握应急救援的程序、资源的分布、重大危险源的处置，具备过硬的组织指挥能力。

(3) 让专业应急人员掌握应急救援的程序和要领，具备良好的方案制定和现场处置能力。

(4) 让一般应急人员掌握识别风险、规避风险和岗位应急处置能力，具备熟练的自救和互救技能。

(5) 相关社会公众具备辨识基本风险和规避风险的能力。

(6) 提高应急救援能力。应急救援各方能按照应急预案要求，协同应对，高效处置，从而最大程序地避免、减少人员伤亡、财产损失、生态破坏和不良社会影响。

二、应急培训对象

应急培训对象主要有以下几类。

(一) 政府

(1) 政府各级相关领导。

(2) 政府各级相关部门人员。

(二) 企业

(1) 企业各级领导。

(2) 企业专业应急救援人员。

(3) 企业一般应急救援人员。

(4) 企业其他人员。

（5）临时外来人员。

（三）专职应急队伍

（1）应急救援队伍。

（2）医疗卫生队伍。

（3）危险化学品、电力等专业工程抢险队伍。

三、应急培训内容

应急培训内容主要包括以下方面。

（一）应急意识教育

（1）应急救援工作的重要性。

（2）应急救援工作的迫切性。

（3）应急救援文化。

（二）应急法制教育

（1）法律基础知识。

（2）应急法律法规。

（3）企业应急预案、操作规程等规章制度。

（三）应急基础知识教育

（1）应急基本概念、术语。

（2）应急体系建设。

（3）危险因素辨识。

（4）危险源辨识。

（5）重大危险源辨识。

（6）应急预案作用。

（7）应急预案的构成及编制实施简要。

（四）专业技能教育

（1）相关危险化学品、电力、施工等安全专业知识。

（2）风险分析方法。

（3）应急预案编制。

（4）应急物资储备与使用。

（5）应急装备选择、使用与维护。

（6）应急预案评审与改进。

（7）应急预案实施。

四、应急培训方法

应急培训要采取灵活多样、简单实用、效果明显的方法，常用方法如下：

（1）书本教育。编制通俗应急知识读本，全员发放，人手一册，以提高应急意识，传授基本应急知识。

（2）举办知识讲座。聘请外部专家对专业人员进行系统的专业知识教育或对某一专题进行讲解。

（3）企业内部办班。组织具备相当水平的企业内专业人员从上至下进行分层次的教育培训。

（4）案例教育。精选成败案例，结合企业实际，进行生动灵活的教育。

（5）电脑多媒体教育。利用幻灯片、Flash、三维动画模拟等电脑多媒体技术进行教育。

（6）模拟演练。对应急预案进行模拟演练。模拟演练与实战情景最接近，最能锻炼应急人员的心理素质、应急技能，对提高应急救援水平最有效果，因此，这是一种必不可少的培训方法。

第三章

危险化学品事故应急处置方法

第一节 危险化学品事故处置程序

一、接警出动

接警出动是应急救援行动的初始环节。科学合理的接警出动可以确保第一出动力量的有效投入，使灾害事故在发展初期得到有效控制，为后续处置奠定良好的基础。

（一）事故报警与接警

1. 事故报警

当发生危险化学品事故时，如果是企业基层的员工发现事故，应根据应急预案采取积极有效的抑制措施，同时向有关部门报告和报警；如果是其他人员发现事故，应第一时间离开危险区，到达安全区域后报警。

2. 事故接警

危险化学品企业应设立应急值班电话，并保证24小时有人值班。值班接警时应明确以下内容：

（1）事故单位名称、区域、位置。

（2）危险化学品品种类别、危险特性、泄漏程度、波及范围。

（3）事故现场人员中毒及伤亡情况，需要抢救或疏散的人员位置、数量。

（4）事故简要情况、发展变化趋势及可能造成的次生灾害。

（二）力量调集

在接到事故报警后，应迅速组织应急救援队赶赴现场，在做好自身防护的基础上，快速实施救援，控制事故发展。力量调集包括救援人员、车辆、装备及社会联动力量的调集。

1. 调集相应的器材装备

处置危险化学品事故，应重点调集防化救援车、洗消车、水罐车、干粉车、泡沫车等消防车辆，以及防护、侦检、警戒、堵漏、输转、洗消等特种器材、设备和药剂。

2. 调集社会力量

总指挥部应根据危险化学品事故严重程度，视情况及时向上级部门和政府报告，建议启动政府应急预案,联动调集公安、消防、卫生、环保、电力、水利、交通和气象等相关部门的人员和装备力量,迅速赶赴现场参加救援。

二、初期管控

初期管控是指根据初期侦察情况,设置集结区,划定事故现场人员疏散距离,将危险区域人员疏散至上风向安全区域(优先疏散下风向人员),并进行简易洗消的一系列救援行动。

救援力量到达现场后,指挥员通过目测、仪器侦察等方式进行初期侦察,第一时间了解掌握危险化学品事故现场的气象条件、事故情况及人员被困等主要信息后,设置队伍集结区、开展初期警戒、搭建简易洗消点。目的是保障救援人员安全、控制危险化学品事故蔓延扩大、避免造成更大的人员伤亡。

(一)队伍集结

第一到场救援力量在上风或侧上风方向安全区域集结,尽可能在远离且可见危险源的位置停靠车辆,并根据不同事故类型保持一定的安全距离,建立指挥部。车辆集结距离和处置安全距离见表3-1。

表 3-1　车辆集结距离和处置安全距离

事故类型	情况描述	集结停车距离/m	处置安全距离/m
易燃可燃物泄漏、着火、爆炸	小规模泄漏(固体扩散或液体呈点滴状、细流式泄漏)	300	100
	储存液体的容器破裂且泄漏量较大,或储存气体的容器发生事故	500	300
	情况未知或未发生着火(爆炸)事故	500	300
有毒有害气体泄漏	小规模泄漏	300	150
	泄漏量较大	500	150
液化天然气(LNG)低温储罐	全/半冷冻低温储罐发生事故	1000	1000
危险化学品仓库或堆场发生事故	情况未知或未发生着火(爆炸)事故	500	300
	已发生着火或爆炸事故	300	150
LPG、CNG、LNG、汽车罐车发生事故	车辆受损未泄漏	300	100
	车辆受损泄漏	500	150
	情况未知或未发生着火(爆炸)事故	500	150

(二)初期侦察

救援力量到达现场后,派出侦检组开展初期侦察。通过询问现场知情人,了解危险化学品事故类型和危险品名称、性质、数量、泄漏部位、范围及人员被困等主要信息;利用电子气象仪等工具,测定事故现场的风力、风向、温度等气象数据;通过直接观察或使用望远镜、无人侦察机等工具，查看事故车体、箱体、罐体、瓶体等的形状、标签、颜色。

（三）划定初始警戒距离和人员疏散距离

根据初期侦察情况，划定事故初始警戒距离，设置安全员控制警戒区出入口。初始警戒距离可参照表3-1中的集结停车距离。

划定事故现场人员疏散距离，并将危险区域的人员疏散至上风向安全区域。其中小规模泄漏或扩散，人员疏散距离为800 m；大规模泄漏，人员疏散距离为1000 m。

（四）搭建简易洗消点

在初始警戒区域外的上风方向设置简易洗消点，并在救援力量到场后15 min内搭建完成。对初期疏散人员和救援人员紧急洗消。

三、现场侦察检测

侦察检测是指通过各种手段了解掌握灾情，及时准确查明事故现场情况，为有效处置危险化学品事故提供信息支撑。侦察检测工作是制定救援方案的基础，是指挥员决策的重要依据，是开展救援行动的重要前提，也是减少救援人员伤亡的重要保障。

在危险化学品事故侦检过程中，主要查明灾情、环境和伤员等信息：

（1）向驾驶员、操作人员和技术人员询问或索要化学品安全技术说明书（MSDS/CSDS），掌握危险化学品名称、制造商、理化性质、数量、处置措施等信息。

（2）若无法直接得知危险化学品信息，应通过识别各类标签标识（事故车体、箱体、罐体、瓶体等的形状、标签、颜色等），查阅对照相关规范获取。

（3）通过实地观察、仪器检测等方法，掌握危险化学品泄漏（燃烧）的部位、形态、浓度、范围及人员被困等情况。

（4）查明事故周边的环境信息（道路水源、地形地物、电源、火源、邻近单位等）。

此外，若可以则迅速查明运输公司、货物的名称、大概的运输数量、储量发货单、运输单、安全技术说明书，储存容器的备用罐、储存区是否在建筑内部。

若可以，及时寻求救援协助：询问厂家技术人员、危险化学品处置专家，拨打危险化学品标签、安全技术说明书上的厂家应急电话，拨打国家化学事故应急24 h专线（053283889090、053283889191）。

四、危险源辨识与灾害评估

危险源辨识就是识别危险源并确定其特性的过程。危险源辨识主要是对危险源的识别，对其性质加以判断，对可能造成的直接后果以及次生后果、衍生后果、影响提前进行预防，提出防范和控制事故危害措施的过程。

灾害评估是指根据现场侦检、数据，全面分析灾情信息、环境信息、伤员信息，结合类似处置案例，对事故发展趋势及潜在风险进行评估。

在危险化学品事故的应急救援过程中，往往会出现意想不到的突发情况，如现场风向改变、泄漏量突然增大、突然发生燃烧或爆炸等,迫使救援方案改变或救援行动中止,为确保下一步救援的安全可靠,都需要通过危险源辨识和灾害评估,为科学安全高效开展应急救援行动提供必要的参考。

五、警戒隔离

根据现场侦察检测的危险化学品自身及燃烧产物毒害性、扩散趋势、火焰辐射热和爆炸、泄漏影响范围等相关内容对危险区域进行评估,确定警戒隔离区。在警戒隔离区边界设警示标志,并设专人负责警戒;对通往事故现场的道路实行交通管制,严禁无关车辆进入;清理主要交通干道,保证道路畅通;合理设置出入口,除应急救援人员外,严禁无关人员进入;根据事故发展、应急处置和动态检测情况,适当调整警戒隔离区范围。

六、应急人员个体防护

危险化学品事故灾害现场往往伴随着高温、浓烟、有毒有害等对现场应急救援人员可能存在较大危害的风险,做好应急救援人员的个体防护成为保护应急救援人员生命安全与健康的关键措施。根据危险化学品事故的特点、事故中涉及危险化学品的危险性,评估事故对不同区域应急救援人员的危害性,确定不同区域个体防护等级并配备相应个体防护装备。

根据危险化学品的危害性,将危险化学品事故防护等级划分为三级,分别是一、二、三级,一级最高,三级最低。根据《危险化学品泄漏事故处置行动要则》(XF/T 970—2011),不同防护等级对应的防护标准见表3-2。

表3-2 现场安全防护标准

级别	形式	防化服	防护服	呼吸器	其他
一级	全身	特级防化服	全棉防静电内衣	—	—
二级	全身	一级防化服	全棉防静电内衣	正压式空气呼吸器或正压式氧气呼吸器	防化手套、防化靴
三级	头部	二级防化服	全棉防静电内衣	滤毒罐、面罩或口罩、毛巾等防护器具	抢险救援手套、抢险救援靴

七、公众的安全防护

危险化学品事故发生后,现场工作人员和周边群众可能受到生命威胁。现场指挥员应根据事故发展情况,迅速作出是否需要人员避难的指示。人员避难包括疏散和就地保护两种方式。

疏散是指把所有可能受到威胁的人员从危险区域转移到安全区域。在有足够的时间向群众报警、进行准备的情况下，疏散是最佳保护措施。一般是从上风侧离开，必须有组织、有秩序地进行。就地保护是指人进入建筑物或其他设施内，直至危险过去。当疏散比就地保护更危险或疏散无法进行时，采取此项措施。指挥建筑物内的人，关闭所有门窗，并关闭所有通风、加热、冷却系统。

我国目前在避难方式的选择上没有明确的说法，一般采取疏散的方式。

八、现场处置

根据现场灾情评估结果，结合现场泄漏、燃烧、爆炸等不同情况，科学运用紧急停车、稀释防爆、关阀堵漏、冷却控制、堵截蔓延、倒料输转、切断外排、化学中和、泡沫覆盖、放空点燃、洗消监护等方法进行处置。

九、受伤人员现场救护、救治

危险化学品事故可能造成中毒、窒息、冻伤、化学灼伤、烧伤等人体伤害。在应急处置行动中，及时、有序、高效地实施现场急救和安全转送伤员、医疗救治，可以最大限度地减少人员伤亡。

十、现场清理与洗消

危险化学品事故处置结束后，应及时组织对事故现场进行全面、细致的检查清理和洗消，消除事故危害后果，防止灾害事故反复。

（一）现场清理

危险化学品事故现场清理一般在事故得到完全控制后，采用冲洗、吹扫、吸附、覆盖等方式进行。事故现场清理主要包括以下方面：

（1）用喷雾水、蒸汽、惰性气体清扫现场内事故罐、管道、低洼、沟渠等处，确保不留残气（液）。

（2）在污染地面上洒上中和或洗涤剂浸洗，然后用清水冲洗现场，特别是低洼、沟渠等处，确保不留残物。

（3）少量残液用干砂土、水泥粉、煤灰等吸附，收集后作无害化处理。

（4）监测空气、土壤、水体污染情况，若出现污染，应及时采取相应的处置措施。

（二）洗消

洗消是通过机械、物理或化学的方法对化学事故现场遭受化学污染、放射性物质和生物毒剂污染的地面、设备、人员、环境进行消毒、清除沾染和灭菌而采取的技术过程，能使危险物失去毒害作用并防止其蔓延扩散。

危险化学品灾害事故处置完毕后，现场应及时成立洗消编队，佩戴空气呼吸器，着封闭式防化服，根据现场警戒区域的划分，在危险区外边缘处上风向设置洗消线，架设固定洗消帐篷对出危险区的参战人员、被救人员、装备进行洗消，同时还应组织人员采用机动洗消的方式对危险区内被严重污染的作业人员及时消毒。

洗消作业应在抵达现场后立即开始，且应提供足够的洗消点和人员，直到事故指挥员确认不再需要洗消时才能结束。洗消产生的废水应集中净化处理，严禁直接外排。

十一、信息发布

危险化学品事故往往具有处置难度大、影响范围广的特点，因此，指挥部对救援过程中的舆情控制工作应高度重视，切实增强舆情意识，建立健全舆情的监测、研判、回应机制，落实回应责任，避免反应迟缓、被动应对。现场指挥部应统一指挥，及时掌握作业区域内部和外部信息，实时跟进救援进度，协调社会联动力量，统一对外发布信息，信息发布应及时、准确、客观、全面，不受外界媒体、群众等因素干扰。

第二节　危险化学品事故处置要求

危险化学品事故的处置不同于一般事故的处置，对现场指挥人员的要求是：反应迅速、判断准确、处置果断、措施得当；对应急救援力量的要求是：准备充分、严密组织、服从指挥、密切协同。在执行事故应急处置任务时，应根据现场的具体情况采取相应的措施和手段控制事故扩大和蔓延，将损失减小到最低程度。

一、危险化学品事故处置原则

（一）坚持以人为本

危险化学品事故的发生，可能引起泄漏、爆炸和燃烧，泄漏会造成大量人员受伤、中毒和大面积的环境污染，爆炸引起的连锁反应和泄漏物质的扩散程度更是难以预测。处置过程中既要灭火、堵漏、抢救受伤中毒人员，又要检测污染范围、组织群众撤离、消除污染，现场情况复杂，处置难度大。在这种情况下，救援工作必须把抢救受伤中毒人员和组织群众疏散作为首要任务，在确保救人的前提下再进行其他处置工作。

（二）服从现场统一指挥

由于参加危险化学品事故处置的力量广泛、涉及的单位较多、协同复杂，因此，配合协调对危险化学品事故处置显得尤为重要，必须有一个综合、权威、组成精干的指挥机构实施统一指挥。参加处置任务必须服从现场统一指挥，切不可各行其是、多头指挥。有时在特殊情况下，需要简化指挥程序，实时对事故现场聚焦式指挥，这样可以大大减少中间指挥层，节约层层请示的时间。此外，对一些具有突发性、不定向性、短时间危害效应明显的危险化学品事故来说，更应突出现场指挥和靠前指挥。

（三）做好现场侦检

危险化学事故处置过程中应不间断地对事故区域进行定点与不定点的检测，以便及时掌握泄漏物质的种类、浓度和扩散范围，恰当地划定警戒区（如果泄漏物是易燃易爆物质，警戒区内应禁绝烟火，而且不能使用非防爆电器，也不准使用手机、对讲机），并为现场指挥部的处置决策提供科学的依据。为了保证现场检测的准确性，事故发生地政府应迅速调集环保、卫生部门和消防特勤队伍的检测人员和设备共同搞好现场检测工作。若有必要，还可按程序请调防化队伍增援。

（四）严格安全防护

危险化学品事故处置必须挑选业务技术熟练、思想作风过硬、身体素质良好，并有较丰富实践经验的人员，组成精干的处置小组（既要保证任务的完成，人员又要尽量少），应针对事故物质的理化性质，穿（佩）戴全套防护装备并认真对防护装备的安全性能进行仔细检查，还要安排专人对空（氧）气呼吸器的压力等参数以及每位进入、撤出泄漏现场的人员姓名和时间进行详细记载。对执行关阀堵漏任务的人员还应使用喷雾或开花水流进行掩护。现场还应准备特效急速解毒药物，有医护人员待命。对中毒的人员应从上风方向抢救或引导撤出。

在不清楚事故现场情况时，应采取有限参与原则，避免不必要的人员伤亡。

（五）灵活运用处置程序

危险化学品事故处置是一项十分复杂的工作，涉及防护、撤离、侦检、警戒、救护、洗消和清理等一系列处置过程。这些程序看上去是有时间顺序的，但在实际处置过程中，也不是一成不变，有时需要同时展开，有时需要分步进行，有时需要多部门协作，指挥员必须根据事故现场的实际情况作出准确的判断，灵活运用处置程序应对现场可能发生的任何情况。

（六）强调专业技术处理

危险化学品事故不同于一般事故，如处置不当或处置不及时都有可能造成十分严重的后果。处置危险化学品事故不是靠人海战术就能完成的，必须依靠专业技术力量和专业设备实施技术处置，处置过程中要有事故单位熟悉相关工艺流程和事故物质特性的技术人员参加。

（七）努力降低事故毒害污染

参与事故处置的车辆应停于上风方向，车头朝向撤离方向，在保证供水的前提下，利用喷雾水枪、水幕发生器、水幕水带等喷射器具，从上风处喷射开花或喷雾水流对泄漏的有毒有害气体进行稀释、驱散和阻隔；对泄漏的液体有害物质可用沙袋或混凝土等筑堤拦截，或开挖沟、坑导流，蓄积，可向沟、坑内投入中和剂，改变泄漏液体性质，降低其毒性。还可以在消防车、洗消车、洒水车水罐中加入中和剂（浓度比5%左右），则对有毒物质的驱散、稀释、中和的效果更好。

（八）把握好灭火时机

当危险化学品泄漏，并在泄漏处稳定燃烧，在没有制止泄漏绝对把握的情况下，不能盲目灭火，一般应在制止泄漏成功后再灭火。否则，极易引起再次爆炸、起火、毒物扩散，造成更加严重的后果。

（九）全面洗消清理

危险化学品事故处置完毕后，应组织人员对事故现场、应急救援人员和车辆器材装备进行全面彻底的洗消，处置产生的废弃物、消防废水要集中回收处理。采用冲洗、吹扫、吸附、覆盖等方式，对管道、低洼、沟渠等处进行清理，确保不留残气（液），防止事故反复。

二、危险化学品典型事故处置要求

（一）泄漏

危险化学品发生泄漏事故，要迅速采取有效措施消除或减少泄漏的危害。处置泄漏事故应注意以下几个方面。

1. 疏散与隔离

在危险化学品生产、储存和使用过程中一旦发生泄漏，首先要及时疏散无关人员，并根据泄漏物危险特性和泄漏范围做好现场警戒，防止无关人员进入泄漏污染区。

2. 切断火源

泄漏物为易燃易爆品时，应立即消除泄漏污染区域内的各种火源。处置过程中应使用无火花工具和防爆通信工具，进入救援现场的救援车辆应加装阻火装置。

3. 个人防护

救援人员应对泄漏物的化学性质和反应特征有充分了解，严格按照防护等级要求做好个人防护。严禁单独进入事故区域，设立安全员和观察哨。必要时采用水枪（雾状水）掩护。防止事故处置过程中发生伤亡、中毒事件。

4. 控制泄漏源

如果在生产使用过程中发生泄漏，要在统一指挥下，通过关闭有关阀门，切断与之相连的设备、管线，停止作业或改变工艺流程等方法来控制泄漏。如果无法通过关阀控制泄漏，应根据现场实际情况，采取堵漏措施，制止进一步泄漏。

5. 泄漏物处置

（1）筑堤堵截。筑堤堵截泄漏液体或者引流到安全地点。储罐区发生液体泄漏时，要及时关闭雨水阀，防止物料外流。

（2）稀释与覆盖。采用水枪等向有害蒸气云喷射雾状水，加速气体向高空扩散。对于液体泄漏，为降低物料向大气中的蒸发速度，可用泡沫或其他覆盖物品覆盖外泄的物料，在其表面形成覆盖层，抑制其蒸发。

（3）收容（集）。对于大型液体泄漏，可选择用隔膜泵将泄漏出的物料抽入容器或槽车内；当泄漏量小时，可用沙子、吸附材料、中和材料等吸收中和，或者用固化法处理泄漏物。

（二）火灾爆炸

按照国家和行业标准、规范制定的火灾爆炸抢险方案，在实施过程中，坚持"以人为本"的指导思想，应符合以下要求：

（1）迅速隔离事发现场，抢救伤亡人员，撤离无关人员及群众。

（2）迅速收集现场信息，核实现场情况，组织制定现场处置方案并负责实施。

（3）协调现场内外部应急资源，统一指挥抢险工作。

（4）根据现场变化及时修订方案。

（5）协同上级、地方政府实施人员疏散和医疗救助。

（6）及时向上级应急指挥中心领导汇报、请示并落实指令。

（7）根据现场方案需要，请求应急指挥中心协调组织其他应急资源。

（8）现场应急指挥根据应急指挥中心领导指示，负责现场的对外新闻发布。

事故处置的要求是：

（1）先控制后消灭。

（2）扑救人员应占领上风或侧风阵地。

（3）进行火情侦察、火灾扑救、火场疏散人员应有针对性地采取自我防护措施。

（4）应迅速查明燃烧范围、燃烧物品及其周围物品的品名和主要危险特性、火势蔓延的主要途径。

（5）正确选择最适应的灭火剂和灭火方法。

（6）对有可能发生爆炸、爆裂、喷溅等特别危险需紧急撤退的情况，应按照统一的撤退信号和撤退方法及时撤退。

（7）火灾扑灭后，起火单位应当保护现场，接受和协助事故调查。

（三）中毒、窒息

危险化学品中毒事故的现场救援必须遵循一定的原则：

（1）抢救最危急的生命体征。

（2）处理眼和皮肤污染。

（3）查明化学物质的毒性。

（4）进行特殊和/或对症处理。

发生急性中毒事故，应立即将中毒者及时送医院急救。护送者要向院方提供引起中毒的原因、毒物名称等；如化学物质不明，则需带该物料及呕吐物的样品，以供医院及时检测。

如不能立即送达医院时，应采取现场急救处理，现场急救人员应按以下要求开展行动：

（1）参加抢救人员必须听从指挥，抢救时必须分组有序进行，不能慌乱。

（2）救护者应做好自身防护，戴好防毒面具或氧气呼吸器、穿好防毒服后，从上风向快速进入事故现场。进入事故现场后必须简单了解事故情况及引起伤害的物料，清点现场人数，严防遗漏。

（3）迅速将患者从上风向转移到空气新鲜的安全地方。转移过程应注意：

①移动病人时应用双手托移,动作要轻,不可强拖硬拉。
②应用担架、木板、竹板抬送伤员。
③转移过程中应保持呼吸道通畅,去除领带、解开领扣和裤带、下颌抬高、头偏向一侧、清除口腔内的污物。

(4) 救护人员在工作时,应注意检查个人危险化学品应急救援防护装备的使用情况,如发现异常或感到身体不适时要迅速离开染毒区。

(5) 假如有多个中毒或受伤的人员被送到救护点,应立即在现场按以下原则进行急救:

①救护点应设在上风向、交通便利的非污染区,但不要远离事故现场,尽可能保证有水、电来源。
②救护人员应通过"看、听、摸、感觉"的方法来检查患者有无呼吸和心跳:看有无呼吸时的胸部起伏,听有无呼吸时的声音,摸颈动脉或肱动脉有无搏动,感觉病人是否清醒。
③遵循"先救命、后治病、先重后轻、先急后缓"的原则分类对患者进行救护。

第三节 危险化学品事故处置方法

一、危险化学品泄漏处置方法

危险化学品泄漏处置的任务是采取有效措施消除或减少泄漏的危害。行动首要目标是迅速撤离泄漏污染区内人员至安全区并进行隔离,严格限制出入,切断火源,尽可能切断泄漏源。

采取的方法主要如下。

(一) 设置现场警戒范围

危险化学品泄漏时,要根据泄漏物料危险特性和泄漏范围,对事故现场划定警戒范围,严禁无关人员和车辆进入。在警戒区内立即停电、停火,灭绝一切可能引发火灾和爆炸的火源。

(二) 救护与疏散人员

有人员受伤被困时,救援人员应携带救生器材迅速进入现场,将遇险受困人员转移至安全区域。通过广播报警、人员引导等方式将警戒隔离区内无关人员疏散至安全区域,人员疏散时应选择安全的疏散路线,避免横穿危险区。根据危险化学品危害特性,指导疏散人员就地取材(如毛巾、湿布、口罩),采取简易有效的措施保护自己。

(三) 控制泄漏源

(1) 在生产过程中发生泄漏,应根据生产和事故情况,及时采取停车、局部打循环、改走副线、减负荷运行等工艺措施控制泄漏。

（2）当输送危险化学品的管道发生泄漏后，泄漏点处在阀门以后且阀门尚未损坏，可采取关闭输送物料管道阀门的方法，断绝物料源。如果反应容器、换热容器发生泄漏，应考虑关闭进料阀门。

（3）堵漏是处置危险化学品泄漏的重要方法，主要用于装有危险化学品的密闭容器、管道或装置因密封性被破坏而出现的向外泄放或渗漏。常用的堵漏方法有机械堵漏法、气垫堵漏法、注胶堵漏法、磁压堵漏法、冷冻堵漏法、注水堵漏法等。应急救援人员应根据泄漏的物料、部位、形式及程度，采取相应堵漏措施。

（4）储罐或槽车等容器发生泄漏后，采取堵漏措施无效或无法实施堵漏，储罐或槽车在短时间无法转移，储罐或槽车内存留量较大的情况下，可采取倒罐措施。主要采用的倒罐方法有静压差倒罐法、压缩气体倒罐法、压缩机倒罐法、烃泵倒罐法。倒罐过程中，必须使用无火花工具和具有防爆性能的器材，并采取喷雾稀释、惰性气体掩护等措施，避免爆燃、爆炸事故发生。

（5）当无法有效实施堵漏或倒罐措施时，可采取点燃措施使泄漏出的可燃气体或挥发性的可燃液体形成稳定燃烧，控制其泄漏，降低或消除泄漏毒气的毒害程度和范围，避免易燃和有毒气体扩散后达到爆炸极限而引发燃烧爆炸事故。点燃时，操作人员处于上风方向，在做好个人安全防护的前提下，利用长杆点火棒、电打火器、导火索、抛射火种（信号枪、火把）等方法点燃。

（四）控制泄漏物

1. 气体泄漏物处置

向有害物蒸气云喷射雾状水，加速气体向高空扩散，使其在安全地带扩散。对于能溶于水的泄漏气体，通过喷雾水的溶解降低有毒气体在空气中的浓度，同时可根据气体性质，在水中加入酸或碱液进行中和处理。为减少和降低易燃和有毒气体泄漏造成的危害程度，也可采取主动点燃和放空的工艺措施。

2. 液体泄漏物处置

1）筑堤引流

液体危险化学品泄漏时，为防止泄漏物蔓延扩散，应充分利用现有设施或地形筑堤堵截或者引流到安全地点。储罐区发生液体泄漏时，要及时关闭雨水阀，防止物料外流。常用的围堤有环形、直线形、V形等。如果泄漏发生在平地上，在泄漏点的周围修筑环形堤；如果泄漏发生在斜坡上，则在泄漏物流动的下方修筑V形堤。

2）泡沫覆盖

对于液体泄漏，为降低泄漏物料向大气中的蒸发速度，可用泡沫或其他覆盖物品覆盖外泄的物料，在其表面形成覆盖层，抑制其蒸发。选用的泡沫应与泄漏物不相容，根据泄漏物的特性选择合适的泡沫，使用时每隔30~60 min再次覆盖一次，以便有效抑制泄漏物的挥发。

3）低温冷却

将冷冻剂散布于整个泄漏物的表面，减少有害泄漏物的挥发。冷冻剂不仅能降低有害泄漏物的蒸气压，而且能通过冷冻作用将泄漏物固定住。常用的冷冻剂有二氧化碳、液氮、湿冰等。

4）收集输转

对于大型液体泄漏，可选择用隔膜泵将泄漏出的物料抽入容器或槽车内，收集后再集中处理。

5）吸附、中和、固化

当泄漏量小时，可用沙子、活性炭、吸附剂等吸收。对于酸性和碱性泄漏物，可采用中和法进行处理。对于陆地泄漏物，如果中和反应能控制，常选用强酸、强碱中和；对于水体泄漏物，应使用弱酸、弱碱中和。现场应用中和法要求最终之 pH 控制在 6~9 之间。通过加入能与泄漏物发生化学反应的固化剂或稳定剂使泄漏物转化成稳定形式，以便于处理、运输和处置。有的泄漏物变成稳定形式后，由原来的有害变成无害，可原地堆放不需进一步处理；有的泄漏物变成稳定形式后仍然有害，必须进一步处理；常用固化剂有水泥、凝胶、石灰。

3. 固体泄漏物处置

1）机械转移法

机械转移法是采用除去或覆盖的方法，同时采用密封转移或密封掩埋的方式，处理泄漏的固体泄漏物。比如，将泄漏的固体物质用煤渣、砂土进行覆盖，并将泄漏物与砂土一起铲入密封桶或密封罐。

2）喷洒可剥性覆盖剂

可剥性覆盖剂是由成膜剂、混合溶剂、增塑剂、剥离剂等组分形成的液体或胶体。对于泄漏的大量粉末性固体泄漏物，喷洒可剥性覆盖剂是一种理想的处理方法。通过采用这一措施，可实现固体物质的固化，经干燥形成薄膜后，再进行后续处理。

（五）注意事项

（1）实施关阀断料措施前，必须与有关技术人员研究制定操作方法，防止关阀导致前一道工序的设备出现超温超压爆炸事故。在关阀断料的同时，应根据具体情况采取相应的断电、停泵、泄压、导流和放空措施。

（2）进行堵漏操作时，应以泄漏点为中心，在储罐或容器的四周设置水幕、喷雾水枪等对泄漏扩散的气体进行围堵、驱散或稀释降毒。

（3）倒罐过程中，要设置喷雾水枪对倒罐作业人员实施掩护。对已经起火的储罐要实施不间断射水冷却。倒罐时，避免由于罐内液面迅速降低形成负压而吸入空气。

（4）实施点燃前应做好充分的准备工作，首先确认危险区域内人员已经撤离，其次担任掩护和冷却等任务的喷雾水枪手到达指定位置，检测泄漏点周边已无达到爆炸极限的混合可燃气体后，使用安全的点火工具操作。

二、危险化学品火灾爆炸现场处置方法

危险化学品容易发生火灾、爆炸事故，但危险化学品种类多，理化性质不同、灭火和处置方法也不尽相同，若处置不当，不仅不能有效扑灭火灾，反而会使灾情进一步扩大。此外，由于危险化学品本身及其燃烧产物大多具有较强的毒害性和腐蚀性，极易造成人员中毒、灼伤，因此，扑救危险化学品火灾前，应先辨识危险化学品的性质，然后采取针对性的处置措施，正确处理事故。

（一）危险化学品火灾爆炸现场处置的原则

危险化学品火灾爆炸现场处置遵循"先询情、后处理""先控制、后消灭"的处置原则。应急救援力量到场后，不能盲目开展行动，应首先查明燃烧或爆炸的引发物质及周围物品的品名和主要危险特性、燃烧或爆炸范围、火势蔓延途径和方向、燃烧物或燃烧产物是否有毒等。其次针对危险化学品火灾爆炸事故的灾情发展蔓延快和波及范围广的特点，采取统一指挥、以快制快和堵截火势、防止蔓延以及重点突破、排除险情，分割包围，速战速决的灭火战术。

（二）危险化学品火灾爆炸事故现场处置策略

1. 尽快扑救初期火灾

迅速关闭火灾和爆炸部位的上下游阀门，切断一切进入火灾爆炸现场的物料供给。在火灾尚未扩大到不可控制前，应使用现场消防固定设施和移动式灭火器具扑救初期火灾和控制火源，为下一步处置创造条件。

2. 正确选用灭火剂

大多数易燃可燃液体都能用泡沫扑救，其中水溶性的有机溶剂（醇、酚、醚类）应选用抗溶性泡沫，可燃气体火灾可用二氧化碳、干粉等灭火剂扑救。有毒气体、酸碱液可用喷雾或开花水流稀释。遇火燃烧的物质及金属火灾，不能用水扑救，可选用砂土覆盖或D类灭火剂进行扑救。

3. 加强冷却保护

确定受火势威胁设施和部位，及时采取冷却保护措施，加大冷却强度，降低火源辐射影响。组织可靠供水路线，确保不间断供水。

4. 阻止蔓延扩散

易燃液体泄漏易形成流淌火，造成火势蔓延扩大，可用沙袋或其他材料筑堤拦截流淌的液体或挖沟倒流，将物料导向安全地点，并采取泡沫覆盖等措施减少蒸气挥发，防止形成爆炸性混合气体。关闭或堵塞雨排、污水井、管井等处，防止火焰蔓延和消防用水外排造成环境污染。

5. 控制火势

在加强冷却的同时，必须对火势进行控制，先消灭外围的火势，如地面火、建筑火等。然后集中力量，控制主要火源。对于可燃气体和液体火灾，在不具备灭火条件下，主

要用水来控制和冷却，使其在一定范围内燃烧。

6. 重点突破

根据危险化学品泄漏的位置及火势情况，确定主攻方向。火场如有爆炸危险品、剧毒品、放射性物品等受火势威胁时，必须采取重点突破，排除爆炸、毒害危险品。要用强大的水流和灭火剂，消灭正在引起爆炸和其他物品燃烧的火源同时冷却尚未爆炸和破坏的物品，控制火势对其威胁。组织突击力量，设法掩护疏散爆炸毒害危险品，为顺利灭火和成功排险创造条件。

7. 加强掩护，确保安全

在救援过程中，要做好防爆炸、防高温、防毒气和防腐蚀工作。救援人员要着隔热服或防毒衣，佩戴防毒面具或口罩、湿毛巾等物品，并尽量利用有利于排险的安全的地形地物。加强事故现场警戒，严控现场火源，严禁无关人员和车辆进入。

（三）不同火灾扑救方法

1. 气体火灾处置方法

（1）扑救可燃气体火灾切忌盲目灭火，在没有切断泄漏源的情况下，必须保持稳定燃烧，防止泄漏气体与空气混合形成爆炸性混合气体。在扑救和冷却过程中，如果意外将泄漏处火焰扑灭，在没有采取切断泄漏源的情况下，应立即用长点火棒将火点燃，使其恢复稳定燃烧，防止可燃气体泄漏，引起燃爆。

（2）首先应扑灭外围被火源引燃的可燃物火势，切断火势蔓延途径，控制燃烧范围，并积极抢救受伤和被困人员。

（3）如果有压力容器受到火焰炙烤和威胁，在确保安全的情况下，应转移到安全地带，不能转移的应部署足够冷却力量进行保护。为防止容器爆裂伤人，进行冷却的人员应尽量采用低姿射水或利用现场坚实的掩蔽体防护。冷却时，不留空白，防止容器冷热不均发生变形，引发泄漏或爆炸。对卧式储罐冷却时，应选择储罐四侧角设置射水阵地。严禁将射水阵地布置在储罐封头正对面。

（4）如果是输气管道泄漏着火，应首先设法找到并关闭气源阀门。

（5）储罐或管道泄漏关阀无效时，应根据火势大小判断气体压力和泄漏口的大小及其形状，准备好相应的堵漏材料（如软木塞、橡皮塞、气囊塞、黏合剂弯管、卡管工具等）。

（6）堵漏工作准备就绪后，即可用水扑救火势，也可用干粉、二氧化碳灭火，但仍需用水冷却储罐或管壁。火势扑灭后，应立即用堵漏材料堵漏，同时用雾状水稀释和驱散泄漏出来的气体。如果第一次堵漏失败、再次堵漏需一定时间，应立即用长点火棒将泄漏处点燃，恢复稳定燃烧，并准备再次灭火堵漏。如果泄漏口很大，根本无法堵漏，只能靠水冷却着火容器及其周围容器和可燃物品，控制着火范围，一直到燃气燃尽，火势自动熄灭。

（7）现场指挥部应密切注意各种危险征兆，当出现以下征兆时，总指挥必须及时作出准确判断，下达撤退命令。现场人员看到或听到事先规定的撤退信号后，应迅速撤退至安全地带：

①可燃气体继续泄漏而泄漏部位较长时间没有恢复稳定燃烧，现场可燃气体浓度达到爆炸极限。

②受辐射热的容器裂口或安全阀出口处火焰变得白亮耀眼、泄漏处气流发出尖叫声、容器发生晃动等现象。

2. 液体火灾处置方法

（1）首先应及时了解和掌握着火液体的品名、密度、水溶性以及有无毒害、腐蚀、沸溢、喷溅等危险性，以便采取相应的灭火和防护措施。

（2）切断火势蔓延的途径，冷却和疏散受火势威胁的密闭容器和可燃物，控制燃烧范围，并积极抢救受伤和被困人员。如有液体流淌时，应筑堤（或用围油栏）拦截漂散流淌的易燃液体或挖沟导流。

（3）对于较大的储罐或流淌火灾，应准确判断着火面积。大面积（大于$50~m^2$）液体火灾必须根据其相对密度、水溶性和燃烧面积大小，选择正确的灭火剂扑救。对不溶于水的液体（如汽油、苯等），可用普通氟蛋白泡沫或水成膜泡沫扑灭。用干粉扑救时灭火效果要视燃烧面积大小和燃烧条件而定，在扑救的同时用水冷却周围储罐的罐壁，防止复燃。

（4）比水重又不溶于水的液体（如二硫化碳）起火时可用水扑救，水能覆盖在液面上灭火。用泡沫也有效。用干粉扑救时灭火效果要视燃烧面积大小和燃烧条件而定，同时用水冷却罐壁，降低燃烧强度。具有水溶性的液体如（醇类、酮类等），选用抗溶性泡沫扑救。用干粉扑救灭火时，可采用泡沫干粉联用技术，降低复燃概率。

（5）扑救毒害性、腐蚀性或燃烧产物毒害性较强的易燃液体火灾，扑救人员必须佩戴防护面具，采取防护措施。在扑救毒害品火灾时应尽量使用隔离式空气呼吸器。

（6）扑救闪点不同、黏度较大的介质混合物，如原油和重油等具有沸溢和喷溅危险的液体火灾，必须注意计算可能发生沸溢、喷溅的时间和观察是否有沸溢、喷溅的征兆。一旦现场指挥发现危险征兆时应迅速作出准确判断，及时下达撤离命令，避免造成人员伤亡和装备损失。扑救人员看到或听到统一撤退信号后，应立即撤退至安全地带。

（7）遇易燃液体管道或储罐泄漏着火，在切断蔓延途径并把火势限制在一定范围内的同时，应设法找到并关闭进出口阀门。如果管道阀门已损坏或储罐泄漏，应迅速准备好堵塞材料，然后先用泡沫、干粉、二氧化碳或雾状水等扑灭地面上的流淌火焰，再扑灭泄漏处的火焰，并迅速采取堵漏措施。与气体堵塞不同的是，液体一次堵漏失败，可连续堵几次，只要用泡沫覆盖地面，并堵住液体流淌和控制好周围着火源，不必点燃泄漏处的液体。

3. 固体火灾处置方法

固体火灾相对其他种类的危险化学品火灾而言是比较容易扑灭的，只要控制住燃烧范围，逐步扑灭即可。

易燃固体发生火灾时，一般都能用水、砂土、石棉毯、泡沫、二氧化碳、干粉等灭火剂扑救，但铝粉、镁粉等着火不能用水和泡沫灭火剂扑救。另外、粉状固体着火时，不能用灭火剂直接强烈冲击以避免粉尘扬起，在空气中形成爆炸性混合物引发爆炸。

磷的化合物、硝基化合物和硫黄等易燃固体着火燃烧时产生有毒和刺激气体，扑救时要站在上风向，以防中毒。

三、危险化学品压力容器及管道爆炸处置方法

流体危险化学品的储存与输送是通过压力容器和压力管道来实现的。由于设计不当、腐蚀、安全附件失效、超负荷运行、违规操作、自然灾害等因素易导致压力容器及压力管道发生泄漏、燃烧、爆炸，发生人员伤亡。

处置危险化学品压力容器及管道爆炸事故应做好以下几个方面。

（一）侦察检测

救援人员到达现场后，应通过观察询问及仪器检测等方法，了解掌握事故原因、事故物料名称、性质、储量及泄漏范围，事故容器及周边装置运行状态，消防设施是否完整可用，采取的工艺处置措施等。

（二）警戒隔离

根据侦检情况，确定警戒范围，设立警戒标志，布置警戒人员，严控人员和车辆出入。同时设置流动观察哨，密切注意警戒区内有关人员的行动，并随时注意现场建筑、火势、风向的变化，以便采取应急措施。

为防止事故灾害扩大，必须消除危险区域内的一切火种。切断警戒区内所有电源，熄灭明火；高热设备停止工作；救援人员应着防静电服，携带无火花工具进入事故区开展救援。

（三）安全防护

救援车辆和人员到达现场时，不得盲目进入危险区，应先将救援力量部署在事故现场外围上风或侧上风方向。车辆不得停靠在工艺管线或高压线下方，不要靠近危险建筑，车头朝向撤退方向，占据消防水源，充分利用地形、地物作掩护设置水枪阵地。

进入现场或警戒区内的救援人员必须佩戴隔绝式呼吸器，针对事故物质化学特性着相应防护服。在处置过程中，做好防爆炸、防高温、防毒和防腐蚀工作。

（四）人员疏散

迅速将警戒区内无关人员疏散撤离，优先疏散下风方向人员。疏散时应向上风方向转移，避免横穿事故区域，在疏散路线上设立专人引导。疏散过程中不得在低洼处滞留。

（五）工艺处置

1. 关阀断料

压力容器和压力管道发生爆炸后，会造成危险物料泄漏，易引发燃烧、中毒、二次爆

炸等事故，因此应首先切断危险物料来源。如果是反应容器、换热容器、储罐等压力容器发生爆炸，应考虑关闭进料阀门。压力管道发生爆炸，关闭上游阀门，切断物料供给。

2. 惰性气体置换

在实施关阀断料措施后，可以向事故容器和管道内或者受热辐射威胁的邻近设备和管线内注入氮气等惰性气体，防止发生回火爆炸和次生爆炸火灾事故。

3. 引燃放空

压力容器受到火势高温辐射影响，内部出现超温超压时，可通过专用管线将超压物料导入火炬系统进行燃烧泄压。若压力增加较快，火炬系统不能满足泄压要求，可利用手动放空阀直接放空泄压。

（六）应急处置

1. 冷却抑爆

首先启动喷淋、泡沫等固定或半固定消防设施，对事故容器和管道及受火势威胁的邻近设备进行冷却。根据现场情况，利用带架水枪、移动炮、车载炮、消防机器人等移动消防装备，加大对事故容器和管道的冷却力度，冷却强度不应小于 $0.2\ \text{L}/(\text{s}\cdot\text{m}^2)$。冷却要均匀，不留空白，防止冷热不均引起容器及管道破裂，造成灾情扩大。冷却时，应避开着火点，防止破坏稳定燃烧引发爆炸。

2. 控制火势

爆炸引起燃烧时，在加强冷却的同时，必须对火势进行控制。先消灭外围火势，如地面流淌火、建筑火等。然后集中力量，控制主要火源，为后续处置创造有利条件。对于可燃气体，在不具备灭火的条件下，主要用水来控制和冷却，使其在一定范围内燃烧。爆炸造成的可燃液体流淌火，可采用筑堤围堵的方式控制可燃液体泄漏范围，并利用泡沫、干粉、二氧化碳或雾状水进行灭火。

3. 稀释驱散

设置水幕水带、水幕发生器、开花水枪等阻隔泄漏气体扩散；设置喷雾水枪，向可燃物蒸气云喷射雾状水，加速气体向高空扩散，严禁使用直流水直接冲击蒸气云。可在现场释放大量水蒸气或氮气，破坏燃烧条件。

4. 灭火总攻

当事故容器及管道外围火点已扑灭；容器及管道内物料源已被切断，且内部压力明显下降；容器及管道已得到充分冷却；人员、装备、灭火剂已准备就绪时，应果断采取灭火行动，确保在最短的时间内将火势扑灭。

（七）注意事项

（1）处置可燃气体容器和管道爆炸引发的火灾时，切忌盲目灭火。在没有切断物料源和采取有效堵漏措施的情况下，必须保持稳定燃烧。避免可燃气体泄漏与空气混合，遇火源发生爆炸。

（2）为防止压力容器爆炸伤人，进行冷却的人员应尽量采用低姿射水或利用现场坚实的掩体防护。

（3）处置压力容器和管道爆炸事故，应注重采用工艺措施。尽量减少一线作业人员，优先选用带架水枪、移动炮、消防机器人等装备进行冷却和灭火处置。

（4）当压力容器火灾现场出现容器震颤、啸叫、火焰由黄变白、温度和压力急剧升高等爆炸征兆时，指挥员应果断下达紧急避险命令，处置人员应迅速撤出或隐藏。

（5）选择正确的灭火剂和灭火方法。火势较大时应先堵截火势蔓延，控制燃烧范围，然后逐步扑灭火势。

（6）火灾扑救过程中，应注意灭火剂与泄漏物的收集处理，以防止二次污染的发生。

四、毒害品泄漏处置方法

毒害品是指进入人体后，能与体液和器官组织发生生物化学作用或生物物理作用，扰乱或破坏机体的正常生理功能，引起某些器官和系统暂时性或持久性的病理改变，甚至危及生命的物品。由于大多数毒害品本身易燃烧，有的毒害品虽然本身不燃，但与其他可燃物品接触后能引发燃烧。因此，毒害物泄漏处置时要着重做好个体防护、人员疏散、泄漏源控制和火灾扑救工作。

（一）现场询情

应急救援人员接警到场后，要详细询问事故物质名称、性质，事故原因，泄漏源储量、泄漏部位、泄漏量、扩散面积，有无发生爆炸，有无人员伤亡，是否采取堵漏措施以及可能采取的堵漏方法等。

（二）侦察检测

利用有毒物质检测仪测定毒害物质浓度及扩散范围；测定现场及周围区域的风力和风向；搜寻遇险和被困人员，并迅速组织营救和疏散。

（三）设立警戒

根据询情和侦检情况，确定警戒范围，设置警戒标志，布置警戒人员，严控人员出入，并在整个事故处置过程中，实施动态监测。若泄漏有毒物质易燃易爆，则必须消除危险区域内的一切火种。切断警戒区内所有电源，熄灭明火；高热设备停止工作；救援人员应着防静电服，携带无火花工具进入事故区开展救援。

（四）个体防护

进入事故现场的救援人员必须佩戴隔绝式呼吸器，针对事故物质化学特性着相应化学防护服。

（五）人员疏散

及时进行人员疏散是降低毒害品泄漏事故人员伤亡的重要手段，进行人员疏散应做好以下几个方面。

1. 做好防护再疏散

人员疏散前或在疏散过程中，应帮助或指导其戴好防毒面罩或用湿毛巾捂住口鼻，同时穿好防毒衣或雨衣（风衣），减少皮肤裸露，救援人员再迅速组织和指导其撤离现场危险区域。

2. 就近朝上风向或侧风方向撤离

现场组织疏散人员应迅速判明风向，可利用方向标、旗帜、树枝、手帕等来辨明风向。尽可能利用交通工具将人员向上风向作快速转移。疏散时，应选择安全的路线，避免横穿毒源中心区域或危险地带。疏散途中，不要在低洼处滞留。

3. 重点对危重伤员和弱势群体人员实施抢救式疏散

在事故造成大批人员中毒受伤的情况下，救援人员应重点搜寻和帮助危重伤员和老、弱、幼、妇等弱势群体迅速撤离。对呼吸心跳骤停的中毒伤员应立即将其运送至安全区后，就地立即实施人工心肺复苏，并通知其他医务人员前来抢救，或者边做人工心肺复苏边就近转送医院。

4. 及时洗消

在现场安全区域集中设置洗消站，采用脱除污染衣物、用流动清水冲洗皮肤等方法及时对被污染的撤出人员进行消毒洗消，防止发生继发伤害。

（六）人员急救

毒害品事故造成的人员急性中毒，若能及时、正确地开展抢救，对于挽救危重中毒者生命、减轻中毒程度、防止合并症状的产生具有十分重要的意义。

（1）尽快清除未被吸收的毒物。将中毒者移至通风处，脱去受污染的衣服、鞋袜等；清洗被污染的皮肤，除去污染的衣服，脱离有毒的场所，或催吐、洗胃、导泻、灌肠以清除食入的毒物。

（2）除中毒症状外，还应检查有无外伤、骨折、内出血等症状；搬运患者时，要使患者侧卧或仰卧，保持头低位，并注意保温；患者呼吸停止时，应进行人工呼吸或使用苏醒器。

（3）防止毒物吸收。在催吐、洗胃过程中或其后，给予拮抗剂以抑制未被吸收的毒物发生作用，以减低毒性或防止吸收。例如强酸中毒可用弱碱（石灰水上清液、肥皂水）中和，强碱中毒可用弱酸（1%醋酸、果子水）中和，日常饮用的豆浆、牛奶或蛋清也有中和酸、碱作用和保护肠胃道黏膜作用，并常用作金属毒物的拮抗剂。

（4）对症治疗，预防并发症。根据病人出现的症状如惊厥、呼吸困难、循环衰竭等给予对症治疗，支持病人度过危险阶段，并及时送医。

（七）稀释降毒

合理通风，加速有毒气体扩散稀释。以泄漏点为中心，在四周设置水幕或喷雾水枪喷射雾状水进行稀释降毒。根据泄漏物化学性质，可加入中和剂，提高降毒效率。驱散稀释不准使用直流水枪，以免强水流冲击产生静电。构筑围堤或挖坑引流，收容产生的废水。在确保安全的情况下，可考虑引燃泄漏物以减少有毒气体扩散。对毒源采取吸附、中和、密封、转移的方法，予以全面控制。

（八）控制泄漏源

1. 关阀断料

生产装置发生泄漏，应由事故单位的工程技术人员或熟悉情况的人员负责关闭输送物料的管道阀门，切断事故源，应急救援人员负责出开花或喷雾水枪掩护并协作操作。关闭雨水阀或堵塞下水口，防止泄漏物进入水体、下水道、地下室或密闭性空间，增强通风。

2. 倒罐输转

储罐或容器发生泄漏，无法堵漏时，可采取倒罐输转的方法将罐内剩余物料倒入其他安全容器或储罐内。

3. 化学中和

可根据泄漏物化学性质，选取合适的中和剂，采用化学中和法进行处置。可将泄漏物直接导入中和剂溶液中，使其中和，形成无害或微毒废水。在条件允许的情况下，也可直接将泄漏容器浸入中和剂溶液池中，以达到降低危害的目的。

4. 器具堵漏

执行堵漏任务的人员，应针对泄漏物质理化性质，穿（佩）戴全套防护装备，并经安全性能检查后方能入场作业。作业过程中应使用雾状水或开花水流进行掩护。

（1）管道壁发生泄漏，且泄漏点处在阀门以前或阀门损坏，不能关阀止漏时，可使用堵漏垫、堵漏楔、堵漏袋等专用器具实施封堵。

（2）微孔跑冒滴漏，可用螺丝钉加黏合剂旋入孔内的方法堵漏。

（3）罐壁撕裂发生泄漏，可用充气袋、充气垫等专用器具从外部包裹堵漏。

（4）带压管道泄漏，可用捆绑式充气堵漏带或使用金属外壳内衬橡胶垫等专用器具实施内外堵漏。

（5）阀门法兰盘或法兰垫片损坏，发生泄漏，可用不同型号的法兰夹具并注射密封胶的方法进行封堵，也可直接使用专门的阀门堵漏工具实施堵漏。

（九）火灾扑救

气体毒害品着火，在没有办法切断泄漏源的情况下，严禁盲目灭火，防止有毒气体扩散造成灾情扩大。在切断泄漏源的情况下，可利用干粉、二氧化碳灭火。

液体毒害品着火，可根据液体的性质（有无水溶性和相对密度的大小）选用泡沫灭火，或用砂土、干粉、石粉等补救。

固体毒害品着火，可用水或雾状水扑救。

无机毒害品中的氰、磷、砷或硒的化合物遇酸或水后能产生极毒的易燃气体氰化氢、磷化氢、砷化氢、硒化氢等，因此着火时，不可使用二氧化碳灭火剂，也不宜用水扑救，可用干粉、石粉、砂土等进行扑救。

（十）现场洗消

根据泄漏毒害品的理化性质和受污染的具体情况可采取下述方法洗消：

（1）化学消毒法，利用化学洗消剂溶液喷洒在染毒区域或受污染体表面，发生化学反应改变毒物性质，成为无毒或低毒物质。

（2）物理消毒法，即用吸附垫、活性炭等具有吸附能力的物质，吸附回收转移处理；对污染空气可用水驱动排烟机吹散降毒，也可对污染区暂时封闭，依靠自然条件，如日晒、雨淋、通风等使毒气消失；也可喷射雾状水进行稀释降毒。

洗消污水的排放必须经过环保部门的检测，以防造成次生灾害。

事故处置结束后，要做好对事故处置人员、器材、装备、车辆的全面彻底洗消，防止毒源外流，造成继发伤害。

第四节　应急撤离方法及判定

应急撤离是指在危险化学品事故应急响应过程中，现场生产作业人员、救援人员因生命安全受到严重威胁而撤出事故现场的行为。事故现场作战指挥部和指挥员应全面掌握现场情况，当发现可能发生突发重大险情而又不能及时控制，直接威胁抢险救援人员生命安全时，应果断迅速下达应急撤离命令，组织救援力量安全撤出应急救援现场。

应急救援队伍在进行灾情复杂的应急救援时，随时都经受着生与死的考验，应急救援指挥员必须遵循"生命至上、安全第一"的指导思想，对事故灾难现场形势有充分的认识，时刻关注现场的发展及变化情况，把救援人员的安全系于心上，视实际情况适时作出正确决策，充分保证救援人员的安全。一旦出现或发现可能造成人员伤亡的危险征兆时，指挥员必须果断决策，下达紧急撤离命令。

一、应急撤离的方法

在开展应急救援行动前，事故现场作战指挥部和指挥员应事先制定紧急撤离方案，设置安全员和观察哨，明确撤退路线和撤离信号，如利用长鸣警报、连续急闪强光、通信扩音器材等方式及时准确地发出信号。发现险情，应立即发布撤离信号，迅速组织撤离并在安全区域选择集合地点。严禁救援人员在接到应急撤离信号后不及时撤离。执行应急救援任务时，在熟悉现场地理位置的基础上要选择好进攻阵地，占据便于撤离的位置，做好个人防护。

（一）集中统一撤离和分批分散撤离

集中统一撤离是指参加救援人员在接到撤离命令后，立即停止救援，撤离到安全区域的撤离方式。一般适用于危险征兆发生后，预留时间较长且危害严重，须立即撤离的情况。

分批分散撤离是指在危险征兆不明显或预留时间较短，部分参加救援人员已受到威胁的情况下，先将受到威胁的人员撤出，其他人员在指挥部统一部署下迅速、有序地全部撤离或部分撤离的撤离方式。一般适用于现场范围较大且只有局部发生重大险情的情况。

（二）带装撤离和徒手撤离

带装撤离是指发生危险的征兆刚出现或征兆出现后可能需要较长时间才发生危险时，

指挥员下达撤离命令后，参加救援人员立即整理器材装备，人员和器材装备一起撤离到安全区域的撤离方式。适用于危险影响较小或预留时间较长的情况。

徒手撤离是指发生危险征兆后，可能在极短的时间内发生危险，参加救援人员发现情况后，放弃器材装备立即撤离危险区域的撤离方式。适用于危险影响较大，预留时间较短，撤离距离较远的情况。

（三）受令撤离和自主撤离

受令撤离是指现场危险的征兆开始出现，可能发生危险的时间比较长，撤离命令由指挥员或安全员下达后才撤离的方式。适用于开始出现危险征兆且预留时间比较充裕的情况。

自主撤离是指在现场出现明显危险征兆明显，危险随时可能发生，时间急迫，没有时间汇报和等待命令下达立即撤离的方式。适用于征兆明显且预留时间极短，危害比较严重的情况。

（四）其他撤离方式

（1）向上风方向撤离。指在出现明显危险征兆，风力、风向比较明显，危险可能向下风方向发展、蔓延而向上风方向撤离的方式。适用于油罐火灾中，发生沸溢、喷溅征兆时，风力、风向比较明显，下风方向的危险性更大的情况。

（2）横向撤离。指建筑物在出现倒塌征兆时，可以判定建筑倒塌的方向，向倒塌方向的横向撤离的方式。适用于建筑物监测比较细致，倒塌造成的危险性大的情况。

二、应急撤离的判定

当危险化学品事故处置现场出现爆炸、倒塌、沸溢、喷溅以及可能发生大量毒害物质泄漏、风向突变等险情征兆，又不能及时控制和消除，直接威胁应急救援人员生命安全时，现场指挥员应当迅速组织参战人员撤离到安全地带并立即清点人数，视机再组织实施灭火救援行动。

（一）化工装置火灾爆炸征兆

化工装置火灾出现爆炸、爆裂的征兆有：火焰逐渐由红色变成褐色或炽白色，变亮、耀眼；达到容器承受的最大压力极限，发出刺耳的啸叫声；装置的储罐内压力骤增，容器形变鼓起；反应釜、塔等容器形体晃动、抖动。

（二）沸溢、喷溅征兆

发生原（重）油沸溢、喷溅征兆，如油面蠕动、涌涨现象；火焰增大、发亮、变白，火舌形似火箭，颜色由浓变淡；金属罐壁颤抖，罐体发出强烈的噪声，罐内油品发出的剧烈"嘶嘶"声时，应立即发出应急撤离信号，所有指战员迅速撤离。

（三）液化烃储罐（罐车）爆炸征兆

气体爆炸通常是由于易燃可燃气体泄漏后，较长时间未能有效控制泄漏，也没有点燃气体恢复稳定燃烧，使得局部的泄漏物质浓度在短时间达到爆炸下限，在处于爆炸浓度极限范围内时，爆炸随时可能发生，潜在危险性大。在温度急剧升高时，组成液化烃类会出现高温裂解，碳粒子在火焰温度达到700~800℃时呈现红光或黄光，在火焰温度超过1000℃时，气体中氧气含量增加的情况下，火光就由红变白、变亮，使人产生刺眼的感觉。液化烃储罐（罐车）当燃烧或受热烘烤而出现储罐安全阀、放空阀等发出刺耳的尖叫声，火焰颜色由红变白，储罐发生颤抖，相连接的管道、阀门、储罐支撑基础相对变形等现象时，储罐有随时发生爆炸的可能，应及时发出警报，立即组织人员撤离至安全区域。

（四）大面积毒性物质扩散

前沿处置阵地发现大面积毒性物质扩散危及应急救援人员安全时，现场指战员可实施紧急避险或紧急撤离，边撤离边向上级指挥员报告。

（五）工艺参数判定

安全员侧重监控控制室DCS工艺流程和工艺参数，接近设计控制极限值（红色颜色数值）时，立即通知指挥员作出应急撤离决策。

（六）建筑倒塌风险判定

建筑构件耐火极限的大小是建筑物抗御火灾能力的表现。在火灾高温作用下，建筑结构燃烧时间超过耐火极限，建筑可能很快就会发生倒塌，对救援人员的人身安全造成重大威胁。在达到耐火极限后，要加强对现场的观察、监测，准确掌握建筑结构的变化情况，如发现钢结构弯曲、门窗变形卡死；墙体砌筑砂浆因高温失去黏结力粉化脱落使砌体产生纵向裂缝；混凝土保护层出现裂缝、钢筋外露、挠度增大；柱两端混凝土保护层爆裂、钢筋屈服向外凸出、扭曲变形；楼板呈"锅底"形状下沉等，必须及时撤离。

三、应急撤离的要求

（一）命令下达及时果断

事故灾难现场救援过程中，遇到突发危险情况时，撤离时机的把握至关重要。针对现场情况复杂多变、各种大面积立体性救灾现场，指挥员不仅要快速进行判断，还要及时果断地定下决心。这就要指挥员及现场安全员能够发现危险征兆，及时快速果断地下达撤离命令，将危险区域的救援人员撤离至安全地带，保存救援力量。

（二）保证撤离安全

只有保全自己，才能更好地完成应急救援任务。现场指挥员必须了解事故现场情况，牢固树立敏锐观察、分析判断和通晓全局的救援意识，掌握现场"突变"的征兆，增强安全防护意识，加强自身安全防护。在时间不允许的情况下，要放弃一切车辆和器材，并尽量利用地形地物作掩护，爆炸发生时就地卧倒，合理利用大型装置、设备等就地掩护。

（三）规定撤离信号

撤离命令应统一由指挥员或安全员下达，依据预案或事先确定的信号传递方式发出撤离信号，信号要明显、准确、统一，能使现场所有人员都看到或听到。在声音影响较小，能够听见声音的情况下，可以采用广播、哨声、长鸣警报、通信扩音器材等下达撤离命令；在声音嘈杂、近距离都无法听见的场所可以采用旗语、手势、发射信号弹、连续急闪强光灯等撤离信号下达撤离命令。

（四）撤离后及时清点人员

在大型、复杂的事故灾难现场，参加救援的人员多、车辆多、情况复杂，指挥员发出撤离命令后，可能会出现部分参加救援人员接收不到命令的情况，这就要求指挥员要及时掌握救援队伍的救援情况、力量部署和人员位置等，并在撤离后迅速集合队伍，清点人数。

第五节 生产应急现场监护要点

生产应急监护作为现场作业安全管理的一部分，对整个作业安全起到举足轻重的作用。生产应急监护主要是通过关口前移，在生产的同时，增派应急监护力量，预防事故的发生，并在事故发生时最大限度地减少人员伤亡和财产损失。通过生产现场监护，可以有效地缩短应急响应时间，及时把握生产现场情况，提高应急处置效率，为生产作业、工程抢险人员提供安全保障。

一、监护方案的编制

为确保监护方案的科学、合理，监护方案的编制主要分为准备、编写、审核三个阶段。

（一）方案编写准备

危险化学品生产现场监护，一般针对带压开孔、堵漏、生产装置、油气管道、站场、重要设施等抢维修、动火作业、装置检维修、投产试运行等作业类型。例如，硫化氢泄漏、中毒、着火、爆炸等事故时有发生，风险系数高，现场具有风险大、作业时间长等特点，应急救援监护的主要目的是救援力量前置，提前识别作业风险和作业类别，熟悉作业环境，为现场应急救援处置展开奠定良好基础。若监护方案风险识别不到位，作业现场一旦发生泄漏、中毒、爆炸等事件，可能会导致现场监护力量响应不及时，应急处置措施不当，造成监护人员和现场作业人员的伤害。

做好监护方案编写，必须熟悉监护前后的现场作业内容、作业风险、作业安全管理各个环节内容，合理安排监护力量和人员。为确保监护方案合理，监护单位在接到监护指令的同时，要求监护申请单位同时提供施工作业方案，学习施工作业方案，了解施工内容、节点和计划，识别作业风险和作业环境，开展JSA分析，制定针对性的监护措施，明确个体防护要求，各项准备工作完成后，编制作业现场监护方案。

（二）方案编写

施工作业监护工作点多、线长、面广、种类繁多。监护方案作为指导现场监护的一个指导性执行文件,为切实保证施工作业期间的安全,避免发生火灾、爆炸、人员中毒等事故,监护单位应按照"科学应对、处置有序、确保安全"的战术原则,紧密结合施工方案,细化完善监护措施,针对各种工况下可能发生的突发事件,制定有针对性的监护措施。方案中应明确现场作业类型、作业周期、作业风险、监护力量配置、力量部署、人员分工及 HSE 要求等内容。

批处理作业监护、酸压放喷、连续油管作业和生产测井、联合装置检修等典型作业现场监护方案编写举例如下:

(1) 批处理作业监护。2 个战斗段,分布于收球筒和发球筒 2 处。每个战斗段安排 1 台水罐消防车,5 人,架设 1 支多功能水枪,对盲板开闭进行重点监护。

(2) 酸压放喷。设消防、点火、大气监测、救护、供气保障 5 个战斗段。共出动消防水罐车 1 台,强风车 1 台,环境监测车 1 台,医疗救护车 1 台、移动车 1 台、火焰喷射器 1 台,供水消防泵 2 台。重点对作业井场降压流程和放喷池进行监护。

(3) 连续油管作业和生产测井。共设消防、大气监测、救护、供气保障 4 个战斗段。共出动消防水罐车 1 台,强风车 1 台,环境监测车 1 台,医疗救护车 1 台、移动车 1 台、供水消防泵 2 台。重点对作业井场防喷器流程和作业设备进行监护。

(4) 联合装置检修。设置消防监护、环境监测、医疗救护三个战斗段。现场安排水罐消防车、抢险车、医疗救护车、环境监测车各 1 台,充分利用厂内稳高压消防给水系统,铺设水带和水枪。重点监护受限空间、动火作业等高风险作业。

(三)方案审核

方案编制完成后,由负责监护的业务主管部门审核后实施。针对联合装置检修等重大作业监护,由负责安全生产的领导组织审核后,报上级部门审批。通过逐级审核、审批,确保监护方案的可操作性和科学性。

二、监护现场安全条件确认

监护现场安全条件确认是监护顺利实施的重要基础,确认内容包括方案实施、通信、个体防护、力量部署等方面。通过条件确认,确保监护力量部署做到"三个有利于"(有利于进攻、有利于撤退和有利于施工作业)。通过确认明确监护现场小组设置、监护 HSE 监管要求、监护现场指挥员等岗位职责。力量部署确认包括以下内容:

(1) 召开监护现场工作会,开展危害因素识别、安全风险评价,明确职责任务。

(2) 监护车辆须做到安全停靠,位于上风方向或侧风方向的安全区域,同时便于施工、便于救援、便于撤离。

(3) 应急保障点设在监护现场入口处安全区域,摆放救援担架、空气呼吸器、空气呼吸气瓶等器材。空气呼吸器不得随意外借,便于应急情况下指挥人员进入现场佩戴。

(4) 消防水带、水枪(炮)的设置应做到便于车辆通行、便于现场施工。

(5) 消防水带干线横穿道路时应设置水带护桥。

(6) 消防水带和水炮（枪）须进行出水测试，水带内注满充实水。

具体见监护现场条件确认单。

_____监护现场工作条件确认单

填写人：　　　　　　　　　　　　　　　　　　　　　　　日期：　　年　　月　　日

序号	项目		内　容	确认	备注
一	现场通信	1	对讲机设置为指定频道，现场通信畅通		
		2	对讲机配备数量与监护方案一致		
		3	到位后，带队干部向119调度室汇报现场情况		
二	监护人员	1	指挥员明确监护岗位职责（监护、安全、环境监测）		
		2	监护人员了解掌握现场施工进度、逃生线路及集结点		
		3	个人防护装备穿戴齐全（空气呼吸器、H_2S检测仪、灭火服等）		
		4	安全员明确岗位职责，佩戴明显标识符号		
		5	个人身体健康、情绪良好		
三	设备状态	1	监护车辆停放符合"三个便于"安全要求		
		2	车辆轮挡、警示牌按规定摆放到位		
		3	油、水、电、气正常，无跑冒滴漏现象		
		4	车辆泵浦、车载炮操作系统正常		
		5	灭火剂充足		
		6	用电设备接地良好		
		7	空气呼吸器压力达标，检测仪、照明灯等小件装备电量充足		
		8	个人空气呼吸器按照1∶1.2配置；空气呼吸气瓶1用1备		
		9	随车装备、器材完整好用		
四	力量部署	1	指挥员对各监护岗位进行任务分工和技术、安全交底		
		2	指挥员按照方案和现场实际情况合理布置（调整）监护力量		
		3	供水干线布置到位		
		4	熟悉周边水源、道路状况，掌握现场应急撤离信号、紧急集合点等措施		
		5	消防水带和水炮（枪）须进行出水测试，且水带保压		
		6	待用的装备器材摆放整齐		
		7	根据监护风险分析后，配足配齐应急处置装备		
五	卫生		车辆、人员休息区整洁卫生，周边无乱扔垃圾现象		

说明：项目确认合格，在"确认"栏里打"√"，不合格打"×"，并注明原因；不涉及项目打"\"。

三、监护现场要求

监护现场处于生产单位管理区域，监护人员应遵守生产单位各项安全管理规定，在做好个人防护的前提下，开展监护工作，具体要求包括但不限于以下内容：

（1）现场监护人员不得少于4人（含带班领导），现场带班干部是执行监护任务的第一责任人。

（2）监护力量应提前 30 min 到达现场，驾驶员按照安全行车路线行车，现场带班干部出车前进行安全讲话，出发时应向调度部门报告。

（3）执勤车辆应保持车况良好，器材、油料、灭火剂充足。监护期间，执勤车辆应气压充足，达到灭火战斗的预先展开状态，冬季应保证开关灵活、药剂不结冰。

（4）生产区域若涉及硫化氢，现场监测与人身防护应按《硫化氢环境人身防护规范》（SY/T 6277—2017）的相关规定执行。

（5）现场监护人员必须服从命令，听从指挥，做到岗位职责、任务分工明确。

（6）结合监护作业任务和现场的风险评估，监护人员应正确选择着装，佩戴齐全个人防护装备，并携带好通信器材。人员与空气呼吸器配置比例 1∶1.2，备用气瓶与空气呼吸器配置比例 1∶1。

（7）进入站场的人员手机必须关闭，车辆必须加装防火罩。

（8）认真落实监护方案，开展安全条件确认。

第四章

典型危险化学品事故应急救援与处置

第一节 光气泄漏事故救援与处置

光气（碳酰氯，carbonyl chloride，Phosgene）是一种重要的有机中间体，是"光成气"的简称。光气最初是由氯仿受光照分解产生，故有此名。目前，在工业中主要由一氧化碳和氯气通过活性炭制得。光气化学式为 $COCl_2$，分子量 98.92，CAS 号 75-44-5。光气属《剧毒化学品目录（2015版）》中剧毒化学品，根据《化学品分类和危险性公示通则》（GB 13690—2009）的分类标准，光气属于第 2.3 类有毒气体。按照职业性接触毒物危害程度分级，为Ⅱ级（高度危害）毒物。

光气主要用作有机合成、农药、药物、染料及其他化工制品的中间体。在有机合成中，光气是合成异氰酸酯和聚碳酸酯的主要原料，迄今为止，全球 90% 以上的异氰酸酯产品都采用光气法生产；在农药生产中，用于合成氨基甲酸酯类杀虫剂；在医药生产中，用于合成氯代甲酸酯类的医药中间体；在染料工业中用于生产猩红酸等染料中间体。

光气纯品为无色气体，剧毒，工业品通常为已液化的淡黄色液体，低浓度时有类似干草的气味，高浓度时有强烈的刺激性气味，工业品略带黄色，有刺激性的霉干草味，不燃，在 0 ℃时冷凝为透明无色发烟液体。光气的相对密度比空气大，蒸气密度 3.5，相对密度 1.37，沸点 8.3 ℃，熔点 -118 ℃，微溶于水并水解，溶于芳烃、苯、四氯化碳、氯仿、乙酸等多数有机溶剂，化学性质不稳定。在生产、使用、运输和贮存过程中有极大的危险性。遇水迅速分解，生成氯化氢，加热分解产生有毒和腐蚀性气体。与光气不相容的物质包括苛性碱、铝、氨、叠氮甲酸异丁酯、异丙基醇铁盐、锂、金属、氧化剂、塑胶、涂料、钾、钠、叠氮化钠等。

一、光气泄漏事故特点

（一）剧毒性

光气对人体的侵入途径包括吸入、食入、经皮肤吸收，其毒性比氯气大 10 倍。吸入光气会导致皮肤或眼睛灼伤，刺激呼吸道，严重时死亡。光气中毒的病理、生理改变，主要由肺水肿引起。吸入高浓度光气会对人体的肺组织造成损害，导致血浆渗入肺泡引起肺水肿，从而使肺泡气体交换受阻，机体缺氧而窒息死亡。同时，光气的化学性质活泼，在体内无蓄积作用,生产条件下,通常以急性中毒为主,主要对呼吸系统造成损害。人体吸入光气后,会发生典型刺激症状,初为干咳,数小时后加重。轻度中毒患者有流泪、畏光、咽部不适、咳嗽、胸闷等;中度中毒时,除上述症状加重外,患者出现轻度呼吸困难、轻度紫绀;重度中毒会出现肺水肿或成人呼吸窘迫综合征,患者剧烈咳嗽、咳大量泡沫痰、呼吸窘迫、明显紫绀,甚至出现休克、死亡。肺水肿发生前有一段时间的症状缓解期(一般为 1~24 h)。光气中毒后的症状和体征,在 24~48 h 达到高峰。如不及时救治,可在 1~3 天内死亡,重度中毒可能在 5 天内死亡。因此,凡吸入光气者,至少需严密观察 3~4 天。不同浓度光气对人体的危害见表 4-1。

表 4-1 不同浓度光气对人体的危害

光气浓度/$(mg \cdot m^{-3})$	影响与症状
1.2	当大气中危险物质浓度低于该限值时,暴露 1 h 一般不会对人体造成不可逆的伤害,或出现的症状一般不会损伤该个体采取有效防护措施的能力
3.0	当大气中危险物质浓度低于该限值时,绝大多数人员暴露 1 h 不会对生命造成威胁,当超过该限值时,有可能对人群造成生命威胁
20	处于该浓度中 1 min 内造成咳嗽,人已感觉不适
40	处于该浓度中 1 min 内强烈刺激人的呼吸道以及眼睛
50	处于该浓度中 30 min 内就存在生命危险
80	处于该浓度中 2 min 对肺部有严重的危害
100	处于该浓度中 20 min 之内存在生命危害

(二)与水的反应产物具有腐蚀性

光气具有较高的化学反应活性,遇水后分解生成的氯化氢具有强烈的腐蚀性。

(三)密度大易聚集

光气密度比空气大,易聚集在地面低洼处,且不易飘散。

二、光气泄漏事故应急救援与处置对策

(一)现场询情

(1)救援人员接警到场后,向知情人或单位负责人了解光气泄漏时间、面积、具体泄漏位置、扩散范围等情况。

(2)有无人员中毒、伤亡。

(3)有无火灾、爆炸。

(4)是否采取堵漏措施以及可使用的堵漏方法等。

(二)侦察检测

(1)利用光气检测仪检测事故现场光气浓度,并持续监测、及时汇报。

(2) 测定现场周围区域的风力和风向。

(3) 查明泄漏范围，有无火灾发生，有无发生爆炸的可能。

(4) 掌握被困、遇险人员数量、位置，确定营救路线。

(5) 了解警戒区单位、人员、地形、危险化学品等情况。

(6) 消防水源位置、储量、供水方式，设施、建（构）筑物险情及可能引发爆炸的危险源。

（三）疏散警戒

(1) 根据侦检结果，设立安全警戒线，禁止一切与救援无关的人员进入警戒区域，并迅速疏散泄漏现场周围的无关人员。

(2) 维持警戒线外区域的治安秩序。

(3) 合理设置出入口，严格控制进入警戒区特别是重危区的人员、车辆、物资，进行安全检查，逐一登记。

(4) 根据动态检测状况，适时调整警戒范围。

（四）安全防护

进入警戒区内的人员必须做好个人安全防护，包括呼吸系统、身体、手部等部位均应做好防护，着全密封式防护服、防化服。正常作业时，应佩戴过滤式防毒面具（全面罩）；紧急事态抢救或撤离时，建议佩戴空气呼吸器。

（五）生命救助

(1) 组成救生小组，做好自身防护，携带救生器材进入危险区。伤员抢救组在救护过程中要随时注意风向的变化，及时做好现场急救医疗点的转移及伤员的防护工作。

(2) 在事故救援过程中，一定要严密监视周围环境，必须进行安全确认，才能进行救援，预防事故的重复发生。

(3) 当事故现场有大批伤员的情况下，伤员抢救组应分工合作，做到任务到人，职责明确，团结协作。

(4) 采取正确的救助方式，将遇险人员转移至安全区。对救出人员进行登记、标识和现场急救，将伤情较重人员送交医疗急救部门。

（六）技术支持

组织事故单位、气象环保、卫生救护等部门专家、技术人员判断事故状况，提供技术支持，制定抢险救援方案，并配合参与抢险救援行动。

（七）现场供水

制定供水方案，选定水源，选用可靠高效的供水车辆和装备，采取合理供水方法，保证消防用水量。

（八）稀释降毒

(1) 启用单位喷淋等固定、半固定自动消防设施，用30%液态碱或10%的氨水直接喷洒到光气泄漏区，中和分解泄漏在空气中的光气。

(2) 采用负压装置,将泄漏的光气吸到负压塔内,用碱水中和泄漏光气,达到稀释降毒的目的。

(九) 关阀堵漏

(1) 发生光气泄漏事故后,应迅速查明泄漏点,如果通过关阀能够制止泄漏的,要尽快将阀门关掉。

(2) 如果现场没有发现阀门,且继续泄漏,危险性越来越大时,救援人员应根据泄漏部位的情况,采用正确的堵漏工具,对泄漏部位实施堵漏。

(3) 利用喷雾水流、液氨喷雾或氢氧化钠溶液吸收扩散的光气。

(4) 堵漏完毕后,继续使用喷雾水枪驱散、稀释泄漏气体。

(十) 全面洗消和现场清理

(1) 对参与光气泄漏事故处置的人员、车辆及器材进行全面洗消。

(2) 做好现场检查、人员清点等工作。

(3) 撤除警戒,做好移交,安全撤离。

(4) 认真分析事故原因,制定防范措施,落实安全生产责任制,防止类似事故发生。

三、注意事项

(1) 救助车辆应从上风方向接近事故现场,且不要进入泄漏的范围之内。

(2) 救援人员必须使用呼吸保护器具,并着全封闭式防护服或防化服进行作业。

(3) 对中毒人员进行急救处置时,严禁进行人工呼吸,应及时送往医院就诊。

(4) 现场用于冷却、稀释的废水应做好回收工作,防止对环境造成二次污染。

(5) 不要直接接触泄漏物。

(6) 避免泄漏气体聚集在地下室或其他密闭的有人空间。

(7) 尽可能切断泄漏源。

(8) 防止气体在低凹处聚集,用排风机将漏出气送至空旷处。

(9) 禁止人员在低洼或下风区停留。

第二节 氢气储罐火灾爆炸事故救援与处置

氢气(Hydrogen)化学式为 H_2,分子量 2.01。常温、常压下,氢气是一种无色透明、无臭无味且难溶于水的气体。氢气密度只有空气的 1/14,是世界上已知密度最小的气体。标准状态下,氢气密度 0.0899 g/L,熔点-259.2 ℃,沸点-252.8 ℃,临界温度-239.9 ℃,临界压力 1297 kPa。氢气常温下化学性质稳定,但在加热条件下性质活泼,还原性较强,在高温时能还原金属氧化物。氢气极易燃,属于第 2.1 类易燃气体。爆炸极限 4.1%~74.2%(空气中,体积分数,下同),最小点火能 0.019 mJ,自燃点 550 ℃。其蒸气能与空气形成爆炸性混合物,遇热或明火即剧烈爆炸。氢气爆炸时产生的冲击波速率甚至超过

500 m/s。

工业上一般从天然气或水煤气制氢气,而不采用高耗能的电解水的方法。氢气大量用于石化行业的裂化反应和生产氨气。氢气极易扩散和渗透,氢气分子可以进入许多金属的晶格中,造成"氢脆"现象,因此氢气的存储罐和管道需要使用特殊材料(如蒙耐尔合金),设计也更加复杂。

高纯氢气经洗涤、冷却、分离、干燥后进入氢气储罐,纯度可达99.8%。高浓度氢气储存在储罐中主要存在以下危险:①露天布置的氢气储罐,可由于罐体损坏、接头松动或其他辅助设备损坏而发生泄漏。储罐内氢气压强较大,泄漏的氢气向外高速喷射,喷射过程中与储罐壁或管道摩擦产生静电火花,与空气混合后形成爆炸性混合气体,产生喷射性火焰或形成火球。泄漏的氢气遇明火、高温热源或其他点火源时,会引起火灾。②氢气储罐如果破裂或局部不能承受储罐内部压力时,压缩氢气会膨胀,在瞬间释放出巨大的能量并对外做功,即通常所说的物理爆炸。③制备过程中若有少量的氧气混入氢气管道从而进入氢气储罐,高压气流与管道摩擦容易产生静电,如果氢气储罐中的氢气达到爆炸极限,就有可能导致化学爆炸。

一、氢气储罐火灾爆炸事故特点

(一)易气化扩散

氢气的气液容积比为974 L/L(15 ℃,100 kPa),即1 L的液氢完全气化能够得到974 L的氢气。当氢气储罐发生泄漏时,由液相变为气相,液氢会迅速气化,体积迅速扩大,没有及时气化的液氢以液滴的形式雾化在蒸气中。氢气密度只有空气的1/14,加之气化后的低温氢气与周围空气之间存在着较大的温差,这些因素均能促使氢气和空气快速混合。氢气的扩散速度是天然气的3.8倍,一旦发生泄漏,会迅速蔓延扩散。

(二)易燃易爆炸

氢气点火能量很低,在空气中的最小点火能为0.019 mJ,在氧气中的最小点火能为0.007 mJ,一般撞击、摩擦、不同电位之间的放电、各种爆炸材料的引燃、明火、热气流、高温烟气、雷电感应、电磁辐射等都可点燃氢气-空气混合物。而且氢气在空气中的爆炸范围较宽,为4.1%~74.2%(体积分数,下同),在氧气中的爆炸范围为4.5%~95%,因此氢气-空气混合物很容易发生爆燃。爆燃产生的高热气体迅速膨胀,形成的冲击波会对人员造成伤亡,对周围设备及附近的建筑物造成破坏。纯净的氢气可在空气中安静地燃烧,若氢气不纯,燃烧时会有尖锐的爆鸣声,极易发生爆炸,应引起足够的重视。

(三)不易察觉性

氢气燃烧时的火焰没有颜色,肉眼不易察觉。因此,很难发现氢气储罐漏气燃烧时的火焰。由于火焰传播速度快、温度高,再加上储罐制作时多为铜焊、银焊或氩弧焊,一旦发生泄漏,并导致钢瓶着火,如果不及时控制住火势,那么在火焰的烘烤下,连接的焊缝将被烧开,氢气的泄漏量更大,待烤爆相邻的氢气储罐时,局面将更难以控制。

(四) 有窒息性

氢气无毒,有窒息性。虽然氢气无毒,在生理上对人体是惰性的,但若空气中氢气含量增高,将引起缺氧性窒息。

二、氢气储罐火灾爆炸事故应急救援与处置对策

(一) 现场询情

(1) 救援人员接警到场后,要详细询问泄漏储罐的储量、泄漏部位、泄漏量、扩散范围,是否发生燃烧爆炸。

(2) 有无人员伤亡。

(3) 如在储罐区内,应了解总体布局、总储量、邻近罐储量等信息。

(4) 邻近有无氧气、压缩空气、卤素(氟气、氯气、溴)、氧化剂等易和氢气发生反应的物质。

(5) 是否采取堵漏措施以及可使用的堵漏方法等。

(二) 侦察检测

(1) 利用便携式氢气检测仪检测事故现场氢气的浓度及扩散范围,并持续监测、及时汇报。

(2) 测定现场周围区域的风力和风向。

(3) 查明泄漏容器储量、部位,泄漏口大小、泄漏强度、范围和罐体完好情况。

(4) 查明扩散区域及周围有无火源。

(5) 了解邻近储罐区安全状况。

(6) 警戒区单位、人员、地形、危险化学品等的情况。

(7) 掌握被困、遇险人员数量、位置,确定营救路线。

(8) 了解消防水源位置、储量、供水方式,设施、建筑物险情及可能引发爆炸的危险源。

(三) 疏散警戒

(1) 综合现场情况,确定警戒区域,设立安全警戒线,安排警戒人员,禁止一切与救援无关的人员进入警戒区域,维持警戒线外区域的治安秩序。

(2) 合理设置出入口,严格控制进入警戒区特别是重危区的人员、车辆、物资,进行安全检查,逐一登记。

(3) 切断事故片区强弱电源,熄灭火源,停止高热设备,落实防静电措施。进入警戒区人员严禁携带移动电话和非防爆通信、照明工具。严禁穿戴化纤类服装、带铁钉的鞋,严禁携带、使用非防爆工具。

(4) 根据动态检测状况,适时调整警戒范围。

(四) 进攻路线

在上风、侧上风方向等安全区域内建立指挥部,利用通信、广播等手段,保障调度指

挥。选择进攻路线，设立水枪阵地和部署参战力量。

（五）安全防护

进入危险区人员实施二级防护，并采取水枪掩护；凡在现场参与处置人员，最低防护不得低于三级。

（六）生命救助

（1）组成救生小组，做好自身防护，携带救生器材进入危险区。

（2）在事故救援过程中，一定要严密监视周围环境，必须进行安全确认，才能进行救援，预防事故的重复发生。

（3）当事故现场有大批伤员的情况下，伤员抢救组应分工合作，做到任务到人，职责明确，团结协作。

（4）救出遇险人员至安全区域进行登记，轻微中毒者应立即移至空气新鲜处，伤情较重者初步处理后迅速送往医院救治。

（5）对烧伤面积较大的伤员要注意呼吸、心跳的变化，必要时进行心肺复苏。

（6）伤员抢救组在救护过程中要随时注意风向的变化。

（七）技术支持

组织事故单位、气象环保、医疗救援等部门专家、技术人员判断事故状况，提供技术支持，制定抢险救援方案，并配合参与抢险救援行动。

（八）现场供水

制定供水方案，选定水源，选用可靠高效的供水车辆和装备，采取合理供水方法，保证消防用水量。

（九）禁火抑爆

（1）根据具体情况迅速清除警戒区内所有火源、电源、热源和易燃物，以及能与之反应的氟、氯、溴、氧化物等化学物品，难以转移的应采取保护措施。

（2）停止所有可能产生火花的活动，禁止敲击设备管道，防止摩擦、撞击产生火花。

（3）用开花或喷雾水枪对泄漏的罐体及泄漏点区域进行冷却降温。

（十）稀释防爆

（1）启用单位喷淋等固定、半固定自动消防设施。

（2）在泄漏的储罐或容器的四周设置喷雾水枪，用大量的喷雾水、开花水流进行稀释。

（3）用一定数量的喷雾水枪向地面和空中喷雾，限制氢气的飘流方向和飘散高度，使用移动排烟机送风配合，稀释驱散漂浮的气云。

（4）若泄漏氢气储罐在室内，应加强通风，使用吸风系统将泄漏的氢气排至室外，稀释室内氢气浓度，防止氢气积聚形成爆炸性气体混合物，引起爆炸燃烧，通风系统使用防爆电器。

（5）如果有蒸汽管线，可启用蒸汽进行稀释，防止氢气积聚形成爆炸性气体混合物。

(十一) 关阀堵漏

(1) 在喷雾水枪的掩护下,由专业技术人员关闭前置阀门,切断泄漏源。

(2) 根据现场泄漏情况,研究制定堵漏方案,所有堵漏行动必须采取防爆措施,确保安全。

(3) 根据泄漏情况,可向罐内适量注水,抬高液位,形成水垫层,缓解险情,配合堵漏。

(4) 储罐罐体泄漏的堵漏方法见表4-2。

表 4-2 储罐罐体泄漏的堵漏方法

泄漏口类型	堵 漏 方 法
砂眼	螺丝加黏合剂旋进堵漏
缝隙	使用外封式堵漏袋、粘贴式堵漏密封胶、潮湿绷带冷凝法或堵漏夹具堵漏
孔洞	使用各种木楔、堵漏夹具、粘贴式堵漏密封胶堵漏
裂口	使用外封式堵漏袋、粘贴式堵漏密封胶堵漏

(5) 若阀门发生泄漏,使用阀门堵漏工具组、注入式堵漏胶、堵漏夹具堵漏。

(6) 若法兰发生泄漏,使用专门的法兰夹具、注入式堵漏胶堵漏。

(十二) 倒罐卸压

(1) 储罐或容器发生泄漏而无法堵漏时,可将液氢倒入其他容器或储罐转移。在罐区,有倒罐条件的应及早进行。倒罐必须在喷雾水枪的掩护下进行,以确保安全。

(2) 在工艺流程完好的情况下,可通过排放线将容器内的氢气排放至紧急事故火炬管线,对储罐进行卸压。

(十三) 清理移交

(1) 做好现场检查、人员清点等工作。

(2) 撤除警戒,做好移交,安全撤离。

(3) 认真分析事故原因,制定防范措施,落实安全生产责任制,防止类似事故发生。

三、注意事项

(1) 氢气和氟气、氯气、氧气、一氧化碳以及空气混合,均有爆炸的危险,氢气与氟气的混合物在低温和黑暗环境下就能发生自发性爆炸,与氯气的混合体积为1∶1时在光照下也可以爆炸。

(2) 纯净氢气燃烧时火焰是透明的,不易被察觉。

(3) 液氢为低温液体,直接接触会造成冻伤。

(4) 氢气比空气轻,储罐在室内泄漏时,氢气上升滞留在屋顶不易排出。

(5) 氢气储罐应与氧气、压缩空气、卤素(氟气、氯气、溴)、氧化剂等分开存放,且储藏温度不宜超过 30 ℃，远离火种、热源，防止阳光直射。储存间内的照明、通风等设施应采用防爆型，开关设在仓外。

（6）禁止使用易产生火花的工具进行抢险救援。

（7）应及时切断气源；若不能立即切断气源，不得熄灭正在燃烧的气体，先用水强制冷却着火设备。

第三节　液氯生产装置泄漏事故救援与处置

液氯，即液态的氯气，为黄绿色的油状液体，有毒，含水时有强烈腐蚀性。液氯是由氯气压缩或低温液化得到的。常温、常压下，氯气为黄绿色，是一种有强烈刺激性气味的剧毒气体。氯气密度比空气大，相对密度 2.48；液氯相对密度 1.47，沸点为 -34 ℃，可溶于水和碱溶液，易溶于有机溶剂，易压缩。氯气是强氧化剂，本身不燃，但能助燃，一般可燃物都能在氯气中燃烧，易燃物质或蒸气亦能与氯气形成爆炸性混合物。氯气是一种剧毒气体，吸入少量氯气会使鼻和黏膜受到刺激，引起胸部疼痛和咳嗽；吸入大量的氯气会使人中毒甚至死亡。同时，液氯泄漏蒸发时要吸收大量的热，接触液氯可引起严重冻伤。

氯气用途广泛，主要用于纺织、造纸、医药、农药、冶金、杀菌剂、漂白和制造氯化合物、盐酸、聚氯乙烯等。液氯的生产一般先通过电解食盐水生成氯气，然后通过氨-氯化钙盐水冷冻法和氟利昂冷冻工艺进行液化，其在生产过程中若发生泄漏，含氨的冷冻盐水就会与氯气反应生成高毒性且易燃易爆的三氯化氮，因此，液氯泄漏通常还伴随着三氯化氮泄漏，极易造成重大人员伤亡和区域性污染。

一、液氯生产装置泄漏事故特点

（一）扩散迅速，危害范围广

氯气或液氯泄漏后体积迅速扩大，液氯由液态变为气态体积会扩大 400 倍，并随风向低洼处飘移，形成大面积染毒区。需及时疏散危害区域内人员，并转移能与氯气剧烈反应的可燃物和有机物。

（二）易造成大量人员中毒伤亡

氯气对人身体伤害作用很大，半数致死浓度 LC_{50} = 293 mg/m^3，属急性有毒气体。伤害途径主要有呼吸作用和身体接触。伤害方式有体外腐蚀性伤害和体内刺激中毒性伤害两个方面。当人体接触或吸入氯气后，身体会产生明显的腐蚀中毒症状，表现为皮肤红肿、溃疡、呼吸困难、鼻腔气管刺激难受、胸闷、咳嗽、流泪，甚至休克或死亡。伤害程度与氯气的浓度、接触中毒时间以及温度、湿度等条件有关。氯气毒性对照见表 4-3。

表 4-3　氯气毒性对照

氯气浓度/ppm	中毒症状
0.02	嗅觉不到浓度
0.2~3	闻到气味，鼻轻微发痒，可忍耐
1~3.5	黏膜受刺激，轻度呼吸困难，可忍受 1 h
5~15	黏膜刺激强烈，中度呼吸困难，短时间里难以忍受
>30	呼吸困难，立即咳嗽、胸闷、胸痛、恶心、呕吐等
40~60	接触 30~60 min 可能引起严重损害
430	30 min 内可致人死亡
>1000	数分钟内可致人死亡
10000	一般滤过性防毒面具也无保护作用

（三）易助燃爆炸

氯气是强氧化剂，本身不燃，但能助燃，一般可燃物大都能在氯气中燃烧，易燃物质或蒸气亦能与氯气形成爆炸性混合物。在食盐水电解过程中，还会生成一定的三氯化氮，由于三氯化氮和氯的分离系数为 6~10，因此氯气中会夹杂少量液态的三氯化氮。随着蒸发过程的进行，液氯总量越来越少，而累积在其中的三氯化氮含量越来越高，当三氯化氮在液氯中浓度超过 5% 时即有爆炸的危险。

（四）事故处置困难

有毒气体泄漏往往是由于管道、容器破裂和阀门损坏所致，处置难度较大。一是堵漏难度大。管道或贮罐破裂开口不规则，长短不一，宽窄不一，加之所处环境条件也不同，采取堵塞漏洞的措施方法难以实施。二是警戒区内救援人员行动不便。参加液氯生产装置泄漏事故救援与处置必须着防毒衣、佩戴空气呼吸器，行动不便，而且若空气呼吸器面罩贴合或防毒衣穿着不严密会造成中毒的危险。

（五）易污染环境，洗消困难

国家规定空气中氯气的最大允许浓度是 1 mg/m^3，若超过此标准就是空气污染。氯气的密度是空气的 2.45 倍，氯气泄漏后易向地势低凹的地方扩散，滞留在下水道、沟渠、低洼地处，会污染空气、水体和土壤，不易扩散，全面、彻底洗消困难，将在较长的时间内危害生态环境。

二、液氯生产装置泄漏事故应急救援与处置对策

（一）现场询情

（1）救援人员接警到场后，要详细询问泄漏容器的储量、泄漏部位、泄漏量、扩散范围。

（2）有无人员伤亡。

(3) 是否采取堵漏措施以及可采取的堵漏方法等。

(二) 侦察检测

(1) 通过询问、侦察、检测，监测泄漏区气体浓度，测定风力和风向。

(2) 掌握被困、遇险人员数量、位置，确定营救路线。

(3) 查明泄漏容器储量、部位、泄漏强度、染毒范围和罐体完好情况。

(4) 掌握氯气纯度，危险区内是否有三氯化氮等危险化学品。

(5) 了解储罐区储罐、管线、沟渠、下水道布局走向、总储存量、邻近罐储量。

(6) 了解事故单位已经采取的处置措施、消防设施运行和自备消防设施情况。

(7) 掌握警戒区单位、人员、地形情况。

(8) 了解消防水源位置、储量、供水方式。

(9) 掌握设施、建（构）筑物险情。

(10) 分析评估泄漏扩散的范围、可能引发爆炸燃烧的危险因素及其后果、现场及周边污染情况。

(三) 疏散警戒

(1) 根据侦察和检测情况，确定警戒范围。划分重危区、轻危区、安全区，设立警戒标志。实践中，通常把氯气浓度大于 30 ppm 的设为重度危险区，浓度大于 5 ppm 的设为中度危险区，浓度大于 1 ppm 的设为轻度危险区。合理设置出入口，严格控制进入警戒区特别是重危区人员、车辆、物资，进行安全检查，逐一登记。

(2) 强制疏散泄漏区域及扩散可能波及范围的一切无关人员。警戒范围划定后，应迅速组织警戒区内的所有无关人员，向安全区进行疏散转移。疏散转移过程中，应尽量组织人员向氯气扩散速度较慢的逆风或侧风方向的路线进行撤离。安全疏散距离可参照美国、加拿大和墨西哥共同编制的 ERG2000 标准提供的数据来确定。氯气隔离疏散距离见表 4-4。

表 4-4 氯气隔离疏散距离

化学品名称	少量泄漏（<200 L）			大量泄漏（>200 L）		
	紧急隔离	白天疏散	夜间疏散	紧急隔离	白天疏散	夜间疏散
氯气	30 m	300 m	1100 m	275 m	2700 m	6800 m

(3) 合理设置出入口，严格控制进入警戒区特别是重危区的人员、车辆、物资，进行安全检查，逐一登记。

(4) 进入重危区人员必须实施一级防护，并采取水枪掩护。现场处置人员最低防护不得低于二级防护。

(5) 根据动态检测状况，适时调整警戒范围。

(四) 生命救助

组成救生小组，携带救生器材进入危险区。采取正确救助方式，将所有遇险人员转移至安全区。对救出人员进行登记、标识和现场急救，将伤情较重人员送交医疗急救部门。

（五）技术支持

组织事故单位、石油化工、气象环保、卫生救护等部门专家、技术人员判断事故状况，提供技术支持，制定救援方案，并参加配合救援行动。

（六）转移危险化学品

对事故现场内和可能扩散区域内能够与氯气发生化学反应的乙炔、氢气、烃类等化学物品和易燃可燃物体，能够转移的立即转移，难以转移的应采取保护措施，防止发生激烈反应或爆炸。

（七）现场供水

制定供水方案，选定水源，选用可靠高效的供水车辆和装备，采取合理供水方法，保证消防用水。

（八）稀释降毒

（1）启用单位喷淋等固定、半固定自动消防设施。

（2）以泄漏点为中心，在靠近泄漏点的四周设置屏障水枪阵地，通过消防车，用10%~15%的可溶性碱液（如氢氧化钠、碳酸氢钠、碳酸钠等溶液）进行屏幕式喷洒，对泄漏氯气进行洗消控制。实践证明，此项措施能迅速高效地对氯气进行洗消，大大缩小警戒范围，可为群众转移疏散工作创造有利条件。

（3）稀释不宜使用直流水，以节约用水、增强稀释降毒效果。

（4）稀释产生的污水应采用筑堤或挖坑等措施收容，集中处理。

（九）关阀堵漏

（1）生产装置或管道发生泄漏，阀门尚未损坏时，可协助技术人员或在技术人员指导下，使用喷雾水枪掩护，关闭阀门，制止泄漏。

（2）罐体、管道、阀门、法兰泄漏时，可实施堵漏，减少、控制氯气泄漏。

（十）输转倒罐

不能有效堵漏时，应减少泄漏量，采取烃泵倒罐、惰性气体置换、压力差倒罐等方法将其导入其他容器、储罐或槽车。

（十一）化学中和

储罐、容器壁发生小量泄漏，可在消防车水罐中加入碳酸氢钠等碱性物质向罐体、容器喷射，减轻危害。也可将泄漏的氯气导至氢氧化钠、碳酸氢钠等碱性物质溶液中，使其中和，形成无危害或微毒废水。

（十二）浸泡水解

运输途中体积较小的液氯钢瓶损坏，发生泄漏，又无堵漏器具无法制止外泄时，可将钢瓶浸入氢氧化钙等碱性溶液中中和，也可将钢瓶浸入水中，但要严防污水流入水体、下水道、地下室或密闭性空间。

（十三）洗消处理

（1）在危险区和安全区交界处设立洗消站。

（2）洗消对象包括轻度中毒人员、重度中毒人员（送医院治疗之前）、现场医务人员、消防和其他抢险人员以及群众互救人员、抢救及染毒器具。

（3）洗消方法。

①化学消毒法，即用碳酸氢钠、氢氧化钙等碱性物质溶液喷洒在染毒区域或受污染物体表面，发生化学反应，成为无毒或低毒物质。

②物理消毒法，即用吸附垫、活性炭等具有吸附能力的物质，吸附回收后转移处理。

③简易排毒法，可用水驱动排烟机吹散降毒，也可对污染区暂时封闭，依靠自然条件如日晒、雨淋、通风等使毒气消失，或者喷射雾状水进行稀释降毒。

（4）洗消液要挖坑引流，洗消和处置用水排放必须经过环保部门检测，防止污水污染环境。

（十四）清场撤离

（1）用喷雾水、蒸汽或惰性气体清扫现场内事故罐、生产装置、管道、低洼、下水道、沟渠等处，确保不留残液（气）。

（2）清点人员、车辆及器材。

（3）撤除警戒，做好移交，安全撤离。

（4）认真分析事故原因，制定防范措施，落实安全生产责任制，防止类似事故发生。

三、注意事项

（1）对于眼部灼伤者，首先用3%碳酸氢钠溶液冲洗双眼，同时口服维生素B、维生素C等，以利于角膜上皮修复。

（2）对液氯所致皮肤灼伤者，应立即用大量清水冲洗，然后采用暴露疗法，并全身应用抗生素防止感染。绝不能试图用其他化学物质来中和氯。

（3）泄漏现场应彻底去除有可燃性和易燃性的物质，防止发生火灾和爆炸事故。

（4）要及时监测三氯化氮的浓度，按时汇报。

（5）泄漏发生后要尽快打开碱雾喷淋系统，用10%~15%的氢氧化钠溶液进行喷淋吸收。

（6）要注意现场污水的处理，防止其对水体、土壤环境造成污染。

第四节 硫化氢泄漏事故救援与处置

硫化氢（Hydrogen Sulfide）化学式为H_2S，相对分子质量34.076。标准状态下，硫化氢是一种无色、易燃的酸性气体，低浓度时有臭鸡蛋气味，浓度极低时有硫黄味，有剧毒（$LC_{50}=444$ ppm，大鼠吸入）。硫化氢的相对密度1.189，其水溶液为氢硫酸，酸性较弱，弱于碳酸，但比硼酸强。硫化氢能溶于水，易溶于醇类、石油溶剂和原油。硫化氢易燃，燃烧时呈蓝色火焰，爆炸极限4.0%~46.0%，与空气混合能形成爆炸性混合物，明火、高热能引起燃烧爆炸。根据《危险货物分类和品名编号》（GB 6944—2012）的规定，硫化氢为第2.1类易燃气体。

硫化氢是一种重要的化学原料，可用于合成荧光粉，电放光、光导体、光电曝光计等的制造，还用于金属精制、农药、医药、催化剂再生，制取各种硫化物等。但硫化氢为剧毒物，若大量泄漏会导致人员中毒或者发生火灾爆炸事故，后果严重，不仅会给涉事单位造成毁灭性的破坏，而且会对周边社区居民造成严重的影响。硫化氢泄漏事故普遍存在于以下生产过程：一是石油工业钻探、开采石油过程中，石油中所含的杂质硫化氢可发生大量喷出；二是化工行业含硫化合物的生产制造，如硫磷、磺胺等；三是利用煤或原油制造水煤气生产化肥过程中产生硫化氢；四是采矿、冶炼过程中产生大量硫化氢。据统计，硫化氢是我国化学事故发生率最多的危险化学品之一，因此，必须掌握硫化氢泄漏事故救援与处置方法。

一、硫化氢泄漏事故特点

（一）易燃易爆性

硫化氢是一种可燃气体，引燃温度260 ℃，最小点火能量0.077 mJ，当硫化氢在空气中含量达4.0%~46.0%时，即能与空气形成爆炸性混合物，遇明火、高温能发生爆炸燃烧，最大爆炸压力0.490 MPa。硫化氢能与浓硝酸、发烟硝酸或其他强氧化剂剧烈反应，从而爆炸。另外，硫化氢比空气重，能在较低处扩散至相当远的地方，遇明火迅速引燃。另外，盛装容器受热可发生爆炸，破裂的钢瓶、容器具有飞射的危险。

（二）剧毒性

硫化氢是强烈的神经毒素，对黏膜有强烈的刺激作用，硫化氢可直接作用于脑，低浓度起兴奋作用；高浓度起抑制作用，造成昏迷、呼吸中枢和血管运动中枢麻痹，吸入少量高浓度硫化氢即可短时间内致命。低浓度的硫化氢对眼睛、呼吸系统及中枢神经都有影响。硫化氢遇眼睛和呼吸道黏膜表面的水分后分解，并与组织中的碱性物质反应产生氢硫基、硫和氢离子、氢硫酸和硫化钠，对黏膜均有强刺激和腐蚀作用，引起不同程度的化学性炎症反应，加之细胞内窒息，对较深的组织损伤最重，易引起肺水肿。硫化氢毒性对照见表4-5。

表4-5 硫化氢毒性对照

硫化氢浓度/ppm	中毒症状
0.00041	人开始嗅到臭味
0.41	嗅到难闻的气味
25~50	气管刺激、结膜炎

表 4-5（续）

硫化氢浓度/ppm	中毒症状
50~120	嗅觉麻痹
120~280	1 h 内急性中毒
400	1 h 内死亡
600~700	短时间内死亡
>1000	瞬间猝死（"电击样"死亡）

二、硫化氢泄漏事故应急救援与处置对策

（一）现场询情

（1）救援人员接警到场后，要详细询问事故类型、发生泄漏的原因、泄漏部位、泄漏量、扩散范围。

（2）有无人员伤亡。

（3）有关装置、设备、设施、储存容器的损毁情况。

（4）前期处置情况，有无其他异常情况。

（二）侦察检测

（1）以事故点为中心，由内至外、在不同方位利用四合一有毒气体检测仪检测事故现场硫化氢的浓度及扩散范围，并持续监测、及时汇报，测定现场周围区域的风力和风向。

（2）确认硫化氢气体的泄漏部位、蔓延方向、有无火灾发生及火势范围、对毗邻区域威胁程度。

（3）了解生产装置、控制路线、建（构）筑物损坏程度。

（4）查明扩散区域及周围有无火源。

（5）了解警戒区单位、人员、地形、危险化学品等的情况。

（6）掌握被困、遇险人员数量、位置，确定营救路线。

（7）了解消防水源位置、储量、供水方式。

（三）疏散警戒

（1）综合现场情况，按气体爆炸下限25%的浓度范围（硫化氢浓度为1%）划定警戒区域。根据泄漏现场的实际情况确定隔离区域的范围。通常情况下，少量泄漏时隔离150 m，大量泄漏时隔离300 m。

（2）设立安全警戒线，安排警戒人员，禁止一切与救援无关的人员进入警戒区域，维持警戒线外区域的治安秩序。

（3）合理设置出入口，严格控制进入警戒区特别是重危区的人员、车辆、物资，进行安全检查，逐一登记。

(4) 切断事故片区的火源,停止高热设备,落实防静电措施。

(5) 对空气中硫化氢浓度大于 15 mg/m³ 区域内被困居民进行逐户搜救。做好疏散人员的心理疏导、食宿及安抚工作。

(6) 根据动态检测状况,适时调整警戒范围。

(四) 安全防护

救援人员戴正压式呼吸器或对硫化氢具有防护功能的过滤式防毒面具,着防护服,佩戴化学防护手套,从上风处进入现场,确保自身安全时才能进行侦检、切断泄漏源或堵漏操作。

(五) 生命救助

(1) 组成救生小组,做好自身防护,携带救生器材进入危险区。

(2) 在事故救援过程中,一定要严密监视周围环境,必须进行安全确认,才能进行救援,预防事故的重复发生。

(3) 当事故现场有大批伤员的情况下,伤员抢救组应分工合作,做到任务到人,职责明确,团结协作。

(4) 救出遇险人员至安全区域进行登记,确认中毒类别,中毒人员经洗消后立即交由医务救护部门进行现场急救,轻微中毒者应立即移至空气新鲜处,伤情较重者初步处理后迅速送往医院救治。

(5) 伤员抢救组在救护过程中要随时注意风向的变化。

(六) 技术支持

组织事故单位、气象环保、医疗救援等部门专家、技术人员判断事故状况,提供技术支持,制定抢险救援方案,并配合参与抢险救援行动。

(七) 现场供水

制定供水方案,选定水源,选用可靠高效的供水车辆和装备,采取合理供水方法,保证消防用水量。

(八) 稀释防爆

(1) 如果是沟渠、水井、下水道、涵洞、污水池等地发生硫化氢泄漏事故,可采取加入中和剂、喷雾水稀释、排烟机驱散等方法。

(2) 如果是单位内生产设备或储罐发生的硫化氢泄漏事故,立即启用单位喷淋等固定、半固定自动消防设施。从上风口对泄漏点喷洒大量雾状水稀释、溶解硫化氢气体,防止气体扩散。如条件允许,将泄漏气或残余气用排风机送至水洗塔或与塔相连的通风橱内进行稀释。

(九) 关阀堵漏

(1) 对于单位内生产设备或储罐发生的硫化氢泄漏事故,要充分冷却相关阀门、管道、罐体、生产设备等,根据泄漏点的不同,采取不同的堵漏方法(如捆绑法、粘贴法、磁压法等),由专业技术人员进行关阀堵漏。

(2) 关阀堵漏一定要在喷雾水枪、泡沫的掩护下进行。

（十）灭火措施

(1) 对于硫化氢储罐泄漏引发的火灾，利用固定式水炮、带架水枪等冷却燃烧罐及与其相邻的储罐，重点应是受火势威胁的一面，直至火灾扑灭。

(2) 向泄漏点、主火点进攻之前，必须将外围火点彻底扑灭。

(3) 尽可能采用远距离灭火，使用遥控水枪或水炮扑救，或用车载干粉炮、胶管干粉枪灭火，或对流淌火喷射泡沫（抗溶性泡沫）进行覆盖灭火。

(4) 切勿对泄漏口或安全阀直接喷水，防止产生冰冻，安全阀发生声响或储罐变色时，立即撤离，切勿在储罐两端停留。

（十一）现场洗消、清理及移交

(1) 根据现场硫化氢等毒性介质含量高低，在警戒区以外设立清洗消毒站，使用相应的清洗消毒药剂。

(2) 清洗消毒对象包括中毒人员（送医之前）、现场医务人员、现场救援人员及群众互救人员、救援装备及染毒器具。

(3) 对稀释、洗消产生的污水应进行处理及检测，检测数据存档。

(4) 彻底清理现场，稀释至空气中硫化氢浓度低于 10 mg/m³。

(5) 做好现场检查、人员清点等工作。

(6) 撤除警戒，做好移交，安全撤离。

(7) 认真分析事故原因，制定防范措施，落实安全生产责任制，防止类似事故发生。

三、注意事项

(1) 硫化氢易燃易爆，在大量硫化氢泄漏场所，应注意采取防爆措施：切断一切火源，采用无火花工具，避免爆炸极限内的硫化物发生爆炸。若硫化氢已经开始燃烧，需先切断气源再进行灭火，灭火宜采用干粉、水幕或泡沫灭火剂。

(2) 若不能切断泄漏气源，则不得扑灭正在燃烧的硫化氢气体。

(3) 进入硫化氢泄漏现场工作或救援的人员，应做好个人防护，正确佩戴呼吸防护器具，或使用对硫化氢具有防护功能的过滤式防毒面具。

(4) 携带气体检测仪进行实时监测的救援人员，应避免在硫化氢泄漏区或下风区域长期停留。

(5) 硫化氢泄漏事故现场应注意通风，采用喷雾水等措施降低硫化氢的浓度。

(6) 采用喷雾水枪进行驱散、稀释时，水枪射流范围以接近地面为宜。

(7) 对硫化氢窒息者，应立即进行人工呼吸，但注意避免口对口，防止救援人员吸入患者呼出的硫化氢而中毒。

第五节 保险粉（连二亚硫酸钠）泄漏事故救援与处置

保险粉学名连二亚硫酸钠，化学式为 $Na_2S_2O_4$，其中含结晶水（$Na_2S_2O_4 \cdot 2H_2O$）的为白色细粒结晶，不含结晶水（$Na_2S_2O_4$）的为淡黄色粉末，无气味或略带二氧化硫气味。连二亚硫酸钠的相对密度为2.3~2.4，加热到50℃以上发生分解，放热并放出二氧化硫，其自燃点为250℃。连二亚硫酸钠属于一级遇湿易燃物品，遇热分解，遇水发生强烈反应并燃烧。连二亚硫酸钠性质活泼，属于强还原剂，在空气中易氧化，同时也易吸收潮气发热而变质，并发出刺激性酸味。连二亚硫酸钠受热、遇氧化剂或接触明火都会发生燃烧，放出大量的二氧化硫气体和硫黄蒸气，甚至爆炸。另外，连二亚硫酸钠还易在空气中形成爆炸性混合物，遇到火源发生粉尘爆炸。

连二亚硫酸钠是一种重要的化工原料，由于它不含重金属，经漂白后的织物色泽鲜艳，不易褪色，而被广泛用于纺织工业的还原清洗、还原性染色、漂白以及有机合成、木浆造纸、陶瓷、食品等领域。近年来，以连二亚硫酸钠为基础原料的化工产业得到了快速发展，连二亚硫酸钠的需求量越来越大。但是，由于连二亚硫酸钠是一种反应活性很高的物质，遇少量水或在潮湿空气中就可分解发热，甚至自燃或爆炸，加之一些生产商、经销商和运输公司违规操作，导致在连二亚硫酸钠的生产、运输、使用过程中经常发生泄漏火灾事故。

一、保险粉（连二亚硫酸钠）泄漏事故特点

（一）易燃性

依据《危险货物分类和品名编号》（GB 6944—2012），连二亚硫酸钠属于一级遇湿易燃物品。当连二亚硫酸钠遇水或受潮时，可发生剧烈的化学反应，产生硫化氢和二氧化硫等可燃性气体，并放出大量的热，引起燃烧或爆炸。连二亚硫酸钠化学性质十分不稳定，表现出很强的还原性，遇到高氯酸、硫酸、硝酸、磷酸等强氧化性物质即发生剧烈的氧化还原反应，并放出大量的热和有毒物质二氧化硫。

（二）自燃性

连二亚硫酸钠自燃点为250℃，属于一级易燃固体，遇热、火种、摩擦或撞击极易发生燃烧，并且燃烧速度快，燃烧过程中产生的硫化氢气体也可能造成更大面积的燃烧，加大其火灾的危险性。

（三）爆炸性

由于连二亚硫酸钠是粉末状的物质，很容易在空气中形成爆炸性混合物，遇火源即可发生粉尘爆炸。连二亚硫酸钠与大多数氧化剂如高锰酸盐、高氯酸盐、氯酸盐、硝酸盐等组成的混合物稍经摩擦或撞击即发生爆炸，尤其是其受热分解后生成的硫化氢、二氧化硫

等易燃气体达到爆炸极限后,爆炸危险性更大。其中硫化氢的爆炸极限是 4.0%~46.0%(体积),遇明火、高热能、发烟硝酸、浓硝酸或其他强氧化剂因剧烈反应发生爆炸,并且硫化氢气体比空气重,能在较低处扩散到相当远的地方,遇火源还会着火回燃。

(四)毒害性

连二亚硫酸钠是一种有毒物质,对人的皮肤、眼睛、呼吸道黏膜有强烈的刺激性,特别是其燃烧后会生成硫化氢、二氧化硫等有毒气体。硫化氢气体是一种强烈神经性毒物,短期内吸入高浓度硫化氢会出现眼痛、眼内异物感、畏光、视物模糊、流泪、流涕、咽喉部灼热感、头痛、头晕、咳嗽、胸闷、乏力、意识模糊等症状,吸入过多会导致窒息甚至死亡。二氧化硫是一种具有窒息性、腐蚀性和毒性的气体,轻度中毒时引起流泪、畏光、咳嗽、咽喉灼痛,大量吸入则可引起肺水肿、喉水肿、声带痉挛而致窒息。

(五)严重污染环境

连二亚硫酸钠的燃烧产物硫化氢、二氧化硫等对环境有严重危害,对空气、水环境及水源可造成污染。

二、保险粉(连二亚硫酸钠)泄漏事故应急救援与处置对策

(一)现场询情

(1)救援人员接警到场后,要详细询问连二亚硫酸钠的泄漏量、泄漏环境等情况。
(2)有无发生火灾或爆炸事故。
(3)有无人员伤亡。
(4)前期处置情况,有无其他异常情况。

(二)侦察检测

(1)对事故现场进行情况的侦察,主要查清连二亚硫酸钠的泄漏量、泄漏范围。
(2)重点监测事故现场空气中硫化氢气体、二氧化硫气体的浓度和现场的温度、湿度等情况,持续检测、及时汇报。
(3)现场是否有人员伤亡或受到威胁,所处位置及数量,组织搜寻、营救、疏散的路线。
(4)掌握事故区域有无水源、火源、危险化学品。
(5)测定现场及周围区域的风向、风速、气温等气象数据。

(三)疏散警戒

(1)警戒范围大小由灾害特性按照实际情况来确定,当事故现场连二亚硫酸钠散落量大、遇水产生的硫化氢、二氧化硫气体扩散范围较大时,立即设置隔离警戒区。
(2)布置警戒人员,严格控制人员、车辆出入。
(3)限制无关人员的行动路线,确定其疏散方向和地点。
(4)维持警戒线外区域的治安秩序。
(5)根据动态检测状况,适时调整警戒范围。

(四) 安全防护及生命救助

（1）进入事故现场的救援人员要做好个人防护，佩戴自给正压式呼吸器，穿戴化学防护服及手套等，不要直接接触泄漏物。

（2）组成救生小组，做好自身防护，携带救生器材进入危险区。伤员抢救组在救护过程中要随时注意风向的变化，及时并迅速做好现场急救医疗点的转移及伤员的防护工作。

（3）采取正确的救助方式，将遇险人员转移至安全区。对救出人员进行登记、标识和现场急救，对现场伤亡人员，要及时进行抢救，并迅速由医疗急救单位送医院救治。

(五) 技术支持

组织事故单位、气象环保、医疗救援等部门专家、技术人员判断事故状况，提供技术支持，制定抢险救援方案，并参加配合抢险救援行动。

(六) 熄灭明火，控制水源

（1）熄灭明火，停止高热设备工作。

（2）对无线区域内的水源加以控制，防止泄漏的连二亚硫酸钠与其接触。

（3）禁止使用水作为灭火剂进行现场救援。

(七) 控制泄漏，回收转移

根据现场情况采取有效措施，确保包装容器内的连二亚硫酸钠不再外泄。

（1）在确保安全的情况下，将包装完好的连二亚硫酸钠及时转移出危险区域，并建立安全隔离带。

（2）如果是少量泄漏，用洁净的铲子小心收集于干燥的容器中，应避免产生扬尘。

（3）如果是大量泄漏，用干石灰、砂土或苏打灰将其覆盖，使用无火花工具收集回收或运至废物处理场所进行处置。

（4）对靠近连二亚硫酸钠泄漏处的下水道进行封堵，以防连二亚硫酸钠进入水流、下水道等区域而扩大事故危害。

（5）作业过程中应避免扬尘，避免接触水和潮湿物。

(八) 通风排气

如果连二亚硫酸钠散落在仓库等密闭空间，要加强事故现场通风，及时排出危险性气体，防止其与水或潮湿空气接触，以免产生二氧化硫、硫化氢等气体积聚，从而形成爆炸性混合物。

(九) 扑救火灾

（1）事故现场若已发生火灾，则应用干水泥、干粉、二氧化碳等灭火剂进行喷射灭火，严禁用水。

（2）必要时可动用大量工程机械破墙凿洞、清运尚未燃烧的连二亚硫酸钠等措施控制火势，然后用水泥、干沙和泥土将散落的连二亚硫酸钠进行覆盖封存。

（3）对火场周边受威胁但无法转移的其他容器，可用直射水流冷却容器壁，但严禁水进入容器。

（十）洗消处理

（1）场地和器材装备洗消。用大量水冲洗泄漏区域的地面、受污染物体表面及救援作业中使用可能沾有连二亚硫酸钠粉尘的器材装备。

（2）人员洗消。用大量清水对进入危险区内的受灾人员和救援人员进行冲洗。

（十一）现场清理

连二亚硫酸钠生产设备泄漏事故处置结束后，要对泄漏现场进行清理，不能留下任何安全隐患。

（1）用开花水清扫现场，特别是低洼地带、下水道、沟渠等处，确保不残留连二亚硫酸钠粉尘和硫化氢、二氧化硫有毒气体。

（2）做好现场检查、人员清点等工作。

（3）撤除警戒，做好移交，安全撤离。

（4）认真分析事故原因，制定防范措施，落实安全生产责任制，防止类似事故再次发生。

三、注意事项

（1）事故处置中，必须要加强个人防护，切不可因连二亚硫酸钠为固体而轻视。

（2）事故处置中应采取隔离、防水等措施预防火灾的发生。

（3）洗消过程中产生的污水，必须经过环保部门检测合格后方可排放，以防造成次生灾害。

（4）工作场所应使用防爆型的通风系统和设备，避免产生粉尘。

（5）配备相应品种和数量的消防器材及泄漏应急处理设备，严禁吸烟，远离火种、热源及易燃、可燃物。

（6）在救援过程中，应在火场周边设置稀释阵地，在水中加入脱硫剂，稀释燃烧产生的二氧化硫。

（7）应对火灾现场产生的消防污水进行一定程度的隔离回收，防止对周边水体环境和农田、土地造成污染。

第五章

危险化学品应急救援装备

第一节　器材装备类型

一、消防员防护装备

消防员防护装备主要有消防头盔、抢险救援头盔、阻燃头套、消防护目镜、消防员灭火防护服、消防员隔热防护服、消防员避火防护服、消防员抢险救援防护服、消防员化学防护服装、其他消防员防护服、消防手套、消防救援手套、消防防化手套、消防耐高温手套、消防员灭火防护靴、消防员抢险救援防护靴、消防员化学防护靴、消防安全绳、消防安全带、消防防坠落辅助设备、正压式消防空气呼吸器、长管空气呼吸器、正压式消防氧气呼吸器、供气源、校验仪、消防过滤式综合防毒面具、潜水装具、潜水服、潜水头盔、水下通信设备及工具、消防员照明灯具、消防员呼救器、定位器具、消防腰斧。

二、消防车辆装备

消防车辆装备主要有水罐消防车、供水消防车、泡沫消防车、A 类泡沫消防车、供液消防车、干粉消防车、干粉泡沫联用消防车、机场消防车、涡喷消防车、云梯消防车、登高平台消防车、举高喷射消防车、泵浦消防车、供气消防车、二氧化碳消防车、抢险救援消防车、排烟消防车、照明消防车、自装卸式消防车、水带敷设消防车、化学事故抢险救援消防车、化学洗消消防车、器材消防车、勘察消防车、通信指挥消防车、宣传消防车、路轨两用消防车、侦检消防车、抗震救援消防车和隧道用消防车、消防摩托车。

三、消防泵、枪炮及供水器具

消防泵、枪炮及供水器具主要有车用消防泵、供泡沫液消防泵与泡沫比例混合系统、手抬机动消防泵组、工程用消防泵及泵组、消防枪、消防炮、特种消防枪（炮）、消防水带、消防卷盘及附件、消防接口、集水器、分水器、消防球阀、消防吸水胶管、消防吸水管路附件、消防水泵接合器、消防水鹤。

四、抢险救援装备

抢险救援装备主要有消防侦检装备、消防堵漏装备、消防输转装备、消防洗消装备、消防警戒装备、消防救生装备、搜寻装备、现场救护装备、消防水上救生装备、手动破拆工具、机动破拆工具、气动破拆工具、液压破拆工具、电动破拆工具、消防照明装备、消防排烟装备、消防梯及逃生避难器材。

五、通信指挥系统及其他类消防装备

通信指挥系统及其他类消防装备主要有消防通信指挥系统装备、防火检查与火灾调查装备、消防机器人、水上消防装备、森林消防装备、消防飞机与消防坦克车。

第二节　常见故障及排除方法

一、适用范围

1. 水罐消防车

水罐消防车主要适用于扑救 A 类火灾，雾状水可扑救小面积油类火灾或电气火灾。

2. 干粉泡沫联用消防车

干粉泡沫联用消防车主要依靠泡沫和干粉两种手段的联合应用，以扑救易燃液体、气体火灾和电气火灾。

3. 泡沫消防车

泡沫消防车包括消防水泵、水罐、泡沫混合系统、泡沫枪、泡沫炮及其他消器材，可以独立扑救火灾。特别适用于扑救石油等油类火灾，也可以向火场供水和泡沫混合液。

4. 干粉消防车

干粉消防车主要用于扑救易燃液体（如油类、液态烃、醇、酯、醚等）、可燃气体（如液化石油气、天然气、煤气等）和一般电气火灾。也可与泡沫消防车联用，以扑救石油化工火灾。

5. 云梯消防车

云梯消防车适用于建（构）筑物及塔架等高处的人员救助或高层建筑的火灾扑救。

6. 登高平台消防车

登高平台消防车适用于建（构）筑物或塔架等高处的人员抢救以及高层建筑、油罐、石油化工装置等的火灾扑救。

7. 举高喷射消防车

举高喷射消防车可在距火源较远的地方，居高占领有利位置作业，适用于扑救大型石油化工装置、油罐、仓库及高大建筑的火灾。

8. 排烟消防车

排烟消防车主要适用于地面建筑、地下建筑工程等受限空间或场所的火场排烟与送风，也适用于人防工程、地铁、隧道、矿井等场所应急救援时的通风换气。

9. 照明消防车

照明消防车主要适用于夜晚或光线不足的火场、救助、抢险救援和特种勤务现场的照明作业。

10. 手抬机动消防泵组

手抬机动消防泵可用于具有天然水源但无固定消防设施且离城市消防站较远的广大农村集镇地区的火灾扑救，也可用于具有市政水源或内部供水管网，但消防车不易达到的工矿企业、仓库货场等场所的增压供水灭火，还可作为农业排灌机械或城建、邮电工程中坑道积水的抽排水机具。

二、常见故障及排除方法

1. 水罐消防车

水罐消防车常见故障、产生原因及排除方法见表 5-1。

表 5-1 水罐消防车常见故障、产生原因及排除方法

故障现象	故障产生原因	故障排除方法
消防泵空转	启动消防泵时，泵内有空气	打开"罐出水"开关，将消防泵内空气排除后，重新启动消防泵
消防泵发热	消防泵高速运转或空转发热时泵内水汽化	重新启动消防泵
发动机运转正常时，出水压力仍低	泵密封填料处泄漏严重	填充填料（专业人员）
	实际流量超过消防泵供水能力	减少消防枪、消防炮数量
	消防泵内叶轮损坏	更换叶轮（专业人员）
	消防泵内密封环烧蚀或损坏	更换密封环（专业人员）
出水压力低，真空度很高	消防泵进水口堵塞	清除堵物
	滤水器堵塞	清除堵物
	吸水管内胶布剥离	更换吸水管
出水压力低，发动机运转缓慢	发动机故障	检修、调整发动机（专业人员）
消防泵运行声音异常或震动	杂物进入消防泵	清除杂物
	水罐水量不足	向水罐补充水
	滤水器吸入空气	调整滤水器位置
	管道或消防泵轴封不严	调整或更换轴封（专业人员）
	吸水高度过大	降低吸水高度
	叶轮摩擦泵壳或松动	修复叶轮或拧紧叶轮锁紧螺母（专业人员）
	消防泵轴变形	修复或更换消防泵轴
	轴承间隙过大或轴承损坏	调整间隙或更换轴承

表 5-1（续）

故障现象	故障产生原因	故障排除方法
带压供水时消防泵抖动	压力水流量小于消防泵流量	减小消防泵出水压力
车载炮所有电机都不工作	电源未接通	检查左前侧工具箱内保险盒的上车保险丝及上下导电系统的电刷接电
只有一个或两个电机不工作	水炮电机插接件未插好	重插插接件
臂架炮无法归位，直流出现散花	炮头有杂物	清理杂物
车载炮射程不足	未达到设定的工作压力	增加消防泵压力
	炮筒内有异物	清除异物
	消防泵运转异常	检查消防泵，并排除故障（专业人员）
	使用消防器材数量过多，供水量不足	提高供水量，减少使用的消防枪、消防炮数量
真空表无真空度指示或真空指示值很低	未达到设定的工作压力	增加消防泵压力
	引水时过早关闭电动引水开关	炮口喷射水流或泵压力表值达到 0.2～0.3 MPa后，关闭引水开关
	电动真空泵不工作	检查电路和电动真空泵
	进水管连接处渗漏	拧紧连接处螺栓
	吸水管闷盖或接口处渗漏	检查闷盖接口密封圈，重新拧好
	罐出水阀关闭不到位	关闭罐出水阀
	消防泵放水阀未关闭	关闭消防泵放水阀
	吸水管、滤水器放置不正确	将吸水管放置正常，将滤水器沉入水面下500 mm以上
	出水阀未关闭	关闭所有出水阀
	消防泵轴封处渗漏	注入适量黄油，更换轴封
	压力平衡系统冲洗阀未关闭	关闭压力平衡系统冲洗阀

2. 干粉泡沫联用消防车

干粉泡沫联用消防车常见故障、产生原因及排除方法见表 5-2。

表 5-2 干粉泡沫联用消防车常见故障、产生原因及排除方法

故障现象	故障产生原因	故障排除方法
消防泵空转	启动消防泵时，泵内有空气	打开"罐出水"开关，将消防泵内空气排除后，重新启动消防泵
消防泵发热	消防泵高速运转或空转发热时泵内水汽化	重新启动消防泵

表 5-2（续）

故障现象	故障产生原因	故障排除方法
发动机运转正常时，出水压力仍低	泵密封填料处泄漏严重	填充填料（专业人员）
	实际流量超过消防泵供水能力	减少消防枪、消防炮数量
	消防泵内叶轮损坏	更换叶轮（专业人员）
	消防泵内密封环烧蚀或损坏	更换密封环（专业人员）
出水压力低，真空度很高	消防泵进水口堵塞	清除堵物
	滤水器堵塞	清除堵物
	吸水管内胶布剥离	更换吸水管
出水压力低，发动机运转缓慢	发动机故障	检修、调整发动机（专业人员）
消防泵运行声音异常或震动	杂物进入消防泵	清除杂物
	水罐水量不足	向水罐补充水
	滤水器吸入空气	调整滤水器位置
	管道或消防泵轴封不严	调整或更换轴封（专业人员）
	吸水高度过大	降低吸水高度
	叶轮摩擦泵壳或松动	修复叶轮或拧紧叶轮锁紧螺母（专业人员）
	消防泵轴变形	修复或更换消防泵轴
	轴承间隙过大或轴承损坏	调整间隙或更换轴承
带压供水时消防泵抖动	压力水流量小于消防泵流量	减小消防泵出水压力
车载炮射程不足	未达到设定的工作压力	增加消防泵压力
	炮筒内有异物	清除异物
	消防泵运转异常	检查消防泵，并排除故障（专业人员）
	使用消防器材数量过多，供水量不足	提高供水量，减少使用的消防枪、消防炮数量
	未达到设定的工作压力	增加消防泵压力
真空表无真空度指示或真空指示值很低	引水时过早关闭电动引水开关	炮口喷射水流或泵压力表值达到 0.2～0.3 MPa后，关闭引水开关
	电动真空泵不工作	检查电路和电动真空泵
	进水管连接处渗漏	拧紧连接处螺栓
	吸水管闷盖或接口处渗漏	检查闷盖接口密封圈，重新拧好
	罐出水阀关闭不到位	关闭罐出水阀
	消防泵放水阀未关闭	关闭消防泵放水阀
	吸水管、滤水器放置不正确	将吸水管放置正常，将滤水器沉入水面下 500 mm 以上
	出水阀未关闭	关闭所有出水阀
	消防泵轴封处渗漏	注入适量黄油，更换轴封
	压力平衡系统冲洗阀未关闭	关闭压力平衡系统冲洗阀

3. 泡沫消防车

泡沫消防车常见故障、产生原因及排除方法见表 5-3。

表 5-3　泡沫消防车常见故障、产生原因及排除方法

故障现象	故障产生原因	故障排除方法
阀门渗漏	阀门没有关闭	检查，关严阀门
	动作器连杆失调	调节连杆
	O 形圈损坏	更换磨损的零件
	阀门太脏	清洗维护
离合器打滑	离合器调整间隙不当	调节
	摩擦片有油	更换摩擦片
	衬片烧坏	更换衬片，并检查配合件有无过热痕迹、表面翘曲等
离合器自行接合	离合器调整不当	调整
	推杆（或拨叉）和分离轴承磨损	检查和更换推杆（或拨叉）及分离轴承
离合器分离不彻底或不能分离	导向轴承卡死	检查或更换导向轴承
	分离套筒卡死	检查并校正
	分离间隙太紧	重新调节
	分离器弹簧受热变脆	更换分离器弹簧
衬垫上出现过大磨损或不均匀齿纹	离合器定位、调整不准	检查并校正
衬垫上积满油脂	接头上润滑油过多	更换衬片或用四氯化碳清洗
气压控制的阀门失灵	空气接头有故障	更换管路、接头
	空气作动器有缺陷或阀黏滞	修理
	控制线路有缺陷	检查、修理
	供气不好	检查、修理
	阀门本身卡死或阀板与轴的固定销断裂	分解阀门检修
水温过高或过低	安全控制阀调节不当	调节、清洗或修理
	发动机转速不正常	检查、调整
	水泵有缺陷	检修
水泵流量不足或者无压力	水泵有缺陷	修理或更换水泵
	水泵转速太低	检查发动机及辅助传动系统，调整好
	安全控制阀调整不当	调节阀门到设定工作点
	系统压力平衡阀有缺陷	修理
	泵变速器有缺陷	修理

表 5-3（续）

故障现象	故障产生原因	故障排除方法
采用动力喷射方式时炮喷嘴不喷射	空气解控阀处在"断"的位置	将解控阀转到"通"的位置
	供气不足	检查空气系统
	电磁阀有缺陷	修理或更换电磁阀
	线路有缺陷	修理或更换线路
	断电器开路	更换断电器
	主喷射阀有缺陷	更换阀门
	喷射率选择杆上的中继开关有缺陷	检查或更换开关
采用动力喷射方式时炮间歇喷射	中继或控制开关有缺陷	更换开关
	气动电磁阀有缺陷	更换阀门
	线路有缺陷	检查或更换线路
	主喷射阀有缺陷	修理或更换阀门
漏水	炮基座组件中的密封圈磨坏	更换密封圈
	炮与板之间的垫片有缺陷	更换垫片
	主喷射阀有缺陷	按需调节
泡沫液喷射的流量不均匀	挡板调节不合适	调节挡板
	泡沫液挡板有缺陷	更换挡板
	控制钢索失调	按需要调节
消防炮工作慢或缺乏空气动力	空气压力不足	检查消防车上的压力表，读数应约为 0.7 MPa
	解控阀没有全接通	完全接通解控阀
	限流针状阀关得太紧	把口开得大一点，但不能过大，否则阀门关得太快
保险杠喷射装置不工作	液压故障或至控制阀的液压管路破裂	检查修理或更换
	液泵故障	检查液压泵
喷射装置的一切功用失灵或有故障	控制阀和喷射装置之间的液压管路破裂	更换有关管路
	液压系统中有阻塞：在控制阀上，在液压管路中，在喷射装置缸筒或电动机里	分解、检修
	喷射装置中可能因灭火剂中的外来物阻塞	分解喷射装置来检查与排除阻塞物
	链条断裂或电动机有缺陷	分解喷射装置以修理链条或电动机
喷射射流形成差或不稳定	挡板损坏或阻塞	拆下修理或更换挡板
	主喷射阀不工作	检查、修理
	消防车泡沫系统的问题	检查其他喷射点和泡沫系统的部件

4. 干粉消防车

干粉消防车常见故障、产生原因及排除方法见表5-4。

表 5-4 干粉消防车常见故障、产生原因及排除方法

故障现象	故障产生原因	故障排除方法
氮气瓶压力降低	瓶头阀泄漏	调整、修理瓶头阀
	原充气不足	充气应在 14 MPa 以上，最好充到 15 MPa
氮气瓶未用无压力显示	瓶头安全膜片爆破	更换安全膜片
	压力表损坏	校正或更换压力表
氮气瓶压力正常，但减压阀高压表无压力显示	高压输气管损坏或堵塞	更换高压输气管或清除堵塞物
	减压阀高压表损坏	更换高压表
减压阀在调压时低压表出现摆动或不稳定	减压阀内有粉尘或杂物	清洗或清除杂物
	导阀膜片损坏	更换导阀膜片
	导阀弹簧有问题	专业厂家更换修理
罐体支承处裂皮	橡皮垫老化失去弹性	更换胶垫
	支承强度不够	应使支承承载安全系数大于5，适应动载荷需要
干粉罐中干粉结块	干粉质量不合格	更换合格干粉
罐内和罐道有存粉	喷粉完毕未对干粉罐作全面清扫或吹扫	打开吹扫球阀将管道干粉吹净
干粉罐安全阀在压力升到 1.6 MPa 以上时不排泄不报警	安全阀堵塞	清理异物或干粉
	安全阀损坏	检修更换安全阀
罐内不上压或压力上升缓慢	放余气球阀、出粉球阀或吹扫球阀未关闭	关闭各阀门
	罐盖密封不好，漏气	拧紧罐盖或更换密封圈
干粉炮转动不灵活	密封面存有较多的粉	清洗有关零件或更换密封圈
干粉炮转不动	定位销没有拔出	旋出炮身定位销
卷车转不动	卷车定位销没有拔出	旋出卷车定位销
干粉枪操作困难	操作人员配合不协调	关闭干粉枪时动作协调
球阀启闭不灵活或球阀漏气	密封垫损坏	更换密封垫
	球阀密封面进粉	清除积粉，活动数次
	球体表面严重划伤	更换新球体

表 5-4（续）

故障现象	故障产生原因	故障排除方法
气动球阀失灵，打开启动阀门开关时，球阀打不开	气源总压力不足	发动机工作，使气源总压力达 0.6 MPa 以上
	电磁阀线圈接触不良脱落或锈蚀	检查电磁阀线圈接头，用电表测量修复接好线圈断路或损坏之处，更换电磁阀
	气缸内有脏物	清洗零件，重新安装
	供气截止阀未打开	打开气源截止阀
	气缸密封圈损坏	更换密封圈
充气时间过长	氮气不足够	标准状况下喷射每千克干粉氮气用量不得低于 10 L
	减压阀流量不够	修理或更换减压阀
	充气管路不通	排除充气管路障碍
射程不远或无力	减压阀表具不准	调换或校正压力表
	减压阀工作压力未调好	调压时应缓慢、准确
	出粉管路有阻	排除管道阻塞物
剩粉过多	氮气不足	更换气压高的氮气瓶
	进气单向阀有堵	清除异物
	喷射时未补气或补气不足	充分补气

5. 云梯消防车

云梯消防车液压系统常见故障、产生原因及排除方法见表 5-5。

表 5-5 云梯消防车液压系统常见故障、产生原因及排除方法

故障现象	故障产生原因	故障排除方法
发出噪声	吸油管吸入空气	紧固接头
	滤油器堵塞	清洗滤油器
	油的黏度太高，油太冷	更换液压油，加热油液
	泵转速过高	降低转速
	泵轴和分动箱轴不同心	重新安装油泵
	阻尼阀堵塞	清洗或更换
泵排不出油	油面过低	加油
	滤油器堵塞	清洗滤油器
	油的黏度过高	更换液压油
	泵转向不对或转速过低	改正泵的转向
	油泵不转动	检修传动系统和油泵本身

表 5-5（续）

故障现象	故障产生原因	故障排除方法
压力不足或系统无动作	油泵排不出油	拆泵检查维修
	系统泄漏严重	对系统检查修理
	油泵损坏	清洗、更换或修理
	溢流阀工作不正常	加大油门
	转速过低	修复或更换换向阀
	多路换向阀滑阀不动作	更换电磁铁，采用手动推杆
	电磁阀不换向，不复位	更换弹簧或推杆
	油缸密封件损坏	更换密封件
	电液比例阀失灵失控	更换电磁铁，清洗阀芯

6. 登高平台消防车

登高平台消防车常见故障、产生原因及排除方法见表 5-6。

表 5-6 登高平台消防车常见故障、产生原因及排除方法

故障现象	故障产生原因	故障排除方法
消防泵空转	启动消防泵时，泵内有空气	打开"罐出水"开关，将消防泵内空气排除后，重新启动消防泵
消防泵发热	消防泵高速运转或空转发热时泵内水汽化	重新启动消防泵
发动机运转正常时，出水压力仍低	泵密封填料处泄漏严重	填充填料（专业人员）
	实际流量超过消防泵供水能力	减少消防枪、消防炮数量
	消防泵内叶轮损坏	更换叶轮（专业人员）
	消防泵内密封环烧蚀或损坏	更换密封环（专业人员）
出水压力低，真空度很高	消防泵进水口堵塞	清除堵物
	滤水器堵塞	清除堵物
	吸水管内胶布剥离	更换吸水管
出水压力低，发动机运转缓慢	发动机故障	检修、调整发动机（专业人员）
消防泵运行声音异常或震动	杂物进入消防泵	清除杂物
	水罐水量不足	向水罐补充水
	滤水器吸入空气	调整滤水器位置
	管道或消防泵轴封不严	调整或更换轴封（专业人员）
	吸水高度过大	降低吸水高度
	叶轮摩擦泵壳或松动	修复叶轮；拧紧叶轮锁紧螺母（专业人员）
	消防泵轴变形	修复或更换消防泵轴
	轴承间隙过大或轴承损坏	调整间隙或更换轴承

表 5-6（续）

故障现象	故障产生原因	故障排除方法
带压供水时消防泵抖动	压力水流量小于消防泵流量	减小消防泵出水压力
液压系统发出噪声	吸油管吸入空气	紧固接头
	滤油器堵塞	清洗滤油器
	油的黏度太高，油太冷	更换液压油，加热油液
	泵转速过高	降低转速
	泵轴和分动箱轴不同心	重新安装油泵
	阻尼阀堵塞	清洗或更换
泵排不出油	油面过低	加油
	滤油器堵塞	清洗滤油器
	油的黏度过高	更换液压油
	泵转向不对或转速过低	改正泵的转向
	油泵不转动	检修传动系统和油泵本身
压力不足或系统无动作	油泵排不出油	拆泵检查维修
	系统泄漏严重	对系统检查修理
	油泵损坏	清洗、更换或修理
	溢流阀工作不正常	加大油门
	转速过低	修复或更换换向阀
	多路换向阀滑阀不动作	更换电磁铁，采用手动推杆
	电磁阀不换向，不复位	更换弹簧或推杆
	油缸密封件损坏	更换密封件
	电液比例阀失灵失控	更换电磁铁，清洗阀芯

7. 举高喷射消防车

登高喷射消防车常见故障、产生原因及排除方法见表 5-7。

表 5-7 登高喷射消防车常见故障、产生原因及排除方法

故障现象	故障产生原因	故障排除方法
消防泵空转	启动消防泵时，泵内有空气	打开"罐出水"开关，将消防泵内空气排除后，重新启动消防泵
消防泵发热	消防泵高速运转或空转发热时泵内水汽化	重新启动消防泵
发动机运转正常时，出水压力仍低	泵密封填料处泄漏严重	填充填料（专业人员）
	实际流量超过消防泵供水能力	减少消防枪、消防炮数量
	消防泵内密封环烧蚀或损坏	更换密封环（专业人员）

表 5-7（续）

故障现象	故障产生原因	故障排除方法
出水压力低，真空度很高	消防泵进水口堵塞	清除杂物
	滤水器堵塞	清除杂物
	吸水管内胶布剥离	更换吸水管
出水压力低，发动机运转缓慢	发动机故障	检修、调整发动机（专业人员）
消防泵运行声音异常或震动	杂物进入消防泵	清除杂物
	水罐水量不足	向水罐补充水
	滤水器吸入空气	调整滤水器位置
	管道或消防泵轴封不严	调整或更换轴承（专业人员）
	吸水高度过大	降低吸水高度
	叶轮摩擦泵壳或松动	修复叶轮或拧紧叶轮锁紧螺母（专业人员）
	消防泵轴变形	修复或更换消防泵轴
	轴承间隙过大或轴承损坏	调整间隙或更换轴承
带压供水时消防泵抖动	压力水流量小于消防泵流量	减小消防泵出水压力
车载炮所有电机都不工作	电源未接通	检查左前侧工具箱内保险盒的上车保险丝及上下导电系统的电刷接电
只有一个或两个电机不工作	水炮电机插接件未插好	重插插接件
臂架炮无法归位，直流出现散花	炮头有杂物	清理杂物
车载炮射程不足	未达到设定的工作压力	增加消防泵压力
	炮筒内有异物	清除异物
	消防泵运转异常	检查消防泵，排除故障（专业人员）
	使用消防器材数量过多，供水量不足	提高供水量，减少使用的消防枪、炮数量
"自动"开关指示灯长时间闪亮	设定压力过高	降低设定压力
枪炮只喷水不喷泡沫或中断喷泡沫	泡沫比例器未打开	打开泡沫比例器
	泡沫液罐通气孔堵塞	清除堵物
	泡沫管路系统阀门未打开或堵塞	打开阀门，清除堵物
	吸液管未拧紧或垫片损坏、脱落	拧紧或更换垫片

表 5-7（续）

故障现象	故障产生原因	故障排除方法
喷出的空气泡沫发泡质量异常	泡沫比例混合器的吸液量与枪或炮的标准值不配	按规定调整泡沫液比例
	枪或炮的吸气孔堵塞	清除堵物
	发泡网损坏	更换发泡网
	泡沫液变质	更换泡沫液
真空表无真空度指示或真空指示值很低	泡沫系统阀未关闭	关闭所有泡沫系统阀
	吸水管闷盖或接口处渗漏	检查闷盖接口密封圈，重新拧好
	罐出水阀关闭不到位	关闭罐出水阀
	消防泵放水阀未关闭	关闭消防泵放水阀
	吸水管、滤水器放置不正确	按要求放置
	出水阀未关闭	关闭所有出水阀
	消防泵轴封处渗漏	注入适量黄油，更换油封

8. 排烟消防车

排烟消防车常见故障、产生原因及排除方法见表 5-8。

表 5-8 排烟消防车常见故障、产生原因及排除方法

故障现象	故障产生原因	故障排除方法
排烟机风扇不转动	取力器没有工作	检查电路、更换取力器电磁气阀或开关
	底盘气压不够，无法使取力器正常啮合	检查底盘气路，保持底盘气压能达到 0.4 MPa 以上
	卸荷阀调节不当，造成液压油直接流入油箱	调整卸荷阀
排烟机排烟量不正常	压力显示正常，排烟机防护网被脏物堵塞	停机清理脏物
	压力显示不正常，排烟机液压系统过滤网被脏物堵塞，造成压力不正常，转速不够	清除脏物，更换液压油
	卸荷阀调整不正确，造成系统压力过低	调整
	油温过高，底盘发动机转速过高	降低发动机转速至额定转速

9. 照明消防车

照明消防车常见故障、产生原因及排除方法见表 5-9。

表 5-9　照明消防车常见故障、产生原因及排除方法

故障现象	故障产生原因	故障排除方法
发动机电压不正常	部分车辆采用有刷发电机	更换电刷
	发电机内部线圈故障	送专业维修
	发电机内部调压电路故障	更换调压器
主灯不亮（金卤灯或镝灯类）	触发器故障	更换
	灯泡故障	更换
	整流器故障	更换
	线路故障；部分车辆采用继电器作为控制灯开关，继电器触点、线圈故障会引起灯不亮现象	检查线路及相关电器
升降系统故障	气压调整不当，上升速度过快	调整气压
	气压调整不当，上升速度过慢	调整气压
遥控系统故障	发射器电池电压过低，遥控失灵	更换发射器电池
	接收器+12V 电源故障	更换稳压开关电源
	个别键失效，遥控失灵	发射器损坏，由于采用无线密码遥控，必须根据发射器机身码进行购买
		接收器上对应的继电器损坏，更换对应继电器

10. 手抬机动消防泵组

手抬机动消防泵组常见故障、产生原因及排除方法见表 5-10。

表 5-10　手抬机动消防泵组常见故障、产生原因及排除方法

故障现象	故障产生原因	故障排除方法
引不上水	吸水管破裂或脱层而导致漏气	水压检查，如损坏则更换
	吸水管压扁	予以扩圆或更新
	吸水管接口上的密封垫圈损坏或遗失	更换
	吸水管接口未旋紧	紧固
	吸水管滤网端未全部浸入水内或陷泥中	全部浸入水中或在滤网外部套竹篓
	水泵体下部放泄存水的螺塞未旋紧	紧固
	水泵接壳中的胶质密封环漏气	修整或更换
	水源离泵口深度太大	吸水高度不允许超过规定值
	引水时发动机转速太低	手抬泵应中速引水，若确实引水困难，可将节气门适当开大，使发动机转速适当提高
	吸水管弯曲处高于水泵进水口，形成气囊	使吸水管弯曲处低于水泵进水口

第三节　固定消防设施的种类及使用

固定消防设施的种类包括火灾自动报警系统，消防控制室，室内消火栓给水系统，室外消防给水系统，消防水泵接合器，自动喷水灭火系统，水喷雾灭火系统，泡沫灭火系统，干粉灭火系统，气体灭火系统，自动跟踪定位射流灭火系统及固定消防设施与移动消防设施的联用。

一、火灾自动报警系统

火灾自动报警系统由火灾探测装置、自动控制装置、报警装置及电源线路构成一个系统工程。目前常见的火灾自动报警系统为微机控制的火灾自动报警系统。微机既用于控制各探测区的区域报警控制器，又用于控制卡片打印器和模拟显示盘以及驱动相应的动作设施。

（一）工作原理

火灾自动报警系统在火灾初期，将燃烧产生的烟雾、热量和光辐射等物理量，通过感温、感烟和感光等火灾探测器变成电信号，传输到火灾报警控制器，并同时显示出火灾发生的部位，记录火灾发生的时间。

一般火灾自动报警系统和自动灭火系统、室内消防栓系统、防排烟系统、通风系统、空调系统、防火门、防火卷帘、挡烟垂壁等相关设备联动，自动或手动发出指令，启动相应的灭火装置。

（二）系统组成

火灾自动报警系统通常由火灾探测器、火灾报警控制器，以及联动模块与控制模块、控制装置等组成。火灾探测器是对火灾进行有效探测的基础与核心；火灾探测器的选用及其与火灾报警控制器的配合，是火灾自动报警系统设计的关键。报警控制器是火灾信息处理和报警识别与控制的核心，最终通过联动装置实施对消防设备的联动控制和灭火操作。

（三）检查方法

（1）火灾探测器的检查方法。用火灾探测器试验器向探测器施加火灾模拟信号并通过对讲机了解探测器的报警情况。

（2）手动报警器的检查方法。手动操作报警按钮，使其处于报警状态，观察报警情况。

（3）区域报警器的检查方法。用火灾探测器试验器向探测器施加模拟信号，观察显示器工作情况，并手动消除声报警信号。

二、消防控制室

消防控制室应设在建筑物的首层，消防控制室门的上方应设标志牌或标志灯，设在地下的消防控制室门上的标志必须是带灯罩的装置。标志灯的电源应从消防电源上接入以保证标志灯电源可靠。为防止火灾危及消防控制室工作人员的安全,消防控制室的门应有一定的耐火能力(即为甲级防火门),并应向疏散方向开启,应有安全出口。

(一) 消防控制设备的功能

1. 消防控制设备对消火栓给水系统的功能

(1) 控制消防泵的启停。

(2) 显示启泵按钮启动位置。

(3) 显示泵的工作、故障状态。

2. 自动喷水灭火系统的控制显示功能

(1) 控制系统的启停。

(2) 显示报警阀、电磁阀及水流指示器的动作情况。

(3) 显示消防泵的工作故障状态。

3. 消防控制设备对有管网的气体灭火系统的控制显示功能

(1) 控制系统的紧急启动和切断。

(2) 由探测器联动的控制设备应具有 30 s 可调的延时装置。

(3) 显示系统的手动、自动工作状态。

(4) 在报警、喷射的各阶段,控制室应有相应的声光报警信号,并能手动切除声响信号。

(5) 在延时阶段,应能自动关闭防火门、窗,停止通风、空调系统。

4. 火灾报警后,消防控制设备对联动设备的功能

(1) 停止有关部位的风机,关闭防火阀,并接收其反馈信号。

(2) 启动有关部位的防烟、排烟风机(包括正压送风机)和排烟阀,并接收其反馈信号。

5. 火灾确定后,消防控制设备对联动控制对象的功能

(1) 关闭有关部位的防火门、防火卷帘,并接收其反馈信号。

(2) 接通火灾事故照明和疏散指示灯。

(3) 切断有关部位的非消防电源。

(二) 消防报警装置控制程序应符合的要求

(1) 二层或二层以上楼层发生火灾,宜先接通着火层及其相邻的上下层。

(2) 首层发生火灾,宜先接通本层、二层及地下各层。

(3) 地下发生火灾宜先接通地下各层及首层。

(4) 应具有局部层和全部楼层同时广播功能。

(三) 对消防控制室消防通信设备的要求

(1) 消防控制室与值班室、消防水泵房、配电室、通风空调机房、电梯机房,区域报警控制器显示处及气体灭火系统应急操作装置处,均设置固定的对讲电话。

(2) 手动报警按钮处宜设置对讲电话插孔。

(3) 消防控制室应设置向当地公安消防部门直接报警的外线电话。

三、室内消火栓给水系统

室内消火栓是固定安装于建筑物室内消防给水管道上的主要灭火设备，平时与室内消防给水管线连接，遇有火警时，将水带一端的接口接在消火栓出口上，把手轮按开启方向旋转，即能喷水扑救火灾。

（一）室内消火栓分类

1. 按出水口形式分

室内消火栓按出水口形式，可分为单出口室内消火栓/SN 和双出口室内消火栓/SNS。

2. 按栓阀数量分

室内消火栓按栓阀数量，可分为单栓阀室内消火栓/SN 和双栓阀室内消火栓/SNS。

3. 按结构形式分

室内消火栓按结构形式，可分为以下几种：

(1) 直角出口型室内消火栓/SN。

(2) 45°出口型室内消火栓/SNA。

(3) 旋转型室内消火栓/SNZ。

(4) 减压型室内消火栓/SNJ。

(5) 旋转减压型室内消火栓/SNZJ。

(6) 减压稳压型室内消火栓/SNW。

(7) 旋转减压稳压型室内消火栓/SNZW。

（二）使用

使用时，先打开井盖，拧下闷盖，接上消火栓与吸水管的连接口或接上水带，用专用扳手打开阀塞即出水。使用完毕恢复原状。

（三）室内消火栓维护保养和检查

平时应经常检查室内消火栓是否完好，有无生锈、漏水现象；接口垫圈是否完整无缺；阀杆上应经常加注润滑油，以防丝杆生锈。还应定期进行放水检查，以保证应急时能开启自如，不影响灭火。

四、室外消防给水系统

室外消火栓是指安装在室外的消火栓，主要由铸铁制造。

（一）室外消火栓的分类

根据设置方式，室外消火栓分为地上式和地下式两种。

(1) 室外地上消火栓。室外地上消火栓是指安装于室外地上式消火栓。此种消火栓适用于有市政供水设施（自来水）的冬季不易结冰的地区，主要由本体、进水弯头、阀塞、出水口和排水口组成。

（2）室外地下消火栓。室外地下消火栓是指安装于室外地下式消火栓。此种消火栓由弯头、排水阀、阀塞、出水口等组成，有双出水口和单出水口两种类型。

室外地下消火栓安装在室外地面以下，不易冻结、损坏，交通便利，适用于北方寒冷地区。缺点是，目标不明显，特别是雪天、雨天和夜间，故附近应设明显醒目的标志。

（二）功能

室外消火栓供消防车或消防泵在室外消防给水管网上取水扑救火灾，或有高压水源的管网直接连接水带供水灭火。如用于寒冷地区，应根据冻土层深度加接短管。

（三）使用

使用时，用消火栓钥匙扳头套在启闭杆上端的轴心头上，按逆时针方向转动消火栓钥匙，阀门在启闭杆螺纹作用下向上提起，打开进水口，关闭排水口，管道里的水便进入消火栓，由出水口流出。顺时针转动消火栓钥匙，进水口即关闭，排水口即打开。

五、消防水泵接合器

（一）功能

消防水泵接合器是当室内消防泵发生故障或灭火用水不足时，通过消防车给室内消防给水管网供水的装置。

（二）分类

（1）按安装型式可分为地上式、地下式、墙壁式和多用式。

（2）按出口的公称通径可分为 100 mm 和 150 mm 两种。

（3）按公称压力可分为 1.6 MPa 和 2.5 MPa 两种。

（三）组成

消防水泵接合器由本体、弯管、止回阀、安全阀、截止阀、排水阀和接口等零部件组成。

（四）使用方法

（1）打开闷盖，关闭放水阀。

（2）拧开外螺纹固定接口的闷盖，接上水带即可由消防车供水。

（3）用后开启放水阀盖好井盖。

（4）取下水带拧好固定接口的闷盖。

六、自动喷水灭火系统

自动喷水灭火系统是一种固定式自动灭火的设施，它自动探测火灾，自动控制灭火剂的施放。

（一）自动喷水灭火系统分类

自动喷水灭火系统是当今世界上公认的最为有效的自救灭火设施之一，是应用最广泛、用量最大的自动灭火系统。国内外应用实践证明，该系统具有安全可靠、经济实用、灭火成功率高等优点。

自动喷水灭火系统由洒水喷头、报警阀组、水流指示器、压力开关等组件，以及管道、供水设施组成，并能在发生火灾时喷水。

依照采用的喷头分为两类：采用闭式洒水喷头的为闭式系统，采用开式洒水喷头的为开式系统。

闭式系统的类型较多，基本类型包括湿式、干式、预作用及重复启闭预作用系统等。开式系统包括雨淋系统、水幕系统。

（二）自动喷水灭火系统的工作原理和适用场所

1. 湿式系统

自动喷水灭火系统中使用最多的是湿式系统，在已安装的自动喷水灭火系统中，有70%以上为湿式系统。

湿式自动喷水灭火系统由湿式报警阀组、闭式喷头、水流指示器、控制阀门、末端试水装置、管道和供水设施等组成。

平时状态下，系统的管道内的水压保持工作压力。火灾发生后，系统的保护区内温度不断上升，当温度上升到以闭式喷头感温元件爆破或熔化脱落时，喷头即自动喷水灭火。

该系统结构简单，使用方便、可靠，便于施工，容易管理，灭火速度快，控火效率高，比较经济，适用范围广，占整个自动喷水灭火系统的75%以上。适合安装在能用水灭火的建筑物、构筑物内。环境温度不低于4 ℃、不高于70 ℃的建筑物和场所（不能用水扑救的建筑物和场所除外）都可以采用湿式系统。该系统局部应用时，适用于室内最大净空高度不超过8 m、总建筑面积不超过1000 m^2 的民用建筑中的轻危险级或中危险级Ⅰ级需要局部保护的区域。

2. 干式系统

干式自动喷水灭火系统准工作状态时配水管道内充满用于启动系统的有压气体的闭式系统。发生火灾时，喷头首先喷出气体，管网中压力降低，供水管道中的压力水打开控制信号阀而进入配水管网，从喷头喷出灭火。

与湿式系统相比，只是控制信号阀的结构和作用原理不同，配水管网与供水管间设置干式控制信号阀将它们隔开，而在配水管网中平时充满着有压力气体用于系统的启动。另外干式系统需要增设一套充气设备。

与湿式系统相比，干式系统存在"一次性投资高、日常管理复杂、灭火速度较慢"等缺点，但其优点在于"报警阀后管道无水，对环境温度无要求，不易跑冒滴漏"，所以可设置在环境温度低于4 ℃和高于70 ℃的建筑物和场所。

3. 预作用系统

预作用自动喷水灭火系统准工作状态时配水管道内不充水，由火灾自动报警系统自动开启雨淋报警阀后，转换为湿式系统的闭式系统。

预作用系统适于如下场所：
（1）场所需要系统处于准工作状态时严禁管道漏水。
（2）严禁系统误喷的场所。
（3）替代干式系统。

4. 雨淋系统

雨淋系统是开式自动喷水灭火系统的一种，由火灾自动报警系统或传动管控制，自动开启雨淋报警阀和启动供水泵向系统供水，经管网后由系统开式洒水喷头喷洒向保护区域，进行灭火或者降温保护。

5. 水幕系统

由开式洒水喷头或水幕喷头、雨淋报警阀组或感温雨淋阀，以及水流报警装置等组成，用于挡烟阻火和冷却防火分隔物。

水幕系统是开式自动喷水灭火系统的一种，水幕喷头将水喷洒成水帘幕状，不直接用来扑灭火灾，一般与防火卷帘、防火幕配合使用，对它们进行冷却和提高它们的耐火性能，阻止火势扩大和蔓延。也可单独使用，用来保护建筑物的门窗、洞口或在大空间造成防火水帘起防火分隔作用。

该系统具有出水量大、灭火及时的优点，适用于火灾蔓延快、危险性大的建筑或部位。

（三）自动喷水灭火系统的设置

（1）自动喷水灭火系统是扑救和控制初期火灾效用最高的消防设施，应用范围十分广泛。表5-11中所列建筑除不宜用水保护或灭火的情况外，应设置自动灭火系统并宜采用自动喷水灭火系统。

表5-11　应设置自动灭火系统并宜采用自动喷水灭火系统的建筑（部位）

建筑（部位）类别	宜采用自动喷水灭火系统的建筑（部位）
厂房或生产部位	1. 不小于50000纱锭的棉纺厂的开包、清花车间，不小于5000锭的麻纺厂的分级、梳麻车间，火柴厂的烤梗、筛选部位； 2. 占地面积大于1500 m² 或总建筑面积大于3000 m² 的单、多层制鞋、制衣、玩具及电子等类似生产的厂房； 3. 占地面积大于1500 m² 的木器厂房； 4. 泡沫塑料厂的预发、成型、切片、压花部位； 5. 高层乙、丙类厂房； 6. 建筑面积大于500 m² 的地下或半地下丙类厂房
仓库	1. 每座占地面积大于1000 m² 的棉、毛、丝、麻、化纤、毛皮及其制品的仓库；其中，单层占地面积不大于2000 m² 的棉花库房，可不设置自动喷水灭火系统； 2. 每座占地面积大于600 m² 的火柴仓库； 3. 邮政建筑内建筑面积大于500 m² 的空邮袋库；

表 5-11（续）

建筑（部位）类别	宜采用自动喷水灭火系统的建筑（部位）
仓库	4. 可燃、难燃物品的高架仓库和高层仓库； 5. 设计温度高于 0 ℃的高架冷库，设计温度高于 0 ℃且每个防火分区建筑面积大于 1500 m² 的非高架冷库； 6. 总建筑面积大于 500 m² 的可燃物品地下仓库； 7. 每座占地面积大于 1500 m² 或总建筑面积大于 3000 m² 的其他单层或多层丙类物品仓库
高层民用建筑或场所	1. 一类高层公共建筑（除游泳池、溜冰场外）及其地下、半地下室； 2. 二类高层公共建筑及其地下、半地下室的公共活动用房、走道、办公室和旅馆的客房、可燃物品库房、自动扶梯底部； 3. 高层民用建筑内的歌舞娱乐放映游艺场所； 4. 建筑高度大于 100 m 的住宅建筑
单、多层民用建筑或场所	1. 特等、甲等剧场，超过 1500 个座位的其他等级剧场，超过 2000 个座位的会堂或礼堂，超过 3000 个座位的体育馆，超过 5000 人的体育场的室内人员休息室与器材间等； 2. 任一层建筑面积大于 1500 m² 或总建筑面积大于 3000 m² 的展览、商店、餐饮和旅馆建筑以及医院中同样建筑规模的病房楼、门诊楼和手术部； 3. 设置送回风道（管）的集中空气调节系统且总建筑面积大于 3000 m² 的办公建筑等； 4. 藏书量超过 50 万册的图书馆； 5. 大、中型幼儿园，老年人照料设施； 6. 总建筑面积大于 500 m² 的地下或半地下商店； 7. 设置在地下或半地下或地上四层及以上楼层的歌舞娱乐放映游艺场所（除游泳场所外），设置在首层、二层和三层且任一层建筑面积大于 300 m² 的地上歌舞娱乐放映游艺场所（除游泳场所外）

（2）应设置雨淋自动喷水灭火系统的建筑（部位）见表 5-12。

表 5-12 应设置雨淋自动喷水灭火系统的建筑（部位）

灭火系统	建筑（部位）
雨淋自动喷水灭火系统	1. 火柴厂的氯酸钾压碾厂房，建筑面积大于 100 m² 且生产或使用硝化棉、喷漆棉、火胶棉、赛璐珞胶片、硝化纤维的厂房； 2. 乒乓球厂的轧坯、切片、磨球、分球检验部位； 3. 建筑面积大于 60 m² 或储存量大于 2 t 的硝化棉、喷漆棉、火胶棉、赛璐珞胶片、硝化纤维的仓库； 4. 日装瓶数量大于 3000 瓶的液化石油气储配站的灌瓶间、实瓶库； 5. 特等、甲等剧场，超过 1500 个座位的其他等级剧场，超过 2000 个座位的会堂或礼堂的舞台葡萄架下部； 6. 建筑面积不小于 400 m² 的演播室，建筑面积不小于 500 m² 的电影摄影棚

七、水喷雾灭火系统

(一)水喷雾灭火系统组成

水喷雾灭火系统是由水源、供水设备、管道、雨淋报警阀(或电动控制阀、气动控制阀)、过滤器和水雾喷头等组成,向保护对象喷射水雾进行灭火或防护冷却的系统(图 5-1)。

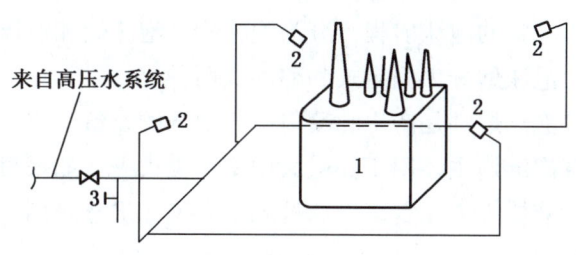

1—变压器;2—水雾喷头;3—排水阀

图 5-1 变压器水喷雾灭火系统布置

(二)水喷雾灭火系统功能

当水以细小的雾状水滴喷射到正在燃烧的物质表面时,产生表面冷却、窒息、乳化和稀释的综合效应,实现灭火。水喷雾灭火系统可用于扑救固体物质火灾、丙类液体火灾、饮料酒火灾和电气火灾,并可用于可燃气体和甲、乙、丙类液体的生产、储存装置或装卸设施的防护冷却。水喷雾灭火系统具有适用范围广的优点,不仅可以提高扑灭固体火灾的灭火效率,同时由于水雾具有不会造成液体飞溅、电气绝缘性好的特点,在扑灭可燃液体火灾、电气火灾中应用广泛。

应设置自动灭火系统并宜采用水喷雾灭火系统建筑(部位)见表 5-13。

表 5-13 应设置自动灭火系统并宜采用水喷雾灭火系统的建筑(部位)

灭火系统	建筑(部位)
水喷雾灭火系统	1. 单台容量在 40 MV·A 及以上的厂矿企业油浸变压器,单台容量在 90 MV·A 及以上的电厂油浸变压器,单台容量在 125 MV·A 及以上的独立变电站油浸变压器; 2. 飞机发动机试验台的试车部位; 3. 充可燃油并设置在高层民用建筑内的高压电容器和多油开关室; 4. 设置在室内的油浸变压器、充可燃油的高压电容器和多油开关室,可采用细水雾灭火系统

八、泡沫灭火系统

泡沫灭火设备是扑救油类火灾的主要设备。一般装备消防队伍用于石油化工企业、炼油厂、储油罐区、飞机库、油库、海上钻井平台和储油平台等场所。

(一) 泡沫灭火系统种类

泡沫灭火设备按泡沫种类可分为化学泡沫灭火设备和空气泡沫灭火设备。空气泡沫灭火设备按主要功能可分为泡沫比例混合设备、泡沫产生设备和泡沫喷射设备三大类。

泡沫产生设备主要是产生空气泡沫的设备。按发泡倍数可分低倍数、中倍数和高倍数三种。低倍数泡沫产生器又分为液上泡沫产生器和液下喷射泡沫产生器。

泡沫喷射设备均有一定的泡沫射程,分为泡沫枪、泡沫炮和泡沫钩管。泡沫枪又分为背负式和手提式两种,泡沫炮分为固定式和移动式两种。

空气泡沫枪和空气泡沫炮都是产生和喷射空气泡沫的设备。空气泡沫枪主要用于扑救中小型油类火灾,空气泡沫炮主要用于扑救大中型油类火灾。如果喷射抗溶性泡沫,也可用于扑救醇类等水溶性液体火灾。空气泡沫枪和空气泡沫炮分船用和陆用两种系列。

(二) 空气泡沫枪

空气泡沫枪的规格是按每秒钟提供的最大泡沫混合液流量来划分的。船用空气泡沫枪分手提式和背负式两种,有三种规格和五种型号,即 PQ8·C、PQ8A·C、PQB1·C、PQB4·CT、PQB8·C 型。陆用空气泡沫枪只有手提式,有三种规格,即 PQ4、PQ8 和 PQ16 型。

陆用空气泡沫枪和船用空气泡沫枪的主要构造和原理都是相同的。它由喷嘴、启闭柄、手轮、枪筒、吸管、密封圈、吸管接头、枪体和管牙接口等组成。

工作原理:当压力水由水带经过 65 mm 管牙接口通过枪体时,在枪体和喷嘴之间构成的空间便形成负压。这个空间通过吸管接头与吸管连接,吸管另一端插入泡沫液桶吸取泡沫液,使泡沫液与水按 6∶94 的比例混合。当混合液通过喷嘴前孔时,立即扩散雾化,再次形成负压,吸入大量空气,与混合流进行混合,产生空气泡沫,再经过枪管内的动态平衡产生良好的泡沫喷射出去。

空气泡沫枪应经常保持完整好用。每次使用后都应检查各部件是否完整,连接是否坚固,吸管和管牙接口处是否有附着的杂物,用后擦干以防腐蚀。空气泡沫枪的主要性能见表 5-14。

表 5-14 空气泡沫枪的主要性能

型号	工作压力/MPa	水量/(L·s^{-1})	泡沫液量/(L·s^{-1})	泡沫量/(L·s^{-1})	射程/m	混合液量/(L·s^{-1})
PQ4	0.7	3.76	0.24	25	24	4
PQ8	0.7	7.52	0.48	50	28	8
PQ16	0.7	15.04	0.96	100	32	16

(三) 空气泡沫炮

空气泡沫炮分陆用和船用两种系列。我国生产的空气泡沫炮一般配用 3%、6% 的低倍数蛋白泡沫液。陆用空气泡沫-水两用炮有 PP32A 型和 PP48A 型，主要安装在消防车上和石化企业贮油区等处。

空气泡沫-水两用炮由泡沫混合液球阀、蜗轮蜗杆仰俯机构、蜗轮蜗杆回转机构、水球阀、水炮、空气泡沫炮等组成。空气泡沫-水两用炮的主要性能见表 5-15。

表 5-15 空气泡沫-水两用炮的主要性能

型号	工作压力/MPa	混合液量/(L·s^{-1})	水量/(L·s^{-1})	空气泡沫量/(L·s^{-1})	泡沫射程（仰角30°）/m	水射程（仰角30°）/m
PP32A	0.8	32	40	200	≥45	≥50
PP48A	12	48	—	300	≥55	—
	10	—	48	—	—	≥65

工作原理：当有压力的混合液由立管进入集流管时，两股液流汇合经 V 型管进入泡沫产生器第一道孔板，并向第二道孔板高速扩散，使产生器混合室内形成真空；空气从进气口吸入，与混合液进行混合，产生空气泡沫。泡沫又经过炮筒内的动态平衡，进一步形成均匀的泡沫流，在压力的作用下向外喷射。如使用水炮，只要关闭泡沫比例混合器，开启水球阀即可。

对空气泡沫炮要经常维护保养，保持清洁。喷射泡沫后应用水清洗，然后放尽炮筒内的积水；转动、啮合处要经常涂注润滑油；各部位要保持完好；平时空气泡沫炮要水平放置，并在炮口处加支承。

PPY32 型移动式空气泡沫-水两用炮是一种轻便的泡沫灭火设备，它适用于消防车不能进入的火场，可根据火势情况移动位置，喷射泡沫或水扑救火灾。该炮可以通过水带与消防车或固定消防泵相连接，用混合液或自吸液喷射空气泡沫。

船用泡沫炮有 PP24C、PP32C、PP40C、PPD32C 和 PPD40C 五种型号，主要用于扑救油轮、钻井平台输油码头等处油类火灾。它固定安装在各危险区，与消防泵和空气泡沫比例混合器配套，组成泡沫灭火系统。

（四）空气泡沫钩管

PG16 型泡沫钩管是一种移动式泡沫灭火设备。它与泡沫消防车配合使用，适用于扑救油槽车和油罐火灾。使用泡沫钩管时，如果油罐高度超过 5 m 或由于其他原因挂钩困难时，可借助于拉梯将泡沫钩管挂在罐壁上。

空气泡沫钩管用薄钢板制成，由钩管和泡沫产生器两部分组成，空气泡沫钩管的主要性能见表 5-16。

表 5-16 空气泡沫钩管的主要性能

型号	工作压力/MPa	混合液流量/(L·s^{-1})	空气泡沫量/(L·s^{-1})	管牙接口规格/mm	质量/kg
PG16	0.5	16	≥100	65	14

工作原理：当混合液通过空气管时，在孔板上部周围形成负压，这时，由空气孔吸入大量的空气，与混合液混合，体积膨胀，形成空气泡沫，并从弯形喷管喷出。泡沫钩管的零件应经常保持完整，防止被笨重物件碰压损坏；每次使用后，应用清水洗净，并检查钩管内外层的防腐涂层有否脱落，如有脱落应重新涂刷，防止锈蚀。

（五）液上灭火系统

液上喷射空气泡沫产生器有横式和竖式两种，均安装在油罐壁的上部。它们的构造和工作原理是相同的。液上喷射空气泡沫产生器的规格是按照每秒钟提供的最大混合液流量来划分的。竖式泡沫产生器有 PS4、PS8、PS16、PS24 和 PS32 五种型号，横式泡沫产生器有 PC4、PC8、PC16 和 PC24 四种。

液上喷射空气泡沫产生器主要由壳体组、泡沫喷射管组和导板组三个部分组成。液上喷射空气泡沫产生器的主要性能见表 5-17。

表 5-17　液上喷射空气泡沫产生器的主要性能

型号	工作压力/MPa	混合液量/(L·s^{-1})	空气泡沫量/(L·s^{-1})
PC4、PS4	0.5	4	25
PC8、PS8	0.5	8	50
PC16、PS16	0.5	16	100
PC24、PS24	0.5	24	150
PS32	0.5	32	200

工作原理：混合液沿管道流过产生器孔板时，突然节流，流速增大，造成负压，因而大量空气吸入产生器内，同混合液混合形成空气泡沫。有压力的泡沫流将密封玻璃片冲破，进入喷射管的空气泡沫得到动态平衡变得更为均匀，然后在导板的作用下，沿罐壁下淌，覆盖燃烧液面灭火。

1. 固定式蛋白泡沫液上喷射灭火系统

该系统是由泡沫液罐、比例混合器等设备用管道与固定的泡沫产生器相连，再与给水系统连成一体的。当油罐起火时，先启动消防泵，打开有关阀门，比例混合器即将泡沫液与水按比例混合，然后经管道输送至泡沫产生器，产生大量的泡沫喷射到罐内覆盖油面灭火。该系统时刻处于临战状态，灭火时不需临时铺设管路和安装设备，可立即投入运转工作，进行灭火。其缺点：一是油罐爆炸时，罐上所安装的固定消防设施受破坏而失去应有的作用，仍需配备一定的移动式泡沫灭火设施；二是维修保养要求高，管道、阀门等易堵塞，往往导致不能及时扑救火灾。

2. 固定式抗溶性泡沫液上喷射灭火系统

该系统的组成基本同固定式蛋白泡沫液上喷射灭火系统，只是增加了泡沫缓冲装置。为了减少泡沫与液面的冲击，当泡沫从泡沫室出来后，应缓慢地流向液面，一般均需采用缓冲设备。我国采用的缓冲设备有冲浮筒和泡沫缓冲圆槽两种。

(六) 液下灭火系统

液下喷射空气泡沫产生器又称高背压泡沫产生器，它是从贮罐内底部液下喷射空气泡沫扑救油罐火灾的主要设备。它喷射泡沫后的出口压力还需保持相当于出口工作压力 25%~30% 的背压，以克服管道的沿程磨阻损失及油罐液面高度静压损失，所以背压是液下喷射空气泡沫产生器的一个相当关键的技术指标。与液上喷射空气泡沫产生器不同的是，液下喷射空气泡沫产生器的规格是按照每分钟提供的最大混合液流量来划分的。液下喷射空气泡沫产生器有 PCY450、PCY450G、PCY900、PCY900G、PCY1350G 和 PCY1800G 六种型号，配用的灭火剂是氟蛋白泡沫液和水成膜泡沫液；适用于扑救汽油、柴油、煤油贮罐和黏度小的原油浮顶罐和内浮顶罐火灾，最适用于拱顶罐火灾的扑救。

液下喷射空气泡沫产生器由本体、压力表、喷嘴、止回球阀、混合管、罩管、扩散管等组成。液下喷射空气泡沫产生器的主要性能见表 5-18。

表 5-18 液下喷射空气泡沫产生器的主要性能

型号	工作压力/MPa	背压/MPa	混合液流量/(L·min^{-1})	泡沫倍数	泡沫 25% 析液时间/s
PCY900	0.7	0.21	900	2.5~4	>180
PCY1800G	0.7	0.21	1800	2.5~4	>180

1. 工作原理

氟蛋白泡沫混合液进入泡沫产生器的喷嘴高速喷射扩散时，混合室处形成真空。这时空气由进气口进入混合室，与混合液混合又通过混合管再度混合和平衡，形成均匀的空气泡沫。由于扩散管的截面逐渐扩大，泡沫流速逐渐下降，压力逐渐上升，流出扩散管后，能产生一定的出口背压，这个背压克服各种阻力使泡沫从油层底部升浮至燃烧液面将其覆盖灭火。

2. 使用条件

(1) 液下喷射泡沫产生器必须配用氟蛋白泡沫或水成膜泡沫液。

(2) 通过液下喷射泡沫产生器输送空气泡沫的距离应通过水力计算确定，并不应大于 80 m，不应小于 15 m。

(3) 泡沫喷入油品的流速，对于汽油、煤油、柴油宜小于 3 m/s，对于原油宜小于 3.5 m/s。

(4) 敷设泡沫管道沿程磨阻损失的罐内液面高度静压的压力损失之和应低于产生器的背压（即出口压力）。

(5) 应考虑贮罐内液体的变化情况，如果罐内的静压变化，对产生器的背压也应适当调整，背压过低或过高对灭火的效果均有影响。因此，必须在泡沫管线上安装背压调节阀和压力表，以控制和调整背压。

（6）伸入油罐内的泡沫喷入管长度，应为该管径的10倍左右，其高度位置必须在水垫层之上，否则空气泡沫要受到破坏。

（7）泡沫管上的止回阀应选用专用的止回阀，以保证有良好的密封性能，否则油品会渗流到管道内。

3. 优点

（1）油罐火灾情况较为复杂，固定在油罐上部的泡沫消防设备，往往由于油罐爆炸遭到破坏而失去作用，但通常爆炸不会破坏油罐底部，因此安装在油罐底部的液下喷射灭火设备一般不会受到影响，能够正常工作。

（2）泡沫输送管道可借用输油管道，而不必另行单独设置。该系统结构简单、安装容易、维修管理方便、投资省。

（3）泡沫进口设在罐底部，提高了储罐内泡沫灭火效率。

（4）泡沫通过油层上升到液面，可避免或减少高温或辐射热的破坏，提高了灭火效率。

（5）泡沫通过油层上升时，使油品搅动、对流，因而也降低了燃烧油面温度，有利于灭火。

（七）全淹没灭火系统

全淹没灭火系统是由固定式高倍数泡沫发生装置将高倍数泡沫喷射到封闭或被围挡的防护区内，并在规定的时间内达到一定泡沫淹没深度的灭火系统。该系统适用于保护不同高度上都存在火灾危险性的空间，以及人员进入不便或进入后会有危险的场所，如仓库、汽车库、飞机检修机库、工业生产厂房以及地下工程等。

该系统按控制方式可分为自动控制全淹没灭火系统、手动全淹没灭火系统。

1. 自动控制全淹没灭火系统

该系统一般由固定安装在高倍数泡沫发生器、比例混合器、管道过滤器、压力开关、电动阀门或液动阀门、水泵、泡沫液泵、高倍数泡沫液贮罐、水池、火灾自动探测器、报警器、控制装置、截止阀、控制箱、导泡筒、管道以及其附件和手动控制器等组成。

2. 手动全淹没灭火系统

在经常有人员值班的工作场所，如飞机检修机库、发动机试验站、昼夜有人值班的厂房、仓库等，发生了局部小火灾，使用中倍数泡沫灭火装置，启动水泵后，压力水经过水带进入负压比例混合器，由于从喷嘴流出的高速水流的作用，泡沫液被吸入负压比例混合器，形成了泡沫混合液，经水带送至中倍数泡沫产生器，生成中倍数泡沫扑救火灾。

如值班人员认为火势危险性较大，应立即用高倍数泡沫灭火系统，即同时启动水泵、泡沫液泵和电动阀门，具有一定压力的水和泡沫液进入泡沫比例混合器，按规定的比例混合后，经输送管道将一定压力的泡沫混合液送至高倍数泡沫发生器，产生高倍数泡沫，淹没火灾区域，进行控火和灭火。

此种灭火系统需建立专用的消防泵房（站），在其中安装水泵、泡沫液泵、比例混合器、高倍数泡沫液贮罐、手动控制器等。由于该系统取消了火灾探测器、报警器和全套自动控制装置，因此简化了灭火系统，使用维修方便，可靠性增加和减少了消防工程投资。

九、干粉灭火系统

干粉灭火系统主要用于扑救可燃气体、易燃可燃液体和电气设备火灾。易燃可燃液体的油槽、可燃气体压缩机房、变压器室、配电室、发电机房以及与水接触能发生化学反应的催化剂等场所和部位，都可设置干粉灭火系统。

（一）干粉灭火系统的适用范围与特点

1. 适用范围

（1）易燃可燃液体燃料罐、槽、锅、库等。

（2）有压力的液体和气体设施。

（3）变压器、油断路器等。

（4）印刷厂、造纸厂干燥炉、纺织厂、细纱车间等。

（5）图书馆、档案库等。

干粉灭火系统所采用的干粉类型不同，扑救火灾的对象也有区别。通常 ABC 干粉用于扑救固体火灾、可燃液体火灾、可燃气体火灾、电气火灾以及某些金属火灾；BC 干粉可以扑救可燃液体火灾、可燃气体火灾以及电气火灾。

2. 特点

（1）灭火时间短、效率高，特别对石油及石油产品的灭火效果尤为显著。

（2）绝缘性能好，可扑救带电设备火灾。

（3）灭火后，对机器设备的污损较小。

（4）干粉灭火剂长期储存不变质。

（5）以有相当压力的二氧化碳和氮气作为喷射动力，不受电源限制。

（6）干粉能够长距离输送，设备可远离火区。

（7）寒冷地区使用不需防冻。

（8）不用水，特别适用于缺水地区。

3. 干粉灭火系统不能扑救的火灾

（1）干粉不具有冷却作用，容易发生复燃，需与泡沫联用加以克服。

（2）不能扑救电话通信站、电气设备以及其他灵敏度高的设备、仪器火灾。

（3）不能扑救本身能供给氧的化学物质如硝酸纤维火灾。

（4）不能扑救钾、钠、锆、钛等金属火灾。

（5）不能扑救深度阴燃物质的火灾。

（二）干粉灭火系统的分类

干粉灭火系统分为固定式和移动式两种，固定式又分为全淹没灭火系统和局部应用灭火系统。

1. 全淹没灭火系统

1）定义

全淹没灭火系统是固定的管道、固定的喷嘴与固定的干粉储罐连接成一体的一种干粉系统。

2）应用场所

全淹没灭火系统主要用于密闭的或可密闭的建筑，如地下室、洞室、船舱、变压器室、油漆仓库、油品仓库以及汽车库等。

2. 局部应用灭火系统

1）定义

局部应用灭火系统是由喷嘴通过固定的管道与干粉储罐连接，将干粉直接喷射到保护对象上的一种干粉灭火系统。

2）应用场所

主要用于建筑物空间很大，不易生成整个建筑物火灾，而只有个别设备容易发生火灾，或者一些露天装置（如停车场、装卸栈等）易发生火灾的场所。这些场所不可能也没有必要设置全淹没灭火系统，可以针对某个容易发生火灾的部位设置局部应用灭火系统。

（三）干粉灭火与动作步骤

上述两种灭火系统主要由干粉灭火设备和自动控制两大部分组成。前者包括干粉储罐、动力气瓶、减压阀、输粉管道以及喷嘴等；后者则包括火灾探测器、起动气瓶和报警控制器等。

1. 动作步骤

（1）以自动或手动方式把动力气瓶阀门打开，排出高压气体。

（2）高压气体通过减压阀向干粉储罐充气增压，使干粉流动，形成粉气混合流。

（3）干粉罐充气达到工作压力时，出口处的阀门被打开。

（4）粉气混合流通过输粉管由喷嘴喷向保护区。

2. 检查和保养

（1）在装置区要设详细操作说明；工作人员必须严格遵守操作规程，对各部件勤加检查，确保完好。

（2）动力气瓶要定期检查，测定气体压力和重量是否在规定范围内。低于规定值时，要找出漏气原因，立即更换或修复。

（3）要检查喷嘴的位置和方向是否正确，喷嘴上有无积存的污物，密封是否完好。

（4）要经常检查阀门、减压门、压力表等是否都处于下沉状态。

(5) 应每隔 2~3 年对干粉进行开罐取样检查，如不符合性能指标，应立即更换。

十、气体灭火系统

(一) 气体灭火系统的类型

1. 按使用的灭火剂分类

1) 二氧化碳灭火系统

二氧化碳灭火系统也是气体灭火系统的一种，它对大气臭氧层没有大的破坏作用，来源非常广泛，制备容易，价格便宜，被保护物不受灭火污染，电绝缘性比较高，适应性广，具有一定的发展前景。

二氧化碳的灭火作用主要在于窒息，其次是冷却。二氧化碳灭火系统又分低压二氧化碳灭火系统和高压二氧化碳灭系统两种款型。高压二氧化碳灭火系统采用常温贮存，一般分三个等级：0~40 ℃，0~49 ℃，0~60 ℃；而低压二氧化碳灭火系统采用低温贮存，一般是-20~-18 ℃。

生产厂家和用户以及设计部门比较倾向于采用低压二氧化碳灭火系统，其优点是比较灵活，便于维护管理。目前，低压二氧化碳灭火系统装置在工程中已采用。因为二氧化碳是一种窒息气体，在施放灭火前所有在保护区内的人员在 30 s 以内撤离完毕，灭火后先排出二氧化碳气体后方可进入保护区。

低压二氧化碳灭火系统有无管网灭火系统和有管网灭火系统之分。二氧化碳灭火时最小的喷放时间是 30 s，有的场所甚至可达 7 min。

二氧化碳灭火系统的应用范围是液体或可熔化的固体（如石蜡、沥青）火灾、固体表面及部分固体（如棉花、纸张）火灾、电气火灾、气体火灾（灭火前不能切断气源的除外）。

二氧化碳灭火系统的禁用范围是：含氧化剂的化学制品，活泼金属以及金属氢化物（含金属氢化物）等不得采用二氧化碳灭火系统进行灭火。

在采用全淹没灭火系统时要特别注意，保护区内的开口是个至关重要的问题，完全密闭的保护区有可能由于二氧化碳的喷放造成保护区内压力升高，一般来讲对高层建筑的允许压强选取 $p=1.2$ kPa，泄压开口的大小和位置应通过计算和分析后在适当的位置设置。

二氧化碳灭火系统的设计与计算应按《二氧化碳灭火系统设计规范》（GB 50193—1993）（2010 版）的规定进行。

2) 卤代烷替代灭火系统

卤代烷替代灭火系统正处于研究阶段，从目前的研究进展情况看，烟烙尽灭火系统和七氟丙烷灭火系统较为理想，但有待进一步研究认定。

2. 按灭火方式分类

1) 全淹没气体灭火系统

全淹没气体灭火系统指喷头均匀布置在保护房间的顶部，喷射的灭火剂能在封闭空间内迅速形成浓度比较均匀的灭火剂气体与空气的混合气体，并在灭火必需的"浸渍"时间内维持灭火浓度，即通过灭火剂气体将封闭空间淹没实施灭火的系统形式。该系统对防护房间提供整体保护，不仅仅局限于房间内的某个设备。

封闭房间并不要求完全封闭，在顶棚、四壁允许存在一些缝隙或者开口，但要符合移动的限制条件，以保证灭火剂的"浸渍"时间。

2）局部应用气体灭火系统

局部应用气体灭火系统指喷头均匀布置在保护对象的四周围，将灭火剂直接而集中地喷射到燃烧着的物体上，使其笼罩整个保护物外表面，在燃烧物周围局部范围内达到较高的灭火剂气体浓度的系统形式。局部应用气体灭火系统保护房间内或室外的某一设备（局部区域），就整个房间而言，灭火剂气体浓度远远达不到灭火浓度。

3）手持软管气体灭火系统

手持软管气体灭火系统由盘管轮或架、软管、喷嘴等组成，并通过固定管路连接到二氧化碳供给源。其中二氧化碳供给源可以专门设置，也可以和其他系统共同设置。

手持软管气体灭火系统是由人控制、操作实施灭火，灭火方式类似于推车式灭火器。该系统一般只能用来增援其他固定灭火系统。

4）竖管气体灭火系统

竖管气体灭火系统是一种半固定式二氧化碳灭火系统，其喷嘴、管道部分是固定安装的，而无二氧化碳供给源，发生火灾后，利用机动二氧化碳供给源通过预留的接口，将二氧化碳灭火剂输入竖管系统，实施灭火。

竖管气体灭火系统的设置有两种方法：一种是单独设置，用于特殊危险对象的保护；另一种是在固定气体灭火系统的基础上设置，作为固定气体灭火系统的补充。

3. 按管网的布置分类

1）组合分配灭火系统

组合分配灭火系统的灭火剂设计用量是按最大的一个防护区或保护对象来确定的，对于较小的防护区或保护对象，若不需要释放全部的灭火剂量，可根据需要，利用启动气瓶来控制打开储存容器的数量，以释放全部或部分灭火剂。但要注意，组合分配灭火系统具有同时保护但不能同时灭火的特点。

2）单元独立灭火系统

若几个防护区都非常重要或有同时着火的可能性，为了确保安全，在每个防护区各自设置气体灭火系统保护，称为单元独立灭火系统。很明显，采用单元独立灭火系统可提高其安全可靠性能，但是投资较大。另外，单元独立灭火系统管路布置简单，维护管理较方便。

3）无管网灭火系统

无管网灭火系统是指将灭火剂储存容器、控制和释放部件等组合装配在一起的小型、轻便灭火系统。这种系统没有管网或只有一段短管，因此，称为无管网灭火系统。这种系统多放置在防护区内，亦可放置在防护区的墙外，通过短管将喷头伸进防护区。

（二）气体灭火系统的应用

气体灭火系统应用于特定的范围，是一种较为理想的自动灭火系统。常用的具体场所有：

（1）比较危险且重要的场合。气体灭火系统本身造价较高，因此，一般应用于重要场合，其设置与否，要考虑到造价与受益的关系。

（2）比较重要且怕水污损的场合。重要的通信机房、调度指挥控制中心、图书档案室等场所无疑非常重要，而且要求灭火剂清洁，在灭火的时候不产生次生危害，气体灭火系统是最佳选择。

（3）易燃液体、气体储藏室或具有这些危险物的工作场所。气体灭火系统对于扑救甲、乙、丙类液体火灾非常有效，而且，在灭火的同时，对防护区及内部的设备、物品等提供保护，可及时控制火势的蔓延扩大。

（4）安装有发电机、变压器、油浸开关等的场所。用气体灭火系统灭火时或灭火后不影响这些设备的正常运行。

（三）系统的组成、工作原理及控制方式

1. 系统的基本组成

气体灭火系统由储存装置、启动分配装置、输送释放装置、监控装置等设施组成。

2. 系统的工作原理

防护区一旦发生火灾，首先火灾探测器报警，消防控制中心接到火灾信号后，启动连动装置（关闭开口、停止空调等），延时约30 s后，打开启动气瓶的瓶头阀，利用气瓶中的高压氮气将灭火剂储存容器上的容器阀打开，灭火剂经管道输送到喷头喷出气体灭火。中间的延时是考虑防护区内人员的疏散。

3. 系统的控制

为确保系统在发生火灾时及时可靠地启动，系统的控制与操作应满足一定的要求。全淹没气体灭火系统一般应具有自动控制、手动控制和机械应急操作三种启动方式；无管网灭火系统应具有自动控制、受动控制两种启动方式；局部应用气体灭火系统用于经常有人的保护场所时，可不设自动控制。

4. 气体灭火系统使用中的注意事项

（1）气体灭火系统使用中应当注意防毒、防冻伤。听到预警警报声，保护区内人员应当立即撤离保护区。

（2）全淹没气体灭火系统动作后，在进入内部侦察时，应当注意防止火势复燃。

十一、自动跟踪定位射流灭火系统

自动跟踪定位射流灭火系统是指利用红外线、数字图像或其他火灾探测组件对火、温度等进行探测的自动跟踪定位，并运用自动控制方式来实现灭火的各种室内外固定射流灭

火系统。与传统的采用由感温元件控制的被动灭火方式的闭式自动喷水灭火系统以及手动或人工喷水灭火系统相比,具有智能化程度高、能主动定位和报警、可主动喷水主动停止喷水并可多次重复启闭、适用空间高度范围广、安装方式灵活的特点。

(一) 适用范围

自动跟踪定位射流灭火系统适用于扑救高大空间场所的 A 类和 B 类火灾,特别适用于空间高度高、体量大、火场升温较慢,难以设置传统闭式自动喷水灭火系统的场所,如大剧院、音乐厅、会展中心、候机楼和体育馆等大空间建筑。但不适用于以下场所:经常有明火作业的场所,存在较多遇水加速燃烧物品的场所,遇水发生爆炸的场所,存在较多遇水发生剧烈化学反应或产生有毒有害物质的场所,存在因射流而导致液体喷溅或沸溢的场所,存放遇水将受到严重损坏的贵重物品的场所。

(二) 系统类别

根据《自动跟踪定位射流灭火系统》(GB 25204—2010),按灭火装置额定流量大小不同,可将自动跟踪定位射流灭火系统分为自动跟踪定位消防炮灭火装置和自动跟踪定位射流灭火装置(以下简称自动射流灭火装置)。流量不大于 16 L/s 的自动跟踪定位射流灭火系统称为自动射流灭火装置,可参考《大空间智能型主动喷水灭火系统技术规程》(CECS 263:2009)进行设计;流量大于 16 L/s 的自动跟踪定位射流灭火系统称为自动消防炮灭火系统,可依照《自动消防炮灭火系统技术规程》(CECS 245:2008)进行设计。

(三) 系统分类

根据我国产品现状,依据《大空间智能型主动喷水灭火系统技术规程》(CECS 263—2009)的规定,自动射流灭火装置根据设计参数不同可分为大空间灭火装置、自动扫描射水灭火装置和自动扫描射水高空水炮三种。自动射流灭火系统的标准配置参数见表 5-19。

表 5-19 自动射流灭火系统的标准配置参数

主要参数	大空间智能灭火装置	自动扫描射水灭火装置	自动扫描射水高空水炮
标准喷水流量/(L·s^{-1})	5	2	5
接口直径/mm	40	20	25
喷头及探头最大安装高度/m	25	6	20
喷头及探头最低安装高度/m	6	2.5	6
标准工作压力/MPa	0.25	0.2	0.6

按喷射方式不同,自动射流灭火系统可分为喷洒型和喷射型自动射流灭火系统。喷洒型灭火装置指大空间智能灭火装置,其喷头洒水覆盖面积大;喷射型灭火装置包括自动扫描射水灭火装置及自动扫描射水高空水炮灭火装置,其射水水柱水量集中,扑灭早期火灾效果好。

(四)系统组成

大空间智能灭火装置由智能型红外探测组件、大空间大流量喷头和电磁阀组组成。这几类设备均为独立设置。装置能主动探测着火部位并开启喷头喷水灭火,灭火喷水面为圆形,保护半径≤6 m、安装高度为6~25 m,喷水流量≥5 L/s,工作压力为0.12~0.25 MPa。标准型大空间智能灭火装置喷头如图5-2所示。

图5-2 标准型大空间智能灭火装置喷头

工作原理:控制器一旦探测到火灾,立即输出控制信号进行报警、启动水泵、打开阀门,喷头便会在水力的直接驱动下进行360°全方位旋转射水灭火。火灾扑灭后,装置自动停止射水回到监控装备。复燃时则系统会重复启动灭火。该系统类型可视为雨淋系统的改进和衍生形式,但单个喷头流量大、保护面积大。

自动扫描射水灭火装置由智能型红外探测扫描射水喷头、机械传动装置和电磁阀组组成,其中,红外探测、射水喷头和机械传动装置为一体化设置。灭火射水面为扇形,保护半径小于或等于6 m,喷水流量2 L/s,安装高度2.5~6.0 m,工作压力0.20 MPa。

自动扫描射水高空水炮灭火装置由智能型红外探测组件、自动扫描射水高空水炮、机械传动装置和电磁阀组组成,其中,智能型红外探测组件、高空水炮和机械传动装置也为一体化设置,但设计流量较大。其保护半径小于或等于20 m,喷水流量大于或等于5 L/s,安装高度6~20 m,工作压力0.60 MPa。这种装置射程远、流量大,适合安装在商场、车站、体育馆、机场、影剧院等大空间场所。自动扫描射水高空水炮灭火装置和自动扫描射水灭火装置在功能上有点相似,但自动扫描射水高空水炮灭火装置的工作压力、射水流量、保护半径、安装高度都较大,它既可以采取边墙式安装,也可以采取中间吊装,灵活性较大。标准型自动扫描射水高空水炮灭火装置喷头如图5-3所示。

图5-3 标准型自动扫描射水高空水炮灭火装置喷头

（五）组件及设置要求

1. 探测装置

探测装置应能有效探测和判定保护区内的火源，宜采用复合探测方式，其布置应保证保护区域内无探测盲区；探测距离应与灭火装置的射程或保护范围相匹配；探测装置应满足相应使用环境的防尘、防水、抗现场干扰的要求。

2. 控制装置

控制装置应具备与火灾自动报警系统和其他联动控制设备自动通信的功能，应具有对消防泵、灭火装置、控制阀门等系统组件进行自动控制、控制室手动控制、现场手动控制的功能。现场手动控制应具有优先权；控制装置应具有对消防泵、灭火装置、控制阀门等系统组件工作状态的监控显示功能。

3. 高位消防水箱和气压稳压装置

建筑物（群）同时设有自动跟踪定位射流灭火系统和自动喷水灭火系统等其他灭火系统时，可共用高位消防水箱。系统不设高位消防水箱时，应设气压稳压装置。稳压装置供水压力应保证最不利点灭火装置的工作压力，稳压泵流量应小于一个最小流量灭火装置工作时的流量，气压罐的有效调节容积不应小于 150 L。

4. 管道要求

自动跟踪定位射流灭火系统的管网宜独立设置。当自动跟踪定位射流灭火系统的管网与自动喷水灭火系统或消火栓系统的管网合并设置时，应满足以下条件：

（1）系统设计水量、水压及一次灭火用水量应满足两个系统同时工作的设计水量、水压及一次灭火用水量的要求。

（2）两个系统应能独立运行，互不影响。

5. 灭火装置

（1）灭火装置布置应能使射流完全覆盖被保护场所及被保护物，且应满足灭火强度及冷却强度的要求。

（2）设计工作压力与产品额定工作压力不同时，应在产品规定的工作压力范围内选用。

（3）灭火装置采取天花板或梁底吊装时，应略低于天花板或梁底。为了方便维护，灭火装置应安装在易检修处，或在灭火装置附近设置维修马道或梯子。

（4）灭火装置固定支架或安装平台应能满足喷射/喷洒反作用力的要求，结构设计应能满足灭火装置正常使用的要求。

（5）现场手动控制装置应设置在灭火装置的附近，并能观察到灭火装置动作，且靠近出口处或便于疏散的地方。

（6）喷头、水炮喷水时，应避免不受障碍物的阻挡和影响。

（7）自动跟踪定位射流灭火系统的喷水时间，应按不小于 1 h 确定。

（六）系统特点

自动射流灭火装置具有以下优点：

(1) 具有人工智能,可主动探测寻找并早期发现判定火源。
(2) 可对火源的位置进行定点定位并报警。
(3) 可主动开启系统定点定位喷水灭火。
(4) 可持续喷水主动停止喷水并可多次重复启闭。
(5) 适用空间高度范围广。
(6) 安装方式灵活,不需贴顶安装,不需集热装置。

该系统与传统的雨淋灭火系统相比,有以下优点:探测定位范围更小、更准确,可以根据火场火源的蔓延情况分别或成组地开启灭火装置喷水,既可达到雨淋系统的灭火效果,又可减少由水灾造成的损失;在多个喷头(水炮)的临界保护区域发生火灾时,只会引起周边几个喷头(水炮)同时开启,喷水量不会超过设计流量,不会出现雨淋系统两个或几个区域同时开启导致喷水量成倍增加而超过设计流量的情况。

(七)自动消防炮灭火系统

自动消防炮是利用红外火灾探测技术或人工智能图像识别技术自动识别火情,判断着火点的位置,自动调整炮头的回转和俯仰角度,使其喷射口对准起火点,实现精确定点灭火的设备。自动消防炮又可以称为智能消防炮、自动寻的消防炮等,亦属于消防炮的一种形式,其出现较自动射流灭火装置较早。

自动消防炮灭火系统由自动消防炮、控制盘和相应的供水设备组成。

工作原理:火灾发生后,炮体承载的红外火焰定位装置在水平方向上做大角度扫描,当发现火源后即发出火情信号,炮控制器马上进行垂直方向大角度扫描,同样在运行中发现火源后即发出火情信号,炮口立即停止转动,接着再通过图像火焰定位装置的微调定位,实现对着火点的精确瞄准。锁定火源后,在无人状态下,主机自动启动消防泵、电磁阀门等设备,使系统进行喷水灭火,与此同时,控制设备联动报警设备发出声光报警信号。

自动消防炮的结构与远控消防炮较为类似,同样具有可实现自身水平旋转和垂直旋转并伸缩炮口的机构,但增加了能够实现水平探测定位和垂直探测定位的探测装置和控制主机,使其在发现着火点并确认火灾后可自动调整射流的角度和距离,实现自动智能灭火。其射程远、流量大,可自动启动和停止喷水,并在室外使用。

1. 移动细水雾灭火装置(车载型)

移动细水雾灭火装置由主机、连接管、移动绞盘和组合转换喷枪组成,均采用快速接头连接,如图5-4所示。该灭火装置灭火速度快、效率高,移动绞盘配备高强度阻燃耐磨胶管,可在500 ℃高温下工作30 min;其大喷射角的细水雾喷枪在灭火时能对2~3名消防人员进行保护,适用于扑救A类、B类、C类和电气类火灾,该产品可广泛应用于消防队、工业厂房、民用建筑、古建筑、石化行业、煤炭行业、医药、食品加工、地铁、隧道、大型交通车辆、军事装备、水面船舶、航空航天和电子行业等。

2. 背负式细水雾灭火装置

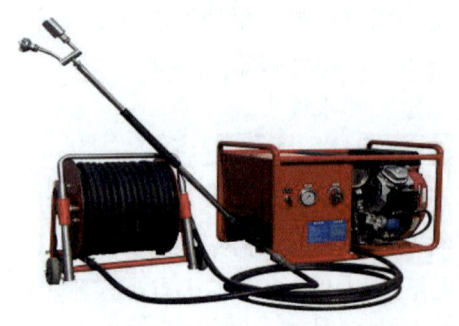

图 5-4　车载式细水雾灭火装置

背负式细水雾灭火装置是以汽油机为动力源，具有体积小、重量轻、易启动、性能可靠、用水量小、可持续灭火能力强等特点，适合于单兵作战。该产品可快速与市政消防管网、消防供水车及消防水带等进行连接，其组合式喷枪可实现远、近距离的快速转换，特别适合森林和野外草地、加油站、机场、医药、食品加工车间、化工生产车间等有水源供应场所的火灾扑救。

3. 储能式细水雾灭火装置

储能式细水雾灭火装置是在其内部压力作用下，将所装的灭火介质喷出产生细水雾，能够迅速有效地扑救 A 类、B 类、C 类和电气类火灾的一种高压单流体细水雾灭火装置。储能式细水雾灭火装置的作业半径可达 20 m，喷枪有效喷射距离大于或等于 3 m。该产品具有灭火效率高、移动操作方便、不导电、无污染、二次充装成本低、使用寿命长等特点，可用于缺水或无水场所，以及无外动力源或不允许使用外动力的场所，尤其适用于人员密集场所、反恐战斗的烟雾处理、洁净厂房、无菌实验室、古建筑、图书馆、档案室、军事装备、有防爆和防静电要求的场所。

4. 轻型细水雾消防车（皮卡型）

轻型细水雾消防车装备有高压单流体细水雾灭火装置，自带动力、水箱和外供水消防接口。这种消防车内部空间分布合理，可选装各类抢险救援或通信指挥设备，具有勘验、灭火、消防宣传、现场指挥和救援等多种功能，可有效扑救 A 类、B 类、C 类和电气类火灾。其高效的灭火能力，极低的耗水量，是企业消防队、高速公路、城市和建立乡镇多种形式消防队的首选车型。

5. 中型细水雾消防车

中型细水雾消防车装备有高压单流体细水雾灭火装置，可替代传统水罐消防车、泵浦消防车、干粉消防车、泡沫消防车和泡沫干粉联用消防车，适用于扑救 A 类、B 类、C 类和电气类火灾。该车配备有细水雾远程炮，射程可达 50 m，能同时进行水平方向 360°旋转和 50°俯仰，可对大型火灾进行控火和灭火。此外，因为细水雾还能有效地阻隔热辐射，该车还能给重点设施、其他消防设备或者人员提供保护。

6. 细水雾消防装甲车

细水雾消防装甲车可穿梭于爆炸场所、化学危险场所、阻碍物场所等人员不易接近的火场。在森林火灾中细水雾消防装甲车主要起先锋开路的作用。

7. 细水雾消防直升机

细水雾消防直升机有适应复杂地形、用水量小，灭火效率高，补水方便等优点，是解决森林、大型油罐、化工区等大型、复杂火灾的最有效工具。

十二、固定消防设施与移动消防设施的联用

（一）建筑类火灾的联用

高层建筑发生火灾，消防车现有装备无法达到扑灭火点时，应采取内部进攻的方式进行灭火战斗。灭火战斗人员应穿戴个人防护装备，着空气呼吸器，携带照明器具及其辅助设备进入着火层利用室内消火栓连接消防水带、水枪进行火灾的扑救。这时如果水压不足，则应利用消防供水车连接消防水泵接合器增压或在一定层数利用手抬式机动泵来实现增压，以满足前方灭火战斗的需要。

（二）罐区油类化工火灾的联用

油类、化工类装置发生泄漏、燃烧等事故时，除了利用消防车自身设备冷区保护扑灭火源之外，还可以利用罐区自身的固定消防设施。利用罐区周围的室外消火栓铺设水带干线和布利斯、克鲁斯等消防炮连接以达到冷却保护和灭火的目的，做到炮进人出。这样做可大大减少前方阵地的人数，降低人员伤亡故事的发生。利用水喷淋系统、泡沫产生器与消防车相连接以达到自身的冷却保护和控制消灭火灾的效能。

第四节　特种装备器材的使用方法及受限条件

一、消防坦克

（一）概述

消防坦克是在坦克底盘上改装而成，既具有坦克的大功率、高防护、强通过性等特点，又具有水、泡沫灭火，以及推铲、清障、破拆、车内外无线通信联络和火场照明等多种消防作业功能的新型特种消防装备。

（二）原理及功能特点

消防坦克具有以下性能特点：

（1）防爆性能：车体为军用坦克的车体，用特种装甲钢板制成，内置油箱，车仓窗口为 25 mm 防爆玻璃，外设启闭式防护钢板，可有效防止爆炸、撞击、轧压对消防人员和车辆本身造成的损害。

（2）防火隔热性能：采用耐高温挂胶履带，既避免了普通消防车汽车轮胎怕火、怕高温的缺陷，又确保了消防坦克在城市道路上任意行驶而不破坏路面。车夹板外侧刷防火

涂料，内侧有隔热层，车首、车顶、履带上方有自动喷淋降温系统，有效阻挡了热辐射。防火隔热性能确保了消防坦克可以穿越火场，寻找最佳灭火点，实现近距离灭火。

（3）清障性能：选用的发动机马力大，前置液压清障铲推铲能力强，还能为其他车辆开辟抢险救援通道。

（4）通过性能：翻越障碍物、跨越壕沟能力强，爬坡角度大。

（三）技术性能参数

消防坦克的主要技术性能指标见表5-20。

表5-20 消防坦克的主要技术性能指标

项	目	性 能
	外廓尺寸/(mm×mm×mm)	7950×3430×2640
质量	整备质量/kg	32000
	满载质量/kg	36000
行驶性能	车底离地间隙/mm	425
	接近角/(°)	23
	离去角/(°)	27
	最小转弯半径/m	3.5
	最高车速/(km·h^{-1})	50
通过性能	最大爬坡度/(°)	28
	最大过壕沟宽度/m	2
发动机	型号	12150LV
	最大功率/kW	382
	最大功率转速/(r·min^{-1})	2000
消防泵	型号	美国KSP1000
	输入转速/(r·min^{-1})	2202×(1±5%)
	功率/kW	97
	常压(1.0MPa)/(L·s^{-1})	65
	最大流量(1.0MPa)/(L·s^{-1})	68
消防炮	型号	美国大力3578/3626
	流量/压力(1.0MPa)/(L·s^{-1})	50
	射程/m	≥60
	俯仰角/(°)	−36~+90
	水平旋转角/(°)	左右各90
	发泡倍数	>5
	25%析水时间/min	≥2.5

表 5-20（续）

项　目		性　能
消防炮	混合流量/(L·s^{-1})	48
	混合比例/%	6~7
其他参数	乘员数/人	2
	过渡水箱容积/L	1800
	泡沫罐容积/L	2100
清障铲最大推铲质量/kg		≥15000
无线对讲系统有效通信距离/m		≥1000
火场照明	防水直流电控照明灯/W	2×350
有毒气体探测	AG107	16 种可燃和有毒气体
温度探测	LU-901/℃	-200~+900

（四）受限条件

消防坦克主要用于普通消防车辆不能通过的复杂环境地带，或油库、危险化学品仓库等易燃易爆区发生火灾后的灾害现场。它能迅速接近或穿越火场，可实现近距离喷射灭火。

（五）使用方法

1. 消防泵及消防水/泡沫炮的操作使用

1) 出水工况

接通"电控阀"热保护开关；启动发动机，将增速箱工作挡位置于"水泵位"；将转速调整到1200 r/min左右，观察仪表板上的"水泵压力指示器"的压力是否指示到1.0~1.2 MPa；若压力符合上述要求，即可将仪表板上的"出水/放水"开关置于出水位，此时控制出水的阀门自动打开。当出水阀门打开时，仪表板上的喷（出）水指示灯燃亮，表示出水阀门已打开，此时高压水柱即从炮口喷出。

2) 出泡沫工况

当完成出水工况时，将仪表板上的"出泡沫/放泡沫"开关置于出泡沫位，此时控制泡沫的阀门自动打开。当阀门打开时，仪表板上的喷（出）泡沫指示灯燃亮，此时混合发泡后的高压泡沫即从炮口喷出。

3) 消防水/泡沫炮的操作

水/泡沫炮的操作开关分为两组，一组由驾驶员操纵，一组由车长操纵。车长的水/泡沫炮的操作开关具有超越功能，即当驾驶员正在操纵水/泡沫炮时，车长能自动切断驾驶员的操作，直至将水/泡沫炮调整到适当的方位角度。

2. 喷淋系统的操作使用

1) 启动喷淋系统的操作

将"喷淋系统"热保护开关接通；将"喷淋/喷淋放水"开关置于"喷淋"位，然后再将"喷淋/喷淋放水"开关置回中位，1~2 s后"喷淋"指示灯燃亮，同时水从喷头喷出。

2）关闭喷淋系统的操作

将"喷淋系统"热保护开关断开，1~2 s后再重新接通；1~2 s后"喷淋"指示灯熄灭，同时喷头将停止喷水。

3. 火场照明灯的操作使用

在炮塔顶部装有两具350 W的火场照明灯，当需要使用时，将仪表板上的火场照明热保护开关扳至接通位置，则两只350 W的火场照明灯同时燃亮。若所照射方向不能满足要求，可使用仪表板上的火场照明灯操作开关对照明方向进行调整，直至满足要求为止。另外，车长的火场照明灯操作开关具有超越功能，即当驾驶员正在操纵火场照明灯时，车长能自动切断驾驶员的操作，直至将火场照明灯调整到适当的方向。

4. 通信系统的操作使用

1）车通的使用

在开启电源之前，应按标牌指示检查电缆的连接是否正确可靠。将1号盒、2号盒工作种类开关置"车通"位，调节音量旋钮至适当位置，使任一乘员发出呼叫声时都有适当的音量，此时即可进行车内通话。用车载电台对外进行无线电联络和用报警器对外喊话：乘员将1号盒或2号盒工作种类开关置"电台"（或报警器）位，这时两名乘员可分别使用车载电台对外进行无线电联络（或用报警器对外喊话）而互不干扰。

2）车载无线电台的使用

将频道设置在所需的频道上。将1号盒或2号盒工作种类开关置"电台"位。将胸前开关PTT开关拨到"发"位，车载电台"tx"指示灯亮而不闪亮，此时即可通过电台对外"发话"。将胸前开关PTT开关拨到"收"位，即可通过电台收听对方的话音，在收到对方话音时"tx"指示灯闪亮。

3）警报器的使用

通过报警器面板上的"▲"和"▼"按钮选择报警声类型，所选的报警声类型通过报警器的数码显示器以数字形式显示出来（69报警音为数字3），相应的报警音会通过扬声器发出。如想禁止报警音，则选择"0"即可。通过报警器对外喊话：将1号盒或2号盒工作种类开关置"报警器"位。将胸前开关PTT开关拨到"发"位，即可通过报警器对外喊话。

5. 液压系统使用操作

1）启动液压泵，打开闭锁销

将发动机处于怠速状态，踩下离合器踏板（采用两脚离合）将换挡器的换挡杆从空挡位置推到液压泵工作挡位，然后缓慢地松开离合器踏板，液压泵工作时发动机的转速范围为800~1800 r/min。从仪表板上按下开锁按钮，锁销缸工作，锁销从支座耳中拔出，清障铲解脱，清障铲处于升降待命状态。在拔销过程中，换向阀3DT电磁铁工作，仪表板相应指示灯亮。

2）清障铲升降

驾驶员右手拇指按下右操纵杆上的按钮，清障铲下降，松开按钮即停，此时换向阀 2DT 电磁铁工作，仪表板相应的指示灯亮。驾驶员左手拇指按下左操纵杆上按钮，清障铲上升，松开停止，换向阀 1DT 电磁铁工作，仪表板上相应的指示灯亮。

3）关闭闭锁销

将清障铲提升至上限位，从仪表上按下闭锁按钮，闭锁销将清障铲钩和支座耳锁在一起。清障铲处于破拆、行军状态，换向阀 4DT 电磁铁工作，仪表板上相应的指示灯亮。然后停止液压泵工作。

4）清障铲的使用

清障铲是全液电操纵方式，通过操纵驾驶员左右操纵杆顶端的电控制开关，可实现对清障铲任意工作角度的操纵。驾驶员左操纵杆控制按钮控制的是清障铲的向下运动，驾驶员右操纵杆控制按钮控制的是清障铲的向上运动。驾驶员操纵右仪表上的"解锁"按钮，可实现对清障铲的机械解脱。驾驶员操纵右仪表上的"闭锁"按钮，可实现对清障铲的机械锁固。将清障铲收至上限位置，闭锁锁闭销。清障铲正对障碍物，车辆以一挡速度对障碍物撞击，实现破拆功能；将清障铲下降至最低点，车辆以一挡速度行驶进行清障。

（六）维修保养及注意事项

1. 消防坦克底盘部分的维护保养

参照坦克车底盘的维护保养手册的规定进行维护保养。

2. 消防泵的维护保养

（1）水泵盘根的保护：大力独特的盘根保护允许小于 60 滴/min 的泄漏；当大于 60 滴/min 的泄漏时，只要上紧盘根即可。当盘根需要添加时，只能添加大力专用盘根填料。

注意：水泵的小于 60 滴/min 的泄漏是用来冷却水泵轴和盘根的，一定要让其有泄漏。

（2）水泵变速箱：每 25 h 检查一次水泵变速箱油位。当低油位时，加油至规定油位，要每 50 h 或每半年更换一次水泵变速箱油。切记不可多加油。

变速箱油规格：80 W/90 齿轮油。当没有此型号的齿轮油时，可加进口的重载卡车变速箱油。

3. 消防水/泡沫炮的维护保养

（1）消防水/泡沫炮应在使用压力范围内使用。

（2）定期检查消防水/泡沫炮的完好性和操作灵活性，发现紧固件松动，应及时紧固。

（3）每次使用后，应用净水冲净，并放空存水，以免冬季冻坏消防水/泡沫炮。

（4）消防水/泡沫炮转动部位应定期加注润滑脂。

（5）平时宜采用可快速脱卸的防雨罩将消防水/泡沫炮罩好。

4. 取力系统的维护保养

（1）传动箱、变速箱正常工作时油温不得超过 150 ℃。

（2）增速箱正常工作时油温应小于 90 ℃，润滑油经过渡水箱的蛇行管冷却后流回增速箱，使油温降低。为保证增速箱润滑油的冷却效果，过渡水箱的水位应至少保持 1/2 液面以上。

5. 液压系统的维护保养

（1）液压系统工作 200 h 后，更换液压油，选择 N46HM 抗磨液压油，工作温度小于 80 ℃。

（2）回油滤超压报警灯亮时，清理回油滤。

（3）液压缸铰接处加注 2 号钙基润滑油。

二、消防飞机

（一）概述

消防飞机是将飞机进行改装，搭载侦检设备、灭火装备和救援设施等，实现消防侦察、火灾扑救和人员救援的一种特种消防装备。它主要由飞机和消防作业装备（侦察、救援、灭火等）组成。

（二）原理及功能特点

消防飞机按其飞行原理可分为直升机和固定翼飞机两大类。其中，直升机具有垂直起降、空中悬停、低空低速飞行、机动灵活等独特性能，固定翼消防飞机具备飞行速度快、航程远、载重量大等特点。

1. 消防直升机

消防直升机一般是利用已有成熟的军用或民用直升机改装而成。它主要配备灭火和救援两大类装备，完成消防灭火与抢险救援等任务。

灭火装备主要有吊桶、悬挂灭火系统和外挂固定灭火系统等。利用吊桶自动从河流、湖泊取水后，飞行到火源上空将水释放达到灭火目的，其容量为 500~1800 L；悬挂灭火系统与吊桶相似，具有简单、可靠、安装方便、无须特别维护等特点。

救援装备主要有飞机吊篮、提升装置等。可作为紧急营救平台帮助受灾人员尽快撤离洪水等水灾、城市火灾、林野火灾以及高低不平的山区等区域。

对于飞机不能着陆的情况，采用提升装置。直升机悬停在空中，提升装置（卷扬机的一种）前端系着的吊钩，将绳索伸长，使救生员及救援用担架放下实施救助行动。

2. 固定翼消防飞机

固定翼消防飞机一般是由运输机、轰炸机、反潜机、农用机等机型改装而成，主要用于森林、草原等野外火灾扑救。

（三）技术性能参数

SH-5 消防飞机的相关参数见表 5-21。

表 5-21　CL-215 消防飞机和 SH-5 消防飞机的相关参数

项　目	性　能
翼展/m	36
机长/m	38.9
机高/m	9.8
最大起飞重量/kg	45000
标准飞机空重/kg	36000
有效载重/kg	82000
发动机型号	4×WJ-5 涡桨发动机
最大巡航速度/(km·h^{-1})	556
内部油箱容量/kg	95000
实用升限/m	10250
最大航程/km	4900
掠水滑行取水时间/s	15

（四）受限条件

消防飞机主要用于高层建筑火灾救援灭火，林火的侦察、灭火，海上搜索、救护、打捞以及人员与装备的运输等。

（五）螺旋桨式消防飞机的使用方法

1. 起落基地

螺旋桨式消防飞机必须有落用基地，基地的规格必须满足飞机起飞和着陆距离。

2. 汲水过程

水陆两用型消防飞机在水面上汲水时，对水面开阔度、最低水下深度都有一定要求。如 CL-215 型消防飞机，以 111 km/h 的速度在海平面上汲水时，从 15 m 高度处下滑着水—汲水—上升到 15 m 高度所需水平距离为 1200 m，水上滑行汲水距离需 564 m，水源最小安全深度为 1.4 m。CL-215 汲水过程约需 10 s。

3. 投水

消防飞机灭火效果如何，主要在于它能否把水准确地投射到火场。为此，飞行员把握投射时的低航速，机动性及空间高能见度都极为重要。CL-215 型消防飞机通常在航速 175~240 km/h 之间进行投水。投水时飞机通常在森林上空 30 m 处，散水密度约 1.0 L/m^2。

4. 正确把握投水间隙

消防飞机向火场投水后，虽会使火势减弱，但一次投水往往不能将火灾完全扑灭，随时间推移，投入的水量会被大火的热量所耗掉。因此，必须把握两次连续投水的间隙时间。一般扑救森林火灾时，必须在每隔 12~15 min 对同一地区投一次水。所以，驾驶员必须就近选择合适的水源往返吸水灭火。

三、消防船(艇)

(一) 消防船

1. 概述

消防船是指吨位在100 t以上、用于扑救船舶或沿岸建筑物火灾以及水上救援、照明、通信、防化等消防作业的装备。目前消防船种类繁多,按用途可分为海上消防船、沿海消防船、港口消防船等。

2. 原理及功能特点

消防船吨位较大,具备较强的机动性能、强大的拖动能力、良好的抗沉性,一般配有多种灭火剂、专门的消防系统,能够扑灭船舱内的A类、B类、C类火灾,同时配备相应的登轮施救设备,用于登船救援。

3. 技术性能参数

消防船的主要技术性能参数见表5-22。

表5-22 消防船的主要技术性能参数

项 目	性 能	
	珠江号	沪消一号
总长/m	39.00	43.73
型宽/m	8.8	9.61
型深/m	3.8	4.5
排水量/kg	337000	624000
最大航速/(km·h^{-1})	31.48	28.58
续航力/km	370	1333
船员人数/人	30	35
主机功率/kW	3280	3357
泡沫液/kg	20000	30000
消防炮/门	4,最大射程150 m	5,最大射程120 m

4. 受限条件

消防船主要适用于海上船舶火灾,港口或沿岸建筑物火灾,水上船舶遇险等场合。

5. 消防炮使用方法

(1) 启动供水、供液、供粉设备,开启相应的管路阀门。

(2) 调节消防炮射流的水平角度、俯仰角度及直流/喷雾状态,进行灭火作业。

(3) 灭火作业结束后,应冲洗消防炮内流道,冲洗后应将系统阀门恢复至使用前的启闭状态。

(4) 若使用电控、电-液控、电-气控消防炮,应通过操作面板控制消防炮回转角度。

(5) 使用电控、电-液控、电-气控消防炮时,当电气设备失灵时,可以通过手动装置对消防炮进行操作。

6. 供水方法

1) 离岸供水

在火场范围超过 2 km 没有码头的情况下,应优先采取离岸供水。但在离岸供水的过程中,需要注意的是周边的环境,如水流、风向、水域流态和水深等诸多因素都会影响离岸供水,铺设供水线路时必须考虑到水的流速对消防水带的冲击作用和船体冲击摆动因素,水流速度超过 3 m/s 一般无法完成供水,同时如果在岸边没有水带干线的支撑物或者固定物,由于在供水过程中,后坐力等影响,船体容易发生摆动,造成水带的拉扯,导致接口脱落,干线将难以铺设。因此消防船采取离岸供水的形式供水时,必须因当时条件而定,并做好水带的固定。采取离岸供水时,比较适宜向岸边消防车供水,由岸边消防车再行向主战车进行接力供水或者运水供水。

2) 靠岸供水

考虑到消防船远程供水能力较强,且在离岸供水时受限较大,一般在距离火场 2 km 范围内有码头都应该优先考虑靠岸停航,利用船上消火栓铺设水带出水,在出水的过程中,船体稳定,水带稳定,可同时供水线路多。在靠岸供水时,既可以给主战消防车直接供水,也可以向岸边供水消防车进行供水或向运水供水消防车供水。

(二) 消防艇

1. 概述

消防艇是指吨位在 100 t 以下、用于扑救船舶或沿岸建筑物火灾以及水上救援、照明、通信、防化等消防作业的装备。目前消防艇种类繁多,按用途可分为内河消防艇、消防指挥艇、消防运输艇等。

2. 原理及功能特点

消防艇吨位较消防船小,具有优良的机动性能、足够的稳定性、一定的拖动能力。

3. 技术性能参数

15 t 内河消防艇的相关参数见表 5-23。

表 5-23 内河消防艇的相关参数

项 目	性 能
发动机	2 台 6110 型高速柴油机
发动机功率/kW	2×106
额定转速/(r·min^{-1})	3000
额定供水量/(L·s^{-1})	70
单泵压力/MPa	≥1.1
甲板固定水枪数量/个	1

表 5-23（续）

项　目	性　能
水-泡沫两用消防炮型号	PP 32C
可脱卸式泡沫液贮罐数量/个	1
泡沫液容量/L	1500
消防出水口/mm	2×ϕ480
救难用吸水口/mm	2×ϕ100
高压消防出水口/mm	1×ϕ25
环泵式空气泡沫比例混合器（选配）/个	2

4. 受限条件

消防艇主要用于内河的船舶火灾、岸边港口火灾、船舶遇险救援等。

5. 泡沫水两用消防炮使用方法

（1）启动供水、供液设备，开启相应的管路阀门。

（2）调节消防炮射流的水平角度、俯仰角度及直流/喷雾状态，进行灭火作业。

（3）灭火作业结束后，应冲洗消防炮内流道，冲洗后应将系统阀门恢复至使用前的启闭状态。

（4）若使用电控、电-液控、电-气控消防炮，应通过操作面板控制消防炮回转角度。

（5）使用电控、电-液控、电-气控消防炮时，当电气设备失灵时，可以通过手动装置对消防炮进行操作。

第五节　应急救援前沿装备展望(消防机器人等)

消防机器人是由移动载体、控制装置、自保护装置和机载设备等系统组件组成的具有人工遥控、半自主或自主控制功能，可替代抢险救援人员从事特定消防作业的移动机器人。消防机器人根据机载设备的主体功能，可分为灭火机器人、排烟机器人、侦察机器人、反恐排爆机器人、洗消机器人、照明机器人、救援机器人等，此外，根据使用区域的不同，还有消防水下搜救机器人、飞行器机器人、水面灭火机器人等。

一、消防灭火机器人

（一）概述

消防灭火机器人（图 5-5）是指机载设备为消防炮的消防机器人。其由移动载体、消防炮、控制装置和自保护装置等系统组件组成，可替代消防人员进入灾害现场进行灭火喷射或冷却保护，也可对灾害事故中泄漏的有毒有害物质进行洗消和稀释。

图 5-5 消防灭火机器人

（二）原理及功能特点

消防灭火机器人在操作人员遥控操作下进入灾害现场就位后，由消防车供水进行各种消防作业。喷射时，操作人员可以通过无线遥控操作消防炮的上下俯仰、左右回转、直流喷雾等动作，还可操作机器人作小范围的位置调整。消防灭火机器人的使用可使抢险救援人员远离危险源进行各种消防作业，从而避免重大伤亡事故的发生。其具有以下特点：

（1）移动载体具有良好的环境适应性（爬坡、转弯半径、越障）。
（2）具有冷却等自保护功能。
（3）能在水淋等恶劣环境中工作。
（4）能有效进行灭火、冷却、化学稀释和洗消等作业。
（5）能够远距离控制等。

（三）技术性能参数

消防灭火机器人的主要技术性能参数见表 5-24。

表 5-24 消防灭火机器人的主要技术性能参数

项　目		性　能
无线控制有效距离/m		≥150
行走速度/(km·h^{-1})		≥3.6
爬越坡度/(°)		30
最大跨越垂直物高度/mm		≥250
消防炮最大工作压力/MPa		1.0
消防炮额定工作压力/MPa		0.8
消防炮喷射流量/(L·s^{-1})	水	50±4
	泡沫	48±4
消防炮喷射射程/m	水	≥65
	泡沫	≥62
消防炮姿态角/(°)	水平	−90~+90
	俯仰	−10~+60
消防炮喷雾角/(°)		≥90

(四) 适用范围

消防灭火机器人广泛适用于石油化工、油罐区、大型仓库、建筑物等高温、浓烟、强热辐射、易坍塌等消防车辆及人员无法靠近的危险场所进行灭火、冷却及化学污染场所洗消等消防作业，避免灾害现场抢险救援人员的伤亡。

(五) 使用方法

消防灭火机器人可用专用运载车运至灾害现场后，由操作人员遥控使其开下运载车；连接上水带后向目标靠近；就位后，由后场消防车供水向目标喷射。喷射时，操作人员可以通过无线遥控器操作机器人上消防炮的上下俯仰、左右回转、直流喷雾等动作，还可操作机器人本体作小范围的位置调整。

(六) 维护保养及注意事项

1. 行驶前的准备工作

(1) 检查燃油、润滑油、液压油、冷却水是否按产品说明书的要求加注。

(2) 检查系统管路有无漏水、漏油及松脱现象。

(3) 检查蓄电池电量是否充足。

(4) 检查各控制开关位置是否正确。

2. 注意事项

(1) 机器人宜停放在室内，停放场所应保持整洁、干燥。

(2) 定期检查电路连接是否可靠，接触良好，保持蓄电池电量充足。

(3) 定期检查机器人的转向、制动、消防炮执行机构等各工况是否正常。

(4) 机器人使用完毕应排尽管路中的剩水。

(5) 寒冷季节不使用机器人时，宜排尽水箱内的水，或在水箱中加注防冻液。

(6) 保养工作不允许在非安全的情况下进行。

(7) 应指定专人进行机器人的保养工作。

(8) 保养时应穿着工作服，某些工作（如液压系统、电池等）需佩戴防护眼镜。

(9) 一般情况下，关闭发动机后进行保养工作。

(10) 严禁用易燃液体清洁机器人。

(11) 修理电器部件时必须关闭电源总开关。

二、消防排烟机器人

(一) 概述

消防排烟机器人（图 5-6）是指机载设备为专用喷雾排烟装置的消防机器人。其由移动载体、专用喷雾排烟装置、控制装置和自保护装置等系统组件组成。

(二) 原理及功能特点

消防排烟机器人在操作人员遥控操作下进入灾害现场就位后，由消防车供水进行各种消防作业。消防排烟机器人工作时，操作人员可以通过无线遥控操作机器人专用喷雾排烟

图 5-6 消防排烟机器人

装置的上下俯仰、增压水泵启闭等动作，还可操作机器人作小范围的位置调整。在救灾现场使用消防排烟机器人，不仅可以切实解决灾害现场热烟排不出、散热缓慢等问题，提高消防队伍灭火、救援及化学灾害事故处置的战斗力，还可避免抢险救援人员的伤亡。其具有以下特点：

(1) 移动载体具有良好的环境适应性（爬坡、转弯半径、越障）。

(2) 能在水淋等恶劣环境中工作。

(3) 能执行正压送风、排烟、水雾灭火和冷却、除尘、针对危险目标的进攻与掩护等消防作业。

(4) 能远距离遥控等。

（三）技术性能参数

消防排烟机器人的主要技术性能指标见表 5-25。

表 5-25 消防排烟机器人的主要技术性能指标

项　　目	性　　能
行走机构形式	履带式
机器人外形尺寸/(mm×mm×mm)	2400×1350×2100
总质量/kg	1900
发动机/kW	78
传动形式	液压
无线遥控有效距离/m	≥150
行走速度/(km·h^{-1})	0~5.0
转弯性能	原地转弯
爬坡度数/(°)	30
专用喷雾排烟装置额定转速/(r·min^{-1})	2000
专用喷雾排烟装置最大排烟量/(m^3·h^{-1})	90000

表 5-25（续）

项 目		性 能
专用喷雾排烟装置全风压/Pa		1000
专用喷雾排烟装置内喷头数量/个		180
专用喷雾排烟装置姿态角	起始/(°)	0
	俯仰/(°)	31
专用喷雾排烟装置最大送风距离/m		60
持续工作时间/h		2.5
水带接口		DN80 卡式接口×1
额定供水压力/MPa		0.8
额定供水流量/(L·min^{-1})		420

（四）适用范围

消防排烟机器人广泛适用于公（铁）路隧道、地铁车站与隧道、地下设施与货场、大跨度大空间、石化油库与炼油厂以及大面积毒气与烟雾事故等消防车辆及人员无法靠近的灾害现场进行正压送风、排烟、水雾灭火和冷却、除尘、针对危险目标的进攻与掩护等消防作业。

（五）使用方法

消防排烟机器人可用专用运载车运至灾害现场后，由操作人员遥控使其开下运载车；连接上水带后向目标靠近；就位后，遥控启动专用喷雾排烟装置，执行向目标进行正压送风作业。需要进行水雾灭火或冷却作业时，由后场消防车向消防排烟机器人供水后，遥控启动增压水泵，通过喷雾排烟装置向目标喷射。作业时，操作人员可以遥控操作专用喷雾排烟装置的上下俯仰等动作，还可遥控操作消防排烟机器人作小范围的位置调整。

（六）维护保养及注意事项

1. 行驶前的准备工作

（1）检查燃油、润滑油、液压油是否按产品说明书的要求加注。

（2）检查系统管路有无漏水、漏油及松脱现象。

（3）检查蓄电池电量是否充足。

（4）检查各控制开关位置是否正确。

2. 注意事项

（1）机器人宜停放在室内，停放场所应保持整洁、干燥。

（2）定期检查电路连接是否可靠，接触良好，保持蓄电池电力充足。

（3）定期检查机器人的转向、制动、专用喷雾排烟装置等各工况是否正常。

（4）机器人使用完毕应排尽管路中的剩水。

（5）保养工作不允许在非安全的情况下进行。

（6）应指定专人进行机器人的保养工作。
（7）保养时应穿着工作服，某些工作（如液压系统、电池等）需佩戴防护眼镜。
（8）一般情况下，关闭发动机后进行保养工作。
（9）严禁用易燃液体清洁机器人。
（10）修理电器部件时必须关闭电源总开关。

三、消防侦察机器人

（一）概述

消防侦察机器人（图5-7）是指机载设备为侦检仪器的防爆型消防机器人。其由移动载体、侦检装置（如气体、环境、视频、音频等各种信息）、控制装置、和自保护装置（含防爆装置）等系统组件组成，可用于现场探测、侦察，并将采集到的信息进行实时处理和无线传输到后方指挥平台。

图5-7 消防侦察机器人

（二）原理及功能特点

消防侦察机器人系统由消防侦察机器人本体与后方指挥平台两部分组成。消防侦察机器人本体包括关节-轮式移动载体、防爆装置、多通道无线通信装置、气体侦检装置、音视频探测装置、各种任务传感器等。其功能特点如下：

（1）移动载体具有良好的环境适应性（爬坡、转弯半径、越障）。
（2）具有防爆特征。
（3）能探测现场环境、气体、音视频等各种参数信息。
（4）能在紧急情况下自动按原路径返回。
（5）具有多通道互为冗余的无线通信系统。
（6）能够远距离控制。

（三）技术性能参数

消防侦察机器人的主要技术性能指标见表5-26。

表 5-26　消防侦察机器人的主要技术性能指标

项　目	性　能
防爆等级	Expxdemib Ⅱ BT4
供电电源/V	DC24
质量/kg	400
外形尺寸/(mm×mm×mm)	1600×760×1630
行走机构型式	关节-轮式
行走速度/(km·h^{-1})	3.6
传感器	气体、距离、温度、辐射热、速度、倾斜、角度、GPS、防爆型红外摄像机、定焦摄像头 2 台
遥控距离/m	后方指挥平台远距离遥控，控制距离大于或等于 500 手持式遥控器近距离遥控，控制距离大于或等于 150 手持式遥控器有线控制，控制距离大于或等于 5
辅助决策专家系统	个人防护，防毒，化学预处理等辅助决策信息

（四）适用范围

消防侦察机器人能替代抢险救援人员遥控进入易燃易爆、有毒有害、易坍塌建筑物、大型仓库堆垛、缺氧、浓烟等室内外危险灾害现场，进行现场探测、侦察，并可将采集到的信息（数据、图像、语音）进行实时处理和无线传输。有效地解决了抢险救援人员在上述场所面临的人身安全、持续侦察时间短、数据采集量不足和不能实时反馈信息等问题。

（五）使用方法

消防侦察机器人可用专用运载车运至灾害现场后，由操作人员遥控使其开下运载车，进入灾害现场；进行现场探测、侦察，并将采集到的信息（数据、图像、语音）进行实时处理后无线传输至后方指挥平台。

（六）维护保养及注意事项

1. 注意事项

（1）消防侦察机器人严禁在危险区域开盖、维修。

（2）机器人在断电后或再次启动前，需对机器人腔体内用保护气体进行换气及冲刷。

2. 保养

（1）经常检查机器人的电源电压，如电压下降超过 10%，则需及时充电。

（2）经常检查手持式遥控器的电池电量，如有遥控距离变短或遥控器电源指示灯显示为红色，则需及时更换电池。

（3）摆轮和驱动轮的润滑处应按产品说明书规定的要求加注润滑油。

（4）摆杆的链条应按产品说明书规定的要求调整。

（5）驱动轮的橡胶有严重剥落或损坏必须更换。

（6）经常检查机械连接部分是否损坏或者松动，如有，则应及时更换或者紧固。

（7）经常检查互为冗余的无线通信系统的通信可靠性。

（8）应按产品说明书规定的要求对需要定期标定的传感器进行标定。

四、消防救援机器人

（一）概述

消防救援机器人是指机载设备为机械手或救援拖斗的消防机器人。其由移动载体、机械手（或救援拖斗等）、控制装置和自保护装置等系统组件组成。

（二）原理及功能特点

消防救援机器人系统由消防救援机器人本体与后方指挥平台两部分组成。消防救援机器人本体包括移动载体、机械臂、拖斗、清障铲等。在救灾现场使用消防救援机器人，不仅可以提高消防队伍灭火、救援及化学灾害事故处置的战斗力，还可避免抢险救援人员的伤亡。其具有以下特点：

（1）移动载体具有良好的环境适应性（爬坡、转弯半径、越障）。

（2）能执行多种危险灾害现场的抢险救援任务。

（3）具有多通道互为冗余的无线通信系统。

（4）能够远距离控制。

（三）技术性能参数

消防救援机器人的主要技术性能指标见表5-27。

表5-27　消防救援机器人的主要技术性能指标

项　目	性　能
无线遥控距离/m	≥150
探测常见有毒气体种类	CO、H_2S 等
探测可燃气体浓度/%	0~100
机械臂负载/kg	≥70
现场图像信号	实时无线传输
现场有毒气体浓度	实时无线传输
现场温度及热辐射数据	实时无线传输
爬坡能力/(°)	≥15
最低持续工作时间/h	≥1（≤50 ℃时）
最大行驶速度/(km·h^{-1})	≥3.6
转弯性能	原地转弯
辅助决策专家系统	个人防护、防毒、化学预处理等辅助决策信息

（四）适用范围

消防救援机器人能替代抢险救援人员进入具有可燃物、有毒有害化学物品泄漏、化学腐蚀性、生物毒性、浓烟、缺氧、易坍塌等灾害现场，进行危险物品的搬运、障碍物的清除、遇难人员的救援等工作。

（五）使用方法

消防救援机器人可用专用运载车运至灾害现场后，由操作人员遥控使其驶下运载车，进入灾害现场；执行现场环境参数的探测、危险物品的搬运、障碍物的清除、遇难人员的救援等多种抢险救援任务。

（六）维护保养及注意事项

1. 行驶前的准备工作

（1）检查燃油、润滑油、液压油、冷却水是否按产品说明书的要求加注。

（2）检查系统管路有无漏水、漏油及松脱现象。

（3）检查蓄电池电量是否充足。

（4）检查各控制开关位置是否正确。

2. 注意事项

（1）机器人宜停放在室内，停放场所应保持整洁、干燥。

（2）定期检查电路连接是否可靠，接触良好，保持蓄电池电量充足。

（3）定期检查机器人的转向、制动、机械手执行机构等各工况是否正常。

（4）寒冷季节不使用机器人时，宜排尽水箱内的水，或在水箱中加注防冻液。

（5）保养工作不允许在非安全的情况下进行。

（6）应指定专人进行机器人的保养工作。

（7）保养时应穿着工作服，某些工作（如液压系统、电池等）需佩戴防护眼镜。

（8）一般情况下，关闭发动机后进行保养工作。

（9）严禁用易燃液体清洁机器人。

（10）修理电器部件时必须关闭电源总开关。

五、反恐排爆机器人

图 5-8　反恐排爆机器人

（一）概述

反恐排爆机器人（图 5-8）是指机载设备为机械手，专门用于搜索、探测、处置各种爆炸危险品的机器人。其由移动载体、机械手、控制装置、视频观察装置等系统组件组成。

（二）原理及功能特点

反恐排爆机器人由反恐排爆机器人本体与后方指挥平台两部分组成。反恐排爆机器人本体包括移动载体、机械手、多通道无线通信装置、各种任务传感器等。其具有以下特点：

(1) 移动载体具有良好的环境适应性（爬坡、转弯半径、越障）。
(2) 排爆机械手可执行抓取的可疑爆炸物等作业。
(3) 具有多通道互为冗余的有线/无线通信系统。
(4) 能够远距离遥控。

(三) 技术性能参数

反恐排爆机器人的主要技术性能指标见表 5-28。

表 5-28　反恐排爆机器人的主要技术性能指标

项目		性能
移动载体	最大行驶速度/(km·h^{-1})	≥3.6
	爬坡能力/(°)	≥30
	转弯性能	原地转弯
	越障/mm	180
	跨越壕沟/mm	300
机械手	自由度	>4
	抓重/kg	>10（小型）；>30（大型）
现场图像信号		实时无线传输
工作温度/℃		-30~50

(四) 适用范围

反恐排爆机器人主要用于代替抢险救援人员在无法直接到达或不适宜停留的有爆炸物、危险物存在的事故突发现场进行排除危险物的工作。

(五) 使用方法

反恐排爆机器人可用专用运载车运至有疑似爆炸物的现场后，由操作人员遥控使其驶下运载车，进入灾害现场；执行搜索、探测、处置各种爆炸危险品等作业。

(六) 维护保养及注意事项

1. 注意事项

(1) 机器人严禁在危险区域开盖、维修。
(2) 机器人停止使用后，须及时关闭电源。

2. 保养

(1) 机器人宜停放在室内，停放场所应保持整洁、干燥。
(2) 定期检查电路连接是否可靠，接触良好，保持蓄电池电量充足。
(3) 使用柴油机动力的机器人应按柴油机的使用说明书保养。
(4) 定期检查机器人的转向、制动、机械手执行机构等各工况是否正常。
(5) 保养工作不允许在非安全的情况下进行。
(6) 应指定专人进行机器人的保养工作。

(7) 严禁用易燃液体清洁机器人。

(8) 修理电器部件时必须关闭电源总开关。

六、消防水下搜救机器人

(一) 概述

消防水下搜救机器人（也称潜水救助机器人）是指在实际环境不适宜（如风浪、浓雾、水深等因素）救援人员潜水作业时，代替抢险救援人员进行水中侦察、救援等工作的机器人。其由水下机器人、脐带缆、水面支持系统等部分组成。

(二) 原理及功能特点

操作人员通过水面支持系统操作消防水下搜救机器人，水下机器人依靠多个推进器可以进行水平和垂直的水中移动，声呐系统可以帮助机器人在污浊的水中进行避障，通过机身上的摄像头可以观察水中的图像，也可装备一个机械手爪进行落水者的救助或物品的打捞等作业。

(三) 技术性能参数

消防水下搜救机器人的主要技术性能指标见表5-29。

表5-29 消防水下搜救机器人的主要技术性能指标

项 目	性 能
外形尺寸/(mm×mm×mm)	1000×500×250
质量/kg	30
巡航速度/(m·s^{-1})	2~3
推进器	≥3
脐带缆/m	≥50
最大下潜深度/m	≥50
机械手爪	可选配

(四) 适用范围

消防水下搜救机器人适用于江、河、湖、深水码头、发电站、大坝等区域，对落（溺）水人员、沉船、落水车辆和物品，以及军用码头、舰船底部、重大活动保卫场所临近水域的水下潜藏危险人员和可疑物等进行搜寻、定位、打捞、处置等作业。

(五) 使用方法

消防水下搜救机器人母船行驶至目标水域后，打开水下搜救机器人的电源，并将机器人放入水中。操作人员通过水面支持系统控制主机操作机器人运动，机器人通过自身携带的声呐装置和摄像机在水中搜索目标。找到目标后，还可通过水下机器人上配备的小型机械手对目标进行简单作业。

(六) 维护保养及注意事项

(1) 下水前，检查机器人的密闭性，发现漏水，禁止投入使用。

（2）机器人严禁在危险区域开盖、维修。

（3）机器人停止使用后，须及时关闭电源。

（4）定期检查电路连接是否可靠，接触良好，自带动力的应保持电池电量充足。

（5）定期检查机器人的转向、制动、机械手执行机构等各工况是否正常。

（6）应指定专人进行机器人的保养工作。

（7）严禁用易燃液体清洁机器人。

（8）修理电器部件时必须关闭电源总开关。

七、飞行器机器人

（一）概述

飞行器机器人是指可在空中飞行的各种机器人，可分为固定翼飞行器机器人和旋翼飞行器机器人两种。

（二）原理及功能特点

固定翼飞行器机器人可通过滑行、弹射、投掷等方式起飞，旋翼飞行器机器人可垂直起降或悬停。飞行器机器人具有便于携带，操作简单，安全性好的优点。

（三）技术性能参数

飞行器机器人的主要技术性能指标见表5-30。

表 5-30　飞行器机器人的主要技术性能指标

项　目	性　能
飞行高度/m	≥100
连续飞行时间/min	≥60
抗风能力/级	4
遥控及数传距离/m	≥500

（四）适用范围

配置有相应传感器的飞行器机器人可以广泛应用于危险评估、目标搜索、通信中继、大型仓库等建筑物内部情况侦察，环境监测、灾难幸存者、有毒气体或化学物质源的搜寻等消防作业。

（五）使用方法

飞行器机器人由专用运载车运送至灾害现场后，由操作人员展开，使其处于可飞行状态，并打开飞行器机器人上探测设备的电源。操作人员遥控飞行器机器人启动，按飞行器机器人的特定起飞方式起飞，使用远距离遥控或按设定路径飞行在目标上空执行各种消防作业。降落时，按相应飞行器机器人产品说明书的规定的降落方式降落。

（六）维护保养及注意事项

（1）操作过程中，严格遵守机器人的使用时间，禁止超时使用。

（2）机器人严禁在危险区域开盖、维修。

（3）机器人停止使用后，须及时关闭电源。

（4）定期检查电路连接是否可靠，接触良好，以电池作为动力的，应保持电池电量充足。

（5）定期检查机器人的执行机构各工况是否正常。

（6）应指定专人进行机器人的保养工作。

（7）严禁用易燃液体清洁机器人。

（8）修理电器部件时必须关闭电源总开关。

八、消防机器人专用辅助风机

（一）概述

消防机器人专用辅助风机（图5-9）是与消防机器人配套使用，辅助消防机器人进行排烟作业的专用装置。

图5-9 消防机器人专用辅助风机

（二）原理及特点

消防机器人专用辅助风机主要由排烟风叶、风筒、液压马达固定座、筋板、液压马达、防护罩、快速液压连接油管、运输固定架、底座、滚轮等组成。液压马达固定座位于风筒中央，四周通过筋板与风筒连接，液压马达安装在液压马达固定座上，其动力输出轴与排烟风机连接，快速液压连接油管连接在液压马达的油管接口处，防护罩安装在风筒两侧，运输固定架安装在风筒左侧的防护罩上，风筒整体位于底座上部，底座下部安装了滚轮。其具有以下特点：

（1）携带方便，平时可置于消防机器人专用运载车上。

（2）能够迅速投入战斗，专用辅助风机通过快速液压油接口，直接输入压力油即可工作。

(三) 技术性能参数

消防机器人专用辅助风机的主要技术性能指标见表 5-31。

表 5-31　消防机器人专用辅助风机的主要技术性能指标

项　目	性　能
排风风量/m³	40000
风机转速/(r·min⁻¹)	1500

(四) 适用范围

消防机器人专用辅助风机适用于易产生烟雾的灾害事故现场，辅助进行正压送风或排烟等消防作业。

(五) 使用方法

消防机器人专用辅助风机平时利用运输固定架固定于消防机器人专用运载车上，随机器人一起快速运抵灾害现场，卸车后，通过风机底部安装的滚轮可快速移动到作业地点。通过快速液压连接油管连接至消防机器人的辅助液压动力接口，工作时由消防机器人的液压泵供给动力，压力油驱动液压马达，带动风叶转动实现送风排烟作业。

(六) 维护保养及注意事项

(1) 消防机器人专用辅助风机平时应安放在消防机器人专用运载车上，确保固定安全可靠。

(2) 定期检查辅助风机的工作状况。

第六章

应急救援员国家职业技能鉴定操法规程

第一节　现场处置方案编制

一、考核目的

考察参考人员对现场处置方案的制作方法和要求的掌握情况。

二、场地器材

会议室、笔、纸、绘图工具。

三、考核程序

（1）参考人员在会议室按考核顺序坐好。
（2）听到"准备"口令，参考人员就座于考生席，由考评员抽取事故类型。
（3）听到"开始"口令，参考人员根据模拟事故情况制定相关的现场处置方案，完毕后参考人员举手示意。
（4）听到"笔试结束"口令，参考人员起立并上交方案。

四、考核要求

（1）方案的制作要科学合理。
（2）根据不同事故类型，针对具体的场所、装置或设施制定相应的应急处置措施，主要包括事故风险分析、应急工作职责、应急处置和注意事项等内容。

五、成绩评定

计时从"开始"至参考人员喊"制作完毕"时止，考核时限为 1 h。

六、评判标准

（1）考核成绩 80 分为合格，低于 80 分为不合格。

（2）应急处置措施不合理扣 5 分。

（3）以下内容每缺少一项扣 1 分：

① 事故风险分析：

（a）事故类型。

（b）事故发生的区域、地点或装置的名称。

（c）事故发生的可能时间、事故的危害严重程度及其影响范围。

（d）事故发生前可能出现的征兆。

（e）事故可能引发的次生、衍生事故。

② 应急工作职责：根据现场工作岗位、组织形式及人员构成，明确各岗位人员的应急工作分工和职责。

③ 应急处置：

（a）事故应急处置程序。根据可能发生的事故及现场情况，明确事故报警、各项应急措施启动、应急救护人员的引导、事故扩大及同生产经营单位应急预案的衔接的程序。

（b）现场应急处置措施。针对可能发生的火灾、爆炸、危险化学品泄漏等，从人员救护、工艺操作、事故控制、救援、现场恢复等方面制定明确的应急处置措施。

（c）明确报警负责人以及报警电话及上级管理部门、相关应急救援单位联络方式和联系人员，事故报告基本要求和内容。

④ 注意事项：

（a）佩戴个人防护器具方面的注意事项。

（b）使用抢险救援器材方面的注意事项。

（c）采取救援对策或措施方面的注意事项。

（d）现场自救和互救的注意事项。

（e）现场应急处置能力确认和人员安全防护等的注意事项。

（f）应急救援结束后的注意事项。

（g）其他需要特别警示的事项。

第二节　培训方案编制

一、考核目的

考察参考人员对培训方案的制作方法和要求的掌握情况。

二、场地器材

会议室、笔、纸、绘图工具。

三、考核程序

（1）参考人员在会议室按考核顺序坐好。
（2）听到"准备"口令，参考人员就座于考生席，由考评员抽取编制培训方案的类型。
（3）听到"开始"口令，参考人员根据抽取的培训方案类型情况制定相应的培训方案，完毕后参考人员举手示意。
（4）听到"笔试结束"口令，参考人员起立并上交方案。

四、考核要求

（1）方案的编制要科学合理。
（2）根据不同培训类型，针对具体的培训需求、培训对象、培训目标，制定相应的培训方案，主要包括培训需求分析、培训目标确定、培训内容选择、培训讲师确定、培训对象确定、培训日期选择、培训方法选择、培训场所和设备选择、培训效果评价方法确定等内容。

五、成绩评定

计时从"开始"至参考人员喊"制作完毕"时止，考核时限为 1 h。

六、评判标准

（1）考核成绩 80 分为合格，低于 80 分为不合格。
（2）方案编制偏离类型主题扣 5 分。
（3）以下内容每缺少一项扣 2 分：
① 分析培训需求。
② 确定培训目标。
③ 选择培训内容。
④ 确定培训讲师。
⑤ 确定培训对象。
⑥ 选择培训日期。
⑦ 选择培训方法。
⑧ 选择培训场所和设备。
⑨ 确定培训效果评价方法。

第三节　常见危险化学品事故应急处置程序编制

一、考核目的

考察参考人员对常见危险化学品事故应急处置程序编制的掌握情况。

二、场地器材

会议室、笔、纸、绘图工具。

三、考核程序

（1）参考人员在会议室按考核顺序坐好。

（2）听到"准备"口令，参考人员就座于考生席，由考评员抽取危险化学品事故类型。

（3）听到"开始"口令，参考人员根据模拟事故情况制定应急处置程序，完毕后参考人员举手示意。

（4）听到"笔试结束"口令，参考人员起立并上交方案。

四、考核要求

（1）应急处置程序的编制要科学合理。

（2）根据不同事故类型，针对具体的危险化学品、装置或场所制定相应的处置程序，主要包括接警出动、个人防护、现场询情、侦察检测、设立警戒、疏散救生、排除险情、清理移交等内容。

五、成绩评定

计时从"开始"至参考人员喊"制作完毕"时止，考核时限为 1 h。

六、评判标准

（1）考核成绩 80 分为合格，低于 80 分为不合格。

（2）应急处置程序不合理扣 5 分。

（3）以下内容每缺少一项扣 2 分：

① 接警出动。

② 个人防护。

③ 现场询情。

④ 侦察检测。

⑤ 设立警戒。

⑥ 疏散救生。

⑦ 排除险情：

（a）禁绝火源。

（b）选好停车位置和进攻路线。

（c）喷雾稀释。

（d）关阀断源。

（e）器具堵漏。根据现场泄漏情况，研究制定堵漏方案，分别采取不同的堵漏器具进行堵漏。

（f）注水排险。

（g）输转。

（h）点火引燃。

⑧ 清理移交。

（a）洗消处置。

（b）清点人员、车辆及器材。

（c）撤除警戒，做好移交，安全撤离。

第四节 远程供水编程

一、考核目的

考察参考人员对远程供水编程的掌握情况。

二、场地器材

会议室、笔、纸、绘图工具。

三、考核程序

(1) 参考人员在会议室按考核顺序坐好。

(2) 听到"准备"口令，参考人员就座于考生席。

(3) 听到"开始"口令，参考人员开始进行撰写，完毕后参考人员举手示意。

(4) 听到"笔试结束"口令，参考人员起立并上交方案。

四、考核要求

(1) 远程供水编程要科学合理。

(2) 远程供水模块不能缺失，主要包括引水增压模块、水带铺设模块、器材铺设模块等内容。

五、成绩评定

计时从"开始"至参考人员喊"制作完毕"时止,考核时限为 1 h。

六、评判标准

(1) 考核成绩 80 分为合格,低于 80 分为不合格。
(2) 远程供水编程不合理扣 5 分。
(3) 以下内容每缺少一项扣 1 分(表 6-1):

表 6-1 远程供水模块

分工	模块名称	车辆名称	负责人	驾驶员	成员
引水组	浮艇泵-增压车模块	浮艇泵车模块	陈××	1 人	成员 7 人(班长 1 人)
		增压车模块		1 人	
输水组	水带车模块	水带车 1(铺/收)	李××	1 人	成员 8 人(班长 1 人)
		水带车 2		1 人	
		水带车 3		1 人	
	器材车模块	器材车	张××	1 人	成员 5 人(班长 1 人)
机动人员		中队车辆	王××	1 人	成员 5 人

第五节 火场供水用量估算

一、考核目的

考察参考人员对火场供水用量估算的掌握情况。

二、场地器材

会议室、笔、纸、绘图工具。

三、考核程序

(1) 参考人员在会议室按考核顺序坐好。
(2) 听到"准备"口令,参考人员就座于考生席,由考评员抽取火灾种类和事故类型及基本情况(参数)。

(3) 听到"开始"口令,参考人员开始进行撰写,完毕后参考人员举手示意。
(4) 听到"笔试结束"口令,参考人员起立并上交方案。

四、考核要求

(1) 供水用量估算方法选择要科学合理。
(2) 供水用量估算数据要正确。

五、成绩评定

计时从"开始"至参考人员喊"制作完毕"时止,考核时限为 1 h。

六、评判标准

(1) 考核成绩 80 分为合格,低于 80 分为不合格。
(2) 供水用量计算不合理扣 5 分。
(3) 以下内容为计算方法参考:
① 根据固体可燃物的燃烧面积计算火场实际用水量方法。
火场实际用水量计算公式如下:

$$Q = Aq$$

式中　Q——火场实际用水量,L/s;
　　　A——火场燃烧面积,m²;
　　　q——灭火用水供给强度,L/(s·m²)。

② 液化石油气储罐无固定冷却系统消防用水量计算方法。
无固定冷却系统的冷却用水量中,每个着火罐冷却用水量计算公式如下:

$$Q_1 = \pi D^2 q$$

式中　Q_1——每个着火罐冷却用水量,L/s;
　　　D——着火罐直径,m;
　　　q——移动设备冷却水供给强度,L/(s·m²),取 0.2。

③ 油罐区消防用水量计算方法
第一种:油罐区消防用水量计算。包括配制泡沫的灭火用水量和冷却用水量之和,计算公式如下:

$$Q = Q_{灭} + Q_{着} + Q_{邻}$$

式中　Q——油罐区消防用水量,L/s;
　　　$Q_{灭}$——配制泡沫的灭火用水量,L/s;
　　　$Q_{着}$——着火罐冷却用水量,L/s;
　　　$Q_{邻}$——邻近冷却用水量,L/s。
(a) 配制泡沫的灭火用水量计算公式如下:

$$Q_{灭} = aQ_{混}$$

式中　$Q_{灭}$——配制泡沫的灭火用水量，L/s；
　　　a——泡沫混合液中含水率，如92%、97%等；
　　　$Q_{混}$——泡沫混合液量，L/s。

（b）泡沫灭火用水常备量计算。一次进攻按5 min计，为保证多次进攻的顺利进行，灭火用水常备量应为一次进攻用水量的6倍，即按30 min考虑，计算公式如下：

$$Q_{备} = 1.8Q_{灭}$$

式中　$Q_{备}$——配制泡沫的灭火用水常备量，m^3或t；
　　　1.8——30 min灭火用水量系数（泡沫的灭火用水常备量以m^3或t为单位，故30×60/1000=1.8）；
　　　$Q_{灭}$——配制泡沫的灭火用水量，L/s。

（c）普通蛋白泡沫灭火用水常备量估算。
泡沫灭火一次进攻用水量=混合液中含水率×混合液供给强度×燃烧面积×供液时间。

扑救甲、乙类液体火灾：$Q_{水} = 0.94 \times 10 \times A \times 5 = 47A$
扑救丙类液体火灾：$Q_{水} = 0.94 \times 8 \times A \times 5 = 37.6A$

式中　$Q_{水}$——一次进攻用水量，L；
　　　0.94——使用6%泡沫液、混合液中含水率；
　　　10——混合液供给强度，L/(min·m^2)；
　　　8——混合液供给强度，L/(min·m^2)；
　　　A——燃烧面积，m^2；
　　　5——供液时间，min。

为简化起见，一次进攻用水量可按$Q_{水} = 50A(L)$进行估算。泡沫灭火用水常备量为一次进攻用水量的6倍，即$Q_{备} = 6Q_{水}$。

第二种：着火罐冷却用水量计算。计算公式如下：

$$Q_{着} = n\pi Dq$$

或
$$Q_{着} = nAq$$

式中　$Q_{着}$——着火罐冷却用水量，L/s；
　　　n——同一时间内着火罐的数量，只；
　　　D——着火罐直径，m；
　　　q——着火罐冷却水供给强度，L/(s·m)或L/(s·m^2)；
　　　A——着火罐表面积，m^2；

第三种：邻近罐冷却用水量计算。距着火罐壁1.5倍直径范围内的相邻储罐均应进行冷却，邻近罐冷却用水量计算公式如下：

$$Q_{邻} = 0.5n\pi Dq$$

或
$$Q_{邻} = 0.5nAq$$

式中　　$Q_{邻}$——邻近罐冷却用水量，L/s；
　　　　0.5——采用移动式水枪冷却时，冷却的范围按半个周长（面积）计算；
　　　　n——需要同时冷却的邻近罐数量，只；
　　　　D——邻近罐直径，m；
　　　　q——邻近罐冷却水供给强度，L/(s·m) 或 L/(s·m²)；
　　　　A——邻近罐表面积，m²。

第六节　大型储罐泡沫液用量估算

一、考核目的

考察参考人员对大型储罐泡沫液用量估算的掌握情况。

二、场地器材

会议室、笔、纸、绘图工具。

三、考核程序

（1）参考人员在会议室按考核顺序坐好。
（2）听到"准备"口令，参考人员就座于考生席，由考评员抽取储罐种类和事故类型及基本情况（参数）。
（3）听到"开始"口令，参考人员开始进行撰写，完毕后参考人员举手示意。
（4）听到"笔试结束"口令，参考人员起立并上交方案。

四、考核要求

（1）泡沫液用量估算方法选择要科学合理。
（2）泡沫液用量估算数据要正确。

五、成绩评定

计时从"开始"至参考人员喊"制作完毕"时止，考核时限为 1 h。

六、评判标准

（1）考核成绩 80 分为合格，低于 80 分为不合格。
（2）泡沫液用量计算不合理扣 5 分。
（3）以下内容为计算方法参考：
灭火需用泡沫量包括扑灭储罐火和扑灭流散液体火两者泡沫量之和。

① 固定顶立式储罐（油池）灭火需用泡沫量计算公式如下：

$$Q_1 = A_1 q$$

式中　Q_1——储罐（油池）灭火需用泡沫量，L/s；

　　　A_1——储罐（油池）燃烧液面积，m²；

　　　q——泡沫供给强度，L/(s·m²)。

② 扑灭流散液体火需用泡沫量计算公式如下：

$$Q_2 = A_2 q$$

式中　Q_2——扑灭流散液体火需用泡沫量，L/s；

　　　A_2——流散液体火面积，m²；

　　　q——泡沫供给强度，L/(s·m²)。

第七节　装备器材常见故障排除

一、考核目的

考察参考人员对手抬机动消防泵常见故障排除方法（表 6-2）的掌握情况。

表 6-2　手抬机动消防泵故障原因及排除方法

故障现象	原　因	排除方法
引不上水	吸水管破裂或脱层而导致漏气	水压检查，如损坏则更换
	吸水管压扁	予以扩圆或更新
	吸水管接口上的密封垫圈损坏或遗失	更换
	吸水管接口未旋紧	紧固
	吸水管滤网端未全部浸入水内或陷入泥中	全部浸入水中或在滤网外部套竹篓
	水泵体下部放泄存水的螺塞未旋紧	紧固
	水泵接壳中的胶质密封环漏气	修整或更换
	水源离泵口深度太大	吸水高度不允许超过规定值
	引水时发动机转速太低	手抬泵应中速引水，若确实引水困难，可将节气门适当开大，使发动机转速适当提高
	吸水管弯曲处高于水泵进水口，而形成气囊	使吸水管弯曲处低于水泵进水口

二、场地设置

临近水源的场地上标出起点线，距离起点线 5 m 的水池边放置手抬机动消防泵 1 台，并连接好吸水管，出水口连接 80 mm 水带 1 盘。

三、器材和着装要求

参考人员着灭火防护服、头盔、防护靴、安全腰带、防护手套。

四、考核程序

（1）参考人员在起点线一侧 3 m 处站成一列横队。

（2）听到"出列"口令，参考人员跑至起点线立正喊"好"。

（3）听到"预备"口令，参考人员做好操作准备。

（4）听到"开始"口令，参考人员进入考核场地对场地内手抬机动消防泵引水设备进行检查，然后按照操作程序启动手抬机动消防泵进行吸水作业。在吸水作业过程中如不能正常出水，需关闭手抬机动消防泵进行检查，并排除故障，待出水口出水后，举手喊"好"。

（5）听到"关机"口令后，按照停机程序关闭手抬机动消防泵，回到起点线立正站好。

（6）听到"入列"口令后，参考人员跑步入列。

五、考核要求

（1）着装要穿戴整齐。

（2）启动和关闭手抬机动消防泵时应按照操作程序进行。

（3）对故障进行排除时，需将手抬机动消防泵关闭。

六、成绩评定

计时从"开始"至参考人员喊"好"时止，考核时限为 6 min。

七、评判标准

（1）超考核时限为不合格。

（2）故障不能完全排除为不合格。

（3）出水口不能正常出水为不合格。

（4）启动和关闭手抬机动消防泵时不按照操作程序进行为不合格。

附　　录

附录一　应急预案形式评审表

评审项目	评审内容及要求	评审意见
封面	应急预案版本号、应急预案名称、生产经营单位名称、发布日期等内容	合格
批准页	1. 对应急预案实施提出具体要求； 2. 发布单位主要负责人签字或单位盖章	合格
目录	1. 页码标注准确（预案简单时目录可省略）； 2. 层次清晰，编号和标题编排合理	合格
正文	1. 文字通顺、语言精练、通俗易懂； 2. 结构层次清晰，内容格式规范； 3. 图表、文字清楚，编排合理（名称、顺序、大小等）； 4. 无错别字，同类文字的字体、字号统一	合格
附件	1. 附件项目齐全，编排有序合理； 2. 多个附件应标明附件的对应序号； 3. 需要时，附件可以独立装订	合格
编制过程	1. 成立应急预案编制工作组； 2. 全面分析本单位危险因素，确定可能发生的事故类型及危害程度； 3. 针对危险源和事故危害程度，制定相应的防范措施； 4. 客观评价本单位应急能力，掌握可利用的社会应急资源情况； 5. 制定相关专项预案和现场处置方案，建立应急预案体系	合格

附录二　综合应急预案要素评审表

评审项目		评审内容及要求	评审意见
总则	编制目的	目的明确，简明扼要	合格
	编制依据	1. 引用的法规标准合法有效； 2. 明确相衔接的上级预案，不得越级引用应急预案	合格
	应急预案体系*	1. 能够清晰表述本单位及所属单位应急预案组成和衔接关系（推荐使用图表）； 2. 能够覆盖本单位及所属单位可能发生的事故类型	合格
	应急工作原则	1. 符合国家有关规定和要求； 2. 结合本单位应急工作实际	合格
适用范围*		范围明确，适用的事故类型和响应级别合理	合格
危险性分析	生产经营单位概况	1. 明确有关设施、装置、设备以及重要目标场所的布局等情况； 2. 明确需要各方应急力量（包括外部应急力量）事先熟悉的有关基本情况和内容	合格
	危险源辨识与风险分析*	1. 能够客观分析本单位存在的危险源及危险程度； 2. 能够客观分析可能引发事故的诱因、影响范围及后果	合格
组织机构及职责*	应急组织体系	1. 能够清晰描述本单位的应急组织体系（推荐使用图表）； 2. 明确应急组织成员日常及应急状态下的工作职责	合格
	指挥机构及职责	1. 清晰表述本单位应急指挥体系； 2. 应急指挥部门职责明确； 3. 各应急救援小组设置合理，应急工作明确	合格
预防与预警	危险源管理	1. 明确技术性预防和管理措施； 2. 明确相应的应急处置措施	合格
	预警行动	1. 明确预警信息发布的方式、内容和流程； 2. 预警级别与采取的预警措施科学合理	合格
	信息报告与处置*	1. 明确本单位24 h应急值守电话； 2. 明确本单位内部信息报告的方式、要求与处置流程	合格
应急响应	响应分级*	1. 分级清晰，且与上级应急预案响应分级衔接； 2. 能够体现事故紧急和危害程度； 3. 明确紧急情况下应急响应决策的原则	合格
	响应程序*	1. 立足于控制事态发展，减少事故损失； 2. 明确救援过程中各专项应急功能的实施程序； 3. 明确扩大应急的基本条件及原则； 4. 能够辅以图表直观表述应急响应程序	合格

（续）

评审项目		评审内容及要求	评审意见
应急响应	应急结束	1. 明确应急救援行动结束的条件和相关后续事宜； 2. 明确发布应急终止命令的组织机构和程序； 3. 明确事故应急救援结束后负责工作总结的部门	合格
后期处置		1. 明确事故发生后，污染物处理、生产恢复、善后赔偿等内容； 2. 明确应急处置能力评估及应急预案的修订等要求	合格
保障措施*		1. 明确相关单位或人员的通信方式，确保应急期间信息通畅； 2. 明确应急装备、设施和器材及其存放位置清单，以及保证其有效性的措施； 3. 明确各类应急资源，包括专业应急救援队伍、兼职应急队伍的组织机构以及联系方式； 4. 明确应急工作经费保障方案	合格
培训与演练*		1. 明确本单位开展应急管理培训的计划和方式方法； 2. 如果应急预案涉及周边社区和居民，应明确相应的应急宣传教育工作； 3. 明确应急演练的方式、频次、范围、内容、组织、评估、总结等内容	合格
附则	应急预案备案	1. 明确本预案应报备的有关部门（上级主管部门及地方政府有关部门）和有关抄送单位； 2. 符合国家关于预案备案的相关要求	合格
	制定与修订	1. 明确负责制定与解释应急预案的部门； 2. 明确应急预案修订的具体条件和时限	合格

注："*"代表应急预案的关键要素。

附录三　专项应急预案要素评审表

评审项目		评审内容及要求	评审意见
事故类型和危险程度分析*		1. 能够客观分析本单位存在的危险源及危险程度； 2. 能够客观分析可能引发事故的诱因、影响范围及后果； 3. 能够提出相应的事故预防和应急措施	合格
组织机构及职责*	应急组织体系	1. 能够清晰描述本单位的应急组织体系（推荐使用图表）； 2. 明确应急组织成员日常及应急状态下的工作职责	合格
	指挥机构及职责	1. 清晰表述本单位应急指挥体系； 2. 应急指挥部门职责明确； 3. 各应急救援小组设置合理，应急工作明确	合格

（续）

评审项目		评审内容及要求	评审意见
预防与预警	危险源监控	1. 明确危险源的监测监控方式、方法； 2. 明确技术性预防和管理措施； 3. 明确采取的应急处置措施	合格
	预警行动	1. 明确预警信息发布的方式及流程； 2. 预警级别与采取的预警措施科学合理	合格
信息报告程序*		1. 明确24 h应急值守电话； 2. 明确本单位内部信息报告的方式、要求与处置流程； 3. 明确事故信息上报的部门、通信方式和内容时限； 4. 明确向事故相关单位通告、报警的方式和内容； 5. 明确向有关单位发出请求支援的方式和内容	合格
应急响应*	响应分级	1. 分级清晰合理，且与上级应急预案响应分级衔接； 2. 能够体现事故紧急和危害程度； 3. 明确紧急情况下应急响应决策的原则	合格
	响应程序	1. 明确具体的应急响应程序和保障措施； 2. 明确救援过程中各专项应急功能的实施程序； 3. 明确扩大应急的基本条件及原则； 4. 能够辅以图表直观表述应急响应程序	合格
	处置措施	1. 针对事故种类制定相应的应急处置措施； 2. 符合实际，科学合理； 3. 程序清晰，简单易行	合格
应急物资与装备保障*		1. 明确对应急救援所需的物资和装备的要求； 2. 应急物资与装备保障符合单位实际，满足应急要求	合格

注："*"代表应急预案的关键要素。如果专项应急预案作为综合应急预案的附件，综合应急预案已经明确的要素，专项应急预案可省略。

附录四 现场处置方案要素评审表

评审项目	评审内容及要求	评审意见
事故特征*	1. 明确可能发生事故的类型和危险程度，清晰描述作业现场风险； 2. 明确事故判断的基本征兆及条件	合格
应急组织及职责*	1. 明确现场应急组织形式及人员； 2. 应急职责与工作职责紧密结合	合格

（续）

评审项目	评审内容及要求	评审意见
应急处置*	1. 明确第一发现者进行事故初步判定的要点及报警时的必要信息； 2. 明确报警、应急措施启动、应急救护人员引导、扩大应急等程序； 3. 针对操作程序、工艺流程、现场处置、事故控制和人员救护等方面制定应急处置措施； 4. 明确报警方式、报告单位、基本内容和有关要求	合格
注意事项	1. 佩戴个人防护器具方面的注意事项； 2. 使用抢险救援器材方面的注意事项； 3. 有关救援措施实施方面的注意事项； 4. 现场自救与互救方面的注意事项； 5. 现场应急处置能力确认方面的注意事项； 6. 应急救援结束后续处置方面的注意事项； 7. 其他需要特别警示方面的注意事项	合格

注："*"代表应急预案的关键要素。现场处置方案落实到岗位每个人，可以只保留应急处置。

附录五 应急预案附件要素评审表

评审项目	评审内容及要求	评审意见
有关部门、机构或人员的联系方式	1. 列出应急工作需要联系的部门、机构或人员至少两种以上联系方式，并保证准确有效； 2. 列出所有参与应急指挥、协调人员姓名、所在部门、职务和联系电话，并保证准确有效	合格
重要物资装备名录或清单	1. 以表格形式列出应急装备、设施和器材清单，清单应当包括种类、名称、数量以及存放位置、规格、性能、用途和用法等信息； 2. 定期检查和维护应急装备，保证准确有效	合格
规范化格式文本	给出信息接报、处理、上报等规范化格式文本，要求规范、清晰、简洁	合格
关键的路线、标识和图纸	1. 警报系统分布及覆盖范围； 2. 重要防护目标一览表、分布图； 3. 应急救援指挥位置及救援队伍行动路线； 4. 疏散路线、重要地点等标识； 5. 相关平面布置图纸、救援力量分布图等	合格
相关应急预案名录、协议或备忘录	列出与本应急预案相关的或相衔接的应急预案名称，以及与相关应急救援部门签订的应急支援协议或备忘录	合格

注：附件根据应急工作需要而设置，部分项目可省略。

附录六 生产经营单位生产安全事故应急预案评审意见表

《突发事件综合应急预案》评审意见
根据《生产经营单位安全生产事故应急预案编制导则》，经对……方面进行了评审，认为预案的编制符合本单位的实际，满足可行性、准确性和有效性的要求。评审专家组意见：预案评审合格。   评审专家组组长签字： 年　月　日
评审组成员表

姓　名	单　位	职务/职称	签　名

后 记

在国家安全生产应急救援中心组织领导下,由中原油田应急救援中心具体牵头,组织有关专家、学者成立创作团队,以《应急救援员国家职业技能标准》(简称《标准》)为总纲,编写国家安全生产应急救援员职业技能鉴定培训教材,用于危险化学品应急救援员职业技能鉴定培训。

该教材全套 5 册,一个等级一册,循序渐进,由浅入深,其中五级教材内容以应急救援知识为主。四级至一级教材内容,按照不同等级人员所需应急救援知识、技能确定。总体架构由赵正宏、王庆银具体负责。结合《标准》所确定的各等级鉴定申报条件及应急救援队伍现状,本套教材的配套适用情况为:《应急救援员(危化五级)》适用五级/初级工/一般战斗员,《应急救援员(危化四级)》适用四级/中级工/班组长级,《应急救援员(危化三级)》适用三级/高级工/中队长级,《应急救援员(危化二级)》适用二级/技师/大队长级,《应急救援员(危化一级)》适用一级/高级技师/支队长级及以上领导。

本册为《应急救援员(危化二级)》,主要内容包括危险化学品基础知识、应急预案的编制与演练、危险化学品事故应急处置方法、典型危险化学品事故应急救援与处置、危险化学品应急救援装备、应急救援员国家职业技能鉴定操法规程(二级)。由杨永钦任主编,具体编写人员:第一章危险化学品基础知识中的危险化学品风险分析方法、常见危险化学品化工工艺与风险由杨成杰编写,常见危险化学品化工设备与风险由黄亚忠编写,危险化学品常用法律法规知识由史章方、于卓编写;第二章应急预案的编制与演练由朱福敏编写;第三章危险化学品事故应急处置方法中的危险化学品事故处置程序、危险化学品事故处置要求、危险化学品事故处置方法由张飚编写,应急撤离方法及判定、生产应急现场监护要点由赵石楠编写;第四章典型危险化学品事故应急救援与处置中的光气泄漏事故救援与处置、氢气储罐火灾爆炸事故救援与处置由李振青编写,液氯生产装置泄漏事故救援与处置由范茂魁编写,硫化氢泄漏事故救援与处置、保险粉(连二亚硫酸钠)泄漏事故救援与处置由郭朝勇编写;第五章危险化学品应急救援装备中的器材装备类型、常见故障及排除方法、固定消防设施的种类及使用由杨菁编写,特种装备器材的使用方法及受限条件、应急救援前沿装备展望(机器人等)由唐晨辉编写;第六章应急救援员国家职业技能鉴定操法规程(二级)由张太平、李林凯编写。

在教材编写过程中,采用了学界大量的研究成果,有关专家提出了宝贵的修改意见和建议,谨向这些成果的作者及专家的支持表示衷心感谢。

本教材中如遇与现行的相关国家法律、法规、规章、标准不同之处，请以现行国家法律、法规、规章、标准为准。

编写组
2022 年 11 月